M. Stange, F. Borrosch

Pädiatrie in Frage und Antwort

M. Stange, F. Borrosch

Pädiatrie

in Frage und Antwort

Fragen und Fallgeschichten zur Vorbereitung
auf mündliche Prüfungen während des Semesters
und im Examen

5. Auflage

ELSEVIER
URBAN & FISCHER

URBAN & FISCHER München · Jena

Zuschriften und Kritik an:
Elsevier GmbH, Urban & Fischer Verlag, z.Hd. Anita Eppelin, Karlstraße 45, 80333 München

Wichtiger Hinweis für den Benutzer

Die Erkenntnisse in der Medizin unterliegen laufendem Wandel durch Forschung und klinische Erfahrungen. Herausgeber und Autoren dieses Werkes haben große Sorgfalt darauf verwendet, dass die in diesem Werk gemachten therapeutischen Angaben (insbesondere hinsichtlich Indikation, Dosierung und unerwünschten Wirkungen) dem derzeitigen Wissensstand entsprechen. Das entbindet den Nutzer dieses Werkes aber nicht von der Verpflichtung, anhand der Beipackzettel zu verschreibender Präparate zu überprüfen, ob die dort gemachten Angaben von denen in diesem Buch abweichen und seine Verordnung in eigener Verantwortung zu treffen.

Wie allgemein üblich wurden Warenzeichen bzw. Namen (z.B. bei Pharmapräparaten) nicht besonders gekennzeichnet.

Der Verlag hat sich bemüht, sämtliche Rechteinhaber von Abbildungen zu ermitteln. Sollte dem Verlag gegenüber dennoch der Nachweis der Rechtsinhaberschaft geführt werden, wird das branchenübliche Honorar gezahlt.

Bibliografische Information Der Deutschen Bibliothek

Die Deutsche Bibliothek verzeichnet diese Publikation in der Deutschen Nationalbibliografie; detaillierte bibliografische Daten sind im Internet über http://dnb.ddb.de abrufbar.

5. Auflage 2006

Der Urban & Fischer Verlag ist ein Imprint der Elsevier GmbH.

06 07 08 09 10 5 4 3 2 1

Um den Textfluss nicht zu stören, wurde bei Patienten und Berufsbezeichnungen die grammatikalisch maskuline Form gewählt. Selbstverständlich sind in diesen Fällen immer Frauen und Männer gemeint.

Planung: Dr. Dorothea Hennessen
Lektorat: Dr. Elisabeth Zils, Anita Eppelin
Redaktion: Dr. Gerlinde Foti
Herstellung: Peter Sutterlitte
Satz: abavo GmbH, Buchloe
Druck und Bindung: Print Consult GmbH, Grünwald
Umschlaggestaltung: SpieszDesign, Neu-Ulm
Titelfotografie: Eckard Schulz, Fotodesign, München

ISBN-13: 978-3-437-41219-6
ISBN-10: 3-437-41219-1

Aktuelle Informationen finden Sie im Internet unter www.elsevier.com und www.elsevier.de

Vorwort

Liebe Prüfungskandidaten,

Pädiatrie zählt zu den häufigsten Prüfungsfächern in den mündlichen medizinischen Staatsexamina. Das Buch „Pädiatrie in Frage und Antwort" genießt bei Studenten und Prüfern eine hohe Akzeptanz und ist daher aus der Prüfungsvorbereitung für dieses Fach nicht mehr wegzudenken. Besonders freut es uns zu hören, dass in Prüfungen immer häufiger komplette Einheiten dieses Buches abgefragt werden.

In der umfassend überarbeiteten 5. Auflage wurden insbesondere wichtige neue diagnostische und therapeutische Entwicklungen in der modernen Pädiatrie ergänzt. Es begleitet die Prüfungsvorbereitung durch die großen Themen der Kinderheilkunde und vermittelt pädiatrisches Basiswissen. Dabei steht nach wie vor die praxisorientierte Darstellung im Vordergrund.

Die Gliederung von „Pädiatrie in Frage und Antwort" erfolgt nach dem Gegenstandskatalog und erlaubt ein kapitelweises Durcharbeiten der prüfungsrelevanten Themen. Zu jedem Themengebiet werden spezielle Zusatzinformationen geliefert, die das Niveau der meisten Prüfungen bewusst überschreiten. Mit den Anmerkungen in der separaten Kommentarspalte können in mündlichen Prüfungen weitere Pluspunkte gesammelt werden.

Besonders bedanken möchten wir uns für die vielen Rückmeldungen und Verbesserungshinweise, die wir soweit wie möglich berücksichtigt haben. Es freut uns sehr, dass auch viele Kolleginnen und Kollegen in der Weiterbildung das Buch weiterhin nutzen.

Für weitere Ergänzungen und Anregungen sind wir jederzeit dankbar. Wir wünschen viel Erfolg bei der Prüfung.

Münster, im Sommer 2006

Dr. med. Markus Stange

Dr. med. Frank Borrosch

Geleitwort zur 3. Auflage

Die Kinderheilkunde umfasst ein umfangreiches Stoffgebiet und zeichnet sich durch zahlreiche Überschneidungen mit anderen medizinischen Fachrichtungen aus. „Pädiatrie in Frage und Antwort“ ermöglicht die Überprüfung des eigenen Wissens und somit eine zeitökonomische Vorbereitung auf die mündliche Prüfung.

Die Autoren haben es verstanden, zum Teil schwierige Sachverhalte anschaulich darzustellen und somit einprägsam zu gestalten. Hierzu tragen neben den ausführlichen Beschreibungen von Untersuchungstechniken und Fallbeispielen insbesondere die Darstellung zahlreicher praxisrelevanter Informationen bei.

Ich freue mich, dass dieses Kompendium sich bei den jungen Kollegen so großer Beliebtheit erfreut hat und nun nach recht kurzer Zeit erneut eine aktualisierte Auflage entstanden ist. Für diejenigen, die sich später intensiver mit der Pädiatrie befassen möchten, ist das Buch eine ideale Einführung in dieses faszinierende Fach.

Prof. Dr. Gerhard Joch,
Universitäts-Kinderklinik Magdeburg

Magdeburg, August 2002

Inhaltsverzeichnis

Allgemeine Hinweise und Tipps

Prüfungsvorbereitung

Zur optimalen Prüfungsvorbereitung empfiehlt es sich, neben dem Einzelstudium Lerngruppen zu bilden. Zwei bis drei Monate sollten sich die Teilnehmer der Lerngruppen etwa 2–3-mal pro Woche treffen. Vor jedem Treffen sollte ein Thema vereinbart werden, das für das nächste Mal vorbereitet wird. Dies erhöht die Motivation zum regelmäßigen Lernen und ermöglicht gleichberechtigte und ergänzende Diskussionen. Punkte, die dem Einzelnen während des Einzelstudiums unklar geblieben sind, sollten notiert und in der Gruppe vorgestellt und beraten werden. Auf diesem Weg kann man das eigene Wissen kontrollieren und Sicherheit gewinnen.

Das Lernen in Lerngruppen hilft, Ängste vor der freien Rede abzubauen und trainiert das freie und strukturierte Antworten. Durch regelmäßiges Treffen wird der Kontakt zu den anderen Studierenden aufrecht gehalten. Meist stellt man zudem fest, dass das Lernen in der Gruppe mehr Spaß macht, als zu Hause oder in der Bibliothek allein vor seinen Büchern zu hocken. Und wenn man dann doch einmal in ein „Tief" fällt, schaffen es andere meist wesentlich besser, die Stimmung und das Selbstbewusstsein wieder zu heben.

Verhalten während der Prüfung

Es empfiehlt sich, sich als Prüfungsgruppe bei den Prüfern vorzustellen. Nur wenige Prüfer sind zu einem Gespräch nicht bereit. Viele Prüfer geben Tipps und Hinweise, worauf man sich vorbereiten sollte, oder nennen Themen, die sie auf keinen Fall abfragen. Alle Prüflinge sollten nach der Vorbereitungszeit einen ähnlichen Wissensstand haben. Extrem schlechte oder extrem gute Prüflinge stören die Gruppendynamik und können Prüfer zu sehr verärgern, bzw. begeistern. Beim 3. Staatsexamen wird die Prüfung meist zweigeteilt, d.h. zuerst werden ein oder mehrere Patienten untersucht, und später erfolgt die eigentliche mündliche Prüfung. Vielfach wird auf den zuvor untersuchten Patienten eingegangen, sodass man die freie Zeit zwischen den Prüfungsteilen nutzen sollte, sich über das Krankheitsbild des Patienten genauer zu informieren.

Die Kleidung zur Prüfung sollte man innerhalb der Gruppe besprechen: „etwas feiner als sonst" hat sich bewährt; es muss nicht gleich Anzug oder Kostüm sein. Auf alle Fälle sollte man sich in seiner Haut einigermaßen wohl fühlen.

Natürlich kann man für eine Prüfung nicht den Typ abstreifen, der man ist. Trotzdem sollte man sich bewusst machen, dass manche Verhaltensweisen eher verärgern und nicht zu einer angenehmen Prüfungssituation beitragen. Sicherlich ist es gut, eine Prüfung selbstbewusst zu bestreiten. Arroganz und Überheblichkeit jedoch sind, selbst wenn man exzellent vorbereitet und die Kompetenz des Prüfers zweifelhaft ist, fehl am Platz. Jeder Prüfer kann einen, so er möchte, vorführen und jämmerlich zappeln lassen. Also: besser keinen vermeidbaren Anlass dazu liefern. Genauso unsinnig und peinlich ist es, devot und unterwürfig zu sein.

Auch wenn man vor der Prüfung gemeinsam gelitten, während der Vorbereitungszeit von der Gruppe profitiert hat, geht es in der Prüfung um das eigene Bestehen, die eigene Note. Man braucht sich darüber nichts vorzumachen. Trotzdem sollte man in der Prüfung fair bleiben und z.B. nicht aus freien Stücken gerade die Fragen und Themen aufgreifen, an denen sich der Mitprüfling die Zähne ausgebissen hat.

Häufige Frageformen

Offene Fragen: Dies ist die häufigste Frageform. Die Antwort sollte strukturiert und flüssig erfolgen. Ziel ist es, möglichst lange zu reden, sich gleichzeitig aber nicht in unwichtigen Dingen zu verlieren. Viele Prüfer unterbrechen dann den Redefluss und dies kann enorm verwirren. Schon in den Vorbereitungsmeetings sollte man sich zur Beantwortung der Fragen eine gute Struktur angewöhnen, z.B. Definition – Ätiologie – Symptomatik – Diagnostik – Therapie. Es empfiehlt sich, im Schlusssatz eine neue Problematik, in der man sich gut auskennt, anzuschneiden, die der Prüfer aufgreifen kann.

Nachfragen: Im Anschluss an eine offene Frage kommt es oft zu einigen Nachfragen, die das angeschnittene Thema vertiefen. Dabei wird der Schwierigkeitsgrad der Fragen meist höher. Die Prüfer tasten sich an die Grenzen der Prüflinge heran.

Fallbeispiele: Fallbeispiele eignen sich immer gut, praktische Belange abzufragen. Daher sind sie besonders in den handwerklichen Fächern sehr beliebt. Es besteht die Chance, dass sich zwischen Prüfer und Prüfling ein kollegiales Gespräch entwickelt. Eindeutige Beschreibungen und charakteristische Krankheitsbilder machen die Beantwortung der Frage meist einfach. Zu Anfang sollte immer auf mögliche Differenzialdiagnosen eingegangen werden. Vorsicht ist bei Krankheitsbildern geboten, über die man nicht viel weiß. Der Prüfer könnte sie bei einer weiteren Frage aufnehmen und man gerät arg ins Schwitzen. Also sich selbst keine Grube graben.

Probleme während der mündlichen Prüfung

Während einer mündlichen Prüfung können vielfältige Probleme auftreten, die man im Gegensatz zur schriftlichen Prüfung sofort und möglichst souverän managen muss.

- Kann man eine Frage nicht beantworten, braucht man nicht sofort zu verzweifeln. Auf Nachfragen oder Bitten um weitere Informationen formuliert der Prüfer seine Frage oft anders. Dies kann auch sinnvoll sein, wenn man merkt, dass man am Prüfer vorbeiredet.
- Was ist jedoch, wenn es nicht zum „Aha-Effekt" kommt? Ein Problem, das nur schwer zu lösen ist. Die meisten Prüfer helfen weiter oder wechseln das Thema. Selbst wenn eine Frage nicht beantwortet wird, ist dies noch lange kein Grund durchzufallen.
- In Prüfungssituationen beginnen viele Prüflinge vor Aufregung zu stottern oder sich zu verhaspeln. Dies ist normal. Vor und während einer Prüfung darf man aufgeregt sein, dafür hat jeder Prüfer Verständnis. Übertriebene Selbstsicherheit löst sogar bei manchen Prüfern Widerwillen und Antipathie aus.
- Sehr unangenehm wird die Situation, wenn Mitstreiter „abstürzen". Die Prüfung spitzt sich zu und der Prüfer reagiert verärgert. Hier hilft nur: Ruhig bleiben. Der Gedanke, dass der Prüfer sich ebenfalls unwohl fühlt und kein persönliches Interesse hat, die Situation weiter zu verschärfen, erleichtert ungemein.
- Gelassen die Fragen der anderen geschehen lassen. Das Gefühl „alle guten Fragen sind schon weg, ehe ich an die Reihe komme" ist nicht außergewöhnlich.
- Häufig ist ein Prüfer bekannt dafür, dass er besonders „gemein" und schwer prüft. Bemerkenswert ist jedoch, dass die Kritik oft von früheren Prüflingen stammt, die entweder durchgefallen sind oder die Prüfung mit einer schlechten Note bestanden haben. Weiß man jedoch, dass dies nicht der Fall sein kann, weil man die Informationsquelle kennt, hilft nur eins: Lernen, Lernen, Lernen.

Manche Prüfer fragen, ob zur Notenverbesserung eine weitere Fragenrunde gewünscht wird. Eine solche Chance sollte man sich nicht entgehen lassen, da man nur gewinnen kann.

Hinweise für die Benutzung

Alle Angaben entsprechen den Standards und dem Kenntnisstand zur Zeit der Drucklegung. Dennoch können klinikinterne abweichende diagnostische und therapeutische Vorgehensweisen üblich sein.

Alle diejenigen, die zum ersten Mal mit einer „In-Frage-und-Anwort"-Reihe arbeiten, sollten sich anfangs durch die sehr ausführlichen Antworten, so wie sie in der mündlichen Prüfung nur ein sehr guter Student geben würde, nicht entmutigen lassen. Zweck der IFA ist es, sich durch häufiges Wiederholen ein strukturiertes und inhaltlich vollständiges Wissen anzutrainieren.

Bedeutung der Symbole in der Randspalte

?	Frage	✚	Zusatzwissen
	Fallbeispiele	tipp	Tipps zur Prüfungssituation
!	Merksätze		

Zur Erleichterung der Wiederholung kann in der Randspalte neben der Frage angekreuzt werden,

- ob die Frage **richtig** beantwortet wurde ☺
- ob die Frage **falsch** beantwortet wurde ☹
- ob die Frage **wiederholt** werden sollte 😐

Abbildungsverzeichnis

[1] Illing, S./Claßen, M.: Klinikleitfaden Pädiatrie. Urban & Fischer, 6. Aufl. 2003.
[2] Sitzmann, F.C.: Pädiatrie. Duale Reihe. Hippokrates, 1995.
[3] Schneiweiss/Gdanietz/Motsch: Das Kind in der Praxis. NEUNPLUS 1 Edition Medizin, 2001.
[4] Epidemiologisches Bulletin des Robert Koch Instituts, 3/2006.
[5] Simon, C.: Pädiatrie. Schattauer, 1991.
[6] Muntau, A.: Intensivkurs Pädiatrie. Urban & Fischer, 3. Aufl. 2004.

Abkürzungsverzeichnis

A

ACTH adrenokortikotropes Hormon
ADH antidiuretisches Hormon
AGS adrenogenitales Syndrom
ALL akute lymphatische Leukämie
ALTE Apparent life-threatening event
ASD Vorhofseptumdefekt
AT-III Antithrombin-III

B

BSG Blutsenkungsgeschwindigkeit

C

CF cystische Fibrose
CK Kreatinin
CMV Zytomegalievirus
CRH Corticotropin-releasing hormone
CRP C-reaktives Protein
CT Computertomographie
CTG Kardiotokogramm

D

DNA Desoxyribonukleinsäure
DNCG Cromoglycinsäure

E

EEG Elektroenzephalogramm
EHEC enterohämorrhagische E. coli
EMG-Syndrom Exomphalos-Makroglossie-Gigantismus-Syndrom oder Wiedemann-Beckwith-Syndrom
EPH-Gestose Gestose, die mit Ödemen (**E**dema), erhöhtem Eiweiß im Urin (**P**roteinurie) und erhöhtem Blutruck (**H**ypertonus) einhergeht

F

FSH follikelstimulierendes Hormon
FSME Frühsommer-Meningoenzephalitis
FTA-Abs-Test Fluoreszenz-Treponema-Antikörper-Absorptionstest (Lues-Diagnostik)

G

GFR glomeruläre Filtrationsrate
GH Growth hormone

H

HBV Hepatitis-B-Virus
HCG Human chorionic gonadotropine
HIB Hämophilus-Influenza B
HIV Human immunodeficiency virus
HSV Herpes-simplex-Virus
HUS hämolytisch-urämisches Syndrom
HVL Hypophysenvorderlappen

I

ICR Interkostalraum, Zwischenrippenraum
IRDS Infant respiratory distress syndrome
ITP idiopathische thrombozytopenische Purpura

K

KEV konstitutionelle Entwicklungsverzögerung
KM Kontrastmittel

L

LDH Lactatdehydrogenase
LH luteinisierendes Hormon
LHRH Luteinizing hormone releasing hormone

M

MCAD Acyl-CoA-Dehydrogenasemangel
MCS Miktionszystsonographie
MCU Miktionszyturographie

MIBG-Szintigraphie
J-131-Meta-Benzyl-Guanidin-Szintigraphie

N

NMR Kernspintomographie
NNR Nebennierenrinde
NSAR nichtsteroidale Antirheumatika
NSE neuronspezifische Enolase

O

OSAS obstruktives Schlafapnoesyndrom

P

PCR Polymerase chain reaction
PDA hier: persistierender Ductus arteriosus Botalli; sonst auch: Periduralanästhesie
PFC persistierende fetale Kreislaufverhältnisse
PKU Phenylketonurie
PTH Parathormon
PTT Prothrombinzeit

R

RAST-Test
Radio-Allergen-Sorbent-Test

S

SGA Small for gestational age
SIDS Sudden-Infant-Death-Syndrome
SSPE subakute sklerosierende Panenzephalitis
SSS-Syndrom
Staphylococcal scaled skin syndrome
STH Somatotropin
STIKO Ständige Impfkommission

T

Tbc Tuberkulose
TGA Transposition der großen Gefäße
TPHA-Test
Treponema-pallidum-Hämagglutinationstest (Lues-Diagnostik)
TSH thyroideastimulierendes Hormon

V

VAPP Vakzine-assoziierte paralytische Poliomyelitiden
VRDL-Test
Cardiolipin-Reaktion (Lues-Diagnostik)
VSD Ventrikelseptumdefekt

W

WHO World Health Organisation

Z

ZNS Zentralnervensystem

1 Physiologie der Perinatalzeit

1.1 Apgar-Index

Frage: Was versteht man unter dem Apgar-Index? **?**

☐ ☐ ☐
☺ 😐 ☹

Antwort: Die Anästhesistin Virginia Apgar entwickelte 1948 einen Punkte-Score, mit dem die **Vitalität von Neugeborenen beurteilt** werden kann. Die **fünf Kriterien** Hautfarbe, Puls, Reaktion beim Absaugen, Muskeltonus und Atmung werden jeweils mit null bis zwei Punkten bewertet. Es können also maximal zehn Punkte erreicht werden.

tipp Die Korrelation des Apgar-Wertes mit späterer Morbidität und Mortalität des Kindes wird von manchen Pädiatern bezweifelt, da die Werte relativ unzuverlässig erhoben werden (Gesundzählen).

Kriterien	0 Punkte	1 Punkt	2 Punkte
Aussehen	blass, blau	Stamm rosig, Extremitäten blau	rosig
Puls	kein Puls	> 100/min	< 100/min
Reflexe beim Absaugen	keine	Verziehen des Gesichtes	Husten oder Niesen
Aktivität	keine Spontanbewegung	geringe Extremitätenflexion	aktive Bewegung
Respiration	keine Atmung	Schnappatmung, unregelmäßig	regelmäßige Atmung, kräftiges Schreien

Tab. 1.1: Apgar-Index

Der Apgar-Index wird eine Minute, fünf und zehn Minuten nach der Geburt erhoben. Eine Bewertung von neun bis zehn Punkten gilt als normal. Bei fünf bis acht Punkten zeigt das Kind eine Anpassungsstörung. Bei weniger als fünf Punkten liegt ein mittlerer bis schwerer Depressionszustand vor, d.h. es besteht akute Lebensgefahr. Der Ein-Minuten-Wert ist dabei besonders wichtig, da er über sofort zu treffende Maßnahmen entscheidet. Mit diesem Wert lässt sich die unmittelbare Bedrohung für das Neugeborene abschätzen.

Prüfer: Aus meiner langjährigen Erfahrung darf ich Ihnen berichten, dass Neugeborene insbesondere nach sehr rascher Geburt, langwieriger Geburt oder nach operativer Entbindung häufig einen niedrigen Ein-Minuten-Apgar haben, der einen kurzzeitigen Depressionszustand anzeigt. Nach korrekter, schonender Primärversorgung eines solchen

tipp Zur Vorgehensweise bei niedrigem Apgar-Score: ☞ Abschn. 4.4 Asphyxie

Kindes kommt es in der Regel sehr schnell zur Erholung, sodass die weiteren Apgar-Werte wieder normal sein können.

1.2 Nabelschnur-pH

Frage: Welches objektive Kriterium zur Beurteilung des postpartalen Zustandes eines Neugeborenen kennen Sie?

✚ Für 1–2 h nach der Geburt ist eine metabolische Azidose (pH bis 7,2) physiologisch, da es unter der Geburt zu physiologischer Hypoxie und Laktatausschwemmung aus dem Gewebe kommt.

Antwort: Neben dem Apgar-Index als subjektivem Beurteilungskriterium liefert die Bestimmung des **Nabelarterien-pH** ein zusätzliches objektives Bewertungskriterium des postpartalen Zustands. Die Gefährdung eines Neugeborenen nimmt mit dem Ausmaß der Azidität im Nabelarterienblut zu. Die Nabelschnur-pH-Werte korrelieren mit den Apgar-Werten, sofern Letztere objektiv vergeben werden. Ab einem pH-Wert unter 7,2 gilt das Kind als gefährdet. Meist normalisiert sich der kindliche pH-Wert innerhalb von 10 h nach der Geburt.

✚ Ein Nabel-pH < 7,1 spricht für eine deutliche kindliche Asphyxie und bedarf sofortiger Abklärung bzw. Behandlung!

pH-Wert	Ein-Minuten-Apgar-Index
≥ 7,3 (optimale Azidität)	10–9 (optimal lebensfrisch)
7,20–7,29 (normale Azidität)	8–7 (normal lebensfrisch)
7,10–7,19 (leichte Azidose)	6–5 (leichter Depressionszustand)
7,0–7,09 (mittelschwere Azidose)	4–3 (mittelgradiger Depressionszustand)
< 7,0 (schwere Azidose)	2–0 (schwerer Depressionszustand)

Tab. 1.2: Korrelation zwischen Nabelarterien-pH-Werten und Apgar-Werten

1.3 Das gesunde Neugeborene

Frage: Welches **Geburtsgewicht,** welche **Körperlänge** und welchen **Kopfumfang** erwarten Sie bei einem gesunden Neugeborenen, und wie verändern sich diese Werte mit zunehmendem Lebensalter?

Antwort: Reife Neugeborene weisen ein Gewicht von ca. **3400 g** auf. Als Faustregel für den Verlauf der Gewichtszunahme nach der Geburt kann gelten, dass ein Säugling im Alter von vier bis fünf Monaten sein Gewicht verdoppelt, im Alter von einem Jahr verdreifacht, mit sechs Jahren versechsfacht und mit zwölf Jahren verzwölffacht hat!

Die Größe eines reifen Neugeborenen beträgt ca. **50 cm.** Die Wachstumsgeschwindigkeit ist im ersten Lebensjahr am größten und flacht bis zur Pubertät immer mehr ab, um dann einen zweiten Gipfel zu erreichen. Der normale Kopfumfang beträgt bei der Geburt **35 cm** und erreicht innerhalb des ersten Lebensjahres schon etwa 80 % des Erwachsenenwertes.

Bei einem gesunden Neugeborenen hängen diese Größen vom Gestationsalter ab. Die oben genannten Werte liegen auf der 50. Perzentile und beziehen sich auf eine Geburt in der 40. Schwangerschaftswoche.

frühgeborenes Kind	< abgeschl. 37. SSW bzw. < 260 SS-Tage
termingeborenes Kind	37. – abgeschl. 42. SSW bzw. 260–294 SS-Tage
übertragenes Kind	≥ 42. SSW bzw. > 294 SS-Tage
eutrophes Kind	Geburtsgewicht 10.–90. Perzentile
hypotrophes Kind	Geburtsgewicht < 10. Perzentile (small for gestational age, SGA)
hypertrophes Kind	Geburtsgewicht > 90. Perzentile (large for gestational age, LGA)

Tab. 1.3: Zustandsdiagnostik des Neugeborenen

✚ Liegt das auf das Gestationsalter bezogene Geburtsgewicht unter der 10. Perzentile, handelt es sich um ein hypotrophes Neugeborenes oder Mangelgeborenes. Liegt es über der 90. Perzentile, ist das Neugeborene hypertroph.

Frage: Sie erwähnten anfangs das **Gestationsalter.** Wie ist dieses definiert? Wie würden Sie weiterhin Perinatal- und Neonatalperiode voneinander abgrenzen?

Antwort: Das Gestationsalter ist die Dauer der Schwangerschaft, vom ersten Tag der letzten Regelblutung an gerechnet. Ein normales Gestationsalter liegt bei einer Schwangerschaftsdauer von 37 bis 41 Wochen vor. **Frühgeburten** haben ein Gestationsalter von weniger als 37 Wochen. Beträgt das Gestationsalter 42 Wochen oder mehr, spricht man von **übertragenen Neugeborenen.** Die **Perinatalperiode** ist die Zeit vom Anfang der 29. Schwangerschaftswoche bis zum 7. Lebenstag. Demgegenüber bezeichnet man die **Neonatalperiode** als Zeitraum vom 1. bis 28. Lebenstag.

tipp Die „ältesten" Frühgeborenen sind 36 + 6, d. h. 36 Wochen und 6 Tage alt. „Neugeborene" werden am 29. Tag „Säuglinge". „Säuglinge" werden mit einem Jahr „Kleinkinder".

Frage: Wie lautet die unterschiedliche Definition von Lebend- und Totgeburt?

Antwort: Bei einem **Lebendgeborenen** waren nach der Geburt Lebenszeichen vorhanden, d. h. es hat nach der Geburt entweder das Herz geschlagen, die Nabelschnur pulsiert oder die Atmung eingesetzt. Ist keines dieser Kriterien erfüllt, handelt es sich um eine **Totgeburt,** sofern das Geburtsgewicht mindestens 500 g beträgt. Die Ausstoßung eines Feten ohne Lebenszeichen mit einem Gewicht unter 500 g wird als **Abort** bezeichnet.

☐ ☐ ☐
☺ 😐 ☹

? Frage: Wie bestimmen Sie pränatal das Gestationsalter eines Feten?

Antwort: Vor der Geburt kann das Gestationsalter anhand geburtshilflicher Kriterien bestimmt werden. Hierzu gehören das Datum der letzten Regelblutung und im Wesentlichen die im Ultraschall erhobenen Parameter, wie biparietaler Durchmesser, thorakaler Durchmesser und Scheitel-Steiß-Länge.

☐ ☐ ☐
☺ 😐 ☹

? Frage: Von einem reifen Neugeborenen spricht man, wenn am Ende einer normalen Schwangerschaft gewisse äußere Reifekriterien erfüllt sind. Obwohl Gestationsalter und Reifezustand normalerweise korrespondieren, können sie auch eine gewisse Diskrepanz zeigen. Nennen Sie Untersuchungsmerkmale, die zur Reifebestimmung herangezogen werden!

Kriterium	reifes Neugeborenes	unreifes Neugeborenes
Kopfhaare	fest	fein
Ohrmuschel	Knorpel bis Rand	Muschel weich
Brustdrüsendurchmesser	> 1 cm	< 1 cm
Lanugobehaarung	wenig Lanugo	ganzer Rücken
Testes	im Skrotum	nicht im Skrotum
Skrotum	viele Rugae, groß	wenige Rugae, klein
große Labien	bedecken die kleinen Labien	klaffend
Fußsohlenfalten	ganze Sohle	vorderes Drittel

Tab. 1.4: Wichtige somatische Reifezeichen

Antwort: Verwendung finden einerseits **äußere körperliche Merkmale** und andererseits **neuromuskuläre Reifezeichen,** oder Bewertungssysteme, die beides heranziehen. Ein körperlich reifes Kind lässt neben den normalen Körpermaßen folgende Befunde erwarten: Die Haut zeigt noch Reste der **Käseschmiere** und weist an Rücken, Schultern und Oberarmstreckseiten noch spärliche **Lanugobehaarung** auf. Die Fingernägel überragen die Fingerkuppen, die Zehennägel erreichen die Zehenkuppen. Die ganze Fußsohle zeigt Falten. Der Ohrknorpel hat seine volle Form, das heißt, die Helix ist völlig umgeschlagen und fest. Der Brustdrüsendurchmesser beträgt mind. 0,5–1 cm. Beim Jungen liegen die Hoden im Skrotum, das bereits eine Fältelung aufweist. Beim Mädchen werden die kleinen Labien von den großen bedeckt. Zur Beurteilung der neuromuskulären Reife des Kindes werden Spontanmotilität, Muskeltonus, Haltung und Reflexverhalten geprüft. Die Sinnesfunktionen können bereits durch die Reaktion auf Licht und durch unspezifische Bewegungsreflexe auf laute Geräusche hin grob beurteilt werden.

Frage: Was können Sie uns über die normale Atem- und Herzfrequenz sowie die Blutdruckwerte bei Neugeborenen sagen? **?**

☐ ☐ ☐

☺ 😐 ☹

Antwort: Nach erfolgter postpartaler Adaptation, die idealerweise ca. 30 min dauert und bei der unregelmäßige Atmung und leichte Dyspnoezeichen noch normal sind, haben gesunde Neugeborene eine Atemfrequenz von 40–60/min. Diese Frequenz nimmt dann mit steigendem Lebensalter ab und liegt beim Erwachsenen bekanntermaßen zwischen 16–20/min. Die Herzfrequenz kann in den ersten 15–30 min nach der Geburt durch Überwiegen des Sympathotonus bis 180/min betragen, um sich dann auf Werte zwischen 120–150/min einzupendeln. Auch die Herzfrequenz sinkt mit zunehmendem Alter. Der Blutdruck, der direkt nach der Geburt um 85 mmHg systolisch betragen kann, fällt schnell auf ca. 65 zu 45 mmHg.

✚ Die Manschettenbreite zur Blutdruckmessung muss dem jeweiligen Alter angepasst sein: bei Kleinkindern 4–6 cm, bei Schulkindern 6–9 cm und bei Jugendlichen 12 cm.

Alter	Atemfrequenz Richtwerte [Züge/min]	Herzfrequenz Richtwerte [Schläge/min]	systolischer RR Richtwerte [mmHg]
Geburt	40–60	120–180	60–80
6 Monate	30	80–150	90
12 Monate	28	70–140	100
10 Jahre	24	60–90	110

Tab. 1.5: Physiologische Normwerte von Neugeborenen und Kindern

Frage: Wie sieht das **normale Blutbild** eines Neugeborenen aus? **?**

☐ ☐ ☐

☺ 😐 ☹

Antwort: Für die vielen unterschiedlichen Blutparameter gibt es jeweils altersabhängige Normwerte. Während der Embryonal- und Fetalzeit sind Leber und Milz noch Orte der Hämatopoese. Beim reifen, gesunden Neugeborenen geht die Aufgabe der Hämatopoese vollständig auf das Knochenmark über. Dabei geht zunächst die Blutbildung zurück, sodass es vom dritten Tag an postpartal zum Absinken von Hämoglobin und Erythrozytenzahl kommt. Initial findet man am ersten Lebenstag ca. $5{,}5 \times 10^6$ Erythrozyten/µl und einen Hb von 19 g/dl, bei einer physiologischen Retikulozytose von ca. 42/1000 Erythrozyten.

Bei Geburt werden Leukozytenzahlen von ca. 18 000/µl gefunden, die sich aber schon innerhalb der ersten Lebenswoche auf ca. 12 000/µl reduzieren. Wichtig zu wissen ist, dass Kinder bis zu einem Alter von 3 bis 4 Jahren ein überwiegend lymphozytäres Differentialblutbild mit bis zu 60 % Lymphozyten besitzen. Die Thrombozytenzahlen Neugeborener liegen mit durchschnittlich 150 000/µl unter denen von Erwachsenen.

☐ ☐ ☐
☺ 😐 ☹

? **Frage:** Wie bezeichnet man diesen Abfall des Hämoglobins in den ersten Lebensmonaten?

Antwort: Da der Hämoglobinwert bis zum Alter von etwa drei Monaten bis auf 9,5 g/dl fallen kann, um dann langsam wieder anzusteigen, spricht man von der „**Trimenonreduktion**“. Der Anteil des fetalen Hämoglobins reduziert sich von 77 % postpartal auf ca. 5 % im Alter von sechs Monaten und wird durch adultes Hämoglobin ersetzt.

☐ ☐ ☐
☺ 😐 ☹

? **Frage:** Neugeborene verlieren nach der Geburt an Gewicht. Wie kommt dies zustande, und bis zu welchem Tag sollte das Geburtsgewicht wieder erreicht sein?

Antwort: Neugeborene können 10 bis max. 15 % ihres Körpergewichtes verlieren. Dieser Gewichtsverlust betrifft hauptsächlich den extrazellulären Wasseranteil. Gründe dafür bestehen in erster Linie darin, dass die Neugeborenenniere noch eine geringere Konzentrierungsfähigkeit als die Erwachsenenniere hat. Dazu kommen die mangelnde Flüssigkeitszufuhr, da die Mutter noch nicht voll stillen kann, und der Abgang von Mekonium. Das Geburtsgewicht sollte bis zum 10. Tag, spätestens innerhalb von zwei Lebenswochen, wieder erreicht sein.

☐ ☐ ☐
☺ 😐 ☹

? **Frage:** Woraus besteht **Mekonium,** und innerhalb welcher Zeit sollte es das erste Mal abgesetzt werden?

Antwort: Mekonium besteht aus **abgeschilferten Epithelzellen** des Darms, **verschluckten Haaren** und **eingedickter Gallenflüssigkeit.** Dieser während der Intrauterinzeit gebildete Stuhl hat aufgrund seines großen Biliverdingehaltes eine schwarz-grüne Farbe. Bis zum zweiten Lebenstag, meist schon innerhalb der ersten zwölf Stunden, kommt es zum Abgang von Mekonium. Daraufhin folgen bis zum vierten oder fünften Tag sog. **Übergangsstühle,** die dann schließlich bei gestillten Kindern von den sog. **Gärungs-** oder **Muttermilchstühlen** abgelöst werden.

1.4 Primitivreflexe der Neugeborenen

Frage: Sie erwähnten vorhin die Prüfung des Reflexverhaltens zur Beurteilung der neuromuskulären Reife. Beschreiben Sie die Prüfung einiger **Primitivreflexe** und nennen Sie das Lebensalter, bis zu dem sie auslösbar sind.

Antwort: Nur relativ kurz, nämlich bis zur vierten Lebenswoche, lässt sich das **Schreitphänomen** auslösen. Bei Berühren der Unterlage mit den Füßen und Gewichtsverlagerung nach vorn wird eine alternierende **Schreitbewegung** ausgelöst. Der sehr einfach zu prüfende **Saugreflex** dauert bis zum dritten Monat an. Den **Handgreifreflex** löst man aus, indem man einen Finger quer in die Handinnenfläche des Kindes legt. Dies gelingt etwa bis zum vierten bis sechsten Monat.

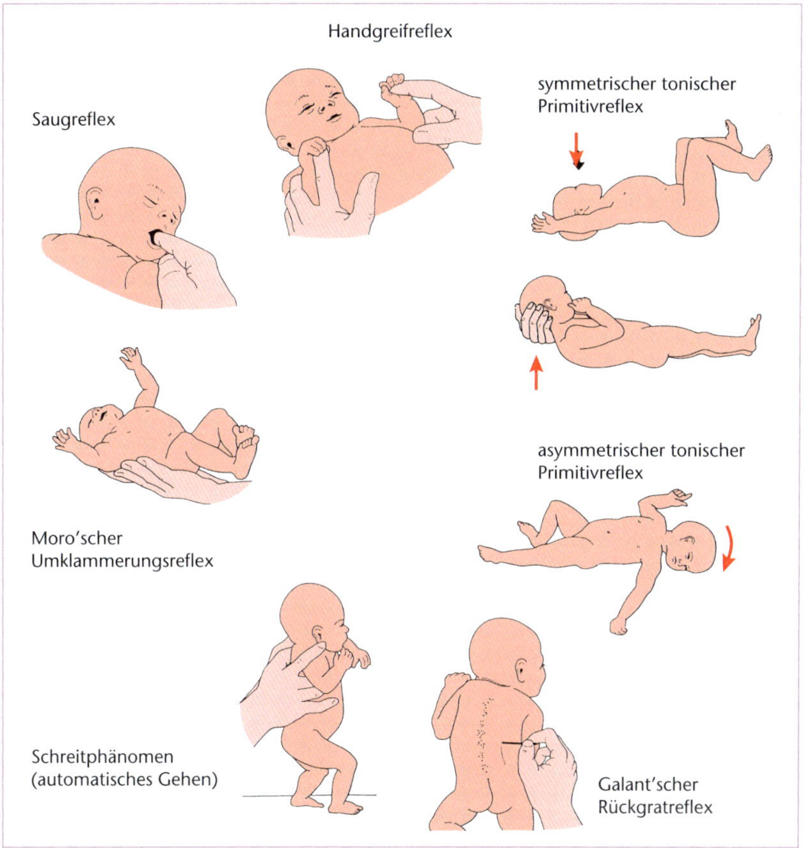

Abb. 1.1: Primitivreflexe des Neugeborenen (modifiziert nach [5])

Gerade beim jungen Neugeborenen werden viele unbewusste Körperreaktionen durch den **Moro-Reflex** bestimmt. Man kann ihn auslösen, indem man das Kind in Rückenlage hält und den Kopf plötzlich ein Stück nach unten sinken lässt. Nun wird das Kind die Arme mit geöffneten Händen strecken und abduzieren, um sie anschließend über der Brust zusammenzuführen. Er ist ebenso bis zum vierten bis sechsten Monat nachweisbar. Ein weiterer Primitivreflex ist der **asymmetrische tonische Nackenreflex,** der bis zum zweiten Monat (selten bis zum vierten Monat) nachweisbar ist. Dabei wird der Kopf des Kindes in Seitenlage gebracht. Dadurch kommt es zu einer Extremitätenstreckung auf der Gesichtsseite und zu einer Beugung auf der Gegenseite. Der **Galant-Reflex** ist bis zum sechsten bis neunten Monat auslösbar. Streichelt man einen in Bauchlage schwebenden Säugling paravertebral von kranial nach kaudal, kommt es zu einer Rumpfbeugung auf der Seite der Berührung.

Prüfer: Primitivreflexe sind Reflexe mit Stammhirnbeteiligung, die vor allem dem Schutz und der Nahrungsaufnahme dienen. Mit Ausreifung des Gehirns und zunehmendem Ersatz der anfänglichen undifferenzierten Massenbewegungen werden sie von den sog. Stellreflexen und Gleichgewichtsreaktionen abgelöst. Das Verschwinden der Primitivreflexe ist also ein wichtiger Entwicklungsschritt! Persistieren die Primitivreflexe, kann dies ein erster Hinweis auf eine Zerebralparese sein. Deshalb sind sie ein fester Bestandteil der neurologischen Untersuchung im Säuglingsalter.

1.5 Vitamin-K-Prophylaxe

☐ ☐ ☐
☺ 😐 ☹

? **Frage:** Welches ist die häufigste Gerinnungsstörung des Neugeborenen, abgesehen von den Gerinnungsstörungen im Sinne einer Verbrauchskoagulopathie bei Neugeborenen mit einer schweren Sepsis oder bei Frühgeborenen mit einem Amnioninfektionssyndrom?

Antwort: Die häufigste Gerinnungsstörung in der Neugeborenenperiode beruht auf einem physiologischen **Vitamin-K-Mangel.** Da auch die Muttermilch einen relativ geringen Vitamin-K-Gehalt hat, sollte bei allen Neugeborenen eine Supplementation erfolgen.

✚ Die klassischen Vitamin-K-Mangelblutungen traten früher, als noch keine Supplementation erfolgte, in der ersten Lebenswoche typischerweise als Schleimhaut- oder Nabelblutungen auf.

☐ ☐ ☐
☺ 😐 ☹

? **Frage:** Die Verabreichung von Vitamin K an Neugeborene steht seit 1992 immer wieder zur Diskussion. Es hat sich seitdem ebenfalls die Applikationsart verändert. Was wissen Sie darüber?

Antwort: Durch die Gabe von Vitamin K soll die Synthese der Vitamin-K-abhängigen Gerinnungsfaktoren gewährleistet und ein Mangelzustand durch die Vitamin-K-arme Muttermilch verhindert werden. Vitamin K wurde früher jedem Neugeborenen als einmalige intramuskuläre Injektion kurz nach der Geburt verabreicht. Im Jahr 1992 erschien jedoch eine Studie, die einen Zusammenhang zwischen parenteraler Vitamin-K-Gabe und Krebserkrankungen im Kindesalter als möglich darstellte. Die orale Vitamin-K-Prophylaxe schien dagegen nicht mit einem solchen Risiko behaftet zu sein. Daraufhin wurde die **orale** Prophylaxe durch dreimalige Gabe von **Vitamin-K-Tropfen** eingeführt.

✚ Die Aktivität der Vitamin-K-abhängigen Gerinnungsfaktoren X, IX, VII, II (Merke 1972!) wird durch den Quick-Wert überprüft.

Frage: Sehr richtig, allerdings konnte diese Theorie einer Teratogenität durch parenterale Vitamin-K-Gabe in weiteren Studien nicht bestätigt werden. Was wissen Sie über die orale Vitamin-K-Dosierung?

Antwort: Untersuchungen haben gezeigt, dass es unter der Dosierung von dreimal 1 mg Vitamin K trotzdem noch zu schweren Hämorrhagien bei Neugeborenen gekommen ist. Verantwortlich hierfür könnte eine Vitamin-K-Unterdosierung sein. Deshalb ist die aktuelle Empfehlung heute, **3 × 2 mg Konakion** zu verabreichen, und zwar:

- 2 mg Vit. K (2 Tropfen) bei der U1 (1. Lebenstag)
- 2 mg Vit. K (2 Tropfen) bei der U2 (3.–10. Lebenstag)
- 2 mg Vit. K (2 Tropfen) bei der U3 (4.–6. Lebenswoche)

tipp Eine eher spezielle Frage, die einen nicht beunruhigen sollte! Trotzdem: Manche Prüfer wollen gerne genaue Dosierungen wissen.

Prüfer: Trotz der konsequenten Vitamin-K-Substitution tritt in Deutschland pro Jahr bei ca. acht bis zehn Neugeborenen bzw. Säuglingen eine Vitamin-K-Mangelblutung, meist intrazerebral, auf. Diese Kinder haben in der Regel eine Cholestase bzw. eine Leberfunktionsstörung, die leider oft erst durch das Auftreten dieser Mangelblutung auffällt. Daher kann das orale Vitaminsupplement nicht resorbiert bzw. verwertet und der Blutungsneigung vorgebeugt werden. Ist die Funktionsstörung bereits vorher erkannt worden, wird Konakion i.v. verabreicht oder im Fall einer drohenden Hirnblutung Fresh-frozen-Plasma gegeben.

1.6 Vorgehen nach komplikationsloser Geburt

Fallbeispiel: Im Kreißsaal ist eine 24-jährige Erstgravida nach unauffälliger Schwangerschaft entbunden worden. Auch in der Eigen- und Familienanamnese ergeben sich keine Besonderheiten. Was tun Sie mit einem lebensfrischen Neugeborenen nach komplikationsloser Geburt und dementsprechend „guten“ Apgar-Werten routinemäßig?

✚ Alternativ wird in einigen Geburtskliniken anstatt der Silbernitrattropfen (Höllenstein) zur Augenprophylaxe Erythromycinlösung verwendet.

Antwort: Nach der Geburt wird die **Nabelschnur abgeklemmt** und **Nabelschnurblut** zur **pH-Messung** und ggf. Blutgruppenuntersuchung entnommen. Eine Blutgruppenuntersuchung aus dem Nabelschnurblut ist insbesondere dann notwendig, wenn die Mutter Rhesusfaktor-negativ ist (☞ Abschn. 4.4). Aus Mundhöhle und Nasengängen wird verbliebenes **Fruchtwasser abgesaugt.** Das Kind wird abgetrocknet und es folgt die **U1-Untersuchung** von Schädel, Herz, Lunge, Abdomen, Genital- und Analregion, Skelettsystem und die neurologische Untersuchung zum Auffinden angeborener Krankheiten. Außerdem bestimmt man den **Reifezustand** des Neugeborenen und vergleicht diesen mit dem errechneten Gestationsalter. Um eine Ösophagusatresie auszuschließen, kann der Magen sondiert werden. Fakultativ wird die **Augen-Gonorrhoe-Prophylaxe** nach Credé mit 1 %-igen Silbernitrataugentropfen durchgeführt. Ein frühes Anlegen des Kindes an die Brust fördert durch die Prolaktinausschüttung nicht nur die Milchbildung, sondern auch die Uterusinvulotion. Ab der zweiten Woche erhält der Säugling zur **Rachitisprophylaxe** täglich 500 IE Vitamin D. Diese wird mit Fluorid zur Kariesprophylaxe kombiniert.

☐ ☐ ☐
☺ 😐 ☹

? **Frage:** Was wissen Sie über das Neugeborenen-Screening? Welche Untersuchungen folgen in der ersten Lebenswoche?

Antwort: Am fünften Tag erfolgt der **Guthrie-Test** als Suchtest auf Phenylketonurie. Bestimmungen vor dem fünften Tag können zu falsch negativen Ergebnissen führen. Bei kranken Neugeboren ist unbedingt zu beachten, dass sie eine Mindestgesamtmenge von 100 ml Nahrung erhalten haben, da ansonsten das Testergebnis nicht zuverlässig ist. Kombiniert wird die Blutentnahme mit einer **TSH-Bestimmung,** um eine angeborene Hypothyreose früh zu erkennen. Manche Screening-Zentren untersuchen gleichzeitig noch hinsichtlich einer Galaktosämie, Homocystinurie, Ahornsirupkrankheit und eines Biotinidasemangels.

✚ **Facharztwissen:** MCAD = Acyl-CoA-Dehydrogenasemangel mittelkettiger Fettsäuren; häufigster Defekt der Fettsäureoxidation (1:13000–20000); im Alter von 6–24 Monaten drohen im Rahmen akuter metabolischer Stressreaktionen lebensbedrohliche Hypoglykämien und „Reye-ähnliche" Symptome.

Prüfer: Sehr richtig erwähnten Sie noch den klassischen Guthrie-/TSH-Test. Mittlerweile hat sich in vielen Kliniken ein neues umfangreiches Neugeborenenscreening etabliert. Durch eine einfache Blutentnahme kann mit Hilfe der Tandem-Massenspektrometrie (TMS) eine umfangreiche Analyse auf zahlreiche angeborene Stoffwechselerkrankungen durchgeführt werden, wie z. B. aus der Gruppe der Aminoacidopathien, Organoacidopathien und Fettsäureoxidationsdefekte, die heute erst spät und oft nach dem Eintritt irreversibler Schäden diagnostiziert werden. Einige dieser Krankheiten, z. B. der MCAD, sind gut behandelbar, wenn sie rechtzeitig erkannt werden. Dieses Screening kann bereits nach 72 h aussagekräftig durchgeführt werden.

Vorsorgeuntersuchungen im Kindesalter		Abstand zur nächsten U
U1	sofort nach der Geburt	
U2	3.–10. Lebenstag	
U3	4.–6. Lebenswoche	1,5 Monate
U4	3.–4. Lebensmonat	3 Monate
U5	6.–7. Lebensmonat	6 Monate
U6	10.–12. Lebensmonat	12 Monate
U7	21.–24. Lebensmonat	24 Monate
U8	42.–48. Lebensmonat	48 Monate
U9	60.–64. Lebensmonat	

Tab. 1.6: Zeitlicher Ablauf der Vorsorgeuntersuchungen

Merke: Ab der U3 verdoppeln sich die Abstände zur nächsten U! **!**

1.7 Geburtstraumatische Schäden

Frage: Welche **geburtstraumatischen Schäden** kennen Sie? **?**

Antwort: Primäre, durch die Geburt entstandene Traumata können sich als Verletzungen am äußeren Schädel zeigen. Über der Geburtsleitstelle entwickelt sich oft das **Caput succedaneum,** die sog. Geburtsgeschwulst. Es handelt sich dabei um ein Stauungsödem der Kopfhaut. Die flüchtige teigige Schwellung von 3–4 cm Dicke, die die Grenzen der Schädelnähte überschreitet, verschwindet nach 1–2 Tagen. Im Gegensatz dazu wird das **Kephalhämatom** durch die Schädelnähte begrenzt. Dieses Hämatom stellt einen subperiostalen Bluterguss nach Abscheren des Periosts dar, der meist innerhalb weniger Wochen resorbiert wird. Bei 25–50 % der Neugeborenen mit Kephalhämatom tritt gleichzeitig eine Schädelfraktur auf. Neben diesen Schädelverletzungen können geburtstraumatische Schäden peripherer Nerven auftreten, z.B. eine **Fazialisparese.**

Fallbeispiel: Ich zeige Ihnen hier das Bild eines bereits sechs Wochen alten Kindes. Der Junge kam nach unauffälliger termingerechter Schwangerschaft und nach einem protrahierten Geburtsverlauf mit einem Geburtsgewicht von 5050 g auf die Welt. Bereits unmittelbar postpartal war eine geburtstraumatische Schädigung aufgefallen, die auch jetzt noch deutlich sichtbar ist. Was fällt Ihnen bei dem Jungen auf?

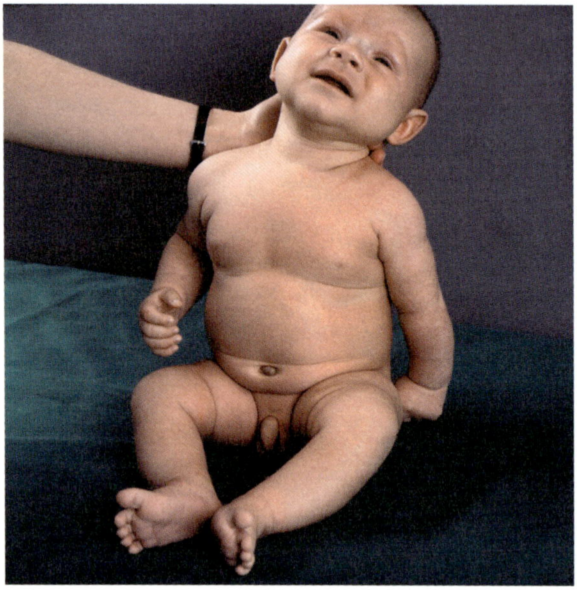

Abb. 1.2: Siehe Antwort

Antwort: Der linke Arm des Jungen hängt schlaff in leichter Streckhaltung herunter. Außerdem ist er innenrotiert. Dies ist das klinische Bild einer **oberen Plexuslähmung nach Erb-Duchenne.** Die Plexusschädigung entsteht durch extremen Zug an der Arm-Schulter-Region. Der Junge hat aufgrund seiner Makrosomie ein erhöhtes Risiko einer geburtstraumatischen Schädigung. Wahrscheinlich ist es unter der protrahierten Geburt auch zu einer schweren Entwicklung der Schulter, evtl. zu einer Schulterdystokie gekommen, sodass hier der Grund der Schädigung zu suchen ist.

! **Merke:**
- **Obere Plexuslähmung** (Erb): Schädigung von C5–C6 führt zum in der Schulter schlaff herunterhängenden, nach innen rotierten Arm (Lähmungen der Mm. deltoideus, biceps brachii und brachioradialis).
- **Untere Plexuslähmung** (Klumpke): Schädigung von C8–Th1 führt zur Lähmung kleiner Handmuskeln, der Fingerbeuger („Pfötchenstellung“) und zum Horner-Syndrom (Miosis, Ptosis, Enophthalmus). In der Regel ungünstigere Prognose.

☐ ☐ ☐
☺ 😐 ☹

? **Frage:** Welche Maßnahmen hätten Sie postpartal für den Jungen angeordnet?

Antwort: Leichtere Plexusaffektionen bilden sich in aller Regel von selbst in den ersten Tagen nach der Geburt wieder zurück. Schwere Plexusbeteiligungen wie im dargestellten Fall lassen sich gut durch die krankengymnastische Übungsbehandlung auf neurophysiologischer Basis nach Vojta behandeln. Plexusausrisse bessern sich nach dieser Therapie nur unzureichend und bedürfen unter Umständen einer mikrochirurgischen Versorgung.

Frage: Die Tatsache, dass der Junge noch im Alter von sechs Wochen eine so eindeutige Schonhaltung aufweist, spricht schon für eine ganz erhebliche Plexusschädigung. Der Junge zeigt aber noch eine weitere Auffälligkeit, die auf eine geburtstraumatische Schädigung hinweisen könnte. Sehen Sie sich das Bild noch einmal genau an! **?**

☐ ☐ ☐
☺ 😐 ☹

Antwort: Die **deutliche Schiefhaltung des Kopfes** kann auf eine Funktionsstörung der Halswirbelsäule im atlanto-occipitalen Übergang oder etwa auf eine Störung der muskulären Balance im M. sternocleidomastoideus hinweisen.

Frage: Kommen wir zu einem anderen Thema: Welche Frakturen können im Rahmen eines Geburtstraumas auftreten? **?**

☐ ☐ ☐
☺ 😐 ☹

Antwort: Die häufigste geburtstraumatische Fraktur ist die **Klavikulafraktur.** Bei schwerer Entwicklung der Schulter unter der Geburt kommt es gelegentlich zur Epiphysenlösung und/oder Diaphysenfraktur des Humerus.

✚ Geburtstraumatische Schäden innerer Organe, wie z.B. Leberkapsel- und Milzrupturen, sind äußerst selten.

✚ Symptomatik einer Klavikulafraktur: 1. Armschonhaltung; 2. Klaviertastenphänomen mit Crepitatio; 3. nach einigen Tagen bis Wochen Kallusbildung

2 Wachstumsstörungen

2.1 Minderwuchs

☐ ☐ ☐
☺ 😐 ☹

? **Frage:** Störungen des Längenwachstums können in primäre und sekundäre Ursachen unterteilt werden. Bei den primären Wachstumsstörungen liegt eine anlagebedingte Störung des Skelettsystems vor. Leitsymptom dieser Erkrankungen ist häufig – allerdings nicht immer – eine Dysproportionierung. Was versteht man unter diesem Begriff und welche Erkrankungen gehören in die Gruppe der **primären** Wachstumsstörungen?

tipp Von manchen Pädiatern wird der Begriff „Minderwuchs" als diskriminierend empfunden und deshalb der Begriff „Kleinwuchs" vorgeschlagen.

Antwort: Unter **Dysproportionierung** versteht man ein Missverhältnis zwischen Rumpf- und Extremitätenlänge. Das Verhältnis dieser Ober- und Unterlänge kann gemessen und mit den altersabhängigen Normalwerten verglichen werden. Mit Dysproportionierungen gehen Skelettdysplasien wie die **Achondroplasie, Chromosomenanomalien** wie das Down- oder Turner-Syndrom und **Knochenstoffwechselstörungen** wie die Mukopolysaccharidose einher. Die häufigste primäre Wachstumsstörung ist jedoch der **familiäre Minderwuchs,** der allerdings ohne Dysproportionierung auftritt.

! **Merke:**
- **Unterlänge** = Höhe des Symphysenoberrandes
- **Oberlänge** = Körperhöhe minus Unterlänge

☐ ☐ ☐
☺ 😐 ☹

? **Frage:** Grenzen Sie demgegenüber die **sekundären Wachstumsstörungen** ab und nennen Sie einige Erkrankungen!

✚ Bei der konstitutionellen Entwicklungsverzögerung (KEV) handelt es sich um eine Wachstumstempostörung. Die Endgröße ist normal (☞ Abschn. 2.3).

Antwort: Sekundäre Wachstumsstörungen sind dadurch charakterisiert, dass eine **erworbene Störung außerhalb** des **Skelettsystems** vorliegt, die das Wachstum beeinträchtigt. Dazu gehören Mangel- und Fehlernährung, schwere Darmerkrankungen wie die Zöliakie, Vitamin-D-Mangel (Rachitis) oder der Morbus Crohn (Enteritis regionalis), Anämien (Thalassämien), Lungenerkrankungen, chronische Nierenerkrankungen und Erkrankungen des Herzens, wie z. B. komplexe Vitien. Weiterhin gibt es Wachstumsstörungen, die eine hormonelle Ursache haben, wie der Wachstumshormonmangel oder die Hypothyreose. Seltenere Krankheiten sind die Nebennierenrinden-Überfunktion oder die Hypophysenvorderlappen-Insuffizienz (Hypopituitarismus). Die wichtigste und häufigste sekundäre Wachstumsstörung ist zweifelsohne die konstitutionelle Entwicklungsverzögerung (KEV, ☞ Abschn. 2.3).

Prüfer: Von diagnostisch entscheidender Bedeutung ist, dass bei den primären Wachstumsstörungen das Knochenalter dem tatsächlichen Lebensalter entspricht. Die sekundären Formen zeigen in der Regel eine Retardierung des Knochenalters gegenüber dem Lebensalter, wobei das Potential, eine normale Erwachsenengröße zu erreichen, häufig erhalten bleibt. Als Beispiel sei ein 14-jähriger kleinwüchsiger Junge mit einer schweren Mangelernährung genannt, dessen Knochenalter mit zehn Jahren deutlich zurück ist. Bei optimaler Ernährung kann dieser Junge noch seine End- oder Zielgröße erreichen.

Frage: Womit wir bei dem Begriff der genetischen Zielgröße wären. Wissen Sie, wie sich diese errechnet? **?**

☐ ☐ ☐
☺ 😐 ☹

Antwort: Die **genetische Zielgröße** ermittelt sich aus der mittleren Elterngröße: (Länge des Vaters + Länge der Mutter) / 2. Bei einem Jungen werden 6,5 cm zur mittleren Elterngröße addiert, bei einem Mädchen 6,5 cm subtrahiert.

✚ Das Knochen- oder Skelettalter wird durch eine Rö.-Aufnahme der linken Hand bestimmt. Die Knochenkern- und Phalangenentwicklung wird mit Rö.-Aufnahmen vorgegebener, definierter Knochenalter verglichen (Rö.-Atlas von Greulich und Pyle).

Prüfer: Sehr gut! Diesem Wert wird die **prospektive Endlänge** gegenübergestellt. Mit dieser Größe lässt sich anhand verschiedener Kriterien, wie z.B. Knochenalter, Lebensalter und Elterngröße recht präzise die mögliche Endgröße berechnen. Einerseits gibt es das tabellarische Verfahren nach Roche, andererseits die eher mathematische Variante nach Bayley und Pinot. Die Bestimmung der genetischen Zielgröße und der prospektiven Endlänge gehören zu den elementaren Grundlagen in der Minderwuchsdiagnostik.

2.2 Achondroplasie

Frage: Sie haben bei den primären Wachstumsstörungen die Achondroplasie genannt. Wie wird diese Erkrankung vererbt? Beschreiben Sie das typische Aussehen eines Achondroplasiekranken! **?**

☐ ☐ ☐
☺ 😐 ☹

Antwort: Bei der **Achondroplasie,** die autosomal-dominant vererbt wird, liegt eine Störung der enchondralen Ossifikation vor. Das klinische Bild ist durch **dysproportionierten Minderwuchs** gekennzeichnet. Der Rumpf ist normal lang, die Extremitäten sind verkürzt. Oft bestehen Genua vara sowie eine Hyperlordose. Die Kinder haben einen großen Kopf mit prominenter Stirn und eingezogener Nasenwurzel.

✚ Die Achondroplasie ist mit 2–3/100 000 Geburten die häufigste Skelettdsyplasie. Sie geht mit normaler Intelligenz und normaler Lebenserwartung einher.

? **Frage:** Das klinische Bild mit den kurzen Extremitäten und dem relativ großen Schädel mit eingesunkener Nasenwurzel ist wohl jedem bekannt. Wie groß werden solche Patienten eigentlich, wenn sie ausgewachsen sind, und welche Therapiemöglichkeiten kennen Sie?

✚ Die Therapie mit Wachstumshormonen bei Achondroplasie bringt keinen Erfolg, da es sich um eine Knochenanlagestörung handelt.

Antwort: Die Endgröße beträgt etwa 1,20–1,30 m. Eine Behandlung ist nur durch komplizierte orthopädische Maßnahmen möglich. So können **Verlängerungsosteotomien** mit Distraktion der Skelettabschnitte durch Fixateure einen Längenzuwachs von 20 cm sowohl an der oberen als auch an der unteren Extremität erreichen. Häufiger werden die orthopädischen Maßnahmen allerdings wegen der eingeschränkten Gelenkbeweglichkeit eingesetzt.

2.3 Konstitutionelle Entwicklungsverzögerung

Fallbeispiel: In Ihre Sprechstunde kommt ein zwölf Jahre alter Junge mit einer Körperhöhe von 140 cm (entspricht der 3. Perzentile). Aus den Wachstumsdaten der letzten Jahre bzw. der Perzentilenkurve erkennen Sie, dass der Jungen zuvor entlang der 25. Perzentile gewachsen ist, diese Kurve aber aufgrund einer geringeren Wachstumsgeschwindigkeit vor ca. zwei Jahren verlassen hat und seitdem auf der 3. Perzentile liegt. Sie finden einen unauffälligen, präpubertären körperlichen Untersuchungsstatus. Die Mutter ist 1,70 m, der Vater 1,75 m groß. Was vermuten Sie?

Antwort: Hier liegt am ehesten eine **konstitutionelle Entwicklungsverzögerung (KEV)** vor, die im Übrigen die häufigste Ursache für einen proportionierten Minderwuchs ist. Bei dieser Form der sekundären Wachstumsstörung ist die gesamte körperliche Reifung inklusive der Geschlechtsentwicklung verlangsamt. Die KEV tritt familiär gehäuft auf und betrifft vor allem Jungen. Die Kinder fallen in der Regel durch ein verzögertes Wachstum zwischen dem achten und dem zwölften Lebensjahr auf. Die Pubertät setzt ca. zwei bis vier Jahre später als normal ein. Die Endgröße ist aber schließlich nach abgelaufener Pubertät normal, d.h. die Kinder erreichen ihre genetische Zielgröße (☞ Abschn. 2.1). Eine Therapie ist deshalb in aller Regel nicht nötig. Ist die Situation allerdings psychisch sehr belastend, kann bei Jungen vor der Pubertät eine Therapie mit anabolen Steroiden oder Testosteronpräparaten in Erwägung gezogen werden.

? **Frage:** Welche diagnostische Maßnahme ist hier wegweisend?

Antwort: Die Röntgenaufnahme der linken Hand und die entsprechende Bestimmung des Knochenalters kann die Verdachtsdiagnose sichern. Das Knochenalter liegt bei einer KEV über 1,5 Jahre hinter dem Lebensalter zurück und zeigt somit, dass das Potential, eine normale Endgröße zu erreichen, erhalten bleibt.

Prüfer: Richtig. Im Grunde genommen handelt es sich bei der KEV um eine Tempovariante des Wachstums. Die Verlangsamung der Wachstumsgeschwindigkeit beginnt meist im Kleinkindes- oder Schulalter, bekommt aber erst bei ausbleibender Pubertät Bedeutung, wenn die Kinder unter dem Entwicklungsrückstand leiden. Nach einem sprunghaften Anstieg der Wachstumsgeschwindigkeit wird dennoch die errechnete Endgröße erreicht.

✚ **Facharztwissen:** Zur ergänzenden Basisdiagnostik gehören Routinelabor, Schilddrüsenwerte, IgF-1, IgFBP-3. Wichtig: Die prospektive Endlänge sollte im Streubereich der genetischen Zielgröße liegen (☞ Abschn. 2.1). Zur Verlaufskontrolle halbjährliches Messen von Größe, Gewicht, Wachstumsgeschwindigkeit.

Frage: Welche anderen Formen des Minderwuchses müssen bei der konstitutionellen Entwicklungsverzögerung an erster Stelle differentialdiagnostisch ausgeschlossen werden? **?**

☐ ☐ ☐
☺ 😐 ☹

Antwort: Abgegrenzt werden muss in erster Linie der **familiäre Minderwuchs,** bei dem es sich um eine primäre Wachstumsstörung handelt und bei dem das Knochenalter nicht retardiert ist. Deshalb wird auch keine normale Endgröße erreicht. Andererseits muss ein **hypophysärer Wachstumshormonmangel** (☞ Abschn. 7.2) durch Wachstumshormon-Stimulationstests ausgeschlossen werden. Diese Tests fallen bei der KEV normal aus.

2.4 Turner-Syndrom

Frage: Die diagnostischen Schritte zur Abklärung eines Minderwuchses sind sehr umfassend. Wird diese Diagnostik bei einem Mädchen durchgeführt, sollte eine zusätzliche spezielle Blutuntersuchung durchgeführt werden, die in der Regel bei einem Jungen nicht erforderlich ist. Können Sie sich vorstellen, um welche Untersuchung es sich handelt? **?**

☐ ☐ ☐
☺ 😐 ☹

Antwort: Ich vermute, Sie zielen auf eine Chromosomenanalyse zur Diagnose eines bislang nicht erkannten **Ullrich-Turner-Syndroms** ab. Mädchen mit Turner-Syndrom weisen den **Karyotyp 45, X0** auf, das heißt, das zweite X-Chomosom fehlt. Sie wird bei einem von 3000 Mädchen gefunden und hat eine hohe intrauterine Letalität.

✚ Die X0-Konstellation ist beim Menschen die einzige Monosomie, die mit dem Leben vereinbar ist.

☐ ☐ ☐

Frage: Sehr richtig, wobei als Screening-Untersuchung auch die Untersuchung der Mundschleimhaut Anwendung findet. Das Fehlen des zweiten X-Chromosoms zeigt sich an dem fehlenden Barr-Körperchen (Sexchromatin). Ihnen wird ein 12-jähriges Mädchen mit Verdacht auf ein Turner-Syndrom vorgestellt. Welche Auffälligkeiten erwarten Sie?

✚ Die Aortenisthmusstenose ist mit ca. 20 % die am häufigsten mit dem Turner-Syndrom assoziierte Organfehlbildung. Häufig sind ferner die sog. Hufeisennieren.

Antwort: Die Mädchen fallen durch **dysproportionierten Minderwuchs** und ein **kindliches Erscheinungsbild im Erwachsenenalter** auf. An Stigmata können ein **tiefer Haaransatz, Pterygium colli, Cubiti valgi, Schildthorax mit weitem Mamillenabstand, hoher Gaumen, Nageldysplasien** und **Hypertelorismus** vorliegen. Häufig sind auch assoziierte Fehlbildungen wie **Herzfehler** und **Nierenfehlbildungen** zu finden. Immunendokrinopathien können ebenfalls vorkommen. Anstelle von Ovarien liegen nur bindegewebige Streaks vor.

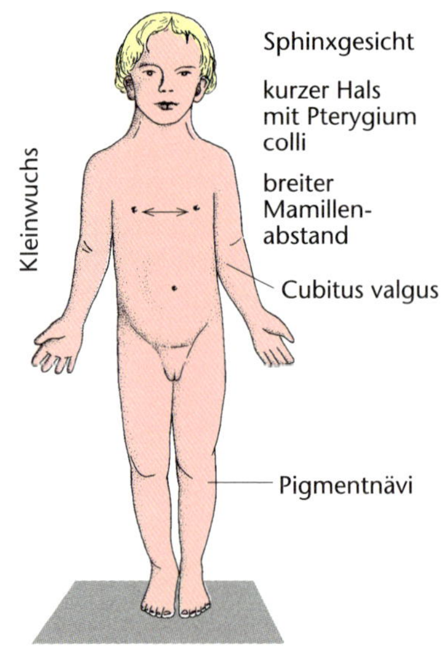

Abb. 2.1: Turner-Syndrom (modifiziert aus [1])

☐ ☐ ☐

Frage: Welche Hinweise auf ein Turner-Syndrom können schon bei der Geburt vorliegen?

Antwort: Häufig weisen die Säuglinge bei der Geburt **lymphangiektatische Ödeme** an **Hand-** und **Fußrücken** auf. Die Kinder sind häufig bei der Geburt schon klein.

Prüfer: Ein frühes Erkennen dieser Ursache einer Wachstumsstörung ist deshalb so wichtig, weil durch synthetisches Wachstumshormon die normalerweise zu erwartende Endgröße von etwa 145 cm deutlich gesteigert werden kann. Außerdem kann durch die rechtzeitige Einleitung einer Gestagen-Östrogen-Therapie die Ausprägung der sekundären Geschlechtsmerkmale induziert werden.

2.5 Großwuchs

Frage: Welche beiden Formen für übermäßiges Längenwachstum werden unterschieden? **?**

☐ ☐ ☐

☺ 😐 ☹

Antwort: Einerseits gibt es Wachstumsstörungen mit einem **temporären (transitorischen) Großwuchs.** Ursachen können Erkrankungen sein, die mit einer vermehrten Produktion von Sexualsteroiden einhergehen. Dazu zählen das adrenogenitale Syndrom (☞ Abschn. 7.6) und die Pubertas praecox (☞ Abschn. 7.8). Wie die Bezeichnung „temporär" schon signalisiert, wachsen die Kinder erst sehr schnell, dann kommt es aber zu einem vorzeitigen Schluss der Epiphysenfugen mit resultierender normaler oder sogar verringerter Endgröße.

Prüfer: Vergessen haben Sie den wichtigsten Vertreter der temporären Großwuchsformen, die früh-normale Pubertät als Pendant zur konstitutionellen Entwicklungsverzögerung. Die Kinder wachsen schnell und gelangen früh-normal in die Pubertät. Die Endgröße ist jedoch normal.

✚ Seltenere Syndrome mit Großwuchs sind das Sotos-Syndrom (zerebraler Gigantismus) mit Makrozephalie, großen Händen und Füßen, motorischer und geistiger Entwicklungsretardierung, sowie das Wiedemann-Beckwith-Syndrom (☞ Abschn. 11.2), das mit Makroglossie und Omphalozele einhergeht.

Frage: Welche Form wird dem temporären Großwuchs gegenübergestellt? **?**

☐ ☐ ☐

☺ 😐 ☹

Antwort: Dieser Gruppe werden die **permanenten Großwuchsformen** gegenübergestellt. Permanenter Großwuchs kommt am häufigsten als **familiärer Großwuchs** vor und ist das Gegenstück zum **familiären Minderwuchs.** Weiterhin sind der Wachstumshormonüberschuss oder der Hochwuchs im Rahmen vieler Syndrome, wie z.B. dem Marfan-Syndrom, dem Klinefelter-Syndrom und der Homozystinurie, wichtig.

2.6 Marfan-Syndrom

Frage: Sie erwähnten das Marfan-Syndrom als eine Ursache des Großwuchses. Wodurch zeichnen sich Kinder mit diesem Syndrom aus, und welche Erkrankungen sollten differentialdiagnostisch in Betracht gezogen werden? **?**

☐ ☐ ☐

☺ 😐 ☹

✚ Ehlers-Danlos-Syndrom: erbliche Störung des Bindegewebes mit verminderter Kollagensynthese; Folgen: Cutis hyperelastica, Überstreckbarkeit der Gelenke und perivaskuläre Brüchigkeit des Bindegewebes

Antwort: Das Marfan-Syndrom ist eine **autosomal-dominant** vererbte Erkrankung. Die Symptome sind **Großwuchs** und **Arachnodaktylie, Überstreckbarkeit der Gelenke, Linsenluxation, Trichterbrust** und eine **Dilatation der Aorta**. Ursache ist eine Kollagenaufbaustörung. Da auch die **Homozystinurie** viele dieser Symptome aufweist, muss sie differentialdiagnostisch ausgeschlossen werden. Kinder mit Homozystinurie sind geistig retardiert. Auch eine andere Störung des Kollagenaufbaus, das **Ehlers-Danlos-Syndrom** sollte bei der Diagnosefindung in Betracht gezogen werden.

2.7 Klinefelter-Syndrom

☐ ☐ ☐
☺ 😐 ☹

? Frage: Mit einer Häufigkeit von 1 zu 1000 Knabengeburten ist das Klinefelter-Syndrom eine relativ häufige angeborene Störung, die mit Hochwuchs einhergeht. Wann haben Sie den Verdacht auf das Vorliegen eines Klinefelter-Syndroms?

Antwort: Meist wird das Klinefelter-Syndrom erst in der Pubertät diagnostiziert, es sind ausnahmslos Jungen davon betroffen. Sie fallen durch einen **eunuchoiden Hochwuchs, kleine Hoden bei normaler Penisgröße, Gynäkomastie, mäßige Pubarche** und oft **geistige Retardierung** auf.

☐ ☐ ☐
☺ 😐 ☹

? Frage: Wie lässt sich diese Verdachtsdiagnose sichern?

✚ Der Chromosomensatz XXY entsteht infolge einer Non-disjunction der mütterlichen X-Chromosomen bei der Oogenese (XX).

Antwort: Beim Klinefelter-Syndrom besteht ein **hypergonadotroper Hypogonadismus** infolge des Chromosomensatzes **47, XXY.** Es lassen sich zum einen ein **positives Sexchromatin** in der Chromosomenanalyse und zum anderen **erhöhte Gonadotropine** mit der Hormonanalyse nachweisen. Ferner besteht eine **Testosteronmangel** mit daraus resultierender Aspermie.

3 Vorgeburtliche Schädigung der Leibesfrucht

3.1 Grundlagen

Frage: Viele Eltern sind während der Schwangerschaft unsicher und stellen Fragen zu einer möglichen pränatalen Schädigung ihrer ungeborenen Kinder. In welcher Phase der intrauterinen Entwicklung spielen teratogene Noxen eigentlich eine Rolle?

Antwort: Die **intrauterine Entwicklung** lässt sich in verschiedene Phasen einteilen. Die erste Phase von der ersten bis zur dritten Woche post conceptionem ist die **Blastogenese.** Dabei entwickeln sich die drei Keimblätter. Hier gilt die „Alles-oder-nichts"-Regel. Der Keimling stirbt entweder ab oder die gesetzten Schäden werden soweit regeneriert, dass sie nicht mehr erkennbar sind. Die **Embryonalzeit** umfasst die vierte bis achte Woche post conceptionem. In dieser Zeit findet die Organogenese statt. Die Sensibilität des werdenden Organismus für teratogene Noxen ist in dieser Zeit besonders hoch. In der darauf folgenden **Fetalzeit** sinkt die Sensibilität rasch ab. Es findet noch eine Differenzierung des Gehirns und der ableitenden Harnwege statt. Teratogene Noxen bewirken in dieser Phase vor allem eine Wachstumsverzögerung und Differenzierungsstörung des Gehirns.

✚ Häufige Ursachen exogener Schäden: mütterliche Infektionen, Medikamente, Genussgifte, mütterliche Stoffwechselerkrankungen, ionisierende Strahlen

Frage: Ein besonders hohes Risiko geht aus **diaplazentar übertragenen Infektionen** hervor. Welche sind Ihnen bekannt?

Antwort: Zu den wichtigsten intrauterin übertragenen Infektionen mit teratogenem Risiko gehören **Toxoplasmose, Röteln, Cytomegalie, Herpes simplex, Lues** und **Listeriose.** Bei anderen typischen Infektionskrankheiten wie Varizellen, Masern, Mumps, Poliomyelitis, Hepatitis B, Influenza und Coxsackievirusinfektion kommt es zwar gelegentlich zu einer Infektion des Embryos bzw. des Feten, die teratogene Potenz der Viren ist aber gering.

! **Merke:** Gruppe der diaplazentaren Infektionen mit hohem teratogenem Risiko: **TORCHELL:**
TO =Toxoplasmose
R = Röteln
C = Cytomegalie
HE = Herpes simplex
L = Lues
L = Listeriose

✚ Neugeborenen-IgM-Werte > 20 mg/dl sind auffällig; normale Werte schließen eine konnatale Infektion jedoch nicht aus!

Prüfer: Eine weitere konnatale Infektion, die häufig vergessen wird, möchte ich noch hinzufügen: die Infektion durch Parvovirus B19, die im Kindesalter als Ringröteln (Erythema infectiosum) in Erscheinung tritt. Etwa 20 % der Feten infizierter Mütter machen eine pränatale Infektion durch. Im ersten Trimenon kommt es meist zum Spontanabort, im zweiten Trimenon droht ein Hydrops fetalis mit seinen Komplikationen. Im letzen Trimenon können die Kinder vorübergehende aplastische Anämien aufweisen.

? **Frage:** Welche Leitsymptome veranlassen Sie bei einem Neugeborenen, den Verdacht auf eine konnatale Infektion zu stellen?

✚ Ergänzende Diagnostik: Erregernachweis im Liquor und Urin (z.B. PCR), Sonographie von Schädel und Abdomen, Augenhintergrunduntersuchung

Antwort: Das klassische Symptom ist die Hypotrophie der Kinder, d.h. sie sind „small for gestational age“. Wenn zusätzlich zwei oder drei **weitere typische Symptome** einer konnatalen Infektion, wie z.B. Hepatosplenomegalie, Lymphknotenschwellung, Mikrozephalie, Krampfanfälle, Hydrozephalus, Thrombozytopenie, Pneumonie oder jegliche Augenbeteiligung (Katarakt, Chorioretinitis) feststellbar sind, würde ich die entsprechende Diagnostik veranlassen. Diese umfasst zunächst die Bestimmung des kindlichen IgM. Mütterliches IgM passiert nicht die Plazenta und der Fetus kann ab der 20. Schwangerschaftswoche als Ausdruck einer intrauterinen Infektion IgM produzieren. Entscheidend ist aber der serologische Nachweis der TORCHELL-Erreger.

3.2 Rötelnembryopathie

? **Frage:** Wann ist die von Ihnen erwähnte Rötelninfektion in der Schwangerschaft gefährlich?

✚ Das embryonale Rötelnrisiko ist bei klinisch manifester Infektion der Mutter deutlich größer als bei inapparentem Verlauf.

Antwort: Nur eine **Erstinfektion** während der Schwangerschaft kann zur Rötelnembryopathie führen. Eine Reinfektion bei ausreichenden Antikörpern hat keine Auswirkung. Außerdem ist das **Fehlbildungsausmaß vom Zeitpunkt der mütterlichen Infektion abhängig.** So führt eine Infektion im ersten Schwangerschaftsmonat bei ca. 60 % der Kinder zu Fehlbildungen. Während bei einer Infektion im zweiten Monat noch ca.

25 % betroffen sind, geht die Fehlbildungsquote bis zum vierten Schwangerschaftsmonat auf etwa 10 % zurück. Danach werden kaum noch Fehlbildungen induziert.

Frage: Aufgrund einer natürlichen Durchseuchung von ca. 85 % der Frauen im gebärfähigen Alter und der konsequenten Rötelnimpfung stellt die Rötelnembryopathie glücklicherweise eine seltene Gefährdung dar. Wer hat erstmalig den Zusammenhang zwischen einer Rötelninfektion der Mutter und einer Fehlbildung der Kinder festgestellt?

Antwort: Im Jahre 1941 erkannte **Gregg,** dass die **Trias Katarakt**, **Innenohrschwerhörigkeit** und **Herzfehler** durch eine Rötelninfektion während der Schwangerschaft bedingt sein kann. Nach ihm wurde dieser Symptomenkomplex als Gregg-Syndrom benannt.

+ Weitere mögliche Symptome: Mikrophthalmie, Myopie, Optikusatrophie, psychomotorische Retardierung, intrauterine Hypotrophie. Häufigste Herzfehler: Pulmonalstenose, persistierender Ductus Botalli, VSD.

Frage: Was versteht man unter einem erweiterten **„akuten Rötelnsyndrom"?**

Antwort: Beim erweiterten „akuten Rötelnsyndrom" handelt es sich um eine **Rötelnembryofetopathie,** bei der zusätzlich zu den genannten Organen **auch viszerale Organe beteiligt** sind. Der Grund liegt in einer chronisch persistierenden Infektion mit Beginn in der Embryonalzeit. Erfolgt die Infektion erst später, also in der Fetalzeit, so treten bei der Rötelnfetopathie viszerale Symptome allein auf. Alle Organe können befallen sein. Oft finden sich ein Exanthem, Anämie, Thrombozytopenie, Hepatosplenomegalie, Myokarditis, Enzephalitis und eine interstitielle Pneumonie.

Frage: Wie ist die **Prognose** des erweiterten „akuten Rötelnsyndroms"?

Antwort: Aufgrund der vielfältigen Organbeteiligung ist die Prognose schlecht. Die Letalität im ersten Lebensjahr liegt bei etwa 35 %.

Prüfer: Verhindert werden kann dieses furchtbare Krankheitsbild durch effektive flächendeckende zweimalige Rötelnimpfung im Kindesalter. Auch eine bereits durchgemachte Rötelninfektion bietet ausreichend Schutz.

3.3 Zytomegalievirus-Infektion

Frage: Welches ist die häufigste angeborene Virusinfektion?

Antwort: Die häufigste angeborene Virusinfektion ist die **Zytomegalievirus-Infektion.** In Westeuropa sind ca. 80 % der Bevölkerung Antikörper-positiv für dieses Virus. In Ländern der dritten Welt ist die Durchseuchung der Bevölkerung mit CMV sogar noch größer. Man schätzt, dass ca. 1–2 % der Neugeborenen infiziert sind.

Frage: Von den Infizierten erwerben allerdings nur ungefähr 10 % ein manifestes CMV-Syndrom. Welche Symptome erwarten Sie bei einem Neugeborenen, wenn es zur Organmanifestation im Rahmen der CMV-Infektion gekommen ist?

+ Weitere Symptome bei ZNS-Befall: Hydrozephalus, periventrikuläre Verkalkungen, lymphozytäre Meningitis

Antwort: Neben häufigeren Frühgeburten finden sich insbesondere **viszerale Symptome.** Dazu zählen vor allem die Hepatitis mit prolongiertem Ikterus, Hepatosplenomegalie und Thrombozytopenie. Außerdem kann eine **Chorioretinitis** eintreten, die eine der häufigsten Zytomegaliemanifestationen ist. **Häufig ist zusätzlich das ZNS befallen.** Typische Symptome sind dann Mikrozepalie, Krampfanfälle, Innenohrschwerhörigkeit und mentale Retardierung.

Fallbeispiel: Ich erinnere mich an ein Kind mit einer konnatalen CMV-Infektion, das zunächst bei der Geburt durch die Untergewichtigkeit und durch eine Hepatosplenomegalie aufgefallen war. In den ersten Lebensstunden postpartal entwickelte es petechiale Hautblutungen bei einer Thrombozytopenie, sodass es in die Kinderklinik verlegt wurde. In den folgenden Tagen zeigte sich ein ausgeprägter Ikterus durch eine direkte Hyperbilirubinämie als Zeichen einer hepatitischen Beteiligung. Sonographisch ließen sich periventrikuläre Verkalkungen nachweisen. Die Diagnose wurde serologisch und durch direkten Virusnachweis mittels PCR im Urin und Liquor gesichert. Wie beurteilen Sie die Prognose dieses Kindes?

+ Indikationen für Ganciclovir-Behandlung: floride Pneumonie oder Hepatitis, wobei die Beeinflussung des klinischen Verlaufs nicht bewiesen ist

Antwort: Da es sich hier um eine **viszerale und zerebrale Beteiligung** handelt, ist die Prognose häufig durch Symptome wie psychomotorische Retardierung, Mikrozephalie, Taubheit und Krampfanfälle getrübt.

Prüfer: Gut, dass Sie die Innenohrschwerhörigkeit erwähnen. Dieser Organbeteiligung gilt in der Betreuung solcher Kinder in den ersten Lebensmonaten und -jahren ein besonderes Augenmerk, da rechtzeitige Diagnostik und Therapie, d.h. gegebenenfalls eine Hörgeräteversorgung, einsetzen muss. Im Übrigen vermutet man, dass bei ansonsten gesunden Kindern mit einer ungeklärten Schwerhörigkeit oder leichter Intelligenzminderung ursächlich eine inapparente konnatale CMV-Infektion zu Grunde liegen könnte.

3.4 Toxoplasmose

Frage: Welche Symptome treten im Vergleich zur Zytomegalievirus-Infektion bei einer konnatalen Toxoplasmose auf?

Antwort: Im Grunde genommen können die Symptome der konnatalen Toxoplasmose denen der Zytomegalievirus-Infektion sehr ähnlich sein. Die **frühe Fetusinfektion** ist relativ selten, zeigt aber einen **schweren Krankheitsverlauf** mit hohem Abortrisiko. Bei Geburt zeigen diese Kinder eine Hepatosplenomegalie, Ikterus, interstitielle Pneumonie oder eine Myokarditis. Genau wie bei der CMV kommt es häufig zur Meningoenzephalitis und damit zur zerebralen Beteiligung. Diese ist durch die **Trias Hydrozephalus, Chorioretinitis** und **intrakranielle Verkalkungen** gekennzeichnet. Das Risiko einer Infektion des Feten bei mütterlicher Erstinfektion in der Schwangerschaft beträgt im
1. Trimenon: 15 %
2. Trimenon: 45 %
3. Trimenon: 60 %.

Frage: Häufiger als dieses schwere Vollbild einer Toxoplasmose sind die subklinischen Verläufe, wobei die Kinder erst später in ihrer Entwicklung durch postenzephalitische Symptome wie zerebrale Anfallsleiden, Intelligenzdefekte oder rezidivierende Chorioretinitiden auffallen. Unter welchen Umständen ist nun die Infektion für den Feten gefährlich?

Antwort: Im Regelfall kann eine **transplazentare Infektion** nur erfolgen, wenn die Mutter **während** der **Schwangerschaft erstmalig infiziert** wird, da die abgelaufene Infektion normalerweise eine lebenslange Immunität hinterlässt.

+ Antiparasitäre Medikamente zur Behandlung von Schwangeren und infizierten Kindern: Pyrimethamin, Sulfadiazin, Spiramycin in unterschiedlicher Kombination

Prüfer: Sehr gut. Der Durchseuchungsgrad in der Bevölkerung beträgt vermutlich mehr als 50 %. Um die gefährliche Erstinfektion zu erkennen, wird empfohlen, bei begründetem Verdacht oder bei Vorliegen von Risikofaktoren (z.B. Genuss von rohem Fleisch, Kontakt zu Katzen) die Immunität während der Schwangerschaft zu überprüfen. Liegt eine manifeste Infektion vor, wird die Frau antiparasitär behandelt. Damit soll die Infektionsgefahr des Feten um 60–100 % gesenkt werden.

3.5 Listeriose

Frage: Was versteht man unter der **Granulomatosis infantiseptica?**

Antwort: Granulomatosis infantiseptica ist die Bezeichnung für das schwere Bild der **Neugeborenenlisteriose.** Es finden sich Granulome in allen Organen, besonders in Leber, Lunge, Milz, Darm und Tonsillen. Diese **Granulome** zeigen sich oft an der Haut in Form **heller Knötchen mit rotem Hof.**

Im Rahmen des septischen Krankheitsbildes können vielgestaltige Symptome auftreten. Über 50 % der mit Listeria monocytogenes infizierten Neugeborenen sind **Frühgeborene.** Sie zeigen ein **blau-livides Hautkolorit** und haben oft eine **hämorrhagische Bronchitis** sowie eine **Hepatosplenomegalie.**

✚ Etwa 1–2 Wochen nach der Geburt können infizierte Säuglinge auch monosymptomatisch an Meningitis oder Meningoenzephalitis erkranken („Late-onset-Form").

Frage: Wie bei nahezu allen konnatalen Infektionen erfolgt die Infektion des Feten durch akute, in diesem Fall bakteriämische Erkrankung der Schwangeren. Wie gehen Sie therapeutisch bei der Neugeborenenlisteriose vor?

Antwort: Da die Krankheit unbehandelt in der Regel letal verläuft, ist eine **antibiotische Therapie** unverzüglich einzuleiten. Wirksam ist die Kombination von Ampicillin mit Aminoglykosiden.

Prüfer: Weniger dramatisch und wesentlich häufiger ist eine **perinatal** erworbene Listerieninfektion. Die Erregerübertragung erfolgt unter der Geburt. Die Kinder zeigen das Bild einer Neugeborenensepsis (☞ Abschn. 4.9).

3.6 Lues

Fallbeispiel: Zu Ihnen kommt eine werdende Mutter, derzeit im dritten Schwangerschaftsmonat. Sie hat im ersten Schwangerschaftsmonat eine Lues-Infektion durchgemacht. Die Infektion ist damals antibiotisch behandelt worden. Jetzt fragt sie nach einer möglichen Schädigung des Kindes. Was antworten Sie ihr?

Antwort: Im Grunde ist das Risiko einer Schädigung des Kindes gering, da es sich bei der konnatalen Syphilis um eine **Fetopathie** handelt, die theoretisch **frühestens ab dem fünften Fetalmonat** das Kind gefährdet. Außerdem ist diese Frau antibiotisch behandelt worden, was ebenfalls gegen eine kindliche Infektion spricht. Sicherheitshalber ist ein (IgM)-FTA-Abs-Test durchzuführen, um eine noch bestehende latente Infektion auszuschließen. Ist der Test positiv, so ist eine erneute Penicillin-Therapie einzuleiten.

Merke: Lues-Serodiagnostik: !

- **TPHA** = Treponema-pallidum-Hämagglutinationstest → Suchtest
- **FTA** = Fluoreszenz-Treponema-Antikörper-Absorptionstest → Bestätigungstest
- **Cardiolipin-Reaktion (VRDL-Test)** → Aktivität der Erkrankung
- **IgM-FTA-ABS-Test** → frische Infektion

Frage: Welche **Symptome** zeigt ein Säugling mit Lues connata? ?

Antwort: Sofern die Feten nicht schon pränatal an einer Spirochätensepsis sterben, zeigen die Neugeborenen Symptome ähnlich der Sekundärphase der erworbenen Lues. Als **Frühsymptome** finden sich eine **Sattelnase, blutiger Schnupfen** und das **luetische Pemphigoid.** Das Pemphigoid besteht aus eitrigen Blasen, die den Erreger enthalten, und ist vorwiegend an Hand- und Fußsohlen lokalisiert. Wochen später tritt das **makulopapulöse Syphilid** auf. Die **Viszerallues** manifestiert sich neben uncharakteristischen Infektionszeichen mit einer interstitiellen Pneumonie, einer Hepatosplenomegalie und oft mit einer Herdnephritis. Das Skelett kann in Form einer Osteochondritis oder einer Osteomyelitis betroffen sein.

✚ Häufige Folgen der Osteochondritis: schmerzhafte Scheinlähmung (Parrot-Pseudoparalyse) sowie das Bild einer basalen Meningitis, die gelegentlich zu einem hypersekretorischen Hydrozephalus führen kann

Frage: Was versteht man unter einer Lues connata tarda? ?

Antwort: Bei der Lues connata tarda handelt es sich um die Spätform der konnatalen Lues. Bleibt die konnatale Lues symptomarm und somit unbehandelt, so kann sie nach jahrelanger Latenz als Lues connata tarda in Erscheinung treten. Sie entspricht dem Tertiärstadium der erworbenen Lues. Charakteristisch ist die so genannte **Hutchinson-Trias** mit **Keratitis parenchymatosa, Innenohrschwerhörigkeit** und **tonnenförmiger Deformation der oberen Schneidezähne.** Insgesamt ist die konnatale Spätsyphilis wegen der Sicherheit der Penicillintherapie sehr selten geworden.

✚ Häufige Symptome bei Lues connata tarda: Sattelnase, Rhagaden an Mund- und Augenwinkeln, vorgewölbte Stirn; gelegentlich gummöse Ostitis, Neurolues

3.7 Diabetische Fetopathie

Fallbeispiel: In Ihre Praxis kommt eine 25-jährige Typ-1-Diabetikerin, die Sie als Kinderarzt jahrelang betreut haben. Sie ist jetzt verheiratet und hat Kinderwunsch. Allerdings hat sie große Befürchtungen, dass das im Mutterleib heranwachsende Kind durch ihre Grunderkrankung geschädigt werden könnte. Sind die Ängste der jungen Frau berechtigt? Wo liegen die grundsätzlichen Gefahren für das Kind?

Antwort: Die kindliche Gefährdung hängt ganz entscheidend von der Stoffwechsellage, d.h. der **Blutzuckereinstellung** der Mutter **vor** und **während der Schwangerschaft** ab. Außerdem haben bereits eingetretene diabetische Folgeschäden eines jahrelangen Diabetes mellitus, wie beispielsweise eine Angiopathie, Auswirkungen auf die Morbidität eines Kindes. Außer durch die **diabetische Embryopathie** und **Fetopathie** sind die Kinder durch ein Polyhydramnion (infolge fetaler Polyurie), Plazentainsuffizienz, geburtsmechanische Probleme aufgrund der Makrosomie, durch postpartale Stoffwechselprobleme und vor allem durch das häufig auftretende Atemnotsyndrom gefährdet.

? Frage: Was raten Sie der Frau?

Antwort: Besonders wichtig ist, dass schon die präkonzeptionelle Stoffwechsellage – also die Blutzuckereinstellung vor der Befruchtung – und die Zuckereinstellung in den ersten Schwangerschaftswochen optimal sein muss, um eine so genannte Embryopathia diabetica zu verhindern. Folge dieser frühen Fruchtschädigung können ein Abort und zahlreiche Fehlbildungen darstellen. Von besonderer klinischer Bedeutung und wesentlich häufiger als die Embryopathie ist die diabetische Fetopathie. Verursacht wird dieses Krankheitsbild durch einen nicht erkannten Schwangerschaftsdiabetes oder einen schlecht eingestellten Diabetes mellitus. Die Schwere des Krankheitsbildes ist wesentlich von der Führung der Schwangeren im letzen Trimenon abhängig.

? Frage: Beschreiben Sie das klinische Bild eines Neugeborenen mit einer diabetischen Fetopathie. Wie sehen solche Kinder aus?

Antwort: Die Kinder sind **makrosom, adipös** mit einem **cushingoiden Vollmondgesicht** und einem insgesamt **pastösen Erscheinungsbild.** Trotz der Makrosomie sind sie **funktionell retardiert,** d.h. sie zeigen eine geringere Reife, als es dem Gestationsalter entspricht. Manchmal finden sich noch extramedulläre Blutbildungsherde mit einer **Hepatosplenomegalie.** Ein Mangel an Surfactant kann ein **Atemnotsyndrom** auslösen.

Die Neugeborenen sind hyperexzitabel. Nach der Geburt müssen die Säuglinge besonders gut überwacht werden, weil häufig die folgenden **vier Stoffwechselentgleisungen** auftreten: die besonders bedeutsame Hypoglykämie, außerdem eine Hypokalzämie, ferner die metabolische Alkalose und die Hyperbilirubinämie.

Frage: Richtig, dem Kliniker bereiten gerade diese von Ihnen beschriebenen Stoffwechselentgleisungen Probleme. Bitte erläutern Sie doch einmal detailliert, worauf die pathophysiologischen Grundlagen dieser Stoffwechselprobleme bei der diabetischen Fetopathie beruhen!

Antwort: Ist der Diabetes schlecht eingestellt, finden sich bei Mutter und Fetus wechselnd hohe **Hyperglykämien.** Gegenregulatorisch führt dies beim Feten zur Hypertrophie der Inselzellen mit **Hyperinsulinismus.** Der Hyperinsulinismus bewirkt eine vermehrte Glykogeneinlagerung in alle Organe, eine gesteigerte Lipogenese und Proteinsynthese und eine verminderte periphere Lipolyse. Dies führt zu der **Makrosomie** der Kinder. Da sich der Hyperinsulinismus nach der Geburt nur langsam zurückbildet, ist das Neugeborene der Mutter mit schlecht eingestelltem Diabetes **hypoglykämiegefährdet,** weil die Glukosezufuhr aus dem mütterlichen Organismus entfällt. Da die Nebennieren häufig unterentwickelt sind, reduziert sich die surfactantinduzierende Wirkung des Kortisols, und es kommt zum **Atemnotsyndrom.**

> ✚ Die Prognose der Kinder diabetischer Mütter ist heute gut. Einige neigen später zu Adipositas und Herz-Kreislauf-Erkrankungen. Die neurologische Entwicklung wird entscheidend durch die Abwendung der Komplikationen (Hypoglykämie, Hypoxie) beeinflusst.

Chronische Hypoxämie und Hyperinsulinismus bedingen eine **Polyglobulie** und somit eine **Hyperbilirubinämie.** Zusätzlich besteht die Gefahr einer **Nierenvenenthrombose.** Der gesteigerte Glukoseabbau führt über erhöhtes Bikarbonat und vermindertes CO_2 zu einer **metabolischen** und **respiratorischen Alkalose.** Durch die Alkalose ist der ionisierte Anteil des Kalziums erniedrigt, was die Hyperexzitabilität der Kinder erklärt.

3.8 Alkoholembryopathie

Frage: Jetzt noch ein Sprung zu der leider recht häufigen **Alkoholembryopathie,** auch fetales Alkoholsyndrom genannt. Seit der Erstbeschreibung durch Jones und Smith 1973 ist es als gefährliche Entwicklungsstörung für Kinder bekannt. Gegenwärtig kann der Alkohol als die häufigste teratogene Substanz mit lang anhaltenden Schädigungen für die zentralnervöse Entwicklung angesehen werden. Für die Diagnosestellung auch im späteren Kindesalter ist es besonders wichtig, die typischen Dysmorphiemerkmale zu kennen. Wie würden Sie die typische **Facies** eines solchen Kindes beschreiben?

Merke:
- antimongoloider Lidachsenverlauf = nach lateral abfallender Verlauf
- Epikanthus = sichelförmige Hautfalte im medialen Augenwinkel
- Philtrum = Rinne in der Mitte der Oberlippe

Antwort: Beim Kleinkind zeigt sich eine **ausgeprägte Mikrozephalie.** Die Lidspalten sind verengt und verlaufen **antimongoloid.** Ferner finden sich **Ptosis, Epikanthus, schmales Oberlippenrot,** Blepharophimose, eine leichte Mittelgesichtshypoplasie und ein **verstrichenes Philtrum.** In ausgeprägten Fällen ist das Gesicht so typisch, dass die Diagnose auch ohne Kenntnis des mütterlichen Alkoholismus gestellt werden kann.

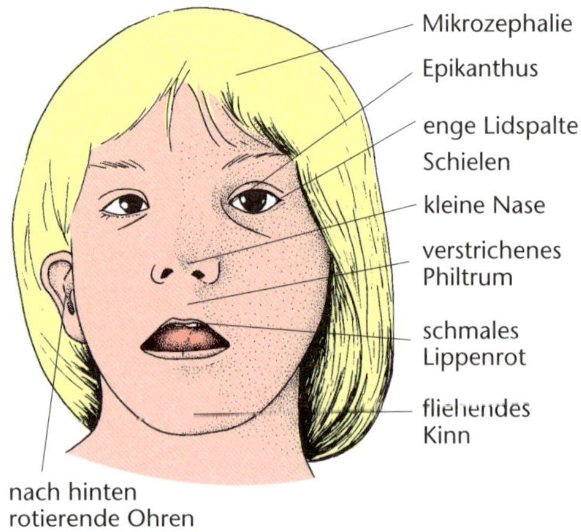

Abb. 3.1: Alkoholembryofetopathie (modifiziert nach [1])

Prüfer: Sehr richtig. Obwohl die Facies bei heranwachsenden Kindern ihren charakteristischen Ausdruck verliert, persistieren die typischen kraniofazialen Symptome bis in das Jugendalter. Ein erst im Jugendalter auftretendes Symptom ist eine relativ große Nase mit einem eher betonten geraden Nasenrücken.

Frage: Welche weiteren Symptome würden Sie bei einer Alkoholembryopathie erwarten?

Antwort: Neben der Mikrozephalie und der typischen Facies finden sich häufig **Minderwuchs** und **geistige Retardierung.** Auffällig sind auch eine Hyperexzitabilität, Hyperkinesen, Ataxie sowie Muskelhypotonie. Des Weiteren treten Hernien, Hüftgelenksluxationen und Hämangiome gehäuft auf.

Prüfer: Dabei scheint nach neuesten Erkenntnissen das Ausmaß der fazialen Dysmorphie nicht mit der Intelligenzentwicklung zu korrelieren. Vielmehr zeigt sich, dass die Entwicklungs- und Intelligenzdefizite auch nach Rückbildung der Dysmorphie-Syndrome persistieren.

+ Die Merkmalsausprägung der Alkoholembryopathie ist variabel und lässt sich je nach Schwere in die Grade I–III einteilen. Typische Facies der Alkoholembryopathie: hauptsächlich bei Grad III.

3.9 Nikotinabusus in der Schwangerschaft

Frage: Welche Fehlbildungen finden sich bei Kindern, deren Mütter während der Schwangerschaft geraucht haben? ?

☐ ☐ ☐
☺ 😐 ☹

Antwort: Die Fehlbildungsrate unter Kindern von Raucherinnen ist nicht erhöht. Deutlich erhöht sind allerdings die Frühgeburtlichkeit bei Raucherinnen und damit auch die Rate nachgeburtlicher Störungen. Außerdem sind die Kinder auch nach normal langer Schwangerschaft häufiger untergewichtig. Die perinatale Mortalität ist ebenfalls erhöht.

tipp Achtung, Fangfrage! Es ergibt sich keine erhöhte Fehlbildungsrate nach mütterlichem Nikotinabusus.

Prüfer: Besonders bedauernswert ist, dass die Neugeborenen nach der Geburt ein richtiges Nikotinentzugssyndrom durchmachen, das sich durch Zittrigkeit, Unruhezustände und Schreiattacken äußert und über mehrere Tage anhalten kann. Des Weiteren ist ein Nikotinabusus in der Schwangerschaft ein eindeutiger Risikofaktor für ein SIDS-Ereignis (Sudden infant death syndrome, ☞ Kap. 19).

4 Neu- und Frühgeborene

4.1 Das Frühgeborene

☐ ☐ ☐
☺ 😐 ☹

? Frage: Wie würden Sie den Begriff **Frühgeburt** definieren?

✚ Das „älteste" Frühgeborene ist 36 Wochen und 6 Tage alt (36 + 6).

Antwort: Definitionsgemäß handelt es sich nach der WHO um ein Frühgeborenes, wenn das Kind **vor** Ende der **37. Schwangerschaftswoche** geboren wurde. Die Schwangerschaft ist also kürzer als 260 Tage, gerechnet vom ersten Tag der letzten Regelblutung der Mutter. Etwa 5 % aller Neugeborenen sind Frühgeborene. Wichtig ist die Abgrenzung zur **Mangelgeburtlichkeit** (SGA, „small for gestational age", Hypotrophie). Das Geburtsgewicht liegt hierbei unter der 10. Perzentile, z.B. bei einer Geburt in der 40. Schwangerschaftswoche unter 2600 g.

☐ ☐ ☐
☺ 😐 ☹

? Frage: Welche **Ursachen** für Frühgeburtlichkeit kennen Sie?

Antwort: Frühgeburtlichkeit kann durch vielfältige Störungen bedingt sein. Häufig wird sie ausgelöst durch **Allgemeinerkrankungen** der Mutter, **soziale Probleme** und Anomalien oder **Erkrankungen der Gebärorgane.** Eine mütterliche Disposition zum vorzeitigen Blasensprung, wie z.B. eine **Zervixinsuffizienz,** oder **Lageanomalien des Kindes** können ebenso zu einer vorzeitigen Beendigung der Schwangerschaft führen. Die **EPH-Gestose** ist ein besonders schweres Krankheitsbild, das häufig eine Frühgeburt auslöst. Auch das **Alter der Mutter** ist interessanterweise ein Faktor für Frühgeburtlichkeit. So finden sich häufiger Frühgeburten bei Müttern unter 16 und über 35 Jahren.

☐ ☐ ☐
☺ 😐 ☹

? Frage: Sie haben bis jetzt Ursachen genannt, die unmittelbar die Mutter betreffen. Kennen Sie auch Ursachen für Frühgeburtlichkeit, die vom Kind ausgehen?

Antwort: Im Prinzip kann jede Erkrankung des Kindes zu einer Frühgeburt führen. Häufige Ursachen sind **kindliche Infektionen** und **Fehlbildungen,** wie z.B. die Darmatresie mit Polyhydramnion. Aber auch eine **Mehrlingsschwangerschaft** kann zur vorzeitigen Entbindung zwingen.

Prüfer: Aus meiner Erfahrung darf ich Ihnen sagen, dass ein besonders häufiger Grund für eine Frühgeburtlichkeit ein **Amnioninfektionssyn-**

drom ist. Die Infektion der Fruchthöhle löst vorzeitige Wehen aus, führt zum Blasensprung und zu einer manifesten Infektion der Mutter. Um die Infektion möglichst von dem Kind abzuwenden, wird es in der Regel durch einen Kaiserschnitt vorzeitig entbunden.

Frage: Wir haben bisher Definition und Ursachen der Frühgeburtlichkeit besprochen. Nehmen wir einmal an, es ist, aus welchen Gründen auch immer, zu einer Frühgeburt gekommen. Mit welchen Problemen müssen Sie postpartal grundsätzlich rechnen?

?

☐ ☐ ☐
☺ 😐 ☹

Antwort: Die vielfältigen Probleme sind auf die **Unreife der kindlichen Organe** zurückzuführen und betreffen im Wesentlichen alle großen Organsysteme. **Atemstörungen** sind bei Frühgeborenen sehr häufig. Je kleiner und unreifer die Kinder sind, desto höher ist die Wahrscheinlichkeit einer Intubation und einer maschinellen Beatmung. Besondere Bedeutung hat in diesem Zusammenhang die Entwicklung eines **Surfactantmangel-Syndroms** oder auch „**Infant respiratory distress syndrome**" **(IRDS).** Davon abgrenzen lassen sich zentrale Atemstörungen aufgrund der Unreife des kindlichen Atemzentrums. Schwerwiegende Komplikationen des **Zentralnervensystems** bei Frühgeborenen sind **Hirnblutungen.** Diese treten in aller Regel in Folge einer prä-, perioder auch postpartalen Asphyxie auf. Die Schwere einer Blutung wird je nach Ausmaß in verschiedene Grade eingeteilt und kann weitere Komplikationen wie z.B. einen posthämorrhagischen Hydrozephalus zur Konsequenz haben. Eine häufige Anpassungsstörung, die das **Herz-Kreislauf-System** betrifft, ist der persistierende Ductus arteriosus Botalli (PDA). Als weiteres klassisches Problem fällt mir noch die **Frühgeborenenretinopathie** ein.

✚ Das Surfactantmangel-Syndrom wurde früher als Syndrom der hyalinen Membranen bezeichnet.

Grad	Befund
1	ausschließlich subependymale Blutung
2	subependymale Blutung mit Einbruch in den Seitenventrikel, ohne Ventrikeldilatation
3	subependymale Blutung mit Einbruch in das Ventrikelsystem und Ventrikeldilatation
4	intraventrikuläre Blutung mit Ausdehnung nach intrazerebral

Tab. 4.1: Einteilung der subependymalen Hämorrhagien („Hirnblutungen") nach Burstein

Prüfer: Sehr schön beschreiben Sie die Tatsache, dass im Grunde genommen jedes Organsystem, d.h. Lunge, Gehirn, Herz-Kreislauf-System, Niere, Augen usw. aufgrund der Unreife Probleme bereiten kann. Unmittelbar nach der Geburt gilt es, insbesondere für extrem unreif geborene Kinder (< 30. SSW), möglichst schonend Atmung und Herz-

Kreislauf-System zu stabilisieren. Je nach Zustand und postpartaler Adaptation gehören dazu die Intubation mit maschineller Beatmung und Surfactantapplikation, die Anlage eines Zentralvenen- oder Nabelvenenkatheters mit entsprechender Infusionstherapie und gegebenenfalls die Gabe von Katecholaminen zur Blutdruckstabilisierung. Die Indikation zur antibiotischen Therapie wird bei Frühgeborenen leicht gestellt, da, wie schon erwähnt, häufig ursächlich ein Amnioninfektionssyndrom vorliegt. Nach der Einleitung dieser Primärmaßnahmen sollte das Kind weitgehend „in Ruhe gelassen", d.h. unnötiger Stress vermieden werden. Der Begriff „minimal-handling" in der Pflege von Frühgeborenen hat einen großen Stellenwert zur Prävention schwerwiegender Komplikationen in der Neonatologie erlangt. Man versteht darunter die optimale Koordination pflegerischer, diagnostischer und therapeutischer Maßnahmen beim Frühgeborenen.

4.2 Der persistierende Ductus arteriosus (PDA)

? **Frage:** Sie erwähnten den **persistierenden Ductus arteriosus** (PDA) als relativ häufiges Problem des Frühgeborenen. Was ist ein PDA?

✚ Shunt über den Ductus arteriosus bewirkt verminderte Organdurchblutung, insbesondere von Nieren und Darm. Erhöhte Gefahr von Nierenfunktionsstörung und NEC (nekrotisierender Enterokolitis)!

Antwort: Der PDA ist eine nach den postpartalen Umstellungsvorgängen fortbestehende Kurzschlussverbindung zwischen Aorta und Arteria pulmonalis. Er führt zu einem **Links-Rechts-Shunt** und somit zu einer Volumenbelastung des Pulmonalkreislaufs und des linken Ventrikels, denn das Volumen verlässt das Herz nicht Richtung Aorta-Körperkreislauf, sondern gelangt immer wieder via PDA in die Lunge und in den linken Ventrikel. Normalerweise bewirken O_2-Rezeptoren der Duktusmuskulatur und vasoaktive Substanzen, dass sich der Ductus arteriosus kurz nach der Geburt verschließt. Bei Frühgeborenen kann aber eine bestehende Hypoxämie, eine geringe Empfindlichkeit der Duktusmuskulatur auf den steigenden O_2-Gehalt oder ein verzögerter Abfall von Prostaglandinen bewirken, dass sich der Duktus nicht verschließt.

? **Frage:** Erfahrungsgemäß sind die besonderen Risikopatienten die beatmeten Frühgeborenen unter 30 Schwangerschaftswochen. Hier müssen Sie mehrmals täglich ab dem zweiten oder dritten Lebenstag nach den klinischen Zeichen eines PDA forschen. Worauf würden Sie als junger Stationsarzt achten?

Antwort: Leitsymptom ist das zunehmend lauter werdende **Systolikum.** Präkordial zeigt sich ein verstärkter **Herzspitzenstoß,** die Femoralispulse werden prominent im Sinne eines **Pulsus celer et altus.** Die Beatmungssituation kann sich durch häufige Schwankungen der Sauerstoffsättigung verschlechtern.

Frage: Schwierig ist es im Übrigen nicht etwa, den persistierenden Ductus arteriosus zu diagnostizieren, sondern die hämodynamische Relevanz richtig zu beurteilen. Angenommen, Sie haben bei einem Frühgeborenen den PDA klinisch erkannt und Ihr Oberarzt hat Ihren Verdacht echokardiographisch bestätigt. Welche Möglichkeiten der Therapie gibt es bei einem persistierenden Ductus arteriosus?

Antwort: Besteht ein hämodynamisch bedeutsamer Duktus, so versucht man, diesen medikamentös mit **Prostaglandinsynthesehemmern,** z.B. Indometacin, zu verschließen. In aller Regel kann ein Großteil der PDAs damit verschlossen werden. Gelingt dies nicht, muss durch einen operativen Eingriff der Duktus ligiert werden.

Prüfer: Der Duktus „persistiert" auch im Rahmen eines **PFC-Syndroms** (persistierende fetale Kreislaufverhältnisse), bei dem es durch einen mangelnden Abfall des Drucks im kleinen Kreislauf (Folge von Atemnotsyndrom, ☞ Abschn. 4.5, Atelektasen) zu einer Persistenz der vorgeburtlichen Kreislaufverhältnisse kommt.

✚ Beim PFC entsteht im Duktus ein Rechts-Links-Shunt. Beim PDA kommt es zu einem Links-Rechts-Shunt.

4.3 Frühgeborenenretinopathie

Frage: Sie erwähnten ebenfalls ganz richtig die **Frühgeborenenretinopathie** als besonderes Problem der Frühgeburtlichkeit. Wie kommt dieses Krankheitsbild zustande?

Antwort: Die Frühgeborenenretinopathie entsteht fast ausschließlich als **Beatmungsfolge** und infolge **langfristiger Sauerstoffapplikation** und ist umso häufiger, je unreifer die Neugeborenen sind. Die periphere Retina ist noch unvollständig vaskularisiert, und Enzyme, die vor Sauerstoffradikalen schützen, sind noch unzureichend vorhanden. Ein erhöhter arterieller O_2-Druck kann somit neu gebildete Gefäße schädigen. Die anschließende überschießende Neuvaskularisierung der Netzhautperipherie und des Glaskörpers führt zu **Blutungen** und zur **Netzhautablösung** mit Gefahr der **Erblindung.** Auch Hypoxie, Hyperkapnie und Lichteinfall tragen zur Entwicklung der Retinopathie bei.

✚ Die erste Untersuchung erfolgt im Alter von 5 Wochen, dann regelmäßig alle 1–2 Wochen bis zur vollständigen Vaskularisation der Netzhaut.

Frage: Durch welche Maßnahmen können Sie versuchen, die Frühgeborenenretinopathie zu vermeiden?

Antwort: Da sich bei 10 % der Neugeborenen mit Retinopathie bleibende Sehstörungen bis zur Erblindung entwickeln, sind Maßnahmen zur Verhinderung der Erkrankung besonders wichtig. Zu hohe und zu niedrige arterielle **O_2- und CO_2-Drücke** müssen durch **kontinuierliche transkutane Überwachung** vermieden werden. Die Kinder sollen vor

Lichteinfall geschützt werden und Vitamin E als Antioxidans erhalten. Um eine Ablösung der Retina frühzeitig festzustellen, sind **regelmäßige Untersuchungen des Augenhintergrundes** notwendig. Bei beginnender Netzhautablösung ist die Koagulation durch Laser oder eine Kryotherapie indiziert.

4.4 Asphyxie

Prüfer: In der Neonatologie kommt insbesondere der peripartalen Versorgung der Früh- und Neugeborenen eine große Bedeutung zu. Nie wieder im Leben eines Kindes wird das Risiko einer Schädigung durch einen Sauerstoffmangel so groß sein wie vor, während und unmittelbar nach der Geburt. Diese Problematik wird unter dem Begriff der peripartalen Asphyxie zusammengefasst. Dank der modernen Geburtsüberwachung treten beim reifen Neugeborenen bei weniger als 5 % schwere Adaptationsstörungen auf. Dennoch gilt es, diese Risikogeburten rechtzeitig zu erkennen und durch apparative und personelle Maßnahmen optimale Voraussetzungen für die postpartale Versorgung des Kindes zu schaffen. Dazu gehört die Anwesenheit eines in der Neugeborenenreanimation geschulten Teams im Kreißsaal.

☐ ☐ ☐

? **Frage:** Welche pathophysiologischen Vorgänge vollziehen sich bei einer **peripartalen Asphyxie?**

! **Merke:** Neben dem objektiven Beurteilungskriterium des Nabelarterien-pH (☞ Abschn. 1.2) kann als subjektives Beurteilungskriterium der Apgar-Index (☞ Abschn. 1.1) herangezogen werden. Ein Apgar-Score < 5 zeigt eine Depression an.

Antwort: Asphyxie heißt eigentlich **Pulslosigkeit.** Im erweiterten Sinn wird darunter aber ein **Sauerstoffmangel im Gewebe** verstanden. Der Begriff peripartale Asphyxie weist daraufhin, dass die Ursache für den Sauerstoffmangel sowohl präpartal als auch intrapartal oder postpartal liegen kann. Setzt bei einem Kind unmittelbar nach der Geburt die Atmung nicht innerhalb von einer Minute ein, sinkt der O_2-Druck, es steigt der CO_2-Druck und der pH-Wert fällt ab. Die drei wesentlichen pathophysiologischen Mechanismen sind demnach **Hypoxämie, Hyperkapnie** und **Azidose.**

Prüfer: Eine pränatale und intrapartale Asphyxie lässt sich durch Registrierung der kindlichen Herzfrequenz mittels Cardiotokogramm (CTG), durch Mikroblutuntersuchungen aus der Kopfschwarte oder durch vorzeitigen Mekoniumabgang in das Fruchtwasser erkennen.

Der unmittelbar nach der Geburt ermittelte Nabelschnur-pH ist ein weiteres wichtiges Indiz für die peripartale Sauerstoffversorgung. Ein arterieller Nabelschnur-pH < 7,1 gilt als Warnhinweis.

Frage: Wie äußert sich eine leichte Asphyxie bei einem Neugeborenen und wie gehen Sie bei der Erstversorgung vor? **?**

☐ ☐ ☐
☺ 😐 ☹

Antwort: Die Kinder werden nach der Abnabelung in Empfang genommen und auf dem vorgewärmten **Reanimationstisch** versorgt. Die Neugeborenen weisen zumeist eine Zyanose auf und zeigen unter Umständen noch eine etwas unregelmäßige Atmung. Ein gutes Zeichen ist es, wenn die Kinder unmittelbar nach der Geburt anfangen zu schreien. Erste Maßnahme sollte das **vorsichtige Absaugen** von Fruchtwasser aus Mund, Nase und Pharynx sein, um eine reflexartige Aspiration zu vermeiden. Gleichzeitig wird die Atmung **durch Bestreichen des Rückens oder der Fußsohlen** stimuliert. Eine **Sauerstoffvorlage** vermindert die Hypoxie und induziert die Umstellung der fetalen Kreislaufverhältnisse.

✚ Bei der Primärversorgung ist es besonders wichtig, eine Hypothermie (< 36 °C) zu vermeiden, da sie metabolische Azidose, erhöhten Sauerstoffverbrauch und Hirnblutung zur Folge haben kann.

Frage: Sehr schön beschreiben Sie diese Primärmaßnahmen, die in aller Regel bei einer leichten Depression des Kindes völlig ausreichend sind. Welche **Risikofaktoren** für eine perinatale Asphyxie kennen Sie? **?**

☐ ☐ ☐
☺ 😐 ☹

Antwort: Ursachen, die von der **Mutter** ausgehen, sind z. B. EPH-Gestosen, Herzinsuffizienz oder eine Schocksymptomatik. Die fetale Asphyxie ist häufig durch inadäquate uteroplazentare Zirkulation, vorzeitige Plazentalösung oder Störungen der Nabelschnurzirkulation bedingt. **Während der Geburt** wirken beispielsweise ein protrahierter Geburtsverlauf, Narkotika oder Lageanomalien des Kindes als Risikofaktor für eine Asphyxie. Schließlich gibt es **kindliche Ursachen,** die zur perinatalen Asphyxie führen. Dies können zentrale Atemantriebsstörungen, neuromuskuläre Erkrankungen, primäre Lungenerkrankungen, ein Amnioninfektionssyndrom oder eine schwere Hypovolämie sein.

tipp Wie bei vielen perinatalen Störungen sollte man grundsätzlich daran denken, dass die Ursachen sowohl von der Mutter als auch vom Kind oder von Geburt/Plazenta/Nabelschnur ausgehen können.

Frage: Wie würden Sie ein Kind mit einem **Apgar-Index** von **4** versorgen? **?**

☐ ☐ ☐
☺ 😐 ☹

Antwort: Ein Apgar-Index (☞ Abschn. 1.1) von 4 beschreibt eine **mäßige** bis **schwere Asphyxie** mit einer Bradykardie zwischen 50 und 100 Schlägen/min. Die Atmung ist unregelmäßig bis fehlend. Das Kind wird auf den gewärmten **Reanimationstisch** gelegt. Mund, Nase und Rachen werden zügig **abgesaugt.** Anschließend wird das Kind **mit**

Maske und **100 % Sauerstoff** bei einer Frequenz von 40–60/min **beatmet.** Zusätzlich muss die Eigenatmung durch Bestreichen der Fußsohle und durch paravertebrale Stimulation angeregt werden. Gleichzeitig wird die Herzfrequenz mit dem Stethoskop gemessen. Nach 30 s Maskenbeatmung sollte erneut die Spontanatmung überprüft werden. Besteht weiterhin eine Bradykardie (< 60/min), muss mit der **Herzmassage** begonnen werden. Falls Hypo- oder Apnoe persistieren, wird **endotracheal intubiert** und weiter mit **100 % Sauerstoff beatmet.**

tipp Eine schwere Frage zur Neugeborenenreanimation. Dies zählt nicht mehr zum notwendigen Basiswissen. Dennoch die weiteren Reanimationsschritte bei persistierender Bradykardie: Adrenalinapplikation über Tubus, Anlage eines Nabelvenenkatheters, Volumengabe, ggf. Adrenalin i.v., Pufferung mit $NaHCO_3$.

Prüfer: Bei dieser beschriebenen schweren Asphyxie werden durch die veränderten Blutgase Atem- und Kreislaufzentrum gehemmt. Wird zu diesem Zeitpunkt nicht rechtzeitig interveniert, lässt sich die Atmung auch durch äußere Reize immer weniger anregen. Die Herzfrequenz fällt. Die Hypoxie wird durch den hohen pulmonalen Gefäßwiderstand verstärkt. Die Kinder werden weiter zyanotisch und bradykard. Bei extremer Bradykardie ist das Hautkolorit blass bis weiß. Die Muskulatur wird hypoton, und durch die Depression des Zentralnervensystems kommt es zur Areflexie.

? **Frage:** Was versteht man unter dem Postasphyxiesyndrom?

Antwort: Der Begriff Postasphyxiesyndrom umfasst die durch den Sauerstoffmangel hervorgerufenen Folgen für Zellen und Gewebe. Eine protrahierte Hypoxie/Azidose führt zu hypoxisch-ischämischen **Organschäden,** die sich insbesondere am **Gehirn,** an den **Nieren** und an der **Lunge** manifestieren. Am bedeutsamsten ist jedoch die Gehirnschädigung, die sich sowohl als akute Hirnblutung als auch durch eine ischämische Porenzephalie äußern kann. Diese ZNS-Affektionen werden unter dem Begriff der **hypoxisch-ischämischen Enzephalopathie** zusammengefasst und hinterlassen oft bleibende Schäden, wie z.B. psychomotorische Retardierung, Anfallsleiden oder Paresen.

Prüfer: Das Ausmaß der hypoxisch-ischämischen Organschädigung kann Stunden nach der Geburt unter anderem durch laborchemische Veränderungen nachgewiesen werden. Jedes Organsystem kann im Rahmen der Asphyxie als Schockorgan reagiert haben. Ein Kreatininanstieg weist auf eine Nierenbeteiligung, ein Transaminasenanstieg auf eine Leberaffektion, eine CK-Erhöhung auf eine Muskelbeteiligung und eine Thrombozytopenie auf eine Schädigung des hämatologischen Systems hin.

4.5 Atemnotsyndrom

Fallbeispiel: Ein Frühgeborenes der 29. Schwangerschaftswoche, das zunächst unmittelbar postpartal eine gute Spontanatmung zeigte, entwickelt zunehmend respiratorische Probleme: Der Sauerstoffbedarf steigt kontinuierlich, die Atmung ist deutlich angestrengter, es treten mehrfach ausgeprägte Zyanoseattacken auf. Was tun Sie als junger Neonatologe?

Antwort: Ich würde dem Kind **Surfactant** geben.

Prüfer: Eine sehr gute Antwort. Dieses Kind zeigt die klinischen Zeichen eines IRDS (infant respiratory distress syndrome) aufgrund ungenügender eigener Surfactantproduktion. Es muss umgehend intubiert und eine maschinelle Beatmung begonnen werden. Anschließend wird Surfactant über den Tubus appliziert. Oftmals lassen sich dann innerhalb weniger Minuten die Beatmungsparameter und insbesondere der Sauerstoffbedarf drastisch reduzieren.

✚ Intratracheale Surfactantinstillationen werden – wenn ein schweres IRDS vorliegt – bis zu viermal in den ersten Lebenstagen durchgeführt.

Frage: Was versteht man unter dem **Surfactantmangel-Syndrom?**

Antwort: Surfactant **vermindert** die **Oberflächenspannung der Alveolen** und **verhindert** dadurch deren **Kollaps.** Insbesondere sehr unreife Frühgeborene verfügen noch nicht über eine ausreichende Surfactantproduktion, sodass sich in den ersten Stunden nach der Geburt Atemstörungen im Sinne eines primären Surfactantmangel-Syndroms oder auch **IRDS** (infant respiratory distress syndrome) einstellen.

✚ Inzidenz des Surfactantmangel-Syndroms bei Frühgeborenen: < 28. SSW: bis zu 50–80 %, 28.–30. SSW: 30–50 %

Steigerung durch	Hemmung durch
• Kortison • Sympathomimetika • Thyroxin • Stressfaktoren, z. B. Blasensprung oder Geburt	• Kälte • Hypoxie • Azidose • Schock • Diabetes der Mutter • schwere bakterielle Infektionen (besonders β-Streptokokken)

Tab. 4.2: Intrauterine Surfactantproduktion

Frage: Wie kommt es nach heutiger Ansicht zur **Ausbildung der hyalinen Membranen** beim Surfactantmangel-Syndrom?

Antwort: Der durch den Surfactantmangel hervorgerufene Alveolenkollaps steigert die Durchlässigkeit der Alveolen für Plasmaproteine. Die ausgetretenen Proteine präzipitieren und bilden in den Alveolen tipp Eine schwierige Frage! Nicht gleich aus dem Konzept bringen lassen und versuchen, seine pathophysiologischen Kenntnisse aus dem Gedächtnis zu kramen!

die hyalinen Membranen. Blut, das durch die atelektatischen Lungenbezirke fließt, wird nicht oxygeniert, sodass es zur Ausbildung **intrapulmonaler Shunts** kommt. Es resultieren Ventilations-, Diffusions- und Verteilungsstörungen, sodass der pulmonale Widerstand erhöht bleibt. **Hypoxie** und **Azidose** verschlechtern die Bedingungen für eine Surfactantneusynthese. Letztlich führt die pulmonalarterielle Hypertonie zum **Rechts-Links-Shunt** über Ductus arteriosus und Foramen ovale, wodurch die Hypoxie weiter verstärkt wird.

☐ ☐ ☐
☺ 😐 ☹

Frage: Richtig, Sie haben die Pathogenese korrekt beschrieben. Können Sie aus dem Gesagten auch die **klinischen Symptome** herleiten?

Antwort: Frühgeborene zeigen postpartal respiratorische Störungen, die sich als **Zyanose, Tachypnoe, Nasenflügeln** oder **thorakale Einziehungen** äußern können. Charakteristisch ist außerdem ein exspiratorisches Stöhnen. Auskultatorisch finden sich **feinblasige Rasselgeräusche.** Die Blutgasanalyse weist die Zeichen einer respiratorischen und metabolischen Azidose auf. Ohne geeignete Maßnahmen verschlimmert sich die Symptomatik innerhalb weniger Stunden und führt zum Tod des Neugeborenen.

Prüfer: Eine der wichtigsten Präventionsmaßnahmen der letzten Jahre zur Vermeidung eines Atemnotsyndroms beim Frühgeborenen stellt die **präpartale Kortikoidapplikation** dar. Dank dieser Stimulation der Lungenreifung ist heutzutage viel seltener eine maschinelle Beatmung der Frühgeborenen notwendig. Dazu bekommen die Mütter bei einer drohenden Frühgeburt zweimal Beclomethason (Celestan®) im Abstand von 24 h als intramuskuläre Injektion. Vorraussetzung für eine erfolgreiche Therapie ist jedoch eine gelungene Herauszögerung der Geburt um mindestens 48 h.

☐ ☐ ☐
☺ 😐 ☹

Fallbeispiel: Diagnostisch und auch als Verlaufsparameter des Surfactantmangel-Syndroms ist vor allem die **Röntgenthoraxaufnahme** wichtig. Ich habe Ihnen ein Bild eines 24 h alten ateminsuffizienten Neugeborenen mitgebracht. Erläutern Sie anhand des Bildes den radiologischen Verlauf des IRDS!

Antwort: Der radiologische Verlauf hängt maßgeblich davon ab, wie ausgeprägt das IRDS ist. Es lassen sich verschiedene Stadien voneinander abgrenzen. Zunächst stellen sich die Mikroatelektasen als **feinkörnige Zeichnung** dar. Dann kommt es zur zunehmenden Eintrübung mit deutlich sichtbaren Bronchien, was auch als **positives Luftbronchogramm** bezeichnet wird. Im weiteren Verlauf werden **Herz- und Zwerchfellkonturen unscharf abgrenzbar.**

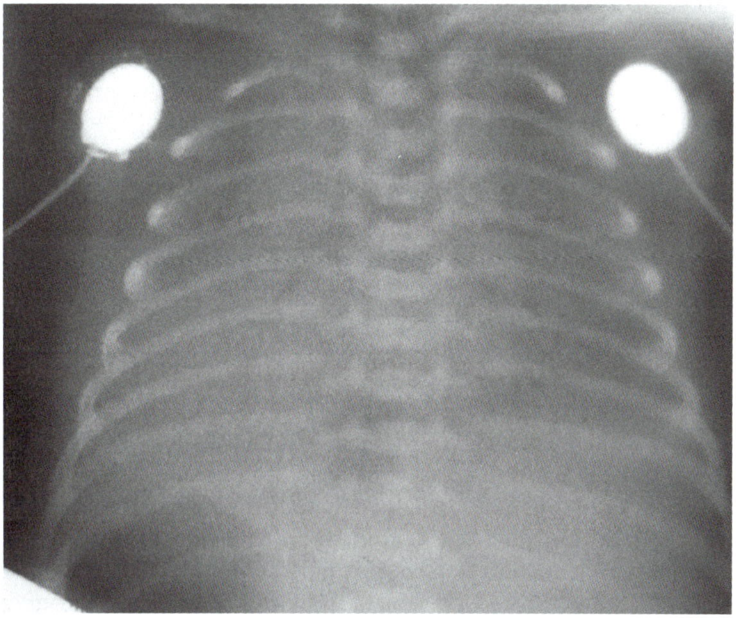

Abb. 4.1: Siehe Antwort (aus [6])

Bei dem vorliegenden Bild liegt eine homogene Verschattung der gesamten Lunge vor, Zwerchfell und Herz sind nicht mehr abgrenzbar. Demzufolge handelt es sich um eine so genannte „**weiße Lunge**" im Sinne eines IRDS Stadium 4.

Grad	Befund
1	feingranulär-retikuläres Muster (Mikroatelektasen)
2	1 + Aerobronchogramm
3	2 + Unschärfe der Herz- und Zwerchfellkonturen
4	weiße Lunge

Tab. 4.3: Gradeinteilung des IRDS im Röntgenthorax

Frage: Wir haben jetzt sehr ausführlich über die häufigste Ursache für Atemstörungen bei Neugeborenen gesprochen. Können Sie sich noch andere Ursachen vorstellen, die die normale Atmung in der postpartalen Phase beeinträchtigen können?

Antwort: Eine besonders häufige und wichtige Differentialdiagnose zum Surfactantmangel-Syndrom ist die „**transitorische Tachypnoe**". Sie

✚ Weitere mögliche Ursachen von Atemstörungen bei Neugeborenen: Pneumothorax, Lungenfehlbildungen (z. B. Lungenhypoplasie), konnatale Sepsis/Pneumonie, kongenitale Zwerchfellhernien, Herzfehler

wird auch als Amnionflüssigkeitssyndrom oder „**Wet-Lung-Syndrome**" bezeichnet und entsteht durch die verzögerte Resorption fetaler Lungenflüssigkeit nach Sectio oder Sturzgeburt. Bei diesen Entbindungen fehlt die extreme Thoraxkompression und somit das „Auspressen" der Amnionflüssigkeit. Diese vorübergehende Atemstörung verschwindet in der Regel innerhalb der ersten 24 h. Frühgeborene zeigen häufig unreifebedingte **zentrale Atemstörungen,** die sich als Apnoen äußern. Außerdem können anatomische **Fehlbildungen der Atemwege** oder der **Lunge,** wie z. B. Choanalatresien, Trachealstenosen oder eine Lungenhypoplasie, weitere Ursachen für Atemstörungen sein. Durch Aspiration von blutigem Fruchtwasser oder von Mekonium können massive pulmonale Probleme entstehen, die auch eine maschinelle Beatmung erschweren.

Prüfer: Ich freue mich, dass Sie zum Schluss das **Mekoniumsaspirationssyndrom** erwähnen. In der Tat sind Intubation und maschinelle Beatmung hier regelmäßig unumgänglich. Gerade die Beatmung dieser Kinder macht häufig große Probleme, da durch einen fortbestehenden Hochdruck im Pulmonalkreislauf postpartal die fetalen Rechts-Links-Shunts über Foramen und Duktus bestehen bleiben. Somit strömt das Blut an der Lunge vorbei und wird nicht oxygeniert.

☐ ☐ ☐
☺ 😐 ☹

? **Frage:** Wissen Sie, wie dieses Fortbestehen des vorgeburtlichen Herzkreislaufs genannt wird?

Antwort: Sie meinen das so genannte **PFC-Syndrom** (☞ Abschn. 4.2). Die Abkürzung steht für persistierende fetale Kreislaufverhältnisse.

4.6 Hyperbilirubinämie

Prüfer: Bei nahezu allen Neugeborenen steigt nach der Geburt der Bilirubinwert an. Diese vorübergehende „physiologische Hyperbilirubinämie" erreicht ihr Maximum am dritten bis sechsten Lebenstag und kann bei reifen, gesunden Neugeborenen einen Wert bis 17 mg/dl annehmen, ohne dass irgendwelche therapeutischen Maßnahmen ergriffen werden müssen. Auch Frühgeborene zeigen regelmäßig eine Hyperbilirubinämie, wobei die tolerablen Grenzen niedriger liegen und sich nach Gewicht und Alter richten.

☐ ☐ ☐
☺ 😐 ☹

? **Frage:** Welche ätiologischen Gesichtspunkte spielen bei der Entstehung der **physiologischen Hyperbilirubinämie** eine Rolle, die ausnahmslos den indirekten Bilirubinanteil betrifft?

Antwort: Die physiologische Hyperbilirubinämie, die man auch als **Ikterus neonatorum** bezeichnet, ist ätiologisch im Wesentlichen auf drei Faktoren zurückzuführen. Der wichtigste Faktor ist die **funktionelle Unreife der Leber,** die das Bilirubin ausscheiden muss und die durch den erhöhten Bilirubinanfall relativ rasch überfordert ist. Die Glukuronyltransferaseaktivität der Leber ist noch vermindert, weshalb das Bilirubin hauptsächlich in **unkonjugierter** Form im Blut vorliegt, und die Galleexkretion läuft noch verzögert ab. Zweitens findet beim Neugeborenen ein **vermehrter Hämoglobinabbau** statt, da die Hämoglobinkonzentration relativ hoch und die Erythrozytenlebenszeit verkürzt ist. Drittens findet bei Neugeborenen im Darm eine **vermehrte Bilirubinrückresorption** statt.

Merke: Unterscheide:
- **indirektes Bilirubin:** freies, **unkonjugiertes,** an Albumin gebundenes Bilirubin (prähepatisch)
- **direktes Bilirubin:** in der Leber **konjugiertes** (glukuronidiertes) wasserlösliches Bilirubin (posthepatisch)

!

Frage: Wann spricht man von einem **Icterus gravis?**

?

☐ ☐ ☐
☺ 😐 ☹

Antwort: Ein Icterus gravis ist eine „**unphysiologische Hyperbilirubinämie**" und liegt dann vor, wenn der Bilirubinwert so sehr ansteigt, dass therapeutische Maßnahmen erforderlich werden. Dabei ist nicht nur die absolute Höhe des Wertes ausschlaggebend, sondern vielmehr Alter, Gewicht, Reifegrad und insbesondere Begleiterkrankungen (Sepsis, Vitium, Fetopathie) des Kindes.

✚ Gefahr eines ausgeprägten Ikterus gravis durch toxische Wirkung des unkonjugierten Bilirubins auf die Ganglienzellen (Kernikterus)

Frage: Richtig. Definieren Sie die Begriffe **Icterus praecox** und **Icterus prolongatus!**

?

☐ ☐ ☐
☺ 😐 ☹

Antwort: Von einem **Icterus praecox** spricht man bei einem Bilirubinanstieg innerhalb der ersten beiden Lebenstage. Eine Bilirubinerhöhung über den 10. Lebenstag – in manchen Lehrbüchern 14. Lebenstag – hinaus ist ein **Icterus prolongatus.** Auch diese beiden stellen Formen unphysiologischer Hyperbilirubinämie dar.

✚ Bei Icterus prolongatus denke man an Hypothyreose, hämolytische Anämie, Infektion!

☐ ☐ ☐
☺ 😐 ☹

? **Frage:** Wenn Sie als junger Stationsarzt bei einem Neugeborenen einen **stark erhöhten Bilirubinwert** feststellen, so sollten Sie als Erstes eine Differenzierung in den direkten und indirekten Bilirubinanteil veranlassen. In den überwiegenden Fällen wird es sich bei einem Icterus gravis um eine indirekte Hyperbilirubinämie handeln. Welche **Differentialdiagnosen** erwägen Sie?

Antwort: Häufige Gründe für eine **indirekte Hyperbilirubinämie** sind zunächst einmal alle Erkrankungen, die zu einer Hämolyse führen. Allen voran stehen hier die **Blutgruppenunverträglichkeiten,** die sowohl das Rhesus- oder AB0-System als auch irgendwelche Untergruppen betreffen können. Dies ist mit Sicherheit der häufigste Grund für eine ausgeprägte indirekte Hyperbilirubinämie. Weitere Ursachen sind angeborene **hämolytische Anämien** oder **postpartale Infektionen,** wie z. B. die Neugeborenensepsis. Eine **Polyglobulie** oder die **Organisation von großen Hämatomen** kann ebenfalls das indirekte Bilirubin ansteigen lassen.

+ Seltenere Ursachen der ind. Hyperbilirubinämie: Hämolysen durch Membrandefekte der Erythrozyten, Hämoglobinopathien oder Fehlen von Erythrozytenenzymen, Vitamin-K-Überdosierung, angeborener Glucuronyltransferasemangel (Crigler-Najjar-Syndrom, Gilbert-Meulengracht-Syndrom), kompetitive Hemmung der Glukuronyltransferase, z. B. durch Sulfonamide

Schließlich existiert eine ganze Reihe von Erkrankungen, die die hepatische Konjugation des Bilirubins beeinträchtigen. Hierbei steht eine stark **verminderte** oder **fehlende Aktivität der Glukuronyltransferase** im Vordergrund. Diese kann sowohl angeboren sein als auch durch Krankheiten wie Hypothyreose, Infektionen, einen mütterlichen Diabetes oder durch Medikamenteneinnahme verursacht werden.

☐ ☐ ☐
☺ 😐 ☹

? **Frage:** Damit haben Sie die wichtigen Gründe für eine indirekte Hyperbilirubinämie genannt. Die **postpartale** Erhöhung des **direkten Bilirubins** ist sehr viel seltener. Pathophysiologisch unterscheidet man je nach Lokalisation der Störung zwei Gruppen von Erkrankungen. Können Sie sich vorstellen, welche ich damit meine?

Antwort: Ich würde die Erkrankungen, die zu einer direkten Hyperbilirubinämie führen, in Erkrankungen einteilen, die **primär in der Leber** lokalisiert sind, und in Erkrankungen, die **posthepatisch** zu **Abflussstörungen der Gallenflüssigkeit** führen.

☐ ☐ ☐
☺ 😐 ☹

? **Frage:** Sehr gut! Nennen Sie bitte einige Erkrankungen, die in diese beiden Gruppen gehören!

Antwort: Krankheiten, die primär die Leber betreffen und damit zu einer intrahepatischen Cholestase führen, sind alle **infektiösen Hepatitiden,** ein **α_1-Antitrypsinmangel,** aber auch **Stoffwechselerkrankungen** wie Fruktoseintoleranz und Galaktosämie. Außerdem zählen zu dieser

Gruppe angeborene Krankheiten, die mit einer **gestörten Ausschleusung des direkten konjugierten Bilirubins** aus den Leberzellen einhergehen.

Posthepatische Galleabflussstörungen beruhen oftmals auf einer **Gallengangsatresie, angeborenen Tumoren** oder einer **zystischen Fibrose.** Der hierdurch bedingte Verschlussikterus entwickelt sich in der Regel nur langsam über Tage bis Wochen.

+ Angeborene Erkrankungen, bei denen die direkte Hyperbilirubinämie auf einer gestörten Ausschleusung aus der Leberzelle beruht: Dubin-Johnson-Syndrom, Rotor-Syndrom

Frage: Kommen wir zurück zu dem Neugeborenen auf Ihrer Station mit einem Icterus gravis. Welche **diagnostischen** Maßnahmen veranlassen Sie – außer der schon erwähnten Bilirubindifferenzierung?

Antwort: Es können nach der Anamnese zunächst Laboruntersuchungen hilfreich sein, um die richtige Diagnose zu finden. **Blutgruppenuntersuchungen** bei Mutter und Kind sind indiziert, um AB0- oder Rhesus-Inkompatibilität zu erkennen. Besondere Bedeutung hat der direkte Coombs-Test, der beim Kind durchgeführt wird, um die an die kindlichen Erythrozyten gebundenen Antikörper zu identifizieren. Ein **großes Blutbild** mit Hämoglobin- und Retikulozytenbestimmung hilft bei der Suche nach einer Polyzythämie oder einer Anämie durch Hämolyse. Eine Erhöhung der **LDH** (Lactatdehydrogenase) gibt den entscheidenden Hinweis, ob ursächlich eine Hämolyse vorliegt. Die Bestimmung von **Gesamteiweiß** und **Albumin** ist wichtig, da bei erniedrigtem Albumin die Gefahr eines Kernikterus mit seinen schwerwiegenden Folgen erhöht ist. Bei Verdacht auf Sepsis sind **CRP**-Bestimmung und **Blutkulturen** indiziert.

+ Weiterführende Laboruntersuchungen bei indirekter Hyperbilirubinämie: Erythrozytenenzyme; bei direkter Hyperbilirubinämie: Virusserologie (Hepatitis, TORCHELL), GOT, GPT, Gerinnungswerte, Stoffwechseldefekt-screening

Fallbeispiel: Bei dem erwähnten Neugeborenen (zweiter Lebenstag) ermitteln Sie folgende Befunde: Gewicht 3900 g, indirektes Bilirubin 15 mg/dl, direktes Bilirubin 1,1 mg/dl, Hämoglobin 15 mg/dl, LDH 700 U/l. Blutgruppe von Mutter und Kind stehen noch aus. Wie gehen Sie weiter vor?

Antwort: Die Konstellation eines Anstiegs des indirekten Bilirubins im Sinne eines Icterus praecox, der relativ niedrige Hb-Gehalt und die deutliche Erhöhung der LDH sprechen für ein **hämolytisches Geschehen.** Am ehesten würde ich hier auf eine AB0-Inkompatibilität tippen, da bei Rhesusinkompatibilität die Laborveränderungen in der Regel noch drastischer sind. Unverzüglich sollten eine kontinuierliche **Phototherapie** eingeleitet und die Bilirubinwerte engmaschig kontrolliert werden.

+ Einige Kliniken beginnen eine Phototherapie bei einer unkomplizierten Hyperbilirubinämie erst bei wesentlich höheren Werten (18–20 mg/dl ab 4.–5. Lebenstag). Bei Icterus praecox wird dagegen frühzeitig und großzügig therapiert.

4.7 Fetale Erythroblastose

Frage: Erläutern Sie bitte die typische Blutgruppenkonstellation bei einer Rhesusinkompatibilität!

Antwort: Bei der Rhesusinkompatibilität liegt die Konstellation **Mutter Rhesus-negativ, Vater und Kind Rhesus-positiv** vor. Das Kind erbt also vom Vater Erythrozytenantigene, die die Mutter nicht besitzt. Bei Kontakt mit den kindlichen Erythrozyten bildet die Mutter Antikörper. Dies geschieht meist während der ersten Schwangerschaft. Für weitere Schwangerschaften ist die Mutter dann sensibilisiert, sodass sie bei gleicher Blutgruppenkonstellation sofort **IgG-Ak** bildet. Diese gehen **über** die **Plazenta auf den Feten** über und **binden an** die entsprechenden **Erythrozytenantigene.** Es kommt zur **Zerstörung der kindlichen Erythrozyten** und somit zum Bild des **Morbus haemolyticus neonatorum.**

Merke: Blutgruppenkonstellation bei Rhesusinkompatibilität:
- Mutter Rh-negativ (d/d)
- Vater Rh-positiv (D/D oder D/d)

Frage: Wie sieht das klinische Vollbild des Morbus haemolyticus neonatorum bei Rhesusinkompatibilität aus?

Antwort: Bei Geburt haben die Kinder eine schwere **Anämie.** Die Hämolyse der kindlichen Erythrozyten hat eine **gesteigerte medulläre** und **extramedulläre Blutbildung** zur Folge. Erythroblasten und Retikulozyten erscheinen vermehrt im peripheren Blut. Deshalb wird die Erkrankung auch als **fetale Erythroblastose** bezeichnet. Durch die gesteigerte extramedulläre Blutbildung kommt es zur **Hepatosplenomegalie.** Durch die gesteigerte Hämolyse tritt ein Icterus praecox mit der Gefahr der **Bilirubinenzephalopathie** auf. Bei schwerster Anämie (Hb < 4 g/dl) entstehen infolge **Herzinsuffizienz, Hypalbuminämie** und **Kapillarschädigung** generalisierte **Ödeme, Pleura- und Peritonealergüsse, Aszites** und **Lungenödem.** Dieser gefährliche Zustand, der auch das äußere Erscheinungsbild des Kindes prägt, wird als **Hydrops congenitus** bezeichnet. In ganz schweren Fällen kommt es bereits in den letzten Schwangerschaftswochen zum intrauterinen Tod.

Prüfer: Heutzutage sehen wir glücklicherweise dieses schwere Krankheitsbild nicht mehr häufig. In der Regel wird die Blutgruppenunverträglichkeit frühzeitig durch einen Antikörpersuchtest der Mutter erkannt. Außerdem erhalten alle Rhesus-negativen Frauen in der 27.–29. Schwangerschaftswoche eine Anti-D-Gabe, sodass eine Sensibilisierung erst gar nicht mehr erfolgt. Durch weitere Gaben nach der Geburt sind die folgenden Geschwisterkinder dann nicht mehr gefährdet.

Wenn Ultraschall und Fruchtwasseruntersuchung eine akute Gefährdung des Feten durch Anämisierung erkennen lassen, muss pränatal transfundiert werden. Dies geschieht entweder durch Punktion der Peritonealhöhle oder durch direkte Punktion der Nabelschnur. Auch wenn eine optimale pränatale Therapie erfolgt ist, muss nach der Geburt mit den Komplikationen einer schweren Anämie gerechnet werden. Die Schwangerschaft wird in der Regel in der 35. Woche beendet und das Kind häufig unmittelbar postpartal intubiert, maschinell beatmet und eine Blutaustauschtransfusion eingeleitet.

Frage: Warum verläuft eine AB0-Inkompatibilität im Allgemeinen weniger dramatisch? **?**

☐ ☐ ☐
☺ 😐 ☹

Antwort: Die Hämolyse ist wesentlich geringer als bei der Rhesusinkompatibilität. Dies hat im Wesentlichen zwei Gründe:
- Zum einen wird ein Teil der von der Mutter übertretenden AB-Antikörper durch AB-Antigene in der Plazenta neutralisiert und damit sozusagen abgefangen.
- Zum anderen ist ein Großteil der kindlichen Erythrozyten noch unreif und weist keine A- bzw. B-Antigene auf.

Die IgG-Antikörper der Mutter binden sich also hauptsächlich an extraerythrozytäre A/B-Rezeptoren, und es findet sich nur eine geringgradige Hämolyse. Klinisch weisen die Neugeborenen dann nur eine mäßige Anämie und einen Icterus praecox auf. Ödeme und Hydrops fehlen. Oft ist schon das erste Kind erkrankt, da die Mutter primär, also ohne Sensibilisierung, A- bzw. B-Antikörper besitzt. Der direkte Coombs-Test beim Kind ist meist negativ.

Merke: Typische Konstellation bei AB0-Inkompatibilität: **!**
- Mutter: Blutgruppe 0
- Kind: Blutgruppe A, B
- Mutter bildet neben den nicht-plazentagängigen IgM-Isoantikörpern IgG-Antikörper gegen kindliche Erythrozyten.

4.8 Phototherapie und Austauschtransfusion

Frage: Wie sollte eine **effiziente Phototherapie** aussehen? **?**

☐ ☐ ☐
☺ 😐 ☹

Antwort: Bei der Phototherapie handelt es sich zunächst einmal um eine Therapieform der indirekten Hyperbilirubinämie (☞ Abschn. 4.6). **Blaues Licht** führt indirektes Bilirubin in **nichttoxische, wasserlösliche Bilirubinprodukte** über, die ausgeschieden werden können. Die Kinder liegen im **Inkubator** unter der Phototherapielampe, wobei auf **Augen-**

+ Bei direkter Hyperbilirubinämie (z.B. Anteil > 5 mg%) ist Phototherapie kontraindiziert, da Bestrahlung zur Bronzeverfärbung der Haut führen kann.

und **Gonadenschutz** sowie ausreichende **Flüssigkeitszufuhr** zu achten ist, da die Kinder unter der Phototherapie vermehrt Flüssigkeit verlieren. Indiziert ist die Phototherapie in der Regel dann, wenn das Serumbilirubin ca. 25 % unter der Austauschgrenze liegt.

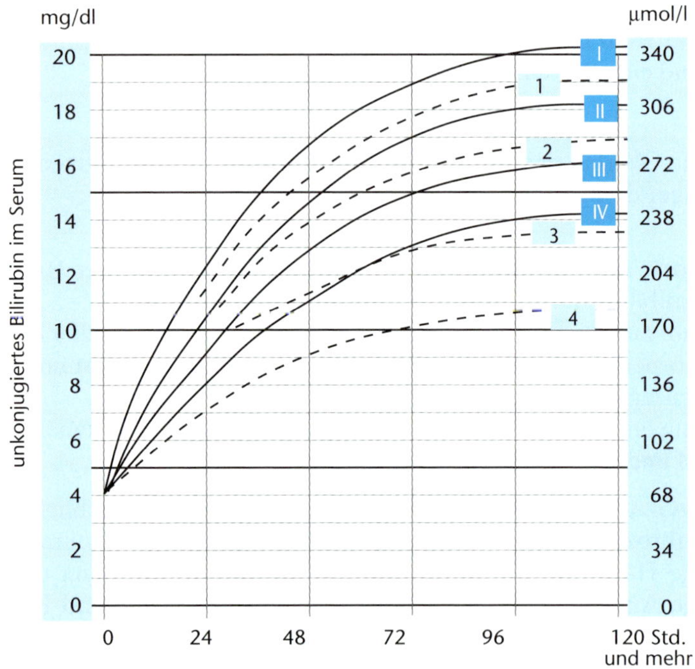

Empfehlungen zum Verhalten bei Hyperbilirubinämie
(nach *Wiese* und *Ballowitz*)

Grenzlinien für Blutaustauschtransfusion

- I* für Ausgetragene
- II* für FG über 1500 g GG
- III* für FG unter 1500 g GG
- IV* für III mit Komplikationen

* Darunter liegende Austauschgrenze heranziehen bei Vorliegen folgender Komplikationen: protrahierte Asphyxie, Atemnotsyndrom, Hypothermie, Rektaltemperatur unter 35 °C, Hypoproteinämie (Plasmaeiweiß unter 5 g/dl), ZNS-Störungen, schwere Erkrankungen

Grenzlinien für Phototherapie

- 1 bei Gewichten über 2500 g
- 2 bei Gewichten zwischen 2000 und 2500 g
- 3 bei Gewichten zwischen 1500 und 2000 g
- 4 bei Gewichten unter 1500 g

Abb. 4.2: Bilirubinwerte

Zunächst sollte die Phototherapie kontinuierlich erfolgen, bis das Serumbilirubin deutlich gesunken ist, dann kann intermittierend weiterverfahren werden. Engmaschige Bilirubinkontrollen, besonders bei Bilirubinwerten nahe der Austauschgrenze, sind nötig. Da die Kinder unter der Phototherapie vermehrt Flüssigkeit verlieren, ist auf eine ausreichende Substitution zu achten.

+ Als Austauschgrenze wird derjenige Bilirubinwert bezeichnet, ab dem eine Austauschtransfusion indiziert ist.

Prüfer: Richtig. Insbesondere der erhöhte Flüssigkeitsbedarf von 10 bis 20 ml/kg zusätzlich zur normalen Infusion bzw. Nahrung ist sehr wichtig, um eine Exsikkose zu verhindern. Die Kinder müssen im optimalen Abstand zu einer „funktionstüchtigen“ Blaulichtlampe liegen. Ich ermahne immer wieder Ärzte und Schwestern, zu überprüfen, ob die maximalen Betriebszeiten der Lampen überschritten sind. Außerdem werden abwechselnd in drei- bis vierstündigem Wechsel Bauch und Rücken bestrahlt, um ein Nachdiffundieren des Bilirubins zu gewährleisten. Werden diese Maßnahmen konsequent eingehalten, lässt sich vielfach eine Austauschtransfusion verhindern.

Frage: Erläutern Sie bitte dennoch kurz das Grundprinzip der **Austauschtransfusion!** ?

☐ ☐ ☐

Antwort: Indiziert ist die Austauschtransfusion bei Bilirubinwerten oberhalb der Austauschgrenze, die sich durch eine Phototherapie nicht effektiv senken lassen, um einen Kernikterus zu vermeiden. Zweck der Austauschtransfusion ist es, die Anämie und Hypovolämie zu beheben. Gleichzeitig sollen die durch die Antikörper geschädigten Erythrozyten, die frei zirkulierenden Antikörper und das Bilirubin aus der Blutbahn entfernt werden. Über einen **Nabelvenenkatheter** wird Blut der entsprechenden Blutgruppe in kleinen Portionen ausgetauscht. Das **Austauschvolumen** beträgt etwa das **doppelte Blutvolumen des Kindes.** Direkt nach der Austauschtransfusion müssen Blutbildkontrollen und Elektrolytbestimmungen durchgeführt werden. Zur Vermeidung von Wiederholungstransfusionen wird die Phototherapie fortgeführt.

4.9 Infektionen des Neugeborenen

Frage: Was versteht man unter dem Begriff „**Nestschutz**“? ?

☐ ☐ ☐

Antwort: Obwohl Neu- und Frühgeborene prinzipiell ein funktionsfähiges unspezifisches und spezifisches Abwehrsystem haben, ist dieses durch den fehlenden Kontakt mit Bakterien oder Viren nach der Geburt noch nicht „aktiviert“. Antikörper der Klasse IgM und IgA sind nur dann vorhanden, wenn eine pränatale Infektion bestand. Da die kleinmolekularen **Immunglobuline** der Klasse **IgG** die **Plazenta passieren** können, besitzt das Neugeborene einen gewissen, von der Mutter erhaltenen Schutz gegen Virusinfektionen. Dieser Schutz wird als „**Nestschutz**“ bezeichnet und dauert **ca. drei Monate** an. Allerdings besteht gegen Bakterien und Pilze kein oder nur ein ungenügender Schutz.

Frage: Was verbirgt sich hinter dem Begriff eines „**enteralen Nestschutzes**“?

Antwort: Hiermit ist ein **lokaler Infektionsschutz im Darm** des Säuglings gemeint, der durch die in der **Muttermilch** enthaltenen **Immunglobuline** der Klasse A erreicht wird.

Frage: Welche typischen **Risikofaktoren** für eine Infektion eines Neugeborenen, die von Seiten der Mutter ausgehen, kennen Sie?

✚ B-Streptokokkensepsis kann einen foudroyanten Verlauf nehmen und hat dann eine hohe Letalität.

Antwort: Infektionen des Kindes können durch die Flora des mütterlichen Genitaltrakts, besonders bei Besiedlung mit **Streptokokken** der Gruppe **B,** hervorgerufen werden. Liegt der Zeitpunkt des **Blasensprungs > 24 h** vor der Geburt oder hat die Mutter vor oder während der Geburt eine **fieberhafte Erkrankung,** so ist das Risiko für eine Neugeboreneninfektion erhöht. Das **Amnioninfektionssyndrom** stellt eine in der Regel aszendierende bakterielle Infektion der Amnionhöhle dar. Manifeste Infektionszeichen der Mutter sind Fieber, Leukozytose, CRP-Anstieg sowie ein Blasensprung mit Abgang von grünem Fruchtwasser. Die durch die Infektion einsetzende vorzeitige Wehentätigkeit ist ein häufiger Grund für eine Frühgeburtlichkeit. Diese Kinder sind natürlich ebenfalls im hohen Maße für eine Infektion gefährdet. In einigen Kliniken werden deshalb Neugeborene mit einem Blasensprung, der länger als 24 h zurückliegt, primär antibiotisch behandelt.

Frage: Können Sie auch Risikofaktoren nennen, die von Seiten des Kindes ausgehen?

Antwort: Viele Erkrankungen, bei denen die Abwehr des Neugeborenen geschwächt ist, sind Risikofaktoren der Neugeboreneninfektion. Beispiele hierfür sind **Frühgeburtlichkeit** (☞ Abschn. 4.1), **Mangelgeburt** (☞ Abschn. 1.3) und **Asphyxie** (☞ Abschn. 4.4). Auch bei **invasiver Diagnostik** oder Therapie, wie beispielsweise einem zentralen Venenkatheter, Trachealtubus oder Nabelvenenkatheter, sind die Kinder häufiger durch neonatale Infektionen bedroht.

Frage: Welches sind die beiden am häufigsten befallenen Organe bei einer Infektion in der Neugeborenenperiode?

Antwort: Die häufigsten Infektionen bei Neugeborenen sind **Konjunktivitiden** und **Pneumonien.** Alle Infektionen des Neugeborenen neigen zur Generalisierung und führen rasch zur Sepsis. Im Rahmen dieser Generalisierung kann es dann zur Meningitis kommen.

Prüfer: Die Infektion eines Neugeborenen, die man allgemein als perinatale Infektion bezeichnet, ist einer der häufigsten Gründe für eine stationäre Aufnahme auf eine neonatologische Station. Oftmals zeigen sich nur diskrete klinische oder laborchemische Infektionszeichen, die nach begonnener antibiotischer Behandlung meist unverzüglich verschwinden. Nicht selten sind es auch virale Infekte, die unter der Geburt von der Mutter auf das Kind übertragen werden. Das Bild einer manifesten Neugeborenensepsis ist ein ganz anderes.

✚ Weitere häufige Lokalisationen bakterieller Infektionen bei Neugeborenen: Nabelinfektionen, Harnwegsinfekte, nekrotisierende Enterokolitis (NEC), Hautinfektionen.

Frage: Wie würden Sie die typische **Klinik** bei einer **Neugeborenensepsis** beschreiben? **?**

☐ ☐ ☐

Antwort: Die Symptome können zunächst sehr unspezifisch beginnen. Die Kinder **trinken schlecht,** bewegen sich nur wenig, sind **hypoton** und wirken **lethargisch.** Fieber fehlt oftmals. Einige Kinder zeigen sogar eher eine Hypothermie. **Störungen der Atemregulation** mit thorakalen Einziehungen, Apnoen und Zyanoseanfällen sind im weiteren Verlauf typisch.

Leitsymptom ist das **blass-graue, marmorierte, „schmutzige" Hautkolorit.** Dieses kann den beginnenden septischen Schock mit Kreislaufzentralisation anzeigen. Häufig entwickelt sich ein **Ikterus** mit Erhöhung vor allem des indirekten Bilirubins. Dabei kommt es auch häufig zur **Heptaosplenomegalie.** Eine erhöhte **Blutungsneigung** im Sinne einer Verbrauchskoagulopathie ist als Spätsymptom der Sepsis aufzufassen. Unbehandelt führt die Sepsis innerhalb kurzer Zeit zur Beteiligung der Meningen.

Frage: Richtig. Diese Kinder sind in der Regel schwer krank. Welche **Diagnostik** leiten Sie bei Verdacht auf eine Neugeborenensepsis ein? **?**

☐ ☐ ☐

Antwort: Das Blutbild kann bei einer Neugeborenensepsis entscheidende Hinweise geben. Besonders aufmerksam sollte man nicht nur bei einer **Leukozytose,** sondern auch bei einer **Leukopenie mit Linksverschiebung** werden. Außerdem kann eine **Thrombopenie** und Anämie bestehen. Das **C-reaktive Protein** ist häufig initial negativ und steigt im Verlauf an. Eine **Gerinnungsanalyse** kann die schon erwähnte Verbrauchskoagulopathie anzeigen. Einer der wichtigsten Primärmaßnahmen ist die Abnahme einer **Blutkultur.** Eine **Lumbalpunktion** ist indiziert, wenn das Kind älter als 24 h ist, um eine meningitische Beteiligung mitzuerfassen. Vor dieser Latenzzeit ist eine Neugeborenenmeningitis unwahrscheinlich. Liegt eine Meningitis vor, so weist der Liquor eine Leukozyten- und Eiweißerhöhung sowie eine Glukoseerniedrigung auf.

✚ Weitere unspezifische Laborbefunde: Azidose, Hyponatriämie, Hyperglykämie, Hypophosphatämie oder Hyperbilirubinämie.

5 Nahrungsbedarf und Ernährung

5.1 Stillen

Fallbeispiel: Eine 22-jährige Erstgravida kommt in der 36. Schwangerschaftswoche in Ihre Sprechstunde. Sie ist körperlich gesund, hat ebenso wie ihr Mann keine Allergien oder atopische Erkrankungen und bislang einen unauffälligen Schwangerschaftsverlauf. Sie ist sich nicht sicher, ob sie nach der Geburt ihr Kind stillen soll. Was raten Sie ihr?

Antwort: Prinzipiell sollte allen Müttern zum **Stillen** geraten werden. Aufgrund der besonderen Zusammensetzung der Muttermilch und anderer Vorzüge stellt das Stillen zweifelsohne die beste und **natürlichste Ernährungsform** dar. Außerdem **fördert** das Stillen die **Mutter-Kind-Beziehung.** Bei gestillten Kindern lassen sich weniger häufig Durchfälle, Obstipation, Windeldermatitis und Übergewicht als bei nichtgestillten Kindern finden. Auch kommt dem Stillen eine wichtige Rolle bei der **Atopieprophylaxe** zu. Bis zum Alter von vier bis maximal sechs Monaten sollte versucht werden, ausschließlich zu stillen, um dann erst mit der Zufütterung von Beikost zu beginnen.

Frage: Gibt es durch das Stillen auch günstige Auswirkungen auf den mütterlichen Körper?

Antwort: Auch für die stillende Mutter gibt es Vorteile. So fördert das Stillen postpartal durch die regelmäßige Oxytocinausschüttung die **rasche Involution des Uterus.** Durch die Produktion von Prolaktin besteht außerdem in den ersten Laktationswochen ein **begrenzter Konzeptionsschutz.**

Frage: Aufgrund welcher Nährstoff- und Mineralienzusammensetzung der Muttermilch ist das Stillen für den Säugling so günstig?

Antwort: Grundsätzlich muss man sagen, dass der Nährstoff- und Mineralgehalt der Muttermilch voll den Bedarf des Säuglings abdeckt und zudem an die noch unreifen Stoffwechselvorgänge im kindlichen Organismus angepasst ist. Beispielsweise trägt der **niedrige Mineraliengehalt** der noch unreifen Niere Rechnung. Der relativ **hohe Molkeproteingehalt** im Verhältnis zum Kaseingehalt der Muttermilch erleichtert die

Verdauung, da die feinflockige Gerinnung der Molkeproteine zu einer kürzeren Magenverweildauer und geringem HCl-Verbrauch führt. Frauenmilch enthält des Weiteren einen **hohen Anteil ungesättigter Fettsäuren,** die leichter als gesättigte Fettsäuren resorbiert werden können. Die **Lipase** der Frauenmilch bewirkt, dass die Fettverdauung bereits im Magen beginnen kann. Die **Laktose** der Frauenmilch sorgt für das Wachstum von Bacterium bifidum im Kolon (Bifidumfaktor), welche durch ihr saures Milieu einen Schutz vor pathogenen Keimen bieten.

Frage: Was wissen Sie über Schutzstoffe, Vitamine und Spurenelemente, die in der Muttermilch enthalten sind? **?**

☐ ☺ ☐ 😐 ☐ ☹

Antwort: Der **Immunglobulingehalt** der Muttermilch, besonders **IgA,** bietet dem Säugling einen gewissen Infektionsschutz im Intestinaltrakt. Die Proteine der Muttermilch enthalten auch unspezifische Schutzstoffe wie z.B. **Laktoferrin** und **Lysozym.** Der **Vitamingehalt** der Frauenmilch deckt mit Ausnahme von Vitamin D und K den Bedarf des Säuglings. **Spurenelemente** sind im Allgemeinen in ausreichendem Ausmaß vorhanden. Trotz des niedrigen Eisen- und Zinkgehalts der Muttermilch können diese Stoffe durch das Stillen ausreichend zur Verfügung gestellt werden, da spezifische Resorptionsvermittler für eine optimale Ausnutzung sorgen.

✚ Vitamin D wird zusammen mit Fluor (D-Fluoretten) im gesamten 1. LJ zur Rachitis- und Kariesprophylaxe supplementiert (☞ Abschn. 6.7), Vitamin K durch dreifache Gabe in den ersten LM (☞ Abschn. 1.5)

Frage: Sie haben die wichtigsten Vorzüge der Muttermilch genannt. Können Sie noch einmal ganz genau die **Unterschiede zur Kuhmilch** herausarbeiten? **?**

☐ ☺ ☐ 😐 ☐ ☹

Antwort: Muttermilch hat etwa den **gleichen Kaloriengehalt** wie die Kuhmilch, aber einen **geringeren Protein- und Mineralgehalt.** Der **Fettgehalt** ist annähernd **gleich.** Muttermilch enthält **mehr ungesättigte Fettsäuren** und hat einen **höheren Kohlenhydratgehalt.** An Vitaminen enthält die Frauenmilch mehr **fettlösliches Vitamin** (Ausnahme: Vitamin D). Die Kuhmilch ist dafür reicher an wasserlöslichen Vitaminen (Ausnahme: Vitamin C). In der Kuhmilch fehlen die eben erwähnten Schutzstoffe, weiterhin der Bifidumfaktor und die Lipase. Leider liegt der Schadstoffgehalt der Muttermilch zwar über dem der Kuhmilch, er erlaubt aber derzeit trotzdem bedenkenloses Stillen.

✚ Mit Muttermilch ernährte Säuglinge („Brustkinder") setzen gelbliche, pastenartige Gärungsstühle ab: geringere Stuhlmenge, höhere Frequenz, süßer oder süß-saurer Geruch.

Gehalt/100 ml		Frauenmilch	Kuhmilch
Energie	(in kcal)	69	66
Protein	(in g) (in %)*	1 7	3,3 21
Molkenprotein-Kasein-Verhältnis		2 : 1	1 : 4
Fett	(in g) (in %)*	3,8 53	3,7 46
gesättigte/ungesättigte Fettsäuren		50 : 50	65 : 35
Kohlenhydrate	(in g) (in %)*	7,2 40	4,8 33
Mineralstoffe	(Asche in g)	0,2	0,7
* Anteil am Gesamtkaloriengehalt			

Tab. 5.1: Zusammensetzung der Frauenmilch im Vergleich zur Kuhmilch

? **Frage:** Wie ist der Spruch „Der Säugling stillt an der Brust zuerst den Durst und dann den Hunger“ zu verstehen?

+ Der Säugling trinkt ca. 80 % der Gesamtmenge in den ersten 5 min. Die Stilldauer ist meist nicht länger als 10 min an jeder Brust.

Antwort: Die **Zusammensetzung** der Frauenmilch **schwankt innerhalb der Mahlzeit** des Säuglings. So ist die so genannte „**Vormilch**“, die der Säugling zunächst aufnimmt, **fettärmer** als die „**Nachmilch**“, weshalb sich erst durch diese ein Sättigungsgefühl einstellt. Ebenso schwankt die Zusammensetzung der Frauenmilch zwischen den verschiedenen Mahlzeiten in Abhängigkeit von der Nahrungs- und Flüssigkeitsaufnahme der Mutter. Die Milchmenge lässt sich durch häufiges Stillen steigern.

? **Frage:** Wie häufig sollte ein Säugling gestillt werden?

+ Gewichtszunahme pro Tag: 1. Monat: 25 g, 2. Monat: 20 g, 3. Monat: 15 g, 4. Monat: 10 g. Bei gesunden Kindern genügt wöchentliches Wiegen.

Antwort: Das Kind sollte beim so genannten „**Self-demand feeding**“ (**„ad libitum“**) selbst Zeitpunkt und Nahrungsmenge bestimmen, wodurch die natürlichen Bedürfnisse besser berücksichtigt werden. Der Säugling sollte jedoch anfangs mindestens alle 4 h angelegt werden. Die Milchmenge ist ausreichend, wenn der Säugling gut gedeiht, d.h. ca. 180 g pro Woche zunimmt.

Frage: Manchmal bestehen **Hindernisse,** bei denen das Stillen kontraindiziert ist. Kennen Sie Beispiele?

Antwort: Es gibt **Stillhindernisse,** die primär von der Geburt des Kindes an bestehen und das Stillen von vornherein verbieten, und solche, die ein vorzeitiges Abstillen erfordern. Von Seiten des Säuglings aus ist das Stillen bei **angeborener Laktoseintoleranz** und **Galaktosämie** kontraindiziert. Kinder mit **Lippen-Kiefer-Gaumenspalte, trinkschwache Frühgeborene** und **kranke Kinder** können zwar meist nicht von Anfang an der Brust gestillt werden, die Muttermilch kann aber über eine Flasche oder eine Sonde zugeführt werden. Später sollte dann immer noch ein Stillversuch erfolgen.

✚ Bei Laktoseunverträglichkeit und Galaktosämie können Säuglingsflaschennahrungen auf Sojabasis verwendet werden.

Stillhindernisse von Seiten der Mutter aus ergeben sich bei **schweren Allgemeinerkrankungen,** wie z.B. Neoplasien, Tbc, Hepatitis C, AIDS und **einigen psychiatrischen Erkrankungen.** Nimmt die Mutter bestimmte **Medikamente,** wie z.B. Zytostatika, Thyreostatika, Immunsuppressiva, Ergotamin, Hormone u.a., sollte ebenfalls auf das Stillen verzichtet werden. Eine beidseitige schwere **Mastitis** erfordert meist das zeitweilige Unterbrechen des Stillens. Andere lokale Hindernisse, wie Flach- oder Hohlwarzen, können fast immer durch geeignete Maßnahmen beseitigt werden.

✚ Stillen und mütterliche Hepatitis B: Das Kind wird postpartal aktiv und passiv immunisiert. Die Mutter darf daraufhin stillen.

5.2 Muttermilchersatzpräparate

Frage: Seit der Einführung des EG-Binnenmarktes sind im Grunde genommen nur noch zwei Typen von Säuglingsmilch auf Kuhmilchbasis im Handel. Welche sind das?

Antwort: Bei diesen beiden Milchnahrungstypen handelt es sich um die **Säuglingsanfangsmilch** und um die **Folgemilch.** Die Anfangsnahrungen eignen sich zur Ernährung im ganzen ersten Lebensjahr. Es gibt Säuglingsanfangsnahrungen, die als Kohlenhydratbestandteil nur Laktose beinhalten und damit der Muttermilch am ehesten entsprechen. Diese sind auf dem Markt als so genannte „Pre-Nahrungen" erhältlich. Andere Säuglingsanfangsnahrungen enthalten neben der Laktose noch weitere Kohlenhydrate, z.B. Milumil 1.

Prüfer: Wo es bei uns von Pre-Nahrungen, 1er- und 2er-Milch nur so wimmelt, kommt man z.B. in den USA mit nur einem Typ von Säuglingsmilch aus. Was in Deutschland auf dem Markt ist, richtet sich nach dem Interesse der Hersteller und nicht nach dem der Säuglinge! Die Folgenahrungen, z.B. Milumil 2, können ab dem Ende des 4. Monats verwendet werden. Sie enthalten meist etwas mehr Proteine, Kohlenhydrate und Mineralstoffe, sind also weniger an die Muttermilch ange-

✚ „3er-Milch" (Folgemilch 3) ist eine reine Erfindung der Industrie ohne ernährungsphysiologische Relevanz. Ab dem 13. Monat kann auf Vollmilch umgestellt werden.

passt, können daher allerdings die noch unreife Niere des Säuglings belasten. Ihre praktische Bedeutung haben die Folgemilchnahrungen deshalb vor allem im zweiten Lebenshalbjahr, da sie stärker sättigend wirken.

Säuglingsanfangsnahrungen (Säuglingsmilchnahrungen)	
Nahrungen mit Laktose als einzigem Kohlenhydrat (früher als adaptierte Nahrung bezeichnet)	Aponti Pre, Pre Hipp 1, Lactana A, Pre-Aletemil, Pre-Aptamil 1, Pre Beba, Pre-Humana Anfangsnahrung
Nahrungen mit weiteren Kohlenhydraten zusätzlich zur Laktose (früher als teiladaptierte Nahrungen bezeichnet)	Aletemil, Aponti 1, Aptamil 1, Beba 1, Hipp 1, Humana-Dauernahrung, Humana babyfit, Ki-Na-Flaschennahrung, Lactana B, Manasan, Milasan teiladaptiert, Milumil 1
Folgemilchnahrungen (Folgemilch)	
Aletemil plus, Aponti 2, Aptamil 2, Beba 2, Hipp 2, Humana Folgemilch, Lactana C, Milumil 2, Milumil 2-kristallzuckerfrei	
antigenreduzierte Milchnahrungen: Aletemil HA, Aptamil hyp, Beba HA, Humana HA	

Tab. 5.2: Säuglingsnahrungen auf Kuhmilchbasis für gesunde, reifgeborene Säuglinge

Fallbeispiel: Bei der Mutter eines drei Monate alten Säuglings (5800 g, 60 cm) geht nach Angabe der Mutter die Milchproduktion zurück. Wie sollte der Säugling jetzt ernährt werden?

Antwort: Zunächst sollte man die Angabe der Mutter überprüfen, da es sich meist nur um das subjektive Gefühl („Mein Kind wird nicht satt!") handelt. Häufig ist das Kind aber gut ernährt und die Mutter kann beruhigt werden. Ist die Milchproduktion tatsächlich zu gering, sollte eine **1er-Nahrung ad libitum zugefüttert** werden. Täglich sollte man dabei mindestens fünf bis sechs Mahlzeiten mit einer Gesamtflüssigkeit von insgesamt ungefähr 800–1000 ml einhalten. Erst nach dem Ende des vierten Lebensmonats kann dann die Nahrung auf eine **Folgemilch umgestellt** werden. Der fünfte Lebensmonat ist der optimale Zeitpunkt zur **Einführung von Beikost,** da dann die Eisen- und Kalziumzufuhr unzureichend wird. Es kann nun ein Kartoffel-Gemüsebrei mit Fleisch- und Fettzusatz gefüttert werden.

Frage: Sie beschreiben den Ernährungsplan sehr richtig. Es sei aber darauf hingewiesen, dass eine Umstellung auf eine Folgemilch ernährungsphysiologisch nicht erforderlich ist. Um einer unnötigen Übergewichtigkeit des Kindes entgegenzuwirken, kann im gesamten ersten Lebensjahr eine 1er-Nahrung gefüttert werden. Was würden Sie raten, wenn die Mutter im zuvor beschriebenen Fall Atopikerin ist?

?

☐ ☐ ☐
☺ 😐 ☹

Antwort: Da der Säugling mit einem gewissen genetischen, familiären Atopierisiko behaftet ist, sollte zur **Atopieprophylaxe bis mindestens zum fünften Lebensmonat** eine **hypoallergene Säuglingsflaschennahrung** gefüttert werden, wenn keine Brustfütterung mehr möglich ist. Der Antigengehalt dieser Nahrung ist durch bestimmte Verfahren auf ca. 1/100 reduziert (hydrolytische Spaltung der großmolekularen Eweißmoleküle). Dadurch kann möglicherweise eine frühzeitige Sensibilisierung vermieden werden.

Prüfer: Ich würde bei dem beschriebenen Fallbeispiel ebenso verfahren. Dennoch ist nach neueren Erkenntnissen wahrscheinlich nur eine vollhydrolysierte Nahrung (z.B. Alfare, Pregormin) in der Lage, einen wirklichen präventiven Effekt auf den Ausbruch einer Neurodermitis auszuüben. Die großmolekularen Eiweißmoleküle haben ihre allergene Potenz durch hydrolytische Spaltung eingebüßt. Die Fütterung eines Vollhydrolysats (z.B. Nutramigen, Alfare, Pregormin) muss bei Neugeborenen, deren Eltern beide schwer an einer Neurodermitis erkrankt sind, diskutiert werden. Diese Nahrung kommt dann als Alternative zur Muttermilch in Frage, da das Risiko des Kindes von nahezu 70 %, ebenfalls an einer Neurodermitis zu erkranken, durch diese Spezialernährung gesenkt wird.

6 Stoffwechsel

6.1 Phenylketonurie

Frage: Erzählen Sie mir bitte etwas über die häufigste angeborene Störung im Aminosäurestoffwechsel!

✚ PKU-Häufigkeit:
1 Kind auf 10 000 Geburten, Heterozygotenfrequenz: 1 Anlageträger auf 50 Personen

Antwort: Die häufigste angeborene Störung im Aminosäurestoffwechsel ist die Phenylketonurie (PKU). Die Ursache dieser **autosomal-rezessiv** vererbten Stoffwechselstörung ist ein **Enzymdefekt,** durch den die Umwandlung von Phenylalanin zu Tyrosin gestört ist. Dadurch kommt es zur **Anhäufung von Phenylalanin** und seinen **toxischen Metaboliten,** welche im Urin ausgeschieden werden und diesem einen typischen mäuseartigen Geruch verleihen. Man nimmt an, dass die toxischen Metaboliten den Myelinaufbau im Körper stören und dadurch das Krankheitsbild verursachen.

Frage: Sie haben ganz richtig die Ursache der klassischen Phenylketonurie beschrieben. Was versteht man unter einer **atypischen Phenylketonurie,** und wie kommt diese zustande?

Antwort: Während bei der klassischen Phenylketonurie ein Defekt der Phenylalaninhydroxylase, die Phenylalanin zu Tyrosin umwandelt, vorliegt, ist bei der **atypischen Phenylketonurie** die **Aktivität des Kofaktors** für diese enzymatische Reaktion **gestört.** Bei diesem Kofaktor handelt es sich um **Tetrahydrobiopterin.** Diese Störung im Phenylalaninstoffwechsel ist ebenfalls erblich, macht aber nur ca. 1–3 % aller Phenylketonurien aus.

Frage: Von ganz entscheidender Bedeutung ist der im Vergleich zur klassischen Phenylketonurie völlig andere Therapieansatz. Bei der atypischen PKU handelt es sich praktisch um einen Vitaminmangel, der durch entsprechende Substitution sehr gut behandelbar ist. Aber kommen wir zur Diagnostik: Wie diagnostizieren Sie eine Phenylketonurie?

Antwort: Mittlerweile wird fast jede Phenylketonurie durch das **Neugeborenenscreening** erfasst. Der mikrobiologische **Test nach Guthrie** dient dabei dem Nachweis einer **pathologischen Phenylalaninerhöhung** im Blut. Im Fall eines pathologischen Resultats müssen sofort Phenylalanin und Tyrosin im Serum bestimmt werden. Normalerweise liegt das Phenylalanin unter 1 mg%. Bei einer Phenylketonurie finden sich demgegenüber Serumspiegel zwischen 20 und 50 mg%. Um eine atypische Phenylketonurie auszuschließen, wird dem Kind nach Feststellung einer Phenylalaninerhöhung Tetrahydrobiopterin oral gegeben. Liegt ein Koenzymmangel vor, so sinkt der Phenylalaningehalt im Blut innerhalb einiger Stunden nach Gabe des Koenzyms.

✚ Der klassische Guthrie-Test wird zunehmend durch die Tandemmassenspektrometrie abgelöst (☞ Abschn. 1.6).

Frage: Wie entwickelt sich ein Kind mit einer unbehandelten Phenylketonurie? **?**

☐ ☐ ☐

☺ 😐 ☹

Antwort: In den ersten vier bis sechs Lebensmonaten finden sich noch keine sicheren Anzeichen der Erkrankung. Danach beginnt die zunehmende **psychomotorische Retardierung,** die ohne Therapie zur **Oligophrenie** führt. Besondere Stigmata der Erkrankten sind **Mikrozephalie, seborrhoisches Ekzem** und **Pigmentarmut** durch gestörte Melaninsynthese. Mitunter treten schwere **zerebrale Krampfanfälle** auf. Außerdem werden unkontrollierbare Stimmungsausbrüche mit Zerstörungswut beschrieben. Werden die betroffenen Kinder jedoch rechtzeitig und konsequent therapiert, können sie sich völlig normal entwickeln.

Frage: Richtig, entscheidend ist ein Therapiebeginn in den ersten acht Lebenswochen, optimal vor der vierten Lebenswoche. Erläutern Sie mir doch einmal die Therapieprinzipien bei der Phenylketonurie! **?**

☐ ☐ ☐

☺ 😐 ☹

Antwort: Die Behandlung besteht in einer möglichst frühzeitig einsetzenden **Diät.** Bis zum Erreichen eines Phenylalaninspiegels unter 10 mg% wird **phenylalaninfrei** ernährt. Anschließend wird die Phenylalaninzufuhr so bilanziert, dass Werte zwischen 3–5 mg% erreicht werden. Dabei muss **eiweißarme** Kost durch **phenylalaninarme, tyrosinangereicherte** Aminosäuremischungen ergänzt werden. Die Diät sollte bis zum 12.–15. Lebensjahr konsequent weitergeführt werden, danach genügt eine **proteinarme** Kost.

Prüfer: Im Prinzip richtig, nur zum letzten Punkt muss ich Ihnen widersprechen. Entgegen früherer Einschätzungen, dass sich hohe Phenylalaninspiegel nur im Säuglings- und Kindesalter besonders negativ auf die geistige Entwicklung auswirken, liegen heute Untersuchungen vor, die negative Effekte auch bei jugendlichen und erwachsenen PKU-Patienten dokumentieren. Deshalb gilt die aktuelle Empfehlung, die Diät lebensbegleitend – ohne Altersbegrenzung – beizubehalten. Ab dem 12. Lebensjahr kann die Diät demnach lediglich etwas gelockert werden.

6.2 Homozystinurie

☐ ☐ ☐

? **Frage:** Eine weitere, wenn auch relativ seltene, angeborene Störung im Aminosäurestoffwechsel ist die **Homozystinurie.** Wodurch ist dieses Krankheitsbild gekennzeichnet?

✚ Das primäre Stoffwechselprodukt Homocystein wird entweder zu Methionin remethyliert oder zu Homocystin oxidiert.

Antwort: Verschiedene Stoffwechseldefekte können zu einer Homozystinurie führen. Am häufigsten ist ein **Defekt der Zystathionin-Synthetase** verantwortlich, der **autosomal-rezessiv** vererbt wird. Dieser Defekt führt bei der Umwandlung von Methionin zu Zystein zu einer Anhäufung des Zwischenproduktes Homozystein, das sich im Plasma und im Urin nachweisen lässt. Klinisch ähnelt die Krankheit dem Marfan-Syndrom. Äußerliche Stigmata sind **Linsenluxation, Arachnodaktylie** und **Hochwuchs.** Als Ursache für die gehäuften **thromboembolischen Komplikationen** wird die toxische Wirkung des Homozysteins auf das Gefäßendothel angesehen. Weitere Manifestationen sind **Oligophrenie, Skelettdeformitäten** und eine **ausgeprägte Osteoporose.**

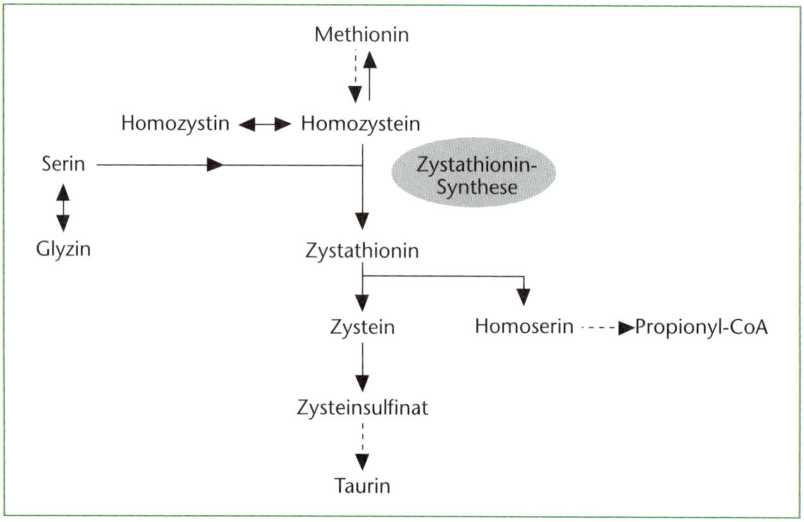

Abb. 6.1: Methionin-Stoffwechsel (modifiziert nach [2])

☐ ☐ ☐

? **Frage:** Wie diagnostizieren Sie eine Homozystinurie, und wie therapieren Sie gegebenenfalls?

Antwort: Wie der Name der Erkrankung schon andeutet, wird Homozystin in großen Mengen im Urin ausgeschieden. Im Plasma kommt ebenfalls **Homozystin** vor, welches beim Gesunden nicht vorhanden ist. Nach einigen Lebenswochen ist auch **Methionin** im Plasma deutlich (bis zum 50-fachen der Norm) erhöht. Das primäre Stoffwechselprodukt Homozystein ist in Urin und Plasma erhöht. Therapeutisch kann zunächst hochdosiert mit Vitamin B_6 behandelt werden, was bei etwa der Hälfte der Patienten erfolgreich ist. Ist diese Therapie nicht wirksam, so muss lebenslang eine methioninarme Diät eingehalten werden. Gleichzeitig wird Zystin substituiert.

6.3 Zystinose

Frage: Welche Störung liegt einer Zystinose zugrunde? ?

☐ ☐ ☐
☺ 😐 ☹

Antwort: Die Zystinose ist ebenfalls eine **autosomal-rezessiv** vererbte Störung im Aminosäurestoffwechsel. Hierbei kommt es zu einer Vermehrung des intrazellulären Zystins. Ursache ist ein **Transportdefekt in der Membran der Lysosomen.** Obwohl sich das Zystin in fast allen Geweben anreichert, kommt es insbesondere in der **Niere** zu stärkeren Funktionseinschränkungen. Zunächst ist der proximale Nierentubulus betroffen. Es finden sich Resorptionsdefekte für Aminosäuren, Phosphat, Glukose und Bikarbonat. Später führt die Erkrankung auch zur Zerstörung der Glomeruli. Auch die **Augen** sind betroffen: Durch Ablagerung von Zystinkristallen in der Hornhaut kommt es zu Photophobie, Blepharospasmus und Hornhauterosionen.

Frage: Sie erwähnten die Funktionsstörung am proximalen Nierentubulus. Wie nennt man diese Störung? ?

☐ ☐ ☐
☺ 😐 ☹

Antwort: Es handelt sich dabei um das **proximal-tubuläre Syndrom,** auch De-Toni-Debre-Fanconi-Syndrom genannt. Es kann sowohl idiopathisch als auch verursacht durch Stoffwechselstörungen, wie z.B. Zystinose, Glykogenose, Galaktosämie oder Fruktoseintoleranz, vorkommen.

✚ 3 klinische Verlaufsformen der Zystinose: infantil-nephropathische, intermediäre, Erwachsenenform

Frage: Vielleicht können Sie uns noch sagen, welche Untersuchungsverfahren bei der Zystinose diagnostisch bedeutsam sind? ?

☐ ☐ ☐
☺ 😐 ☹

Antwort: Da bei der Zystinose die **Augensymptome** den Nierensymptomen vorangehen, ist die augenärztliche Untersuchung diagnostisch sehr wichtig. So können schon frühzeitig Kristallablagerungen in der Kornea mit der Spaltlampe erkannt werden. Im Urin lassen sich **Aminoacidurie, Phosphaturie** und **Glukosurie** nachweisen. Im Blut finden sich **metabolische Azidose, Hypophosphatämie** und **Hypokaliämie.** Die Diagnose kann auch biochemisch erfolgen, indem man die erhöhten Zystinkonzentrationen in Leukozyten und Fibroblasten nachweist.

☐ ☐ ☐
☺ 😐 ☹

Frage: Sie haben nun die Zystinose ganz richtig beschrieben. Was ist denn eine Zystinurie?

Antwort: Bei der Zystinurie handelt es sich um eine angeborene **autosomal-rezessiv** vererbte Erkrankung. Die **tubuläre Rückresorption** von Zystin, Lysin, Ornithin und Arginin ist **gestört** und führt so zu einer vermehrten Ausscheidung dieser Aminosäuren. Der Verlust ist für den Organismus unerheblich. Da Zystin aber schlecht wasserlöslich ist, kristallisiert es im Urin aus, und es kommt zu rezidivierender Nephrolithiasis, dem klinischen Leitbefund der Zystinurie.

Merke: Zystinurie, Zystinose und Homozystinurie sind völlig unterschiedliche Krankheitsbilder:
- **Zystinurie:** Störung der tubulären Rückresorption von Zystin → Nephrolithiasis
- **Zystinose:** Transportdefekt in den Lysosomen → Akkumulation von Zystin in den Lysosomen → Schädigung von proximalem Tubulus, Glomeruli u. a.
- **Homozystinurie:** Enzymdefekt im Methioninstoffwechsel → Akkumulation der Stoffwechselzwischenprodukte Homozystein und Homozystin → Ausscheidung von Homozystin in großen Mengen im Urin (daher der Name) → Marfan-ähnliches Krankheitsbild mit thromboembolischen Komplikationen

6.4 Galaktosämie

☐ ☐ ☐
☺ 😐 ☹

Frage: Wodurch und wann fällt ein Kind mit Galaktosämie auf?

✚ Galaktosämiehäufigkeit: 1 Kind auf 50 000 Geburten

Antwort: Die Symptome bei Kindern mit Galaktosämie treten **einige Tage nach der ersten Milchfütterung** auf. Es kommt zu **Nahrungsverweigerung, Erbrechen** und **Durchfällen.** Gleichzeitig beginnen Leberfunktionsstörungen mit **Ikterus** und **Hepatosplenomegalie.** Wird die Krankheit nicht erkannt, kommt es zu einer rasch progredienten Verschlechterung mit Leberdekompensation und zerebralen Krämpfen, die nach wenigen Wochen zum Tode führen kann. Nach Früherkennung mittels **Neugeborenenscreening** kann dieser akute Verlauf mitunter durch **galaktose-** und **laktosefreie Diät** vermieden werden. Wird die Diät nicht konsequent lebenslang eingehalten, entwickelt sich mit der Zeit die **klassische Trias** aus **knotiger Leberzirrhose, Katarakt** und ausgeprägtem **Hirnschaden.**

Prüfer: Der Verlauf der Erkrankung kann im Neugeborenenalter so foudroyant sein, dass der Patient innerhalb weniger Tage noch vor der Diagnosestellung stirbt. Neugeborene, die nach einigen Tagen durch

Nahrungsverweigerung, Erbrechen, Ikterus und Somnolenz auffallen, sind immer hochverdächtig für einen Stoffwechseldefekt. Eine der primären Maßnahmen, die Sie vor allen anderen diagnostischen und therapeutischen Bemühungen veranlassen, sollte immer die absolute orale Nahrungskarenz sein.

Frage: Wie kommt es zum Krankheitsbild der Galaktosämie, und warum treten die Symptome erst nach der ersten Milchfütterung auf?

Antwort: Bei der Galaktosämie handelt es sich um eine autosomal-rezessive Stoffwechselstörung im Abbauweg der Galaktose. Es gibt drei Formen, bei der wichtigsten Form fehlt das Enzym **Galaktose-1-Phosphat-Uridyltransferase.** Dadurch können Galaktose und Galaktose-1-Phosphat nicht in Glukose-1-Phosphat umgewandelt werden. Bei Anreicherung dieser Stoffe schädigen sie besonders Leber, Gehirn, Augenlinse und Nierentubuli.

+ Es gibt verschiedene Varianten der Galaktosämie. Die häufigste ist die sog. Duarte-Variante. Betroffene weisen eine Enzymaktivität von 50 % der Norm auf und sind klinisch unauffällig.

Die Quelle für Galaktose ist der **Milchzucker,** sodass die Krankheit **erst nach der ersten Milchfütterung** in Erscheinung tritt. Es müssen also alle Milchprodukte und galaktosehaltigen Nahrungsmittel gemieden werden.

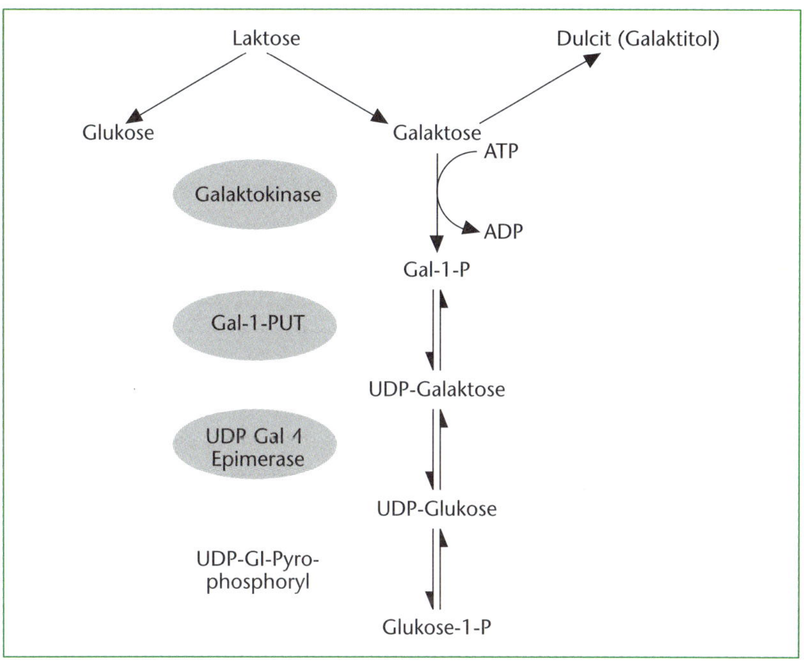

Abb. 6.2: Galaktose-Stoffwechsel (modifiziert nach [2])

? **Frage:** Wie können Sie die Diagnose sichern?

Antwort: Unter Milchernährung lassen sich erhöhte Werte für Galaktose bzw. Galaktose-1-Phosphat nachweisen. Es gibt aber auch einen direkten Nachweis des Enzymdefekts in Erythrozyten.

6.5 Fruktoseintoleranz

? **Frage:** Bei der Galaktosämie treten die ersten Krankheitserscheinungen mit der Milchfütterung auf. Zu welchem Zeitpunkt macht sich eine **Fruktoseintoleranz** erstmalig bemerkbar, und wie ist dies zu erklären?

Antwort: Solange der Säugling nur mit Milch ernährt wird, bleibt er unauffällig. Sobald **Obst zugefüttert** wird, beginnen die ersten Symptome mit Erbrechen und Durchfällen. Die Fruktoseintoleranz beruht auf einem **Fruktose-1-Phosphat-Aldolase-Defekt.** Nach Zufüttern von Obst und Gemüse staut sich Fruktose-1-Phosphat hauptsächlich in Leber, Nieren und der Darmmukosa an und ruft die entsprechenden Symptome hervor. Da Fruktose-1-Phosphat die Glukoneogenese und die Glykogenolyse hemmt, sind **schwere Hypoglykämien** bei der Fruktoseintoleranz nicht selten. Später treten **Leberfunktionsstörungen** bis hin zur Leberzirrhose und eventuell **Nierenschäden** auf.

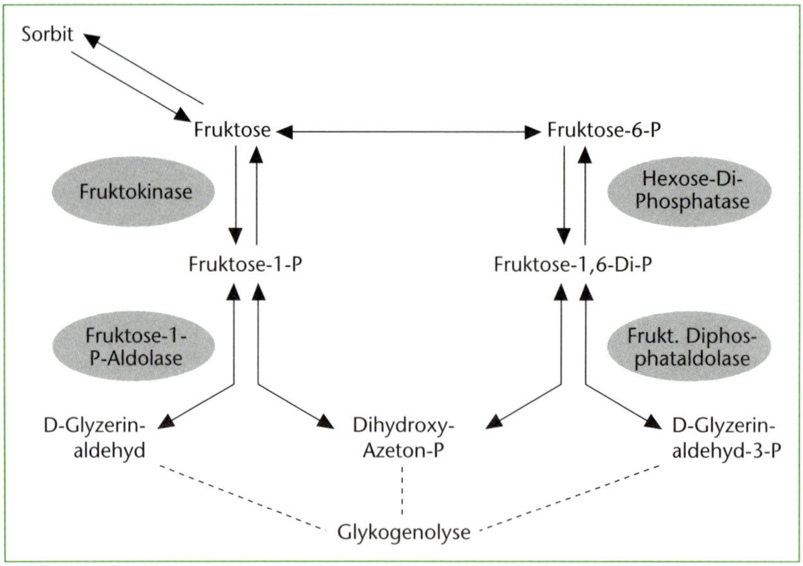

Abb. 6.3: Fruktose-Stoffwechsel (modifiziert nach [2])

Frage: Klinisch stehen die Leberfunktionsstörungen, die bis zum schweren, letal endenden Koma führen können, im Vordergrund. Daneben weisen Gedeihstörungen, Erbrechen und – wie Sie ja bereits erwähnt haben – Hypoglykämien mit Laktatazidose nach fruktose- bzw. saccharosehaltigen Mahlzeiten auf die Diagnose hin. Wie sichern Sie diese Verdachtsdiagnose?

Antwort: Die Diagnose kann man durch Bestimmung der **Enzymaktivität im Leberbiopsat** sichern. Eventuell kann auch ein **intravenöser Belastungstest mit Fruktose** nach Normalisierung der Leberwerte vorgenommen werden. Im positiven Fall würden hierbei die Glukose- und Phosphatwerte sinken und die Spiegel von Harnsäure und Magnesium ansteigen.

Frage: Wie sieht die **Therapie** der Fruktoseintoleranz aus?

Antwort: Die einzige Möglichkeit, die schwerwiegenden Folgen der Fruktoseintoleranz zu verhindern, ist eine **fruktose-** und **saccharosefreie Diät,** die zeitlebens eingehalten werden muss. Saccharose muss gemieden werden, da sie aus Glukose und Fruktose besteht. Ebenso muss Sorbit gemieden werden, da es über Fruktose abgebaut wird. Da die Patienten also kein Obst und kaum Gemüse essen dürfen, sollte man **ausreichend Vitamin C** substituieren, um diesem Vitaminmangel vorzubeugen.

6.6 Glykogenosen

Frage: Was wissen Sie über die **Glykogenosen?**

Antwort: Glykogenosen sind **Glykogen-Speicherkrankheiten,** bei denen normales oder abnormales Glykogen in verschiedenen Organen abgelagert wird. Bevorzugt befallene Organe sind **Leber, Skelett- und Herzmuskel.** Obwohl Glykogen auch reaktiv gespeichert werden kann, liegt den Glykogenosen in der Regel ein Enzymdefekt zugrunde. Dabei werden die Glykogenosen je nach defektem Enzym in verschiedene Gruppen eingeteilt. Mit Ausnahme des Typs VIa, der X-chromosomal-rezessiv vererbt wird, werden alle Glykogenosen **autosomal-rezessiv** vererbt. Die Einteilung der Glykogenosen erfolgt nach dem Cori-Schema.

Name	Enzymdefekt	bevorzugtes Speicherorgan
I Von Gierke	Glukose-6-Phosphatase	Leber
II Pompe	Alpha-Glukosidase	Muskel, Herz, Leber, Gehirn
III Cori	Amylo-1,6-Glukosidase (debranching enzyme)	Leber, Herz, Muskel
IV Anderson	Amylo-1,4–1,6-Glukosidase	Leber
V McArdle	Phosphorylase	Muskel
VI Hers	VIa Phosphorylase-b-Kinase VIb Phosphorylase	Leber

Tab. 6.1: Cori-Schema

? Frage: Beschreiben Sie kurz, wie es zu den Symptomen des häufigsten Typs der Glykogenosen, der Glykogenose vom Typ I, kommt!

✚ Die typischen Laborveränderungen (Laktazidose, erhöhte Pyruvat- und Alaninspiegel) sind auf die gesteigerte Glykolyse zurückzuführen.

Antwort: Bei der Glykogenose Typ I **Von Gierke** liegt ein **Glukose-6-Phosphatase-Defekt** in Leber, Nieren und Darm vor. Als Folge kann Glukose weder aus Glykogen noch aus zugeführter Galaktose oder Fruktose freigesetzt werden. Dadurch kommt es häufig zu **schweren Hypoglykämien.** Die Hypoglykämien führen ihrerseits zu einer starken Fettmobilisation und somit zur **Hyperlipidämie.** Das angestaute Glukose-6-Phosphat stimuliert die Glykogensynthese, und es kommt zur Glykogenspeicherung, hauptsächlich in der Leber. Typisch ist eine von Geburt an bestehende **Hepatomegalie ohne Splenomegalie.**

? Frage: Wodurch fallen die Kinder auf?

Antwort: Die Kinder entwickeln im weiteren Verlauf einen **proportionierten Minderwuchs.** Durch Vermehrung des subkutanen Fettgewebes sind sie meist **übergewichtig** und haben ein typisches „**Puppengesicht**". Das Abdomen ist aufgrund der **Hepatomegalie** meist ausladend. Durch die starke Hypertriglyzeridämie bilden sich an den Extremitätenstreckseiten gelegentlich **Xanthome.** Da sich Glykogen bei dieser Form der Glykogenose auch in Thrombozyten einlagert und die Plättchenaggregation stört, haben die Patienten häufig **Nasenbluten.** In späteren Krankheitsstadien können **Gichttophi** auftreten, wenn eine zuvor länger bestehende Hyperurikämie nicht behandelt wird.

Frage: Was wissen Sie über **Therapie** und **Prognose** dieser Glykogenose? ?

☐ ☐ ☐
☺ 😐 ☹

Antwort: Therapeutisch sind häufige **kleine Mahlzeiten** wichtig. Diese sollten im **Fettgehalt reduziert** sowie **fruktose- und galaktosefrei** sein. Laktatazidosen, die besonders bei Infekten auftreten, müssen rechtzeitig erkannt und korrigiert werden. Ein erhöhter Harnsäurespiegel sollte mit Allopurinol gesenkt werden.

Bei konsequenter Therapie ist heutzutage die Prognose wesentlich besser als früher. Allerdings stirbt immer noch ein Teil der Patienten in früher Kindheit, bei günstigem Verlauf wird das Erwachsenenalter erreicht.

6.7 Rachitis

Frage: Die **Vitamin-D-Mangel-Rachitis** ist definiert als eine Störung des Kalzium- und Phosphatstoffwechsels, die mit Deformierung des Skeletts einhergeht. Diese Erkrankung ist heutzutage im Gegensatz zu früher selten geworden. Können Sie sich vorstellen, warum? ?

☐ ☐ ☐
☺ 😐 ☹

Antwort: Eine Vitamin-D-Mangel-Rachitis entsteht – wie der Name schon sagt – durch **unzureichende Zufuhr von Vitamin D** mit der Nahrung. Nach Einführung der regelmäßigen **Vitamin-D-Prophylaxe** beschränkt sich das Auftreten dieser Erkrankung auf folgende Risikogruppen:

- Kinder von Eltern, die sich überwiegend an **alternativen Ernährungsformen** orientieren, eine rein vegetarische Kost verfüttern und gleichzeitig die Vitamin-D-Prophylaxe ablehnen
- Kinder mit **chronischem Malabsorptionssyndrom,** wie z.B. einer zystischen Fibrose oder einer Zöliakie

Prüfer: Ergänzen möchte ich noch folgende Risikogruppe:

- Kinder von Eltern aus dem asiatischen Lebensraum

Diese zeigen gelegentlich eine so genannte „Immigranten-Rachitis". Die Fortführung der gewohnten Ernährungsweise mit faserreichen Getreiden und Hülsenfrüchten verhindert die Resorption der Vitamin-D-Metaboliten im Darm. Gleichzeitig werden wenig vitaminreiche Fleisch- oder Fischprodukte gegessen. In den sonnenreichen Ländern Asiens wird dieser Mangel durch eine natürliche Vitaminbildung in der Haut kompensiert.

Frage: Wie führt man die von Ihnen angesprochene Rachitisprophylaxe durch? ?

☐ ☐ ☐
☺ 😐 ☹

Antwort: Ab der zweiten Lebenswoche erhält jeder Säugling **mindestens ein Jahr lang täglich 500 IE Vitamin D.** Die Rachitisprophylaxe wird normalerweise mit der Kariesprophylaxe durch Fluor kombiniert, z.B. in Form von D-Fluoretten.

? **Frage:** Schildern Sie die charakteristischen **Symptome** bei einer Rachitis!

✚ Harrison-Furche: Abflachung und horizontale Einbuchtung der seitlichen Thoraxpartien durch Ansatz des Zwerchfells. Weitere Rachitissymptome: Zahnung und Fontanellenschluss verspätet, Kyphose, Skoliose.

Antwort: Das Prädilektionsalter der Vitamin-D-Mangel-Rachitis ist der dritte bis neunte Lebensmonat. Neben uncharakteristischen **Allgemeinsymptomen** wie Unruhe, Blässe, Kopfschweiß und Muskelhypotonie kommt es zu verschiedenen **Zeichen der verminderten Knochenfestigkeit.** Hierzu gehören neben Knochenverbiegungen **Kraniotabes** (eine Weichheit des Knochenschädels mit Hinterhauptabflachung), Glockenthorax, Hühnerbrust, Genua vara und die so genannte **Harrison-Furche.** Das Wachstum ist allgemein verzögert.

Der Kalziummangel bewirkt neben einer Verknöcherungsstörung auch die **Hyperplasie des nicht verkalkten Osteoids.** Zeichen dieser Hyperplasie sind der **rachitische Rosenkranz** und Doppelhöcker an Hand- und Fußgelenken, das so genannte **Marfan-Zeichen.**

? **Frage:** Im Vordergrund der Rachitisdiagnostik stehen die **radiologischen Veränderungen,** die anhand einer Aufnahme der Handwurzel beurteilt werden. Beschreiben Sie diese Befunde!

✚ Ein weiteres Stichwort sind hier die so genannten Looser-Umbauzonen, die quer zum Knochen verlaufende Aufhellungszonen darstellen.

Antwort: Schon vor dem Auftreten klinischer Symptome finden sich häufig charakteristische radiologische Veränderungen. Die **Knochenenden** sind **becherförmig erweitert** und **unregelmäßig konturiert.** Der **Abstand** zwischen **Metaphyse** und **Epiphyse** ist **verbreitert.** Durch die allgemeine **Entkalkung** erscheint das gesamte Skelett vermehrt strahlentransparent. Gelegentlich finden sich auch Periostreaktionen in Form von **Doppelkonturierungen des Diaphysenschaftes.**

Fallbeispiel: Sie haben auf Ihrer Station einen neun Monate alten Säugling, der die klinischen und radiologischen Zeichen einer Rachitis aufweist. Die Mutter gibt an, bis zum jetzigen Zeitpunkt voll gestillt zu haben. Vitamin-D-Tabletten habe das Kind nur in den ersten drei Wochen bekommen. Welche **Labordiagnostik** veranlassen Sie, um die Diagnose zu sichern? Welche typischen Veränderungen finden Sie bei einer Rachitis serologisch im Kalzium-Phosphat-Stoffwechsel?

Antwort: In der Frühphase der Erkrankung kommt es gelegentlich zu einem **Kalziummangel,** der bei Kindern manchmal tetanische Zeichen auslöst. Unter der eingeleiteten Therapie zur Behandlung einer Rachitis wird ebenfalls vermehrt Kalzium in den Knochen eingelagert, sodass es dann ebenfalls zu einem relativen Kalziummangel und im Extremfall zu einer rachitogenen Tetanie kommen kann. Normalerweise liegt das Serumkalzium aber aufgrund des **sekundären Hyperparathyreoidismus** im Normbereich. Aus demselben Grund sind das **Serumphosphat erniedrigt** und die **alkalische Phosphatase deutlich erhöht.** Verständlicherweise ist der Vitamin-D-Spiegel im Serum erniedrigt.

Prüfer: Aus meiner klinischen Erfahrung darf ich Ihnen sagen, dass die Mehrzahl der Rachitisfälle über folgenden Ablauf diagnostiziert werden: Die Kinder werden – wie der o.g. neun Monate alte Säugling – wegen irgendeiner Erkrankung, z.B. Bronchitis oder Gastroenteritis stationär aufgenommen. Im Routinelabor fällt eine erhöhte alkalische Phosphatase auf. Anamnese, klinische Untersuchung, Röntgendiagnostik und letztlich die klassische Laborkonstellation „Phosphat erniedrigt, Parathormon erhöht" belegen die Diagnose.

Frage: Ich hatte Ihnen eingangs gesagt, dass die Rachitis heute ein eher seltenes Krankheitsbild ist. Dennoch ist die Kenntnis der noch viel selteneren Differentialdiagnosen wichtig. Was wissen Sie über diese besonderen Rachitisformen?

?

☐ ☐ ☐

☺ 😐 ☹

Antwort: Es handelt sich hierbei um die **Vitamin-D-resistenten Rachitisformen.** Sie unterscheiden sich von der Vitamin-D-Mangel-Rachitis dadurch, dass sie nur auf sehr hohe Dosen Vitamin D oder überhaupt nicht auf eine Vitamin-D-Gabe ansprechen und sich normalerweise erst nach dem Säuglingsalter manifestieren. Es gibt angeborene und erworbene Formen. Die wichtigste angeborene Form ist der **X-chromosomal-gebundene Phosphatdiabetes.** Jungen sind deshalb stärker betroffen. Er beruht auf einer **Störung der renalen Phosphatrückresorption.**

✚ Therapie der Vitamin-D-Mangel-Rachitis: 5000 IE Vitamin D pro Tag oral für 3 Wochen, orale Kalziumgabe unter Kontrolle der Serumkalzium- und -phosphatwerte

Bei Malabsorptionssyndromen, verschiedenen Nierenschäden und unter dauerhafter antikonvulsiver Therapie können sich ebenfalls erworbene Formen der Vitamin-D-resistenten Rachitis entwickeln. Eine besondere Form ist noch die **Pseudo-Vitamin-D-Mangel-Rachitis.** Hierbei kann entweder die Vorstufe des wirksamen Vitamins in der Niere nicht umgewandelt werden, oder es liegt ein Rezeptormangel vor. Klinisch unterscheidet sich diese Form nicht von der echten Vitamin-D-Mangel-Rachitis.

6.8 Diabetes mellitus

Fallbeispiel: Eine Mutter bringt ihre fünfjährige Tochter zu Ihnen in die Praxis, weil sie seit einigen Tagen unter anderem über Bauchschmerzen klagt. Vor ca. zwei Wochen ist der Mutter erstmalig aufgefallen, dass das Mädchen sehr viel trinkt. Der Durst habe jetzt drastisch zugenommen. Ihre erste Verdachtsdiagnose lautet Erstmanifestation eines Diabetes mellitus. Welche weiteren Symptome erwarten Sie, und worauf achten Sie bei der Untersuchung?

Antwort: Ich würde mich erkundigen, ob das Mädchen auch häufig zur Toilette muss oder neuerdings sogar wieder einnässt, und somit Symptome einer **Polyurie** oder **Enuresis** aufweist. Da bei der Manifestation eines Typ-I-Diabetes ein **Gewichtsverlust** häufig ist, frage ich die Mutter nach dem Gewichtsverlauf und den Ernährungsgewohnheiten in den letzten Wochen. Ganz wichtig ist es, eine **verminderte Leistungsfähigkeit,** vermehrte **Abgeschlagenheit** oder **Müdigkeit** zu erfragen. Bei der körperlichen Untersuchung achte ich zunächst darauf, wie beeinträchtigt das Kind ist, und beurteile die **Vitalität.** Eine **Dehydratation** (☞ Abschn. 11.9) erkennt man an trockenen Schleimhäuten und vermindertem Hautturgor. Ein **Acetonfötor** ist Richtung weisend für eine ketotische Stoffwechsellage, die sich im Extremfall klinisch durch eine Kussmaul'sche Atmung zeigt.

Frage: Wie sichern Sie Ihre erste Verdachtsdiagnose?

Antwort: Wesentlich für die Diagnose ist die **typische Anamnese.** Sie kann anhand der stark **erhöhten Blutglukosewerte** (über 200 mg/dl), einer stark **positiven Uringlukose** und einer **Azetonurie** gesichert werden. Des Weiteren muss der **Säure-Base-Status** erhoben werden, der das Bild einer metabolischen Azidose zeigen kann. Nach Diagnosesicherung sollte eine sofortige Klinikeinweisung erfolgen, um mit der Initialtherapie zu beginnen.

Prüfer: Die Diagnose eines Diabetes mellitus ist im Kindesalter leicht zu stellen. Die typischen Symptome und ein Blutzuckerwert über 200 mg/dl sind beweisend. Kommen wir nun zur Therapie der Erstmanifestation. Sie muss immer stationär erfolgen, um eine exakte Blutzuckereinstellung und insbesondere eine optimale Schulung des Kindes und der Eltern zu gewährleisten.

Frage: Welche Punkte müssen bei der Initialtherapie des Diabetes mellitus beachtet werden?

Antwort: Die Initialtherapie hängt vom Ausmaß der Stoffwechselentgleisung zum Zeitpunkt der Diagnosestellung ab. Im Grunde genommen gibt es **zwei initiale Therapieschemata,** die sich nach dem Grad der Dehydratation richten. Liegt eine **leichtgradige Dehydratation** ohne ketoazidotische Stoffwechsellage vor, so erfolgen eine **orale Rehydratation** und die Blutzuckersenkung durch **subkutane Gaben von Altinsulin.** Anschließend wird der Blutzucker durch konventionelle oder intensivierte Insulintherapie eingestellt.

+ Leichte Dehydratation: Flüssigkeitsverlust bis 50 ml/kg KG

Bei **ausgeprägter Dehydratation** mit und ohne Ketoazidose erfolgt immer eine **initiale Infusionstherapie,** die je nach Situation Schocktherapie, Flüssigkeitsersatz, Elektrolyt- und insbesondere Kaliumsubstitution erfordert. Die ursächliche Hyperglykämie wird durch **intravenöse Altinsulingabe** langsam heruntertitriert. Der Abfall des Blutzuckers sollte 100 mg/dl in der Stunde nicht überschreiten, um ein Hirnödem, das durch das entstehende osmotische Gefälle verursacht werden kann, zu verhindern. Nach Überwindung der kritischen Phase erfolgt auch hier eine Einstellung entweder auf eine konventionelle oder intensivierte Insulintherapie.

+ Schwere Dehydratation: Flüssigkeitsverlust 50–100 ml/kg KG. Zeichen der Ketoazidose: Acetongeruch, Übelkeit, Erbrechen, Kopfschmerzen, Bewusstseinstrübungen bis zum Coma diabeticum, Ketonurie, pH < 7,2.

Frage: Sehr schön haben Sie die beiden Möglichkeiten einer Initialbehandlung mit und ohne Infusionstherapie dargestellt. Wie sehen die Grundzüge der **Langzeittherapie** beim Diabetes mellitus aus?

Antwort: Grundvoraussetzung für eine optimale Therapie ist eine **gründliche Schulung** des Patienten und der Eltern. Ziele der Schulung sind unter anderem das Kennenlernen des Diabetes, die selbstständige Therapieanpassung, das Erwerben von Kenntnissen über Notfallsituationen, wie z.B. bei Hypoglykämie, und der entsprechenden Gegenmaßnahmen.

Die Therapie besteht im Einzelnen aus der **Insulintherapie,** der selbstständigen **Blutzuckermessung** und einer dem Alter und der körperlichen Betätigung angepassten **Diät.** Regelmäßige sportliche Aktivität erleichtert die Diabeteseinstellung. Auftretende Probleme sollten mit dem Kinderarzt besprochen werden. Dieser bestimmt auch alle drei Monate das glykosylierte **Hämoglobin HbA1** und erhält damit einen Überblick über die mittlere Blutglukoseeinstellung. Zur Früherkennung von Spätkomplikationen müssen regelmäßig die Nierenfunktion und jährlich der Augenfundus kontrolliert werden.

+ Faustregeln für Diabetesdiät: 45–50 % der Kalorien als Kohlenhydrate, 35 % als Fett und 15–20 % als Eiweiß. Gesamtkalorienbedarf: 1000 + 100 kcal pro LJ. 6 Mahlzeiten am Tag. Keine schnell resorbierbaren Kohlenhydrate.

☐ ☐ ☐
☺ 😐 ☹

Frage: Sie erwähnten bereits die verschiedenen Arten der Insulintherapie. Bitte erläutern Sie die klassischen Formen!

Antwort: Prinzipiell gibt es drei Arten der Insulintherapie. Bei der **konventionellen Insulintherapie** spritzt der Patient zweimal am Tag ein Verzögerungsinsulin oder eine Mischung aus Verzögerungsinsulin und Normalinsulin. Er muss sich an ein festes Diätschema halten. Dies ist die Therapie der Wahl bei Kleinkindern und unkooperativen älteren Patienten.

Bei älteren Kindern kann dann auf die **intensivierte Therapie** übergegangen werden. Dabei deckt ein zweimalig injiziertes Verzögerungsinsulin den basalen Insulinbedarf und Normalinsulin wird als Bolus vor den Hauptmahlzeiten gegeben. Dieses erlaubt eine bessere Korrektur des Blutzuckerspiegels und eine variablere Gestaltung der Diät.

Schließlich rückt zunehmend die **Insulinpumpentherapie** auch in der Pädiatrie in den Mittelpunkt. Hierbei wird ausschließlich Normalinsulin verwendet, welches durch eine Pumpe kontinuierlich subkutan injiziert wird. Zu den Mahlzeiten kann der Patient einen zusätzlichen Bolus über den Dosierer abrufen.

Prüfer: Lassen Sie mich hinzufügen, dass immer mehr pädiatrische Diabetologen dazu übergehen, auch eine intensivierte Therapie bei sehr jungen Patienten anzuwenden, sodass die klassische Empfehlung, eine konventionelle Therapie zu beginnen und im Alter von 12–14 Jahren auf eine intensivierte Therapie umzuschwenken, zunehmend verlassen wird.

☐ ☐ ☐
☺ 😐 ☹

Frage: Da Sie sich bei diesem Krankheitsbild so gut auskennen, erlaube ich mir, Ihnen eine schwere Frage zu stellen. Anfänglich werden bei der Erstmanifestation des Diabetes mellitus meist hohe Mengen Insulin benötigt. Warum kommt es häufig nach der Initialphase zu einem Rückgang der benötigten Insulinmenge?

✚ Die Remissionsphase wird auch als „Honeymoon" bezeichnet.

Antwort: Sie sprechen die **Remissionsphase des Diabetes mellitus** an. Nach der Diabetesmanifestation kann es zu einer mehr oder weniger lange andauernden „Erholung" der Insulinsekretion kommen, weil noch **endogenes Insulin bedarfsgerecht sezerniert** werden kann. Das Eintreten der Remission erkennt man an einem sinkenden Insulinbedarf. Gelegentlich kommen die Patienten sogar eine Zeit lang ohne Insulin aus. Nach spätestens zwei bis drei Jahren steigt der Insulinbedarf erneut, da die B-Zell-Restfunktion jetzt völlig verschwindet. Ein Maß für die noch bestehende Restsekretion des Insulins ist die Messung des C-Peptids im Serum.

Fallbeispiel: Sehr gut! Bleiben wir beim Thema und sprechen über den 15-jährigen Jungen, den ich heute Morgen in unserer Ambulanz gesehen habe. Er hat seit fünf Jahren Diabetes mellitus und ist auf eine intensivierte Therapie eingestellt: Er spritzt viermal täglich Altinsulin zu den Mahlzeiten sowie morgens und abends Basalinsulin. Bei seiner heutigen Vorstellung berichtet er über in letzter Zeit häufig aufgetretene morgendliche Nüchternhyperglykämien um 250 mg/dl. Welche Ursachen könnten hierfür vorliegen? Was raten Sie dem Jungen?

Antwort: Zwei mögliche Ursachen kommen für die Hyperglykämie in Frage. Sie kann zum einen Folge einer Hypoglykämie in den frühen Morgenstunden zwischen 3 und 6 Uhr sein. Gegenregulatorisch kommt es dann zu einer Hyperglykämie. Dieses wird als **Somogyi-Effekt** bezeichnet. Ursache ist meist eine zu hohe abendliche Insulindosis.

Die andere Möglichkeit ist das Vorliegen eines so genannten **Dawn-Phänomens.** Dabei kommt es trotz konstanter Insulinzufuhr in den frühen Morgenstunden zu einem Blutzuckeranstieg. Ursache ist ein Abfall des injizierten Basalinsulins in den frühen Morgenstunden und die gleichzeitige Ausschüttung kontrainsulinärer Hormone, vor allem Wachstumshormon. Hier kann versucht werden, die abendliche Insulindosis später zu spritzen oder zu erhöhen.

+ Facharztwissen: Humalog (LISPRO®): innovatives Insulinanalogon mit schnellem Wirkungseintritt; Vorteil: Essen und Spritzen gleichzeitig! Glargin (LANTUS®): innovatives Insulinanalogon mit Langzeit(basal)wirkung; Vorteil: einmalige, zumeist abendliche Applikation.

Prüfer: Perfekt. Um welches dieser beiden Phänomene es sich handelt, kann nur durch nächtliche Blutzuckerbestimmungen bestimmt werden. Der Patient sollte deshalb stationär aufgenommen werden.

7 Erkrankungen endokriner Organe

7.1 Diabetes insipidus centralis

☐ ☐ ☐
☺ 😐 ☹

? Frage: Was ist der häufigste Grund für einen **Diabetes insipidus centralis?**

Antwort: Der häufigste Grund für einen Diabetes insipidus centralis ist ein **Tumor im Zentralnervensystem,** beispielsweise ein Kraniopharyngeom. Zwei Dritteln der Fälle liegt diese Ursache zugrunde. Daher muss ein Tumor so lange als Ursache angenommen werden, bis zweifelsfrei das Gegenteil bewiesen ist. Ein Diabetes insipidus kann einem Hirntumor sogar um Jahre vorausgehen, sodass bei unauffälliger Diagnostik sorgfältig nachbetreut werden muss. Weitere seltenere Ursachen des ADH-Mangels sind die **Histiozytose** und **Traumata** – Letztere auch iatrogen im Rahmen neurochirurgischer Operationen.

☐ ☐ ☐
☺ 😐 ☹

? Frage: In seltenen Fällen liegt ein vererbbarer Diabetes insipidus centralis durch einen genetischen Synthesedefekt vor. Beim so genannten idiopathischen ADH-Mangel finden sich gelegentlich Antikörper gegen vasopressinbildende Zellen. Können Sie mir die physiologischen Grundlagen der ADH-Bildung und -Wirkung erklären? Was geschieht beim ADH-Mangel?

✚ Osmolalität = Konzentration aller osmotisch aktiven, gelösten Teilchen in 1 kg Körperflüssigkeit; Referenzbereiche: Serum 280–296 mosmol/kg, Harn 50–1200 mosmol/kg

Antwort: ADH wird **im Hypothalamus gebildet,** in der **Neurohypophyse gespeichert** und bei Bedarf abgegeben. Reize für die Abgabe von ADH stellen eine **hohe Serumosmolarität** und ein **Volumenmangel** dar. Da die Wirkung des ADH in einer **Wasserrückresorption** in den distalen Nierentubuli und an den Sammelrohren besteht, kommt es bei ADH-Mangel zur Bildung großer Mengen eines hypoosmolaren Urins (< 100 mosmol/kg). In gleichem Maße steigt umgekehrt die Serumosmolalität (> 296 mosmol/kg). Das extrazelluläre Volumen nimmt ab. Bei älteren Kindern können Urinmengen von 15–20 l ausgeschieden werden. Die Kinder versuchen, den Flüssigkeitsverlust durch Zufuhr von zum Teil sehr großen Flüssigkeitsmengen zu kompensieren. Sie kommen vor Durst fast um und trinken in ihrer Not selbst abgestandenes Blumenwasser, sogar Alkoholintoxikationen können auf diese Weise entstehen.

Frage: Eine wichtige Differentialdiagnose ist natürlich der Diabetes insipidus renalis (☞ Abschn. 13.7). Hierbei wird das ADH zwar regelrecht sezerniert, distaler Tubulus und Sammelrohr sind aber resistent. Die Folge ist ebenfalls ein Verlust der Konzentrationsfähigkeit der Nieren. Welche weiteren **Differentialdiagnosen** bei Kindern mit einer **Polyurie** und **Polydipsie** kennen Sie?

Antwort: Polyurie und Polydipsie sind Leitsymptome des **Diabetes mellitus.** Zusätzlich treten hierbei Glukosurie, Ketonurie und Hyperglykämie auf. Die **renale Glukosurie** geht ebenfalls mit einer Polyurie und Polydipsie einher, zeichnet sich gegenüber dem Diabetes mellitus aber durch normale Blutzuckerwerte aus. Weiterhin können akute und chronische Nierenerkrankungen mit einer Polyurie und Polydipsie einhergehen.

Fallbeispiel: In Ihre Praxis kommt eine Mutter mit ihrem zweijährigen Sohn. Sie berichtet, dass er im Tagesverlauf große Mengen trinken würde, regelmäßig bis zu 2500 ml Apfelschorle pro Tag. Nachts schläft er ohne aufzuwachen durch. Somatische und neurologische Untersuchung sowie Größen- und Gewichtsentwicklung sind unauffällig. Was hat der Junge? Wie sichern Sie die Diagnose?

Antwort: Das nächtliche Durchschlafen spricht sehr gegen einen Diabetes insipidus. Am ehesten liegt hier eine **habituelle Polydipsie,** also das gewohnheitsmäßige, „anerzogene" Vieltrinken, vor. Der Mutter würde ich probatdorisch empfehlen, die Trinkmenge täglich um 50–100 ml zu reduzieren, bis auf maximal 1200 ml pro Tag. Gelingt dieses nicht, sollte der Junge stationär aufgenommen und über 8–10 h ein Durstversuch durchgeführt werden. Anhand von Urin- und Serumosmolarität und des spezifischen Gewichts im Urin kann dann die Konzentrierungsfähigkeit der Nieren ermittelt werden, die bei der **habituellen Polydipsie** völlig normal ist.

Frage: Wie therapieren Sie einen Diabetes insipidus centralis?

Antwort: Das Therapieprinzip besteht darin, das mangelnde ADH durch ein **synthetisches ADH-Analogon** zu ersetzen. Akut kann es parenteral verabreicht werden, in der Langzeittherapie wird es nasal gegeben. Eine zweimalige Dosis am Tag sollte so dosiert werden, dass zwischen den beiden ADH-Gaben eine kurze polyurische Phase entsteht. Dadurch kann man sicher sein, dass nicht überdosiert wurde.

✚ Therapeutisch kommt ein Arginin-Vasopressinderivat (z. B. DDAVP, Minirin) zum Einsatz.

7.2 Wachstumshormonmangel

☐ ☐ ☐

Frage: Ein Wachstumshormonmangel (Wachstumshormon: STH, somatotropes Hormon oder GH, growth hormone) kann genetisch bedingt sein oder sporadisch („idiopathisch") auftreten. Im klassischen Fall liegt eine Störung der Hypophyse als so genannter hypophysärer Minderwuchs vor. Es kann aber auch eine Schädigung übergeordneter Zentren, z.B. des Hypothalamus, ursächlich verantwortlich sein. Neben dem isolierten gibt es den kombinierten Wachstumshormonmangel, bei dem auch andere hypophysäre Hormone (TSH, ACTH, LH, FSH) ausgefallen sind. Beschreiben Sie die Klinik bzw. das Erscheinungsbild bei einem **isolierten STH-Mangel!**

Antwort: Typischerweise haben Neugeborene mit STH-Mangel noch normale Geburtsmaße. Erst **nach dem ersten Lebensjahr fällt die Wachstumsrate stark ab,** sodass die Kinder ohne adäquate Therapie weit hinter ihrer Zielgröße zurückbleiben. Es handelt sich dabei um einen **proportionierten Minderwuchs,** wobei die Kinder zusätzlich adipös sind und kleine Gliedmaße und einen relativ großen Kopf aufweisen. Insgesamt sehen sie **puppenartig** aus. Das **Knochenalter** ist **retardiert.** In vielen Fällen besteht eine Neigung zu **Hypoglykämien,** die sich auch schon bei Neugeborenen zeigen kann.

☐ ☐ ☐

Frage: Wie stellen Sie die Diagnose eines STH-Mangels?

+ Facharztwissen: IGF-I (Somatomedin) und IGFBP-III (Bindungsproteine) sind bei STH-Mangel im Serum erniedrigt; eindeutig erniedrigte Werte: Indikation für Stimulationstest.

Antwort: Da STH nicht ständig, sondern eher pulsatil an das periphere Blut abgegeben wird, ist eine einfache STH-Spiegelbestimmung problematisch. Daher werden in **Stimulationstests** Substanzen gegeben, die beim Gesunden zu einer hypophysären Sekretion und somit zum Anstieg des STH-Spiegels führen. Anwendung finden insbesondere der **Insulinhypoglykämietest** und die **Argininbelastung,** etwas seltener der Glukagon-Propranolol- und der Clonidintest. Auch eine körperliche Belastung ist ein adäquater STH-Stimulus und kann als relativ ungefährliches Testverfahren eingesetzt werden. Erreicht das STH in zweien dieser Stimulationstests nicht einen Wert von über 10 ng/ml, so ist ein STH-Mangel anzunehmen.

☐ ☐ ☐

Frage: Richtig. Außerdem diagnostisch bedeutungsvoll ist die Messung der nächtlichen STH-Spontansekretion. Eine hypothalamische Genese des STH-Mangels lässt sich mit dem GNRH-Test nachweisen. Nach Gabe des Releasinghormons kommt es bei hypothalamischem STH-Mangel zu einem STH-Anstieg, während dieser bei hypophysärem STH-Mangel ausbleibt. Wie kann man einen STH-Mangel therapieren?

Antwort: Die Behandlung des Wachstumshormonmangels erfolgt mit **synthetisch gewonnenem Wachstumshormon.** Pro Woche ist eine Dosis zwischen 14 und 20 IE Wachstumshormon/m^2 Körperoberfläche notwendig. Die Kinder erlernen die **tägliche subkutane Injektion des Hormons** ähnlich wie bei einer Insulintherapie. Die Tagesdosis wird in einer abendlichen Injektion verabreicht. Die Behandlungsdauer reicht bis zum Epiphysenschluss bzw. bis zum Erreichen einer ausreichenden Körpergröße.

Prüfer: Aktuell wird untersucht, ob bei einem STH-Mangel eine geringe Substitutionstherapie auch im Erwachsenenalter unter dem Aspekt eines optimierten Fett-, Kohlenhydrat- und Knochenstoffwechsels sinnvoll oder sogar erforderlich ist. Schließlich besteht der Defekt ja lebenslang.

7.3 Hypothyreose

Frage: Welche **Formen der Hypothyreose** kennen Sie? **?**

☐ ☺ ☐ 😐 ☐ ☹

Antwort: Man unterscheidet primäre, sekundäre und tertiäre Hypothyreose. Die **primäre Hypothyreose** ist die häufigste Form der Schilddrüsenunterfunktion und beruht auf einer Störung der Schilddrüse selbst. Bei der **sekundären Hypothyreose** liegt eine Erkrankung der Hypophyse im Sinne einer Hypophysenvorderlappeninsuffizienz vor. Durch verminderte oder fehlende TSH-Produktion kommt es sekundär zu einer Verminderung der Schilddrüsenhormonproduktion. Schließlich beruht die **tertiäre Hypothyreose** auf einer Störung im Hypothalamus mit TRH-Mangel. Die tertiäre Hypothyreose ist allerdings sehr selten.

Frage: Worauf achten Sie bei der Untersuchung eines Neugeborenen oder eines jungen Säuglings, um eine Hypothyreose zu erkennen? **?**

☐ ☺ ☐ 😐 ☐ ☹

Antwort: Die klassischen Symptome einer unerkannten angeborenen Hypothyreose finden sich heute extrem selten, da im Rahmen des Neugeborenenscreenings die Erkrankung relativ früh erkannt wird. Typische Symptome bei einer Neugeborenenhypothyreose sind **Icterus prolongatus, Trinkfaulheit, Bewegungsarmut, Makroglossie, struppiges Haar** und ein **ausladendes Abdomen** durch Obstipation. Später können **Wachstumsrückstand, Sprachstörungen** und **geistige Retardierung** folgen. Die Kinder sind **bradykard** und **hypotherm.** Sie fallen ferner durch **trockene Haut** und eine **raue, heisere Stimme** auf.

+ Weitere Symptome: Nabelhernie, weite Fontanellen mit verspätetem Fontanellenschluss, verzögerte Knochenreifung, Muskelhypotonie

Frage: Ich möchte darauf hinweisen, dass gerade die mangelnde Größenzunahme auch schon im Säuglingsalter das Leitsymptom einer unerkannten Hypothyreose ist. Wie können Sie diagnostisch eine primäre, sekundäre und tertiäre Hypothyreose voneinander abgrenzen?

Antwort: Während bei einer **primären Hypothyreose** TSH basal extrem hoch ist und T3/T4 erniedrigt, sind bei **sekundärer** und **tertiärer Hypothyreose** sowohl TSH basal als auch T3/T4 erniedrigt.

Frage: Richtig! Bei allen nicht eindeutigen Hormonbefunden führt man einen TRH-Belastungstest durch, wobei natürlich die Konstellation bei einer primären Hypothyreose häufig so eindeutig ist, dass sich ein TRH-Test erübrigt. Dennoch, welche Ergebnisse erwarten Sie bei den unterschiedlichen Hypothyreoseformen?

+ TRH-Test: Bestimmung des basalen TSH-Werts, Injektion von synthetischem TRH. TSH-Bestimmung nochmals nach 30 und 60 min. Normalbefund: leichter Anstieg der TSH-Produktion über den Normbereich nach TRH-Stimulation.

Antwort: Bei der **primären Hypothyreose** fällt der TRH-Test pathologisch positiv aus, d. h. **TSH steigt** ungewöhnlich **hoch an.** Bei der **sekundären Hypothyreose steigt TSH nicht an,** der TRH-Test ist also negativ. Bei der **tertiären Hypothyreose** kommt es zu einem **verspäteten Anstieg** nach ca. 60 min. Man könnte sagen, „die Hypophyse schläft“.

Frage: Wie sieht die Therapie der Hypothyreose aus, und worin bestehen die regelmäßig durchzuführenden Therapiekontrollen?

Antwort: Bei der Hypothyreose muss **T4 substituiert** werden. Dabei sind einige Punkte zu beachten. Um bleibende Schäden zu vermeiden, sollte die **Substitutionstherapie so früh wie möglich** begonnen werden. Das Schilddrüsenhormon wird zunächst in niedrigen Dosen (37,5–50 µg) verabreicht und dann mit zunehmendem Körpergewicht langsam in der Dosierung gesteigert. Letztlich muss **lebenslang kontrolliert** werden, ob die **individuelle optimale L-T4-Dosis** erreicht ist. Hierfür ist das Wohlbefinden des Patienten, aber vor allem der **basale TSH-Wert** von Bedeutung. Bei richtiger L-T4-Dosierung liegt der basale TSH-Wert im Normbereich.

Merke: Prinzip der Substitutionstherapie:
- **normales** TSH basal → L-T4-Dosis richtig
- **erniedrigtes** TSH basal → L-T4-Dosis zu hoch
- **erhöhtes** TSH basal → L-T4-Dosis zu niedrig

Fallbeispiel: Jetzt passen Sie bitte besonders gut auf und überlegen, was im folgenden Fall vor sich gegangen sein könnte. Vor ein paar Tagen hat sich bei mir erneut ein 14-jähriges Mädchen vorgestellt, das sich schon seit vielen Jahren in meiner Behandlung befindet. Seit der Geburt wird mit Thyroxin substituiert. Das Mädchen war bisher bei allen Kontrollen gut eingestellt, sodass keine Probleme mit der Therapie bestanden. Bei der letzen Kontrolle fiel mir auf, dass T4 im oberen Normbereich und TSH 10-fach erhöht sind. Was vermuten Sie?

Antwort: Es könnte sich dabei um einen Messfehler oder um vertauschte Laborwerte handeln. Oder um einen Hypophysentumor, sodass die TSH-Produktion unkontrolliert verläuft.

Prüfer: Da kommt man natürlich ins Grübeln. Aber es ist viel einfacher. Das Mädchen hat das Medikament eine ganze Weile nicht mehr eingenommen, was den hohen TSH-Wert erklärt. Eine Woche zuvor nahm sie fleißig T4 ein, da sie wusste, dass die Kontrolle beim Arzt bevorsteht. T4 liegt jetzt aufgrund der kurzfristigen oralen Substitution im Normbereich, TSH ist aber aufgrund der langen Einnahmepause noch nicht wieder herunterreguliert. Das konnten Sie übrigens nicht wissen. Bei solchen Fällen rufen Sie später ruhig einen Oberarzt dazu. Auf manche Dinge kommt man erst nach vielen Erfahrungen.

tipp Eine sehr diffizile Frage, die sicherlich nicht zum Standardwissen gehört. Manche Prüfer wollen einfach sehen, ob man nicht nur auswendig Gelerntes weiß, sondern auch manche Dinge herleiten kann.

7.4 Struma

Frage: Nennen Sie Beispiele für Erkrankungen, die mit einer Struma einhergehen!

Merke: Charakteristisch für einen M. Basedow sind TSH-Rezeptor-Antikörper.

Antwort: Die Vergrößerung der Schilddrüse ist ein Symptom verschiedener Schilddrüsenerkrankungen. Am häufigsten ist die **euthyreote Struma,** die fast immer durch einen Jodmangel verursacht wird und mit normalen Schilddrüsenparametern einhergeht. Bei der **Struma neonatorum** ist der Jodmangel der Mutter während der Schwangerschaft die häufigste Ursache. Die **Struma lymphomatosa Hashimoto** ist eine Autoimmunerkrankung der Schilddrüse. Es finden sich Antikörper gegen Mikrosomen und Thyreoglobulin. Meist liegt im chronischen Stadium eine Hypothyreose vor. Weiterhin ist die Struma ein **klassisches Symptom des Morbus Basedow,** bei dem neben den Zeichen der Hyperthyreose oft eine endokrine Orbitopathie vorliegt. Letztlich muss bei jeder unklaren Schilddrüsenvergrößerung ein Malignom – die so genannte **Struma maligna** – ausgeschlossen werden.

☐ ☐ ☐
☺ 😐 ☹

? **Frage:** Bei Jugendlichen lässt sich genau wie bei Erwachsenen eine Unterteilung je nach Größe der Schilddrüse vornehmen. Welche **Strumastadien** kennen Sie?

Antwort: Die Schilddrüsenvergrößerung lässt sich in drei Stadien einteilen. Diese Stadieneinteilung bezieht sich auf die Größe der Struma und die Tatsache, ob man die Schilddrüsenvergrößerung nur bei rekliniertem Kopf (Stadium I) oder schon bei normaler Kopfhaltung (Stadium II) sieht. Während die Struma in den ersten beiden Stadien meist nur ein kosmetisches Problem darstellt, kommen im Stadium III lokale Stauungs- und Kompressionszeichen hinzu. Bei einer Vergrößerung der Schilddrüse ist besonders die Trachea von der Raumforderung betroffen, bei Einengung durch eine Struma wird sie auch als Säbelscheidentrachea bezeichnet. Diese Kompression kann zur Tracheomalazie führen.

Stadium	klinische Beschreibung
I	tastbare Struma
Ia	bei normaler Kopfhaltung nicht sichtbare Struma
Ib	bei rekliniertem Hals sichtbare Struma
II	bei normaler Kopfhaltung sichtbare Struma
III	deutlich sichtbare Struma

Tab. 7.1: Einteilung der Struma

☐ ☐ ☐
☺ 😐 ☹

? **Frage:** Deutschland ist nach wie vor ein **Jodmangelgebiet.** Eine ausreichende Versorgung der Bevölkerung ist nur durch eine konsequente Jodprophylaxe zu erreichen. Da diese bekanntlich nicht einheitlich durchgeführt wird, treten immer wieder Schilddrüsenvergrößerungen auf, die, wenn sie auf eine bestimmte Region begrenzt sind, als endemische Struma bezeichnet werden. Welche Therapie schlagen Sie bei einer endemischen Struma vor?

Antwort: Da die endemische Struma auf einem **Jodmangel** beruht, wird zunächst mit **100–200 µg Jodid pro Tag** behandelt. Wenn nach 6–12 Monaten keine Schilddrüsenverkleinerung nachweisbar ist, sollte Thyroxin in Kombination mit Jod substituiert werden. Die operative Therapie kommt lediglich bei großen Knotenstrumen, Strumen mit Autonomie und kalten Knoten in Betracht. Die Radiojodtherapie ist im Wachstumsalter kontraindiziert.

Frage: Warum ist man eigentlich so interessiert daran, endemische Strumen zu verhindern?

Antwort: Das Anfangsstadium der euthyreoten Struma stellt, abgesehen von der kosmetischen Frage, zwar noch kein gesundheitliches Problem dar, es können sich aber aus dieser Strumaform später Komplikationen ergeben. Die Schilddrüse wächst zunächst homogen. Nach einer gewissen Zeit bilden sich in dem homogenen Gewebe kleine Knoten, und es entsteht die **Struma nodosa.** Diese Knoten können später autonom werden. Somit kann die Struma dann in Form einer **Hyperthyreose** symptomatisch werden, wenn nicht schon vorher beispielsweise tracheale Komplikationen durch die Größenzunahme aufgetreten sind. Die euthyreote Struma sollte also behandelt werden, um es erst gar nicht zur Entwicklung derartiger Komplikationen kommen zu lassen.

Merke: „Nichts ist so überflüssig wie ein Kropf“, deshalb: Jodprophylaxe!

Prüfer: Bei Erwachsenen hat sich in den letzten Jahren deutlich gezeigt, dass die Therapie der Jodmangelstruma schwierig, teilweise frustran ist. Weder Jod noch Kombinationstherapien von Jod und Thyroxin sind sicher in der Lage, eine Struma zurückzubilden. Deshalb gilt das ganze Augenmerk der **Prävention einer Jodmangelstruma.** Schließlich spielt ein weiterer Punkt eine Rolle: Ist es erst einmal zur Entstehung einer Knotenstruma gekommen, so ist die Diagnostik, beispielsweise zum Ausschluss eines Malignoms, schwierig und teuer. Außerdem lassen sich operative Eingriffe zur Entfernung einer Knotenstruma vermeiden. Letztendlich ist eine Prophylaxe der Struma also auch wesentlich kostengünstiger als deren Therapie.

7.5 Hypoparathyreoidismus

Prüfer: Parathormon (PTH) wird in der Nebenschilddrüse produziert und spielt neben Calcitonin und Vitamin D eine zentrale Rolle im Kalzium- und Phosphathaushalt. An der Niere fördert PTH die Kalziumrückresorption und Phosphatexkretion. Der dadurch sinkende Phosphatspiegel stimuliert die Niere zur Hydroxylierung des bereits einfach hydroxylierten Vitamin D_3 zum biologisch sehr aktiven Calcitriol, welches die enterale Kalziumresorption steigert. Bei einer Hypokalzämie wird Parathormon ausgeschüttet, das über den genannten Mechanismus die Entstehung von aktivem Vitamin D fördert. Beide Substanzen führen zu einer Wiederanhebung des Kalziumspiegels.

? **Frage:** Fehlt das Parathormon, spricht man vom **Hypoparathyreoidismus.** Welche Formen kennen Sie?

Antwort: Man unterscheidet den primären idiopathischen und den sekundären erworbenen Hypoparathyreoidismus. Ursache des **primären Hypoparathyreoidismus** können von Geburt an fehlerhaft angelegte Nebenschilddrüsen, eine defekte Parathormonsekretion oder Autoimmunendokrinopathien sein. Beim **Di-George-Syndrom** tritt der Hypoparathyreoidismus in Kombination mit einer Störung der zellulären Immunität und Fehlbildung des Herzens auf. Der **sekundäre Hypoparathyreoidismus** kann Folge einer Schilddrüsenoperation sein, bei der die Epithelkörperchen versehentlich mitentfernt wurden. Eine Nebenschilddrüsenunterfunktion tritt auch im Rahmen einiger Speichererkrankungen auf, z.B. als Folge der Einlagerung von Kupfer beim Morbus Wilson oder von Eisen bei der Thalassämie.

Abzugrenzen hiervon ist der **transitorische kongenitale Hypoparathyreoidismus** des Neugeborenen. Dieser kann bei Frühgeborenen mit unvollständig ausgereifter Nebenschilddrüsen- oder Nierenfunktion auftreten. Aber auch gesunde Neugeborene, die mit Kuhmilch ernährt werden, können aufgrund des hohen Phosphatgehaltes einen transitorischen Neugeborenenhypoparathyreoidismus entwickeln.

? **Frage:** Welche klinischen Symptome sind typisch für einen **Hypoparathyreoidismus?**

! **Merke:**
- Chvostek-Zeichen: Durch Beklopfen des N. facialis im Wangenbereich wird ein Zucken des Mundwinkels ausgelöst.
- Trousseau-Zeichen: Wird eine Blutdruckmanschette am Arm für einige Minuten auf arteriellen Mitteldruck aufgepumpt, kommt es zur Pfötchenstellung.

Antwort: Typisch sind Symptome, die durch eine Hypokalzämie hervorgerufen werden. Es finden sich **Kribbelparästhesien** an den Extremitäten und eine allgemein **gesteigerte neuromuskuläre Erregbarkeit,**

welche beispielsweise durch das **Chvostek-Zeichen** oder das **Trousseau-Zeichen** überprüft werden kann. In der hypokalzämischen **Tetanie** kommt es zu regelrechten **zerebralen Krampfanfällen, Karpopedalspasmen** als Pfötchenstellung der Hände und unter Umständen zum gefürchteten **Stimmritzenkrampf** (Laryngospasmus).

Frage: Sie beschreiben sehr schön die typischen Symptome bei Erwachsenen oder jugendlichen Patienten. Wie stellt sich die Symptomatik beim Neugeborenen dar?

Antwort: Bei Neugeborenen oder Säuglingen beobachtet man eine vermehrte **Zittrigkeit,** allgemeine **Übererregbarkeit** und besonders häufig **zerebrale Krampfanfälle.**

Frage: Sie haben die Symptome der akuten Hypokalzämie, die sich recht gut unter den Begriffen Tetanie und Krampfanfall zusammenfassen lassen, beschrieben. Bei einem Hypoparathyreoidismus führt jedoch die chronische Hypokalzämie zusätzlich zu trophischen Störungen, die durch Symptome an zahlreichen ektodermalen Geweben gekennzeichnet sind. Somit handelt es sich gewissermaßen um „Spätfolgen", die erst beim älteren Kind klinisch in Erscheinung treten. Um welche „Spätfolgen" handelt es sich?

Antwort: Die Haut wird trocken, spröde und rissig. Es entwickeln sich häufig Ekzeme und Dermatitiden. Die Nägel an Händen und Füßen zeichnen sich durch besondere Brüchigkeit und die Ausbildung von quer verlaufenden Rillen aus. Außerdem bestehen häufig Haarausfall, Schmelzhypoplasien der Zähne, Linsentrübungen und symmetrische Verkalkung der Stammganglien. Die Kinder zeigen häufig eine psychomotorische Retardierung.

> tipp Diese Fragestellung verlässt das Basiswissen.

Frage: Wie sieht die Dauerbehandlung des Hypoparathyreoidismus aus?

Antwort: Ziel der Therapie ist es, eine Normalisierung des Serumkalziumspiegels zu erreichen. In der Langzeitbehandlung des Hypoparathyreoidismus werden deshalb **Kalzium** und **hochdosiert Vitamin D** verabreicht.

Prüfer: Richtig, die mangelnde Sekretion des PTH wird also bisher nicht routinemäßig durch Substitution von PTH ausgeglichen. Diese Therapieansätze finden sich teilweise noch in klinischer Erprobung. Außerdem lassen sich mit den von Ihnen geschilderten Maßnahmen in der Regel normale Kalziumspiegel erreichen. Allerdings müssen sehr

> ✚ Pseudohypoparathyreoidismus: regelrechte PTH-Sekretion, allerdings Endorganresistenz gegenüber PTH; familiäre Häufung mentale Retardierung, gedrungener Körperbau, plumpe tatzige Hände, großer Kopf

✚ Pseudo-Pseudo-Hypoparathyreoidismus: typische Stigmata des Pseudohypoparathyreoidismus ohne Hypokalzämie

genau die Nebenwirkungen dieser Therapie – Nephrolithiasis, Nephrokalzinose und Nierenfunktionsverschlechterungen – überwacht werden.

7.6 Adrenogenitales Syndrom

☐ ☐ ☐

Frage: Was versteht man unter dem adrenogenitalen Syndrom (AGS)?

Merke: häufigste AGS-Formen:
- 21-Hydroxylasemangel in ca. 90 % der Fälle
- 11-β-Hydroxylasemangel (Virilisierung und Hypertonie) in ca. 5 % der Fälle

Antwort: Beim AGS handelt es sich um eine Dysfunktion der Nebennierenrinde (NNR), bei der die **Kortisolsynthese** und zum Teil auch die **Aldosteronsynthese** aufgrund **verschiedener Enzymdefekte blockiert** ist. Es resultiert eine fehlende oder unzureichende Produktion des lebenswichtigen Kortisols und unter Umständen auch des Aldosterons. Der niedrige Kortisolspiegel stimuliert den Regelkreis zu einer Mehrausschüttung von CRH und ACTH. Die konsekutiv hypertrophierte Nebennierenrinde produziert alle Steroide vor dem Enzymblock in großen Mengen. Hierdurch kommt es insbesondere zu einer gesteigerten **Androgenbildung.**

☐ ☐ ☐

Frage: Am häufigsten kommt der autosomal-rezessiv vererbte Enzymdefekt der 21-Hydroxylase vor. Dabei handelt es sich um ein Enzym der Kortisolsynthese. Nach neuesten Erkenntnissen sind unterschiedlichen Punktmutationen des spezifischen Gens für das klinische Ausmaß des 21-Hydroxylasedefekts verantwortlich. Welche beiden „**klassischen**" **Verlaufsformen** des 21-Hydroxylasedefekts wurden – bevor man diese molekulargenetischen Erkenntnisse hatte – unterschieden?

Antwort: Das „**einfache**" oder „**unkomplizierte**" **AGS** betrifft nur die Kortisolsynthese. Beim „**AGS mit Salzverlustsyndrom**" wird auch Aldosteron in vermindertem Maße gebildet. Es kommt damit zusätzlich klinisch zum gelegentlich dramatischen Salzverlustsyndrom. „Nicht-klassische" Verlaufsformen des AGS sind:

- „**Late-onset-Form**": typisches Hormonprofil mit Beginn der Virilisierung in der Pubertät
- „**Kryptik-Form**": ohne wesentliche Symptomatik

Frage: Wie stellt sich die „**einfache**" **Form** des AGS klinisch beim **Mädchen** dar?

Antwort: Während Jungen klinisch oft unauffällig bleiben, kommt es bei Mädchen durch die ab der sechsten Gestationswoche gesteigerte Androgenproduktion schon vor der Geburt zu einer Virilisierung. Die Mädchen weisen bei der Geburt einen **Pseudohermaphroditismus femininus** auf, der von einer leichten Klitorishypertrophie bis zum fast komplett maskulinisierten Erscheinungsbild reichen kann. Das **innere Genitale** ist dabei aber vollständig **weiblich,** d. h. Uterus, Ovarien und Tuben sind normal ausgebildet.

✚ Der Virilisierungsgrad des weiblichen Genitales durch den pränatalen Androgeneinfluss wird nach Prader in die Stufen 1–5 eingeteilt.

Fallbeispiel: Richtig. Dazu möchte ich kurz über einen Fall berichten, den ich noch vor kurzem in unserer Klinik gesehen habe: Sizilianische Eltern bringen ihren sechs Wochen alten Sohn mit Erbrechen, Durchfall und Nahrungsverweigerung unter dem Verdacht einer akuten Gastroenteritis zur stationären Aufnahme. Bei der Untersuchung fällt auf, dass bei sonst unauffälligem männlichen Genital beide Hoden nicht im Skrotum tastbar sind. Laborchemische Veränderungen im Sinne einer Hyperkaliämie, Hyponatriämie und metabolischen Azidose und die sonographische Darstellung eines weiblichen inneren Genitale bekräftigen die Verdachtsdiagnose eines bislang unerkannten AGS. Wie Sie schon richtig beschrieben haben, ist es hier unter dem pränatalen Androgeneinfluss zu einer kompletten Virilisierung (Prader Typ 5) gekommen. Hormonanalysen mit einer massiven Erhöhung des 17-OH-Progesterons und eine weibliche Chromosomenanalyse bestätigten den Verdacht eines 21-Hydroxylasemangels mit Salzverlust. Sie können sich vorstellen, dass es einige Schwierigkeiten gab, die Eltern davon zu überzeugen, dass Ihr Sohn eigentlich eine Tochter ist. Das Salzverlustsyndrom, das klinisch durch Erbrechen und Gedeihstörung in Erscheinung getreten ist, hat letztlich hier die Diagnose erbracht.

Frage: Wie entwickelt sich dieses Krankheitsbild weiter, wenn kein Salzverlustsyndrom vorliegt?

✚ Unterscheide zwischen isosexueller Pubertas praecox – hier entspricht die vorzeitige Entwicklung dem gonadalen Geschlecht – und heterosexueller Pubertas praecox wie beim AGS.

Antwort: Im Kleinkindalter beginnt die erste **Schambehaarung.** Die Kinder wachsen sehr schnell, sind zunächst **zu groß für ihr Alter,** bleiben aber letztlich durch vorzeitigen Epiphysenschluss hinter ihrer Zielgröße zurück. Später zeigen sich unterschiedliche Grade von **Hirsutismus.** Wird das AGS nicht behandelt, entwickeln die Mädchen mit 6–8 Jahren eine **heterosexuelle Pseudopubertas praecox.**

☐ ☐ ☐
☺ 😐 ☹

? Frage: Richtig, da die hohen Androgenspiegel aber die Gonadotropinausschüttung hemmen, bleibt das innere Genitale zunächst auf frühkindlicher Entwicklungsstufe. Die Keimdrüsen bleiben unterentwickelt, und es kommt entweder zur primären Amenorrhoe oder zu Zyklusstörungen. Sagen Sie uns jetzt bitte noch etwas zu dem AGS mit Salzverlustsyndrom bei einem Jungen!

! Merke: Erbrechen und Hyperkaliämie bei einem Säugling sind immer hochverdächtig für ein AGS!

Antwort: Die Gefahr bei einem Jungen besteht darin, dass die Erkrankung nicht erkannt wird. Dieses liegt daran, dass die Jungen bei der Geburt – bis auf ein dunkel pigmentiertes Genitale – meist **keine eindeutigen Stigmata** aufweisen. Erst zu **Beginn der zweiten Woche** treten infolge der Nebenniereninsuffizienz **Erbrechen, Gewichtsverlust** und **Dehydratation** auf. Wird jetzt fälschlicherweise z.B. eine Gastroenteritis angenommen und keine adäquate Therapie durch intravenöse Hydrokortison- und Mineralokortikoidsubstitution eingeleitet, können in der zweiten Krankheitswoche hohes Fieber und eine Elektrolytentgleisung auftreten. Dies führt möglicherweise zum Tod des Kindes.

Prüfer: Differentialdiagnostisch kommt beim AGS besonders die Pylorusstenose (☞ Abschn. 11.7) in Frage, da auch bei dieser Erkrankung in der 2./3. Lebenswoche starkes Erbrechen auftritt. Laborchemisch zeigt sich typischerweise eine metabolische Alkalose mit Hypokaliämie. Beim AGS mit Salzverlustsyndrom finden sich eine metabolische Azidose mit Hyperkaliämie, Hyponatriämie und Hypochlorämie.

☐ ☐ ☐
☺ 😐 ☹

? Frage: Beschreiben Sie zum Abschluss bitte noch die Grundzüge der Therapie beim AGS!

Antwort: Bei allen Formen des AGS muss **Hydrokortison substituiert** werden. Dabei verabreicht man pro Tag ca. **15–20 mg/m² Körperober-**

fläche, welche auf drei Dosen über den Tag verteilt werden. Das Hydrokortison ist so aufzuteilen, dass morgens entsprechend der zirkadianen Rhythmik die größte Menge verabreicht wird. Besteht zusätzlich ein Aldosteronmangel, so muss auch ein **Mineralokortikoid** gegeben werden.

+ Zur Therapieüberwachung eignet sich die Pregnantriolausscheidung im Harn oder die 17-OH-Progesteron-Speichel- oder Serumkonzentration.

7.7 Normale Pubertät

Frage: Wie verläuft die **normale Pubertätsentwicklung** beim Jungen und wie beim Mädchen?

Antwort: Bei Mädchen beginnt die Pubertät zwischen dem 8. und 14. Lebensjahr, bei Jungen im Schnitt zwei Jahre später, also im Alter von 10 bis 16 Jahren. Die Pubertätsmerkmale treten bei **Mädchen** üblicherweise in der Reihenfolge **Thelarche – Pubarche – Wachstumsschub – Menarche** auf. Die Pubertät endet etwa fünf Jahre nach dem Auftreten der ersten Pubertätsmerkmale. Bei **Jungen** beginnt die Pubertät mit der **Zunahme des Hodenvolumens.** Ein halbes Jahr später tritt die **Pubarche** ein und im Schnitt mit 14 Jahren das Maximum **des pubertären Wachstumsschubes.** Zwischen dem 16. und 20. Lebensjahr ist dann die volle Geschlechtsreife erreicht.

7.8 Vorzeitige Pubertätsentwicklung

Fallbeispiel: Ihnen wird ein fünfjähriges Mädchen mit einer Vergrößerung beider Brustdrüsen vorgestellt. Ansonsten ist das Kind altersentsprechend entwickelt und vom körperlichen Untersuchungsbefund unauffällig. Welche Ursache ziehen Sie in Erwägung?

Antwort: Man muss hier zwischen einer **prämaturen Thelarche** und einer echten **Pubertas praecox** differenzieren, welche definiert ist als Eintritt in die Pubertät vor dem achten Lebensjahr bei Mädchen und vor dem zehnten Lebensjahr bei Jungen. Hier liegt die Vermutung nahe, dass es sich um eine prämature Thelarche handelt. Dieser Begriff bezeichnet eine isolierte Brustvergrößerung vor dem achten Lebensjahr. Sie ist als Normabweichung der Pubertätsentwicklung anzusehen. Ebenso verhält es sich mit der **prämaturen Pubarche** und der **prämaturen Menarche.** Im Unterschied zur echten Pubertas praecox fehlen weitere Pubertätsmerkmale, und auch Wachstum und Knochenentwicklung sind, wie im vorliegenden Fall, nicht beschleunigt.

Frage: Das ist richtig, denn in den meisten Fällen handelt es sich wirklich um eine prämature Thelarche. Wie kann man die Pubertas praecox weiter unterteilen?

Merke: Bei der Pubertas praecox vera sind die Gonadotropine (LH, FSH) im Serum erhöht. Bei der Pseudopubertas praecox sind sie altersentsprechend normal. Basale Messungen sind jedoch meist ohne Aussagekraft. Entscheidend sind hier die Anstiege nach Gonadotropinreleasinghormon-Stimulationstest (GnRH, LHRH).

Antwort: Man unterteilt die Pubertas praecox in die Pubertas praecox vera und die Pseudopubertas praecox. Bei der **Pubertas praecox vera** kommt es zu einer vorzeitigen Aktivierung hypothalamischer Releasinghormone. Dadurch sind auch die Gonadotropine erhöht, was zu einer kompletten verfrühten Pubertät führt. Die **Pseudopubertas praecox** demgegenüber beruht auf sekretorisch aktiven Nebennieren- oder Gonadentumoren und nicht auf erhöhten Gonadotropinen.

8 Infektionskrankheiten

8.1 Herpes-simplex-Viren

Frage: Wo manifestieren sich **Herpes-simplex-Infektionen** beim Kind?

Antwort: Bei den Herpesviren unterscheidet man zwei verschiedene Serotypen. **Typ 1** befällt vorwiegend den **Kopf-** und **Gesichtsbereich, Typ 2** ruft bei Erwachsenen Infektionen im **Genitalbereich** hervor. Bei Neugeborenen kann eine HSV-2-Infektion als generalisierte Infektion oder Meningoenzephalitis in Erscheinung treten, wenn das Herpesvirus bei der Geburt von der Mutter auf das Kind übertragen wird. Die Symptome des Neugeborenen können denen einer bakteriellen Sepsis ähneln. Etwa zwei Drittel der symptomatisch erkrankten Neugeborenen zeigen ein bullöses Exanthem. Spätere Typ-2-Affektionen werden hauptsächlich durch Geschlechtsverkehr übertragen und sind deshalb beim Kind sehr selten.

Frage: Eine Erstinfektion mit HSV Typ 1 verursacht eine für das Kleinkindalter ganz charakteristische Erkrankung. Können Sie sich vorstellen, an welche Erkrankung ich denke?

Antwort: Der Typ 1 manifestiert sich am häufigsten als so genannte **Stomatitis aphthosa.** Betroffen sind überwiegend **Kleinkinder,** die akut mit **hohem Fieber** erkranken und durch die Krankheit schwer beeinträchtigt sind. An der **Mundschleimhaut,** besonders deutlich an der Zunge, zeigen sich sehr **schmerzhafte Bläschen,** die platzen und in Ulzera übergehen können. Der **„faulige“ Fötor** hat dieser Erkrankung auch den Namen „Mundfäule“ gegeben.

Typisch ist außerdem die **Vergrößerung der regionalen Lymphknoten.** Durch die Schmerzen verweigern die Kinder oftmals die Nahrungsaufnahme, sodass die Sondierung des Magens oder eine parenterale Flüssigkeitszufuhr notwendig werden kann. Zur Erleichterung der Schmerzen kann mit einem Lokalanästhetikum therapiert werden. Die akute Phase dieser Erkrankung dauert etwa 1 Woche, nach einer weiteren Woche sind die Kinder in der Regel erscheinungsfrei.

Fallbeispiel: Ihnen wird ein 18 Monate altes Kind vorgestellt, das vier Tage nach diagnostizierter Stomatitis aphthosa einen fünfminütigen generalisierten Krampfanfall gehabt hat. Welche Differentialdiagnosen erwägen Sie?

Antwort: Zunächst muss geklärt werden, ob das Kind ein bekanntes **genuines Krampfleiden** hat oder ob es sich vielleicht bei erhöhter Körpertemperatur um einen **einfachen** oder **komplizierten Fieberkrampf** gehandelt haben könnte (zum Vorgehen bei Neugeborenenkrämpfen ☞ Abschn. 15.2, bei Fieberkrämpfen ☞ Abschn. 15.3). Bei der hier vorliegenden Stomatitis aphthosa besteht natürlich der dringende Verdacht, dass es zu einer **zerebralen Manifestation** der Herpesinfektion im Sinne einer **Herpesenzephalitis** gekommen ist. Diese **hämorrhagisch-nekrotisierende Enzephalitis** ist meistens beidseits temporal lokalisiert und geht ohne Therapie mit hoher Letalität und Defektheilung einher.

Frage: Richtig, Ihre Verdachtsdiagnose könnte durchaus zutreffend sein. Wie gehen Sie jetzt diagnostisch vor?

Antwort: Neben einer gründlichen **neurologischen Untersuchung** sind **Lumbalpunktion** und **EEG** vordringliche Maßnahmen. Im **CT** lassen sich ab dem vierten bis sechsten Krankheitstag Nekrosen der basalen Schläfenrinde nachweisen. Beweisend für die Herpesenzephalitis ist der Antikörperanstieg im Liquor. Mit einer hochempfindlichen Polymerase-Kettenreaktion (PCR) gelingt häufig der direkte Nachweis von HSV-DNA. Schon bei Verdacht auf diese schwere Erkrankung muss antiviral mit Aciclovir therapiert werden.

✚ Bildgebendes Verfahren der Wahl ist heutzutage das NMR, da sich hiermit die genannten Veränderungen schon ab dem 2.–3. Krankheitstag nachweisen lassen.

Frage: Nun zum Abschluss dieses Themas noch eine speziellere Frage. Haben Sie schon einmal den Begriff **Eczema herpeticatum** gehört?

Antwort: Ja. Es handelt sich dabei um die **Superinfektion eines** schon **bestehenden Ekzems** durch **Herpes-simplex-Viren.** Besonders häufig sind Kinder mit **Neurodermitis,** also atopischer Konstitution, betroffen. Auf der atopischen, ekzematösen Haut kommt es zur Ausbildung von herpetiformen, d.h. in kleinen Gruppen stehenden Bläschen. Die Kinder haben hohes Fieber und sind in einem schlechten Allgemeinzustand.

Merke: Viren der Herpesgruppe:
- Herpes-simplex-Virus Typ 1 und 2
- humanes Herpes-Virus Typ 6 (Exanthema subitum)
- Epstein-Barr-Virus (Mononukleose)
- Zytomegalie-Virus
- Varicella-Zoster-Virus

Prüfer: Gerade aus diesem Grund handelt es sich um eine durchaus gefährliche Erkrankung, die in jedem Fall einer stationären intravenösen Therapie mit Aciclovir bedarf. Im Übrigen können auch Kinder mit schweren Verbrennungen ein Eczema herpeticatum bekommen.

8.2 Varizellen-Zoster

Fallbeispiel: Ein vierjähriges Mädchen ist seit zwei Tagen an hohem Fieber erkrankt. Seit dem Vortag treten in zunehmendem Maße die auf dem Foto abgebildeten Hautveränderungen auf. Welche Diagnose stellen Sie und was wissen Sie über diese Erkrankung?

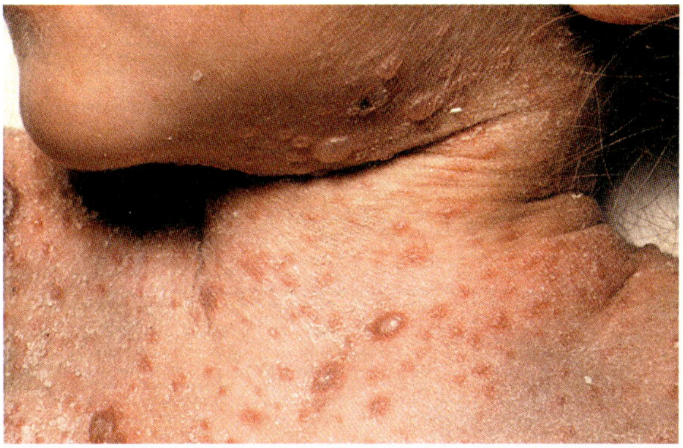

Abb. 8.1: Siehe Antwort (aus [6])

Antwort: Ich würde die Diagnose einer akuten Varizelleninfektion stellen. Windpocken treten am häufigsten zwischen dem **dritten und zehnten Lebensjahr** auf. Nach einer **Inkubationszeit** von etwa **14–16 Tagen** beginnt die Krankheit mit leichtem bis hohem **Fieber** und wechselnd stark ausgeprägten **Allgemeinsymptomen.** Schubweise manifestieren sich **alle ein bis zwei Tage neue juckende Hauteffloreszenzen.** Zunächst handelt es sich um **rote Makulae,** die dann zu **Papeln** und anschließend zu hirsekorn- bis reiskorngroßen **Bläschen** werden. Ältere Bläschen trüben ein und **verkrusten.**

✚ Über 90 % aller Kinder werden bis zum 14. LJ mit Varizellen infiziert.

☐ ☐ ☐
☺ 😐 ☹

? **Frage:** Ihre Diagnose ist richtig! Warum können Sie anhand des Bildes relativ sicher die Diagnose stellen?

Antwort: Man erkennt recht deutlich das Nebeneinander von frischen Makulae, Papeln, wasserklaren und bereits eingetrübten Bläschen. Lediglich die Verkrustungen sind noch nicht deutlich zu sehen. Dieses nebeneinander von verschiedenen Effloreszenzstadien wird auch als „**Sternenhimmel**" oder Heubner'sche Sternenkarte bezeichnet und ist pathognomonisch für die Varizelleninfektion.

! **Merke:** Varizellen bekommt man nur einmal! Ansonsten stimmt die Diagnose nicht!

☐ ☐ ☐
☺ 😐 ☹

? **Frage:** Die Effloreszenzen treten am ganzen Körper verstreut mit Betonung des Rumpfes auf. Welche Lokalisationen sind wiederum pathognomonisch und erleichtern damit die Diagnosestellung?

Antwort: Der Befall der **Mund- und Genitalschleimhaut** und insbesondere das Auftreten in der **behaarten Kopfhaut** sind Charakteristika der Windpocken.

! **Merke:** Wenn die Kinder nicht kratzen und keine bakterielle Superinfektion entsteht, heilen die Windpocken narbenlos nach zwei bis drei Wochen ab.

☐ ☐ ☐
☺ 😐 ☹

? **Frage:** Varizellen sind eine sehr ansteckende Erkrankung mit hoher Kontagiosität. Deshalb ist es besonders wichtig, den **Übertragungsmodus** und den genauen Zeitraum zu kennen, in dem die Kinder ansteckend sind. Was wissen Sie darüber?

Antwort: Es besteht **ein bis zwei Tage vor Exanthemausbruch Infektiosität;** sie dauert **bis zu fünf Tage nach Auftreten der letzten Effloreszenzen** an. Die Infektion wird meist direkt über Speichel oder Bläscheninhalt übertragen. Es ist aber auch eine Infektion über die Luft als so genannte „fliegende Infektion" möglich.

☐ ☐ ☐
☺ 😐 ☹

Frage: Wie würden Sie eine Varizellen-Infektion therapieren? ?

Antwort: Normalerweise reicht eine rein **symptomatische Therapie** aus. Bei starkem Juckreiz kann man Antihistaminika verwenden oder lokal eine **Zinkschüttelmixtur, tanninhaltige** oder **polidokanolhaltige Tinkturen** auftragen. Gegen Fieber können **Antipyretika** gegeben werden. Nur in seltenen Fällen muss man eine bakterielle Superinfektion behandeln.

Frage: Sie haben gerade die antipyretische Therapie angesprochen. Wie Sie sich sicher vorstellen können, ist dies ein zentrales Thema in der Pädiatrie, da ein Großteil aller Infektionen des Kindes mit dieser unspezifischen Reaktion des Körpers einhergeht. Wann und vor allem womit therapieren Sie Fieber bei einem Kind?

Antwort: Eine medikamentöse Therapie beginnt man in der Regel erst **ab einer Körpertemperatur von 39 °C.** Als Mittel der ersten Wahl wird **Paracetamol** (Ben-u-ron®) eingesetzt, wobei man im ersten Lebensjahr 125 mg, bis zum sechsten Lebensjahr 250 mg und danach 500 mg verabreicht. In dieser Dosierung kann Paracetamol **bis zu viermal täglich** verabreicht werden. Geht die Temperatur darunter nicht zurück, kann Metamizol (Novalgin®) eingesetzt werden. Acetylsalicylsäure (Aspirin®) sollte bei Virusinfekten nicht eingesetzt werden. Als wichtige unterstützende Maßnahme kommen kühle Wadenwickel zum Einsatz.

tipp Diese Antwort und insbesondere den Kommentar des Prüfers kann man auch bei vielen Themen einfließen lassen, ohne danach gefragt worden zu sein. Die Dosierungen sollte man sich ausnahmsweise merken!

Prüfer: Gerade die physikalischen Maßnahmen zum Senken des Fiebers werden oft vernachlässigt. Das Kühlen der „heißen" Waden mit gut temperiertem Wasser ist bei älteren Kindern eine effektive Maßnahme. Sind die Waden jedoch „kalt", z.B. infolge einer Zentralisation, sollte das kalte Wickeln der Waden unterbleiben. Eine in Handtücher gehüllte Eisblase auf dem bekleideten Bauch vermag gleichermaßen die Temperatur zu senken. Die Kinder sollten ebenfalls nur leicht bekleidet, z.B. im Schlafanzug ohne Decke, im Bett liegen, um so eine maximale Wärmeabstrahlung zu ermöglichen. Ganz wichtig ist es, auf eine großzügige Flüssigkeitszufuhr zu achten, die im Zweifel durch eine Infusionstherapie gesteuert werden sollte. Ein Wort noch zur medikamentösen Therapie: Bei Metamizol (Novalgin®) fürchten viele Pädiater die seltene allergische Agranulozytose. Ich bin da ehrlich gesagt weniger ängstlich, da die Häufigkeit mit 1:1 000 000 angegeben wird.

Frage: Heutzutage wird zunehmend ein weiteres Medikament bei Schmerz- und Fieberzuständen im Kindesalter eingesetzt. Mit diesem Medikament hat man seit Jahren gute Erfahrungen in den USA gemacht. Welche Substanz meine ich?

Antwort: Sie sprechen vermutlich von **Ibuprofen** (Nurofen®, Dolormin®), dessen antipyretische Wirkung der des Paracetamols ähnelt. Es besitzt aber eine stärkere analgetische und antiphlogistische Wirkung, sodass der Einsatz bei fieberhaften entzündlichen Prozessen, z. B. Otitis media, vorteilhaft ist.

☐ ☐ ☐
☺ 😐 ☹

? Frage: Sie haben bereits erwähnt, dass **Acetylsalicylsäure** (Aspirin®) nicht verwendet werden sollte. Warum ist dieses Medikament bei Varizellen kontraindiziert?

Antwort: Salizylate sind bei Virusinfektionen wie Windpocken wegen des erhöhten Risikos eines **Reye-Syndroms** (eine akute, nichtentzündliche Enzephalopathie ungeklärter Ursache mit Hirnödem und diffuser Leberverfettung) kontraindiziert.

tipp Der Kommentar des Prüfers ist Facharztwissen.

Prüfer: Richtig. Kommen wir nun zurück zum Thema „Therapie der Varizellen-Infektion". Ich möchte dabei noch ergänzen, dass Neugeborene mit einer konnatalen Varizellen-Infektion oder immunsupprimierte Kinder eine i.v. Therapie mit Aciclovir erhalten, da es sonst zu schweren Defekten kommen kann. Konnatale Varizellen mit schwerem Verlauf und entsprechend schlechter Prognose drohen, wenn die Mutter in der Zeit von 4 (–7) Tagen vor bis 2 Tagen nach der Geburt oder das Neugeborene zwischen dem 5. und 10. Lebenstag erkrankt.

☐ ☐ ☐
☺ 😐 ☹

? Frage: Welche **prophylaktischen Maßnahmen** zum Schutz vor einer Varizellen-Infektion kennen Sie?

✚ In den USA werden alle Kinder gegen Varizellen geimpft!

Antwort: Früher wurden nur Risikokinder, wie z. B. Neurodermitispatienten, aktiv mit einem Lebendimpfstoff geimpft. Seit 2004 gibt es von der STIKO eine generelle Impfempfehlung für alle Kinder. Hochrisikokinder, z. B. Immunsupprimierte, können bis zu 72 h nach einem Kontakt mit einem infizierten Kind zusätzlich **passiv mit Hyperimmunglobulin** geimpft werden.

☐ ☐ ☐
☺ 😐 ☹

? Frage: Normalerweise ist der Herpes Zoster eine Erkrankung des höheren Lebensalters. Unter welchen Umständen kann er schon bei Kindern auftreten?

Antwort: Voraussetzung für die Entwicklung eines Herpes Zosters ist die **Primärinfektion** mit dem Varicella-Zoster-Virus. Nach durchgemachter Infektion **persistiert** das Virus in den **Spinalganglien des ZNS.** Bei Minderung der Immunabwehrlage kann es zu einer **endogenen Reaktivierung** des Virus und damit zur Ausbildung des Zosters kommen.

Bei Kindern sind meist maligne Erkrankungen des lymphatischen Systems oder eine immunsuppressive Therapie Gründe für eine herabgesetzte Immunität. Allerdings kommt der Zoster auch bei gesunden Kindern vor. Hier wurde die Erstinfektion immunologisch nur schwach beantwortet, sodass das natürliche Abklingen der spezifischen Immunität schon im Kindesalter einsetzt und einen Zoster zulässt. Auslösend können auch lokale Störungen wie Traumata oder Operationen sein. Auch eine Varizellenerstinfektion im ersten Lebensjahr begünstigt ein späteres Auftreten eines Herpes Zoster.

Frage: Beschreiben Sie bitte kurz das klinische Erscheinungsbild des Herpes Zoster! ?

Antwort: Beim Zoster bestehen die gleichen Hauteffloreszenzen wie bei der Varizellenerkrankung. Die **Effloreszenzen** sind **bandförmig gruppiert,** befinden sich im Bereich eines **Dermatoms** und sind meist streng **einseitig** zu finden. Am häufigsten ist der Zoster **thorakal** lokalisiert. Eine Sonderform ist der **Zoster generalisatus,** bei dem generalisierte Bläscheneruptionen auftreten. Diese Generalisierung kann vor allem bei immunsupprimierten Patienten tödlich sein. Im Rahmen der Entzündung im Bereich sensibler Nervenbahnen treten **starke neuralgische Schmerzen** auf. Die dem Zoster nachfolgenden Neuralgien sind bei Kindern jedoch meist geringer ausgeprägt als bei Erwachsenen und fehlen oft ganz.

8.3 Infektiöse Mononukleose, Pfeiffer'sches Drüsenfieber

Fallbeispiel: Zu Ihnen kommt ein 15-jähriger Junge. Er klagt über Hals- und Kopfschmerzen und hat Fieber. Bei der Untersuchung finden Sie ferner eine generalisierte Lymphknotenschwellung, eine Splenomegalie, und bei der Inspektion des Rachenraums sehen Sie die auf dem Foto abgebildeten Beläge der Tonsillen. Wie lautet Ihre Verdachtsdiagnose?

Antwort: Das Alter, die generalisierte Lymphknotenschwellung mit Splenomegalie und die flächig-gräulich belegten Tonsillen lassen mich an eine **Mononukleose** denken.

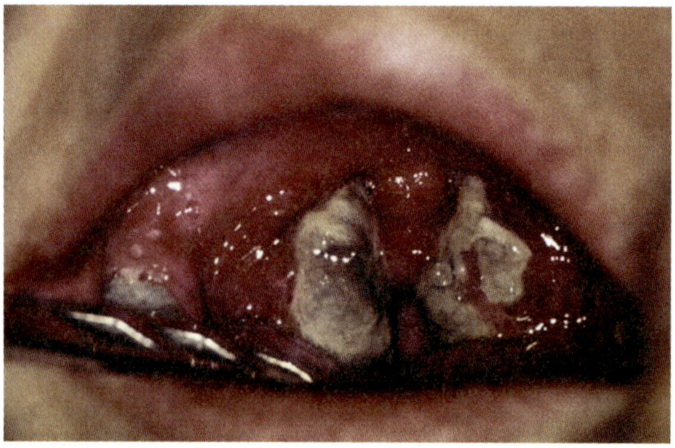

Abb. 8.2: Siehe Antwort (aus [6])

!

Merke: Klinische Unterscheidung verschiedener Tonsillopharyngitisformen:

- **Tonsillopharyngitis bei Mononukleose:** Rötung und Schwellung der Tonsillen mit flächenhaften grau-weißen Belägen; Petechien an Gaumen und Uvula
- **eitrige Tonsillopharyngitis:** Rötung und Schwellung der Tonsillen mit punktförmigen Eiterstippchen auf den Tonsillen
- **Streptokokken-Angina:** Rötung und Schwellung der Tonsillen mit und ohne Eiterbeläge, charakteristisch ist das hochrote Enanthem im Bereich des weichen Gaumens/Uvula (Blickdiagnose!)
- **Scharlach:** Streptokokken-Angina (s.o.) mit typischem Hautausschlag, Himbeerzunge usw.

☐ ☐ ☐

?

Frage: Ja, in der Tat handelt es sich bei diesem Jungen um die infektiöse Mononukleose, auch Pfeiffer'sches Drüsenfieber genannt. Was wissen Sie über diese Erkrankung?

✚ Weitere Komplikationen: Hepatitis, Nephritis (Hämaturie), Myokarditis, Meningoenzephalitis, Guillain-Barré-Syndrom, Konjunktivitis

Antwort: Die Erkrankung wird durch das **Epstein-Barr-Virus** hervorgerufen, besitzt eine relativ **geringe Kontagiosität** und tritt vor allem während des Adoleszentenalters auf. Sie wird meist durch Schleimhautkontakt übertragen und aus diesem Grund auch als „**Kissing disease**" bezeichnet. Die beschriebenen Symptome manifestieren sich nach einer **Inkubationszeit** von **14–28 Tagen.** In einigen Fällen tritt ein **makulopapulöses Exanthem** auf. Gefürchtete **Komplikationen** der infektiösen Mononukleose sind **Milzruptur, Thrombozytopenie** sowie die **aplastische** und **hämolytische Anämie.** Die Erkrankung dauert zwei bis drei Wochen und hinterlässt eine lebenslange Immunität.

Frage: Welche **Blutbildveränderungen** erwarten Sie bei der infektiösen Mononukleose?

Antwort: Im Blutbild ist zunächst eine **Leukopenie mit Linksverschiebung** nachweisbar. Auf dem Höhepunkt der Erkrankung besteht eine **Leukozytose** mit **Vermehrung der Lymphozyten.** Der Anteil atypischer monozytärer Zellen, auch „**Pfeiffer-Zellen**" genannt, ist hoch.

✚ Eine von 3000 BV-Infektionen verläuft infolge einer schweren Hepatitis fulminant mit hoher Letalität.

Frage: Richtig. Wegweisend ist außerdem eine Erhöhung der Leberwerte. Wie sichern Sie die Verdachtsdiagnose bei diesem Jungen?

Antwort: Heterophile Antikörper können mit dem **Paul-Bunnell-Test** oder dem Monotest nachgewiesen werden. Das Serum der Erkrankten agglutiniert hierbei mit Hammelerythrozyten. Im Vorschulalter werden diese beiden Tests allerdings selten positiv. Zuverlässiger ist der Nachweis spezifischer EBV-Antikörper. IgM-Ak beweisen die frische Infektion, IgG-Ak persistieren lebenslang.

Frage: Wie therapieren Sie eine infektiöse Mononukleose?

Antwort: Es gibt **keine spezifische Therapie** gegen das Epstein-Barr-Virus. Virostatika sind wirkungslos. Die symptomatische Therapie beschränkt sich auf Antipyretika und Bettruhe. Nur bei nachgewiesener gleichzeitiger bakterieller Superinfektion sind Antibiotika indiziert. In diesem Fall gibt man z. B. ein Cephalosporin. Auf keinen Fall sollte Ampicillin verwendet werden, da dieses Antibiotikum bei einem Großteil der Infizierten eine Woche nach Behandlungsbeginn zu einem juckenden, masernähnlichen Exanthem führt. In den ersten Wochen nach der Erkrankung sollten stärkere körperliche Belastungen vermieden werden. Bei ausgeprägter Splenomegalie ist sogar ein Sportverbot angebracht, um eine Milzruptur zu verhindern.

8.4 Exanthema subitum

Frage: Was versteht man unter dem **Exanthema subitum?**

Antwort: Es handelt sich um das so genannte **Dreitagefieber** und wird von humanen Herpesviren der Gruppe 6 hervorgerufen. Betroffen sind

✚ Das Exanthema subitum beginnt mit einer Leukozytose, die im Verlauf der Erkrankung in eine Leukopenie mit relativer Lymphozytose übergeht.

vor allem **Kleinkinder** bis zu einem Alter von drei Jahren. Die Krankheit beginnt mit **kontinuierlich hohem,** etwa **drei Tage** lang anhaltendem **Fieber.** Es bestehen nur **geringe katarrhalische Erscheinungen,** sodass man in dieser Phase vergeblich nach einer Ursache des Fiebers sucht. Die Diagnose kann häufig erst am vierten Tag gestellt werden, wenn das Fieber zurückgeht und ein Exanthem auftritt.

☐ ☐ ☐

☺ 😐 ☹

? Frage: Ich habe Ihnen hier einmal die Abbildung eines solchen Exanthems mitgebracht. Beschreiben Sie es!

Antwort: Ich sehe einen ca. zehn Monate alten weiblichen Säugling, der ein flüchtiges, eher **blasses, hellrotes, makulo-papulöses, nicht konfluierendes Exanthem** am ganzen Körper mit Betonung des Stammes aufweist. Das Gesicht bleibt ausgespart.

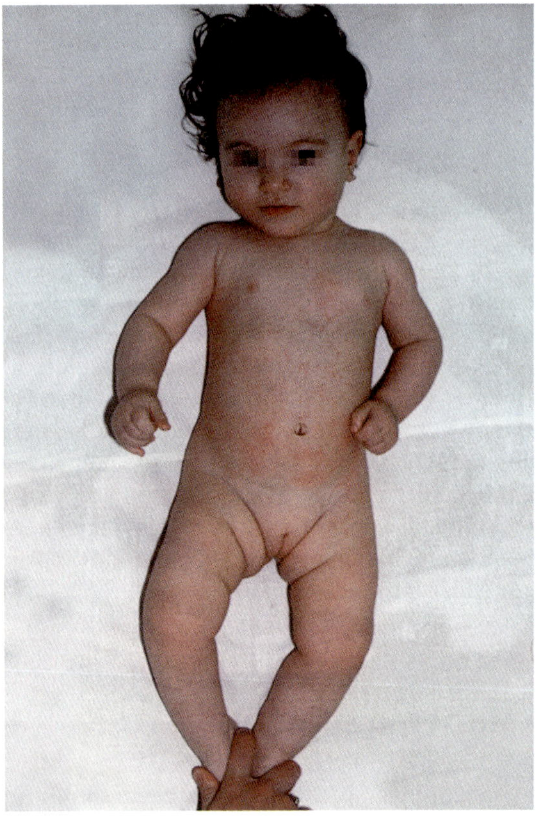

Abb. 8.3: Siehe Antwort (aus [6])

Frage: Bleibt zu ergänzen, dass es sich hier um ein typisches Virusexanthem handelt, wie es auch von anderen Viren verursacht werden kann. Welche besondere **Gefahr** geht von dem Fieber beim Exanthema subitum aus?

Antwort: Unter dem hohen Fieber kommt es bei den Kindern besonders häufig zu Krampfanfällen, so genannten **Fieberkrämpfen.** Deshalb wird frühzeitig antipyretisch und im Fall eines Krampfanfalls mit einer Diazepam-Rektiole therapiert.

✚ Das typische Alter, in dem Kindern an einem Exanthema subitum erkranken, liegt bei 12 Monaten.

8.5 Masern

Frage: Wie sehen **die typischen Effloreszenzen** bei Masern aus?

Antwort: Das Masernexanthem beginnt im **Gesicht** und **hinter den Ohren** als **hellrotes, klein- bis mittelfleckiges Exanthem**. Die Effloreszenzen breiten sich über den Stamm auf die Extremitäten aus. Sie werden später **papulös** und **konfluieren** zu größeren **bräunlichen Flecken.** In seltenen Fällen kann das Exanthem auch hämorrhagisch werden. Es verschwindet in der gleichen Reihenfolge, wie es auch aufgetreten ist.

Frage: Schildern Sie den zeitlichen **Verlauf** einer **Masernerkrankung.** Denken Sie bitte vor allem an Inkubationszeit, Infektiosität und Exanthemausbruch!

Antwort: Die Masernerkrankung beginnt nach einer **Inkubationszeit** von **10–14 Tagen** mit dem **Prodromalstadium,** das ca. drei bis vier Tage lang anhält. Schon einige Tage vor Auftreten der Prodromi sind die Kinder infektiös. Durchschnittlich am 15. Tag der Erkrankung beginnt mit erneutem Fieberschub das **Masernexanthem,** das schließlich nach vier bis sieben Tagen zurückgeht. Mit Abblassen des Exanthems sinkt auch das Fieber, und die Infektiosität lässt nach.

tipp Schwierige Frage!

tipp Bei den meisten exanthematischen Viruskrankheiten markiert das Verschwinden des Exanthems das Ende der Infektiosität. Wenn der Prüfer nach möglichem Kindergarten- oder Schulbesuch fragt, liegt man mit dieser Antwort richtig.

10. Tag	Infektiosität beginnt
11. Tag	Prodromalstadium beginnt
15. Tag	Exanthemausbruch
22. Tag	Exanthem abgeblasst

Tab. 8.1: Zeitlicher Verlauf von Masern

Frage: Sie erwähnten den zweigipfeligen Fieberanstieg dieser Erkrankung mit einem Fieberanstieg in der Prodromalphase und einem weiteren in der exanthemischen Phase. Welche weiteren Symptome sind für das Prodromalstadium charakteristisch?

Antwort: Im **Prodromalstadium** treten Fieber, Lichtscheu, Halsschmerzen, Rhinitis, Konjunktivitis und Tracheobronchitis auf. Gegen **Ende des Prodromalstadiums fällt das Fieber,** und es werden die pathognomonischen **Koplik-Flecken** an der Wangenschleimhaut gegenüber den unteren Molaren sichtbar.

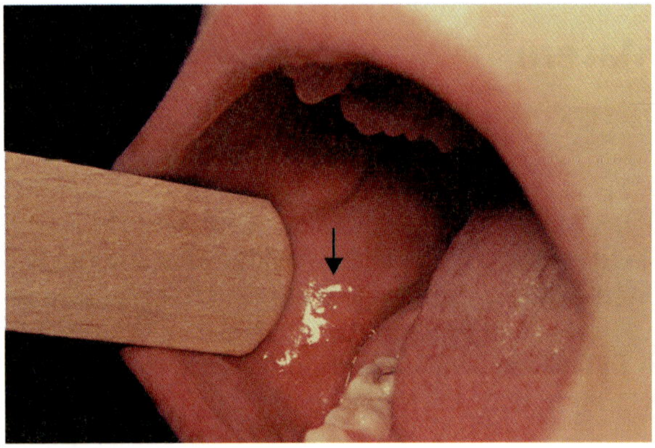

a

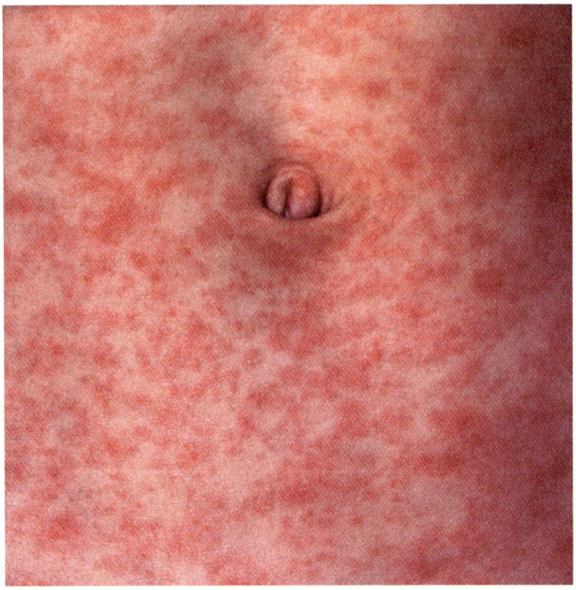

b

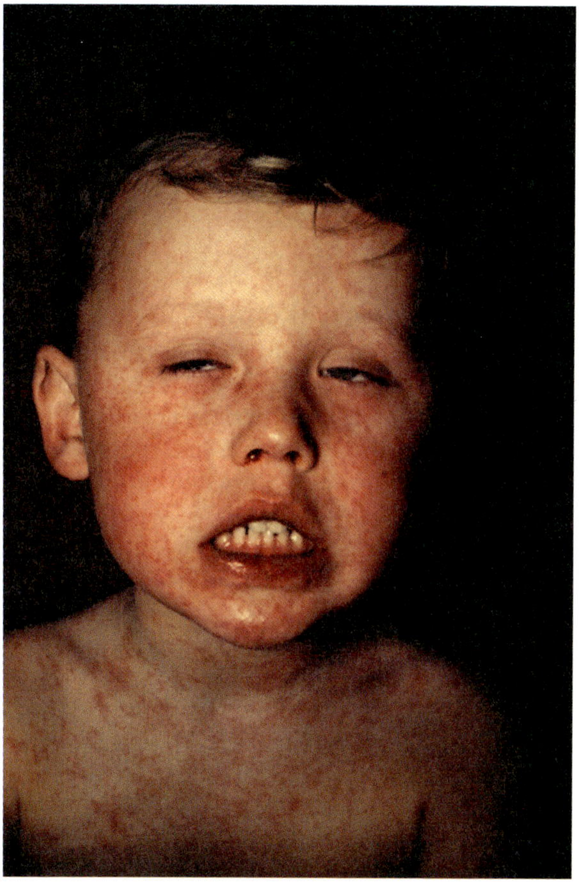

c

Abb. 8.4: Masern. a) Koplik-Flecken: Enanthem mit kalkspritzerartigen Belägen gegenüber den Molaren; b) schwer kranker Junge mit Konjunktivitis, Rhinitis und einem Exanthem aus makulopapulösen, lividen, teilweise konfluierenden Effloreszenzen; c) Masernexanthem: hochrote, konfluierende, makulopapulöse Effloreszenzen (aus [6])

Frage: Entschuldigen Sie, wenn ich Sie kurz unterbreche. In welchem Zusammenhang stehen denn diese Symptome mit der zeitlichen Ausbreitung der Masernviren im Körper? **?**

☐ ☐ ☐
☺ 😐 ☹

Antwort: Nach der Infektion gelangt das Virus zunächst in das **retikuloendotheliale System** und vermehrt sich dort, ohne wesentliche Zellschäden zu verursachen. Ungefähr eine Woche später kommt es zur **virämischen Aussaat.** Befallen werden dann vorwiegend die **Deckzellen** des Körpers. Durch kleine Nekrosen und Entzündungen kommt es hier zu den genannten Symptomen, wobei die besonders dünnen Deckzellschichten der Konjunktiven und der Bronchialschleimhaut als Erstes betroffen sind. Die beschriebenen Koplik-Flecken sind Nekrosen der oberflächlichen Zellen der Wangenschleimhaut. Zum Zeitpunkt des Auftretens der Koplik-Flecken kommt es zum **erneuten Virämieschub,** der für das Auftreten des **Exanthems** verantwortlich ist.

☐ ☐ ☐
☺ 😐 ☹

? **Frage:** Wie können Sie die **Diagnose** einer Masernerkrankung sichern?

Antwort: An sich reicht zur Diagnosestellung meist das klinische Bild der Masern mit seinem **Prodromalstadium,** dem **zweigipfligen Fieberverlauf** und dem **typischen Exanthem** aus. Die Diagnose kann durch Nachweis **spezifischer IgM-Antikörper** aus dem Blut gesichert werden. Hilfreich ist auch die typische Blutbildveränderung bei Masern. Es findet sich eine **Leukopenie mit Lymphozytose** und ein **Fehlen der Eosinophilen.**

☐ ☐ ☐
☺ 😐 ☹

? **Frage:** Welche **Komplikationen** können bei Masern auftreten?

✚ Masern ist die Infektionskrankheit mit der weltweit höchsten Mortalität bei Kindern.

Antwort: Typische Komplikationen bei Masern sind die **Masernpneumonie, Otitis media, Masernkrupp** sowie **Masernenzephalitis** und **-appendizitis.** Besonders gefürchtet ist die mit relativ hoher Letalität einhergehende Masernenzephalitis, die bei etwa einem von 1000 Erkrankten auftritt. Eine seltene Spätkomplikation nach Masern ist die subakute sklerosierende Panenzephalitis.

☐ ☐ ☐
☺ 😐 ☹

? **Frage:** Relativ häufig beobachtet man im Zusammenhang mit einer Masernerkrankung die schon von Ihnen erwähnte Pneumonie. Allerdings können vom zeitlichen Verlauf zwei Formen unterschieden werden. Welche beiden Formen sind das?

✚ Die Riesenzellpneumonie ist eine besonders schwerwiegende Komplikation bei Patienten mit geschwächtem Immunsystem.

Antwort: Einerseits kann eine Pneumonie im Frühstadium der Krankheit auftreten. Diese ist durch das **Masernvirus** bedingt. Eine Lungenentzündung, die später als vier Tage nach Exanthemausbruch auftritt, ist gewöhnlich auf eine **bakterielle Superinfektion** zurückzuführen.

8.6 Mumps

Fallbeispiel: Zu Ihnen kommt ein zehnjähriger Junge mit extremen Schmerzen im Bereich der linken Gesichtshälfte, insbesondere beim Kauen. Welche Verdachtsdiagnose stellen Sie? Wie versuchen Sie diese bei der körperlichen Untersuchung zu erhärten?

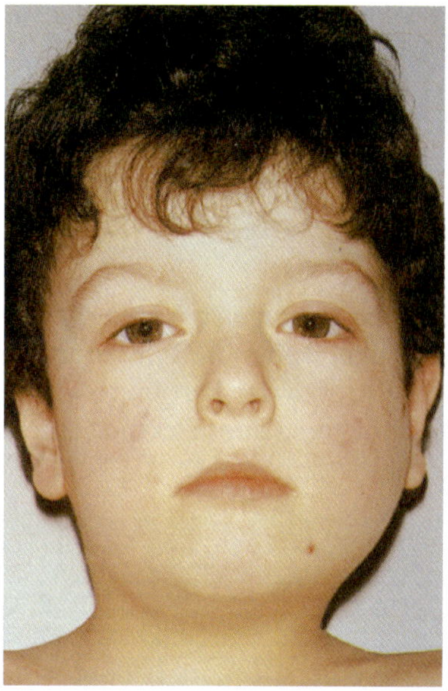

Abb. 8.5: Siehe Antwort (aus [6])

Antwort: Als Blickdiagnose würde ich hier den Verdacht auf eine Mumpsinfektion stellen. Bei der Palpation des Lokalbefundes erwarte ich demnach eine sehr druckdolente, eher weiche Schwellung der linken Glandula Parotis. Diese liegt unterhalb des Ohres auf dem M. masseter und überschreitet teilweise dorsal den Unterkieferrand. Eine wichtige Differentialdiagnose der Weichteilschwellung im Gesicht – neben der Parotisschwellung – stellt die Lymphadenitis dar. Hier sind in der Regel etwas härtere, ebenfalls druckdolente Knoten submandibulär bzw. zervikal tastbar.

Merke: Differentialdiagnose Parotisschwellung:
- 1. Mumps (aufgrund der Durchimpfungsraten heutzutage eher selten)
- 2. unspezifische virale Parotitis (am häufigsten)
- 3. bakterielle Infektion
- 4. Abflussbehinderung durch Speichelstein (selten)

Frage: Welche **klinischen Symptome** außer der schmerzhaften Speicheldrüsenschwellung erwarten Sie bei einer Mumpsinfektion?

Antwort: Die **Prodromi** sind meistens **gering.** Nur gelegentlich treten Kopf- und Halsschmerzen sowie leichtes Fieber auf. Die **Parotisschwellung** beginnt meistens einseitig, die andere Seite folgt häufig nach wenigen Tagen. Die Patienten haben **starke Schmerzen** beim Kauen und bei Kopfbewegungen. Gleichzeitig sind die **regionalen Lymphknoten geschwollen.** Nach ca. zwei Wochen sind die Patienten in aller Regel wieder beschwerdefrei.

Frage: Wie lang ist die Inkubationszeit von Mumps, und wann sind die Erkrankten ansteckungsfähig?

Antwort: Mumps ist eine **kontagiöse Viruserkrankung.** Die **Inkubationszeit** beträgt **14–24 Tage,** wobei die Patienten ca. sechs Tage vor bis max. neun Tage nach Auftreten der Parotisschwellung ansteckend sind. Die Immunität nach durchgemachter Erkrankung besteht lebenslang.

Frage: Nicht nur auf die Glandula parotis, sondern auch noch auf drei weitere Organe sollte bei der Mumpsinfektion geachtet werden. Welche Organe sind das?

✚ Im Pubertätsalter findet sich in ca. 30 % der Fälle eine Beteiligung der Keimdrüsen oder Drüsen des Genitaltrakts (Prostata, Hoden, Nebenhoden, Bartholini-Drüsen). Häufigkeit einer Innenohrschwerhörigkeit nach Mumpsinfektion: 1:10 000.

Antwort: Durch das Mumpsvirus können auch **Hoden, Zentralnervensystem und Pankreas** geschädigt werden. Die **Mumpsorchitis** stellt eine nicht seltene Ursache erworbener Sterilität dar. Es kommt zu einer schmerzhaften Hodenschwellung, die oft mit begleitender Epididymitis einhergeht. In etwa einem Drittel der Fälle atrophieren die befallenen Hoden.

Eine meningeale Reizung ist bei Mumps sehr häufig (70 %), eine manifeste **Meningitis** tritt allerdings nur bei 3–15 % der Erkrankten auf. Als bleibender Defekt der sehr seltenen Mumpsenzephalitis kann Taubheit auftreten. Das **Pankreas** ist ebenfalls häufig mit betroffen, klinische Zeichen einer Pankreatitis sind aber selten.

Frage: Wie behandeln Sie denn ein Kind mit Mumpsorchitis?

Antwort: Das Kind sollte Bettruhe mit Hochlagerung der Hoden einhalten. Eine allgemeine antiphlogistische Therapie kann ebenfalls zur Linderung beitragen.

8.7 Röteln

Frage: Beschreiben Sie den charakteristischen **Krankheitsverlauf** einer Rötelninfektion! ?

☐ ☐ ☐
☺ 😐 ☹

Merke: Röteln diagnostiziert man im Dunkeln (Lymphknotenschwellung)! !

Antwort: Bei Röteln finden sich meist nur **schwache Prodromi.** Die stark **schmerzhaften zervikalen** und **okzipitalen Lymphknoten** schwellen für ca. eine Woche an. Danach beginnt das **Rötelnexanthem.** Es handelt sich um ein feinfleckiges, leicht erhabenes Exanthem, das nicht konfluiert. Typischerweise beginnt es hinter den Ohren und breitet sich dann auf Gesicht und Stamm aus. Rötelnembryopathie (☞ Abschn. 3.2).

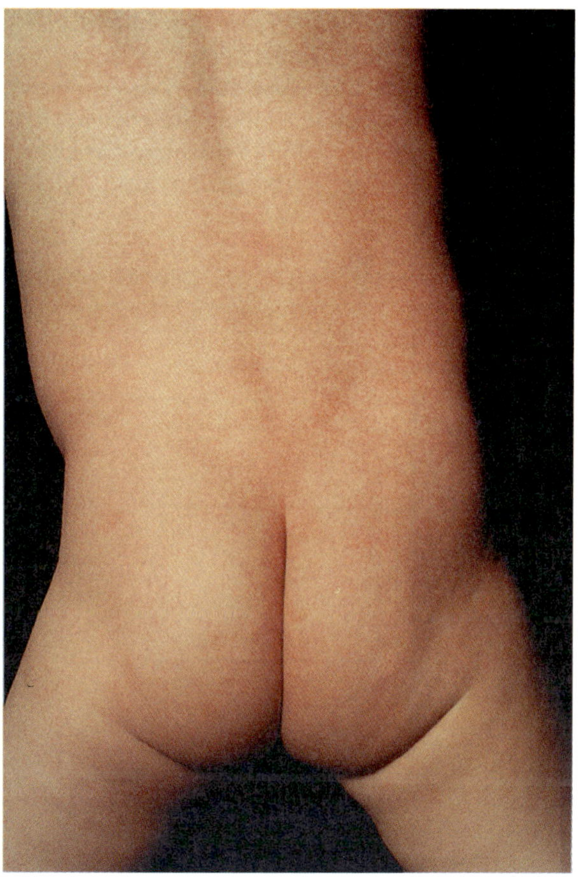

Abb. 8.6: Röteln: diskretes Exanthem mit hellroten, makulopapulösen Effloreszenzen (aus [6])

? Frage: Wie lang ist die **Inkubationszeit** von Röteln, und wann sind Röteln ansteckend?

Antwort: Die Inkubationszeit von Röteln beträgt **10–21 Tage.** Eine Woche vor bis zehn Tage nach Exanthemausbruch sind die Kinder ansteckend, wobei die Kontagiosität relativ gering ist. Meist sind Kinder zwischen dem 5. und 15. Lebensjahr betroffen.

8.8 Coxsackie-Virus-Infektionen

? Frage: Durch welchen Erreger wird die **Herpangina** hervorgerufen? Beschreiben Sie kurz den klinischen Verlauf!

> tipp Nicht von dem Begriff „Herpangina" verwirren lassen! Die Herpangina hat nichts mit einer Infektion mit Herpes-Viren zu tun!

Antwort: Die Herpangina wird durch **Coxsackie-Viren** der **Gruppe A** hervorgerufen. Betroffen sind vor allem **Kleinkinder,** wobei die Infektion oft epidemisch in den Sommermonaten auftritt. Nach einer **Inkubationszeit** von **zwei bis sechs Tagen** kommt es zu rasch ansteigendem **Fieber,** begleitet von **Hals- und Kopfschmerzen.** Am **weichen Gaumen** und den **Gaumenbögen** finden sich **kleine Bläschen mit hyperämischem Randsaum.** Die Kinder haben häufig **Schluckbeschwerden.** Die Krankheit dauert etwa fünf Tage und heilt folgenlos aus.

? Frage: Auch diese abgebildeten Effloreszenzen werden durch Coxsackie-Viren hervorgerufen. Wie lautet die Diagnose?

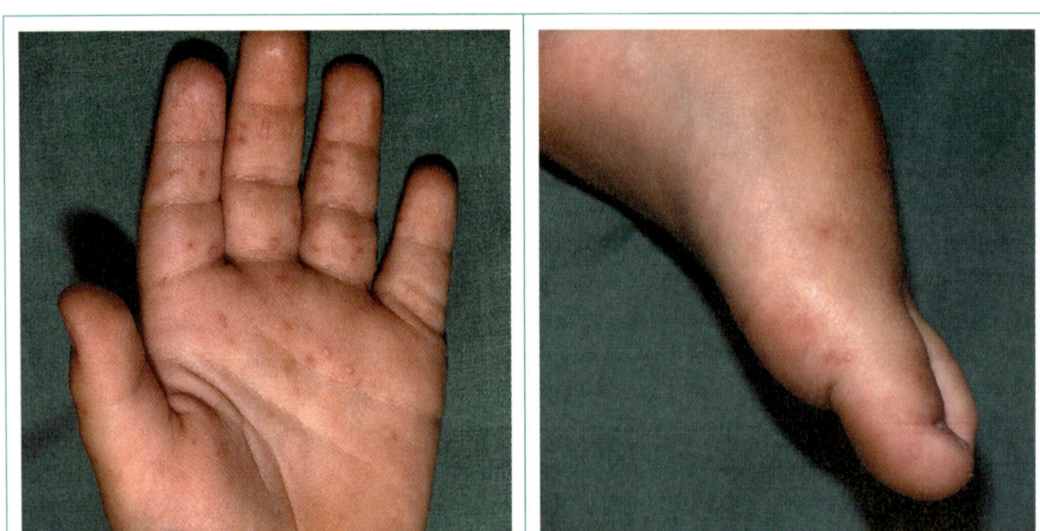

Abb. 8.7: Siehe Antwort (aus [6])

Antwort: Diese palmoplantaren papulo-vesikulären Veränderungen gehen in der Regel mit leichten Ulzerationen der Mundschleimhaut einher. Es handelt sich dabei um die Hand-Fuß-Mundkrankheit, die gehäuft in den Sommermonaten auftritt und nur von wenig allgemeinem Krankheitsgefühl begleitet wird.

Frage: Kennen Sie weitere Erkrankungen, die durch Coxsackie-Viren hervorgerufen werden? ?

☐ ☐ ☐

Antwort: **Coxsackie-A-Viren** können auch zu einer abakteriellen Meningoenzephalitis, zur Sommergrippe und zur so genannten Bornholm-Erkrankung führen.

✚ Coxsackie- und ECHO-Viren (beides Enteroviren) sind die häufigsten Erreger der viralen Meningitis!

Frage: Wie sieht denn die Klinik der **Bornholm-Erkrankung** aus? !

☐ ☐ ☐

Antwort: Die Bornholm-Erkrankung wird auch **Pleurodynie** oder **Myalgia epidemica** genannt. Im Vordergrund stehen **anfallsweise** auftretende **Schmerzen,** die im **Brust-** und **Bauchbereich** lokalisiert sind. Die betroffenen Muskeln sind verhärtet, geschwollen und druckempfindlich, was häufig zur Schonhaltung führt. **Fieber, Kopfschmerzen** und **Erbrechen** kommen hinzu. Komplikationen können eine **Pleuritis, Peri-** und **Myokarditis** und eine **seröse Meningitis** sein. Betroffen sind vor allem ältere Kinder und Jugendliche. Bei komplikationslosem Verlauf dauert die Erkrankung meist nur zwei bis drei Tage an. Behandelt wird lediglich analgetisch.

8.9 Frühsommer-Meningoenzephalitis und Borreliose

Fallbeispiel: Ein sechsjähriges Mädchen wird vorgestellt, weil es am Vortag von einer Zecke gestochen wurde. Sie finden am Hals des Mädchens eine prall gefüllte Zecke. Die Haut in der Umgebung ist völlig unauffällig. Bei der körperlichen Untersuchung zeigt sich kein pathologischer Befund. Wie gehen Sie vor?

☐ ☐ ☐

Antwort: Zunächst einmal würde ich die Zecke mit einer Zeckenzange **komplett entfernen,** da verbleibende Reste lokal eine entzündliche Fremdkörperreaktion auslösen können. Dann sollte noch an Krankheiten gedacht werden, die durch Zecken übertragbar sind. Hierbei kommt zum einen die **Frühsommer-Meningoenzephalitis** in Frage. Das

✚ Zecken beißen nicht, sondern stechen!

tipp „Tipp fürs Leben" zur korrekten Zeckenentfernung: Zeckenzange vorsichtig zwischen Stech-Saugorgan und Kopf der Zecke platzieren. Unter kontinuierlichem leichten Zug lässt die Zecke nach ca. 60–90 s von alleine los, ohne dass abgerissene Reste des Stechorgans in der Haut verbleiben.

FSME-Virus wird durch den Zeckenstamm Ixodes ricinus übertragen. Die FSME mit einem **jahreszeitlichen Gipfel** im **Juli** und **August** tritt vorwiegend in bestimmten **Endemiegebieten,** vor allem in Süddeutschland, auf. Die Inkubationszeit beträgt eine Woche. Bei positiver Anamnese lässt sich die Diagnose durch den Nachweis spezifischer IgM-Antikörper sichern. Bei manifester Erkrankung besteht nur die Möglichkeit einer symptomatischen Therapie.

? **Frage:** Können Sie uns den klinischen Verlauf der Frühsommer-Meningoenzephalitis beschreiben?

Antwort: Bei **60–70 %** der Infizierten ist der Verlauf **inapparent.** In den übrigen Fällen findet sich ein **zweiphasiger Krankheitsverlauf.** Nach einer Woche Inkubationszeit kommt es zum **Fieberanstieg mit grippalen Erscheinungen.** Auf ein **fieberfreies Intervall** von ca. einer Woche folgt bei rund 10 % der Infizierten ein **erneuter Fieberanstieg mit Meningoenzephalitis.** Hierbei können auch Symptome wie zerebelläre Ataxie und Paresen auftreten. Diese Symptome sind allerdings bei Kindern sehr viel seltener als bei Erwachsenen.

Prüfer: Im Grunde genommen ist die FSME eine relativ seltene Erkrankung. In Deutschland ist nur ein sehr geringer Prozentsatz der Zecken von dem Virus befallen, sodass jährlich ungefähr 300 Fälle gemeldet werden. Allerdings ist das Risiko in den bestimmten Endemiegebieten in Süddeutschland, Österreich, Tschechischen und der Slowenischen Republik nicht zu unterschätzen.

? **Frage:** Welche wesentlich häufigere Erkrankung könnte bei diesem Mädchen nach dem Zeckenstich auftreten?

✚ 1975 wurde in der Stadt Lyme (USA) erstmalig epidemisches Auftreten einer Borrelien-Infektion nach Zeckenstich beobachtet.

Antwort: Nach einem Zeckenstich muss neben der FSME auch an die **Borreliose,** auch Lyme disease genannt, gedacht werden. Der Erreger dieser Erkrankung ist das Bakterium Borrelia burgdorferi. Überträger ist derselbe Zeckenstamm wie bei der FSME.

Frage: Bei welchen **Symptomen** müssen Sie an eine Borreliose denken? **?**

☐ ☐ ☐
☺ 😐 ☹

Antwort: Die Erkrankung kann sehr verschiedene Organe befallen. So sind vor allem die Haut, der Bewegungsapparat, das Herz und insbesondere das Nervensystem befallen. Unterschieden werden ein **Früh-** und ein **Spätstadium.** Diese Stadien sind allerdings nicht obligat, da sich die Borreliose in jedem Stadium erstmals manifestieren kann. Im **Frühstadium** zeigt sich das **Erythema chronicum migrans,** das um die Zeckenstichstelle herum entsteht. Außerdem finden sich Allgemeinbeschwerden, die an eine Sommergrippe erinnern, insbesondere Arthralgien und Gliederschmerzen. Im weiteren Verlauf kann eine Vielzahl von Organmanifestationen beobachtet werden, wie **Meningoradikulitis, Enzephalitis, Myokarditis** und die im Kindesalter besonders häufige **Fazialisparese.**

✚ Bilaterale Fazialisparese ist pathognomonisch für eine Borrelieninfektion.

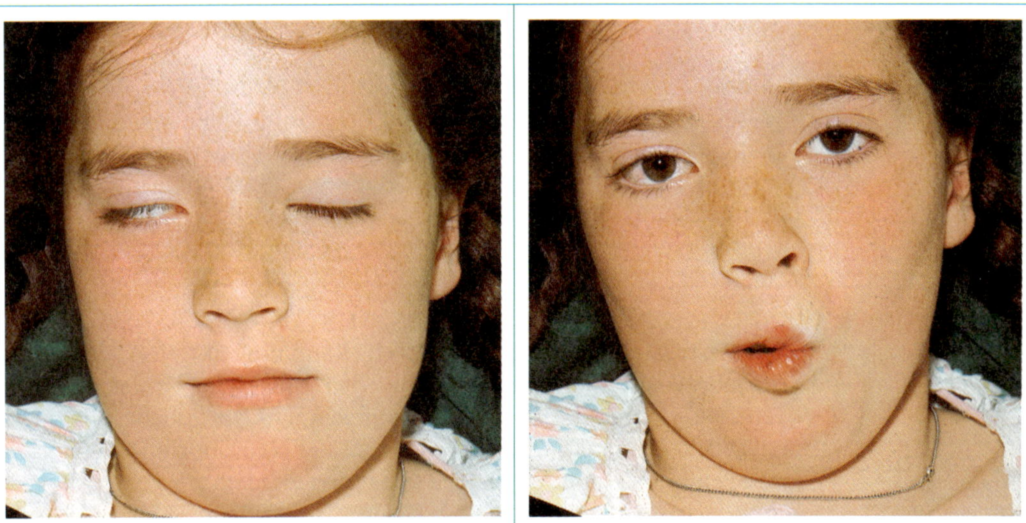

a) b)

Abb. 8.8: Periphere Fazialisparese rechts. a) Unvollständiger Lidschluss rechts. b) Der Mund kann auf der rechten Seite nicht gespitzt werden. (aus [6])

Das **Spätstadium** ist durch die so genannte **Lyme-Arthritis** gekennzeichnet, die sich vorwiegend an Knie- und Sprunggelenken manifestiert. Die Erkrankung ist nun in eine chronische Phase übergegangen und kann auch zur **Akrodermatitis chronica atrophicans** und der **progressiven Enzephalomyelitis** führen.

Organsystem	Frühstadium		Spätstadium
	lokalisiert	generalisiert	
Haut	Erythema migrans	Lymphozytom	Akrodermatitis chronica atrophicans
Nervensystem	Fazialisparese Meningitis Meningoradikulitis		chronische Enzephalomyelitis
Gelenke	Arthralgien Oligoarthritis		chronisch-rezidiv. Arthritis
Sonstige	Karditis Myositis Augenaffektion		

Tab. 8.2: Klinische Systematik der Borreliose im Kindesalter

?

Frage: Lassen Sie mich noch ein Wort zur Neuroborreliose im Kindesalter sagen. In den Sommer- und Herbstmonaten müssen Sie bei jedem Kind mit einer akuten peripheren Fazialisparese als Erstes an eine Borrelieninfektion denken. Bei der obligat durchzuführenden Lumbalpunktion sehen Sie häufig eine Pleozytose im Sinne einer Borrelienmeningitis. Wie therapieren Sie eine Borreliose im Kindesalter?

Antwort: Anders als die Virus-FSME kann die bakteriell verursachte Borreliose **antibiotisch** therapiert werden. Eingesetzt werden vor allem Tetrazykline (ab 12 Jahren), Erythromycin und Amoxicillin. Alle generalisierten Erkrankungen, insbesondere die Neuroborreliosen, müssen intravenös mit Cephalosporinen behandelt werden.

?

Frage: Kommen wir noch einmal auf das sechsjährige Mädchen mit dem Zeckenstich zurück. Was würden Sie der Mutter empfehlen, um das Auftreten der beiden beschriebenen Erkrankungen zu verhindern?

!

Merke: Eine Empfehlung zur aktiven Impfung gegen FSME beschränkt sich auf alle Personen, die sich im Endemiegebiet aufhalten (z.B. im Urlaub) sowie auf exponierte Personen (z.B. Waldarbeiter).

Antwort: Selbst wenn der Zeckenstich in einem Endemiegebiet erworben wurde, wird eine passive Impfung nach Zeckenstich durch Gabe von FSME-Immungobulinen im Kindesalter nicht mehr empfohlen. Eine prophylaktische antibiotische Therapie zur Verhinderung einer

Borreliose ist ebenfalls nicht indiziert. Ich würde zunächst ein abwartendes Verhalten empfehlen und die Mutter über die möglicherweise auftretenden Symptome informieren. Die Einstichstelle sollte genauestens im Hinblick auf das Auftreten eines Erythema chronicum migrans beobachtet werden. Tritt es auf, wird umgehend antibiotisch behandelt.

8.10 Erythema infectiosum (Ringelröteln)

Fallbeispiel: Die Mutter dieses siebenjährigen Mädchens berichtet, dass ihr seit zwei Tagen eine zunehmende Rötung im Wangenbereich aufgefallen sei. Ansonsten sei das Kind völlig beschwerdefrei und auch nicht „in der Sonne gewesen". Was vermuten Sie?

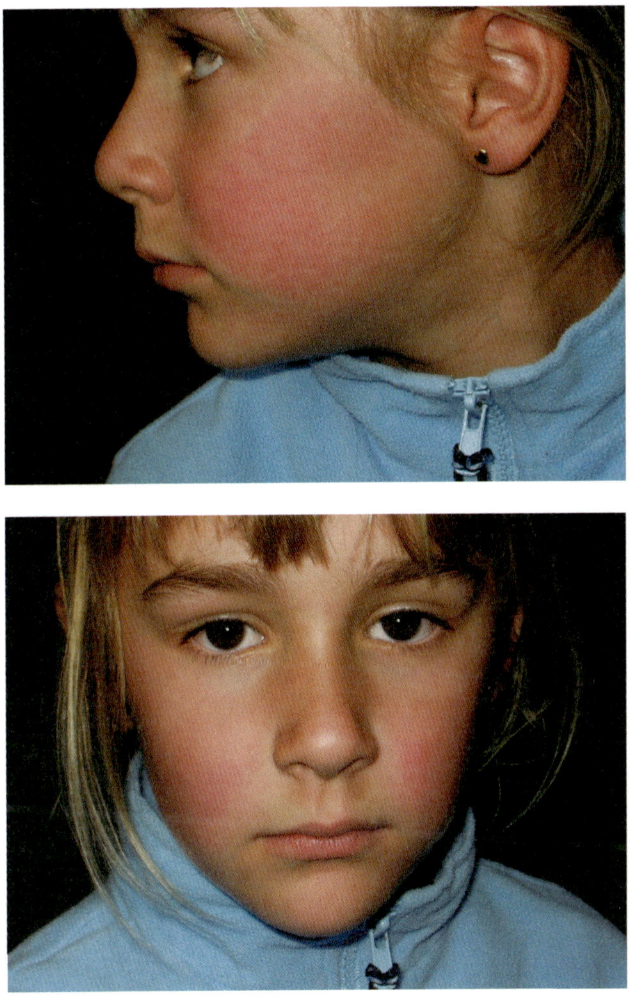

Abb. 8.9: Siehe Antwort

✚ Bei Infektionen in der Schwangerschaft:
1. Trimenon: oft Spontanabort, 2. Trimenon: Hydrops fetalis oder Fruchttod, 3. Trimenon: aplastische Phasen

Antwort: Man sieht ein **schmetterlingsförmiges Erythem** und leicht ringförmige, kokardenartige Strukturen bei ansonsten unauffälligem Kind. Dieses Bild ist sehr gut vereinbar mit einem frühen Stadium einer Ringelrötelinfektion. Dabei treten zunächst **uncharakteristische Prodromi** auf und nach einigen Tagen der Symptomfreiheit ein **schmetterlingsförmiges Erythem** im Gesicht. Einige Tage später bildet sich am Körper ein **juckendes Exanthem** mit Bevorzugung der Oberarmstreck- und Unterarmbeugeseiten, das aus bis zu **münzgroßen, ringförmigen,** teils miteinander **verbundenen Figuren** besteht und von leichtem Fieber begleitet wird. Das charakteristische an diesem Exanthem ist seine Flüchtigkeit, die Effloreszenzen verblassen nach einigen Tagen, können aber erneut rezidivieren. Die Prognose der Erkrankung ist gut, komplizierend können Gelenkbeteiligungen und, besonders bei Patienten mit hämolytischer Anämie, aplastische Krisen hinzukommen.

☐ ☐ ☐

? **Frage:** Häufig sieht man in der Praxis nicht das von Ihnen beschriebene Vollbild der Erkrankung mit seinen kokarden- bzw. „ringelartigen" Strukturen, sondern eben nur diese leichten Verlaufsformen mit starkem Wangenerythem und keinerlei Begleitsymptomatik. Welche Erreger sind für diese Infektion verantwortlich?

Antwort: Der Erreger des Erythema infectiosum ist das **humane Parvovirus B19.** Es handelt sich um eine Erkrankung mit **geringer Kontagiosität,** die allerdings endemisch, z.B. in Kindergärten, auftritt. Hauptsächlich sind Kinder zwischen dem **vierten** und **zehnten Lebensjahr** betroffen. Die Inkubationszeit beträgt ein bis zwei Wochen.

☐ ☐ ☐

? **Frage:** Ja, richtig, für die Praxis gilt nach wie vor, dass man erkrankte Kinder wegen der teratogenen Potenz der Erreger unbedingt von schwangeren Frauen fernhalten sollte. Nach neueren Erkenntnissen und Infektionsversuchen bei Freiwilligen weiß man aber, dass Kinder mit dem charakteristischen Exanthem praktisch nicht mehr ansteckend sind. Die Infektiosität beschränkt sich vielmehr auf die präexanthemische Phase, die häufig so blande verläuft, dass nicht an eine Verhinderung der Übertragung gedacht wird. Welche **differentialdiagnostischen Überlegungen** kommen bei den Ringelröteln in Frage?

✚ Sicherung der Ringelröteln-Diagnose durch IgM- und IgG-Antikörper-Nachweis

Antwort: Die wichtigste Differentialdiagnose ist eine **akute Urtikaria,** die auch mal etwas „untypisch" aussehen kann. Wenn deutliche kokardenartige Strukturen der Effloreszenzen vorliegen, könnte man weiterhin an ein **Erythema exsudativum multiforme** denken. Auch **Arzneimittelreaktionen** sollten beim Auftreten polymorpher Exantheme ausgeschlossen werden. Neben anderen Virusinfektionen, wie z.B. der Rötelnerkrankung, können aufgrund des Schmetterlingserythems Verwechslungsmöglichkeiten mit dem **systemischen Lupus erythematodes** entstehen.

8.11 Kawasaki-Syndrom

Frage: Nun zum **Kawasaki-Syndrom,** einer Krankheit, die erstmals 1961 beschrieben wurde. Was wissen Sie darüber?

Antwort: Das Kawasaki-Syndrom, auch **mukokutanes Lymphknoten-Syndrom** genannt, ist eine **generalisierte Vaskulitis** der Venolen und Arteriolen. Die Ätiologie ist bisher unbekannt. Angenommen werden infekt-allergische Ursachen. Die Vaskulitis äußert sich als **akute febrile Erkrankung** mit **multiplem Organbefall,** wobei hauptsächlich Kleinkinder im Alter von einem bis fünf Jahren betroffen sind. Es gibt bei der Erkrankung **sechs Hauptsymptome,** von denen für die Diagnosestellung mindestens fünf vorliegen müssen.

Frage: Ja richtig! Sind Ihnen einige dieser Hauptsymptome geläufig?

Antwort: Man kennt **sechs Hauptsymptome,** die das Kawasaki-Syndrom charakterisieren. Typisch ist ein **hohes Fieber,** das auf Antibiotikagabe nicht anspricht und länger als fünf Tage dauert. Gleichzeitig finden sich eine **beidseitige Konjunktivitis** und eine **Schwellung der zervikalen Lymphknoten.** Zu den **Hautveränderungen an den Extremitäten** im akuten Stadium zählen die Palmar- und Plantarerytheme, nach zwei bis drei Wochen im subakuten Stadium beginnt die Haut der Finger- und Zehenendglieder zu schuppen. Am Körper finden sich **polymorphe Exantheme.** Wegweisend sind häufig die **enoralen Symptome:** diffuses Enanthem, Erdbeerzunge und lackrote Lippen. Bei Vorliegen von fünf der sechs Hauptsymptome oder dem echokardiographischen Nachweis von Koronaraneurysmen in Kombination mit vier Hauptsymptomen kann die Diagnose Kawasaki-Syndrom gestellt werden.

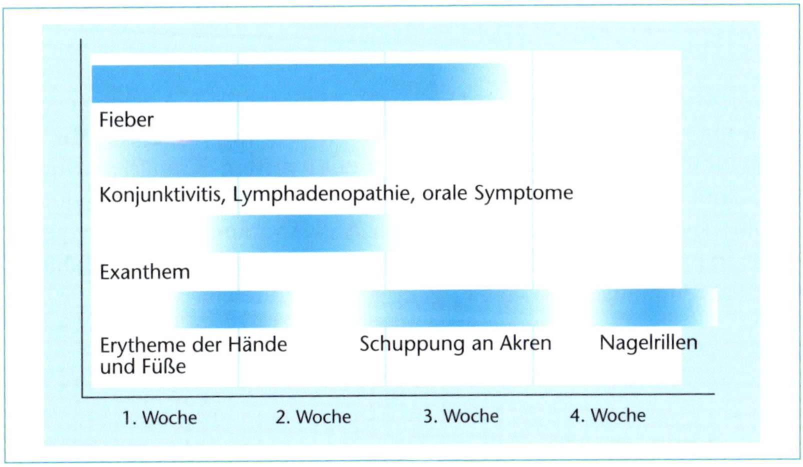

Abb. 8.10: Symptome bei Kawasaki-Syndrom (modifiziert aus [1])

☐ ☐ ☐
☺ 😐 ☹

? **Frage:** Welche typischen **Laborbefunde** erwarten Sie beim Kawasaki-Syndrom?

Antwort: Typische Laborbefunde sind eine starke **BSG-Beschleunigung,** eine **Erhöhung des CRP, Leukozytose mit Linksverschiebung** und **Anämie.** Ab der zweiten Krankheitswoche kann eine Thrombozytose bestehen. Je nach Organbeteiligung kommt es zum Anstieg der Transaminasen, der Amylase oder zur Proteinurie.

☐ ☐ ☐
☺ 😐 ☹

? **Frage:** Durch welche unter Umständen lebensbedrohliche Komplikationen wird die Prognose der Erkrankung bestimmt?

+ Bei ca. 50 % der Patienten ist mit der Dilatation von Herzkranzgefäßen zu rechnen. 10–20 % der Erkrankten behalten Aneurysmen zurück!

Antwort: Die Prognose ist von der **Gefäßschädigung** und dem Ausmaß der **Myokardbeteiligung** abhängig. Es besteht die Gefahr, dass sich in der zweiten und dritten Krankheitswoche **Aneurysmen** an den Koronargefäßen ausbilden. Diese verschwinden normalerweise im Verlauf von Monaten, können aber auch zu einer koronaren Herzkrankheit führen. Wegen dieser Gefahren sollten in der Akutphase **regelmäßig EKG-** und **Echo-Kontrollen** durchgeführt werden. Die Letalität des Kawasaki-Syndroms beträgt ca. 1 % und wird hauptsächlich durch Herzinfarkte verursacht.

☐ ☐ ☐
☺ 😐 ☹

? **Frage:** Was wissen Sie über die **Therapie** des Kawasaki-Syndroms?

+ Zur Verhinderung der kardialen Komplikationen ist ein früher Therapiebeginn (bis max. 10. Tag) entscheidend.

tipp Dieser Prüferkommentar ist Facharztwissen.

Antwort: Therapiert wird mit einer Kombination von **Gammaglobulinen** und **Aspirin.** Die früher verabreichten Kortikoide werden nicht mehr verwendet, da sie die Vaskulitis weder verhindern noch heilen konnten.

Prüfer: Richtig. Zunächst wird bis zur Entfieberung mit Aspirin in einer Dosierung von 100 mg/kg Körpergewicht pro Tag therapiert. In der subakuten Phase, d.h. ab der zweiten oder dritten Krankheitswoche, wird dann eine Low-dose-ASS-Therapie mit 3–5 mg/kg pro Tag durchgeführt. Insgesamt sollte die Dauer der ASS-Therapie mindestens sechs Wochen betragen. Gammaglobuline werden nach neuerer Empfehlung initial als einmalige i.v.-Gabe (2 g/kg KG) verabreicht.

Krankheit	Lokalisation	Morphe	Verlauf
Varizellen	generalisiert, auch am behaarten Kopf und den Schleimhäuten	kleine blassrote Flecken, die sich rasch zu Bläschen und Pusteln umwandeln	schubweiser Verlauf, alle Stadien gleichzeitig (Sternenhimmelphänomen)
Masern	generalisiert, beginnend hinter den Ohren, dann zentrifugal über Stamm und Extremitäten ausbreitend	stark gerötete, etwas unregelmäßig geformte, bis ca. 1 cm große, auch konfluierende Flecken, in seltenen Fällen hämorrhagisch	bei Beginn des Exanthems Fieberschub. Verschwindet in derselben Reihenfolge, wie es auftritt
Röteln	generalisiert, im Gesicht beginnend, zentrifugale Ausbreitung über Stamm und Extremitäten	oft nur leicht gerötet, kleinfleckig makulös, ganz leicht erhaben, Einzeleffloreszenz etwa stecknadelkopfgroß, nicht konfluierend	begleitend nuchale Lymphknoten; verschwindet in derselben Reihenfolge, wie es auftritt
Scharlach	Beginn meist zentral: Leisten-, Hals-, Schulterregion; im Gesicht bleibt die Perioralregion blass	meist relativ stark gerötet, feinfleckig, teilweise zu großen Flächen konfluierend, besonders in zentralen Körperregionen	Ausbreitung vom Stamm aus, nach Abklingen unterschiedlich ausgeprägte, teils groblamelläre Schuppung
Pfeiffer'sches Drüsenfieber	generalisierte, meist schnelle Ausbreitung ohne charakteristischen Beginn	masern- oder rötelnähnlich; ausgeprägt rote Flecken, gelegentlich mit lividem Zentrum, besonders bei begleitendem Arzneimittelexanthem	oft gleichzeitig Juckreiz, oft zögerlich abklingend (Exanthem nur bei 15 %!)
Arzneimittelexanthem	bei Kindern meist generalisiert, bei Jugendlichen auch lokalisiert; je nach Auslöser, meist durch Ampicillin / Amoxycillin oder Co-Trimoxazol	masernähnlich bis großfleckig, dann polyzyklisch oder konfluierend, mit kokardenförmigen zentral lividen Effloreszenzen	je nach Auslöser innerhalb von Stunden bis wenigen Wochen abklingend, bei Kindern nur selten allergisch!
Ringelröteln	Wangenerythem! generalisiert, bevorzugt Oberarmstreckseite, Unterarmbeugeseite	bis zu münzgroße ringförmige, teils miteinander verbundene landkartenähnliche Figuren	oft relativ flüchtig, klingt innerhalb weniger Tage ab
Exanthema subitum	Rumpf, dann Ausbreitung auf die Extremitäten	feinfleckig, oft nur diskret gerötet	sehr flüchtig, manchmal nur wenige Stunden sichtbar; Auftreten bei bzw. kurz nach Entfieberung
Kawasaki-Syndrom	generalisiert, bes. intensive Rötung der Handinnenflächen, auch Fußsohlen	makulopapulös, polymorph, relativ uncharakteristisch	andauerndes hohes Fieber, Konjunktivitis, in der 2. Krankheitswoche Schuppung an Fingern und Zehen

Tab. 8.3: Übersicht über exanthematische Erkrankungen

8.12 Keuchhusten (Pertussis)

? **Frage:** Beschreiben Sie kurz den typischen Verlauf einer **Keuchhustenerkrankung!**

Antwort: Die Keuchhustenerkrankung verläuft in **drei Stadien.** Nach einer Inkubationszeit von ein bis zwei Wochen zeigt sich im **Prodromalstadium,** auch katarrhalisches Stadium genannt, das Bild eines uncharakteristischen Infekts der oberen Luftwege mit Husten, Fieber und Rhinitis. Nach weiteren ein bis zwei Wochen erfolgt der Übergang ins **Stadium convulsivum** mit den typischen Hustenattacken. Diese Phase dauert ungefähr drei bis fünf Wochen. Es schließt sich das **Stadium decrementi** an, in dem die Hustenattacken allmählich nachlassen und ihren typischen Charakter verlieren. Die Dauer des Keuchhustens beträgt meist 6–12 Wochen, oft länger.

? **Frage:** Wie erkennen Sie den typischen Keuchhustenanfall?

Antwort: Die Kinder husten „mit spitzer Zunge" ca. **15–20-mal stakkatoartig,** um danach mit einer **deutlich hörbaren juchzenden Inspiration** wieder Luft zu holen. Sofort kommt es zu einer neuen Stakkatoserie, bis die Einatmungsphase nicht mehr ausreicht und die Kinder zyanotisch werden. Nach einer Hustenattacke **erbrechen** die Kinder häufig oder würgen einen zähen Schleim aus. Die typischen **Anfälle** sind **provozierbar,** z.B. durch Spateldruck auf die Zunge bzw. Auslösen des Würgereizes. Nach dem Anfall tritt eine Refraktärphase auf, die sich z.B. gut zum Füttern eignet.

? **Frage:** Welche Altersgruppe ist bei einer Keuchhustenerkrankung besonders gefährdet?

Antwort: Keuchhusten kann schon im **Neugeborenen-** bzw. **Säuglingsalter** auftreten. Gerade bei sehr jungen Säuglingen können anstatt der typischen Hustenattacken **lebensbedrohliche Apnoen** auftreten. Außerdem tritt die gefürchtete Komplikation einer Keuchhustenenzephalopathie, die mit einer Letalität von 50 % einhergeht, besonders häufig im ersten Lebensjahr auf.

? **Frage:** Wie kommt es, dass Kinder in diesem Alter schon an Keuchhusten erkranken, während andere typische Kinderkrankheiten gewöhnlich erst später auftreten?

Antwort: Erreger des Keuchhustens ist das **gramnegative Stäbchenbakterium** Bordetella pertussis. Die Infektion kann somit schon im Neugeborenenalter auftreten, da eine von der Mutter aufs Kind übertragene Leihimmunität, der so genannte Nestschutz, nur für virale Erreger besteht. Da die meisten Kinderkrankheiten viral bedingt sind, treten diese Krankheiten erst in späteren Lebensabschnitten auf. Im dritten Lebensmonat kommt es zum Abfall der IgG-Titer und somit zu einer physiologischen Hypoimmunoglobulinämie. Dies ist auch der Grund, weshalb Impfungen ab dem dritten Monat empfohlen werden. Vorher würden die Impfungen nicht „angehen".

Frage: In welchem Zeitraum sind die an Keuchhusten Erkrankten ansteckungsfähig?

Antwort: Die durch Tröpfcheninfektion übertragene hochkontagiöse Erkrankung ist vor allem im gesamten **ersten** und auch noch im **zweiten Stadium ansteckend.** Bis zu welchem Zeitpunkt im Stadium convulsivum die Ansteckungsfähigkeit andauert, lässt sich nicht genau sagen. Als Richtlinie gilt: Bis zu etwa **40 Tagen nach Beginn** des **Prodromalstadiums** sind die Erkrankten ansteckungsfähig.

tipp Fragen nach der Ansteckungsfähigkeit von Kinderkrankheiten sind häufig, man sollte sie „im Schlaf" beantworten können.

Erkrankung	Beginn der Infektiosität	Ende der Infektiosität
Varizellen	2 Tage vor Exanthemausbruch	5 Tage nach Auftreten der letzten Effloreszenzen
Masern	1 Tag vor Beginn des Prodromalstadiums	mit Abblassen des Exanthems
Röteln	1 Woche vor Exanthemausbruch	10 Tage nach Exanthemausbruch
Pertussis	Stadium 1 und Stadium 2	40 Tage nach Beginn des Prodromalstadiums
Mumps	6 Tage vor Parotisschwellung	bis 9 Tage nach Parotisschwellung
Scharlach	mit Beginn der Beschwerden (evtl. auch schon etwas eher)	48 h nach Beginn der Antibiotikatherapie

Tab. 8.4: Übersicht über die Infektiosität der klassischen Kinderkrankheiten

Fallbeispiel: Ein sechs Monate alter Säugling wird wegen schwerer Keuchhustenanfälle eingewiesen. Welche Blutbildveränderungen erwarten Sie? Welche Therapie wählen Sie unter stationären Bedingungen?

tipp Eine sehr praxisbezogene Frage, die man nur bei entsprechendem Ausbildungsstand vollständig beantworten kann. Der Prüfer ist in der Regel auch mit Teilantworten (Blutbildveränderungen, Antibiotikatherapie, Bedeutung von Antitussiva) zufrieden.

Antwort: Die charakteristische Blutbildveränderung ist die **Leukozytose bis zu 50 000/mm³** mit relativer **Lymphozytose von 70–95 %.** Unter stationärer Therapie sollte man das Kind wegen der Gefahr von Apnoen engmaschig überwachen. Diese schließt eine **Monitorüberwachung** und die Aufzeichnung von **Hustenprotokollen** ein. Das Kind sollte reichlich trinken. Provokationen, wie z.B. Spateldruck, sollten vermieden werden.

Erythromycinsaft ist das Antibiotikum der Wahl, das zwar den Verlauf bei diesem Kind im Stadium convulsivum nicht mehr verkürzen kann, wohl aber die Kontagiosität unterbricht. **Antitussiva** sind **ohne Wirkung** und sollten nicht verabreicht werden. Hilfreich sind manchmal Mukolytika. Besonders der Verlauf der Fieberkurve sollte beachtet werden, um eine beginnende Bronchopneumonie frühzeitig zu erkennen. Das Kind kann, sobald es mit den Hustenattacken selber fertig wird und die Eltern entsprechend zuverlässig sind, in die ambulante Betreuung durch den Kinderarzt entlassen werden.

8.13 Scharlach

☐ ☐ ☐
☺ 😐 ☹

? **Frage:** Beschreiben Sie die **Pathogenese von Scharlach** und erläutern Sie, wann und warum Scharlacherkrankungen mehrfach auftreten können!

tipp Die Streptokokkenangina und das „Vollbild" des Scharlachs sollte man unterscheiden können!

Antwort: Scharlach wird durch β-**hämolysierende Streptokokken** der **Gruppe A** hervorgerufen. Hauptsächlich sind Kinder im Vorschul- und Schulalter betroffen. Primär kommt es durch Streptokokken zu einer Lokalinfektion. Diese Lokalinfektion wird durch das **erythrogene Toxin** der Streptokokken hervorgerufen, wovon **drei** verschiedene **antigene Varianten** existieren. Somit entsteht nach einem Streptokokkeninfekt auch keine antibakterielle Immunität, sondern nur eine Immunität gegen das entsprechende Toxin.

☐ ☐ ☐
☺ 😐 ☹

? **Frage:** Richtig. Kommt es also bei einem Kind zu einer erneuten Streptokokkeninfektion mit dem gleichen Toxinbildner, besteht eine antitoxische Immunität. Klinisch entwickelt sich demnach eine gewöhnliche Streptokokkenangina. Sind jedoch Streptokokken mit einem anderen Toxinbildner für die Infektion verantwortlich, kann abermals ein Scharlach entstehen. Welche **Symptome** imponieren bei einer Scharlacherkrankung?

✚ Das Exanthem ist leicht erhaben und fühlt sich beim Darüberstreichen wie Sandpapier an.

Antwort: Nach einer **Inkubationszeit** von **zwei bis sechs Tagen** kommt es plötzlich zu **hohem Fieber, Halsschmerzen** und gelegentlich zu **Erbrechen.** Bei der Racheninspektion zeigt sich das Bild einer **Angina lacunaris** mit **Enanthem.** Die typische **Himbeerzunge** findet sich erst nach vier Tagen, vorher ist die Zunge belegt. Die **submandibulären Lymphknoten** sind **geschwollen.** Das **Scharlachexanthem** tritt am zweiten oder dritten Krankheitstag auf. Es handelt sich dabei um ein feinfleckiges stecknadelkopfgroßes, von der Leistenbeuge zum Hals aufsteigendes Exanthem. Das Gesicht ist mit Aussparung des Mund-Kinn-Dreiecks intensiv gerötet („Milchbart"). Typischerweise kommt es nach ein bis drei Wochen zu einer groblamellären Hautschuppung an Handtellern und Fußsohlen.

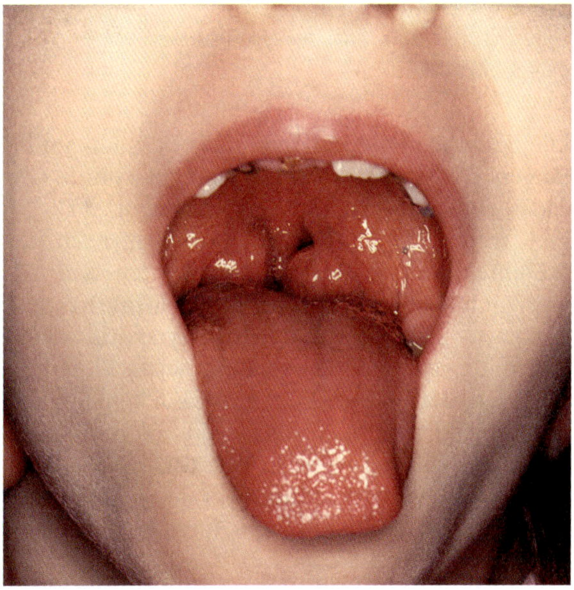

Abb. 8.11: Streptokokkenangina: eitrige Stippchen auf beiden Tonsillen und Erdbeerzunge (aus [6])

Prüfer: Aus meiner langjährigen Erfahrung möchte ich aber darauf hinweisen, dass natürlich nicht immer alle Symptome vorliegen müssen. So kann es sein, dass die Patienten zunächst nur ein einzelnes Symptom haben, wie Kopfschmerzen, Fieber oder Erbrechen. Die Halsschmerzen können vollends fehlen, sodass man aus den anamnestischen Angaben primär gar nicht an einen Scharlach denken würde. Erst bei der Untersuchung sieht man dann einen leistenbetonten, leicht erhabenen Ausschlag und das typische hochrote Enanthem des weichen Gaumens mit Übergang auf die Uvula. Dann erübrigt sich selbstverständlich ein Abstrich oder ein Strep.-A-Schnelltest.

tipp ☞ Abschn. 8.3 zur klinischen Unterscheidung verschiedener Tonsillopharyngitisformen

Frage: Welche dramatischeren **Verlaufsformen** des Scharlachs kennen Sie? **?**

☐ ☺ ☐ 😐 ☐ ☹

Antwort: Sonderformen des Scharlachs sind die toxische und die septische Verlaufsform. Beim **toxischen Verlauf** können u.a. Krämpfe, Hautblutungen, Delir und Kreislaufversagen durch Myokardbeteiligung auftreten. Der **septische Scharlach** kommt durch metastatische Streptokokkenabsiedlungen zustande. Je nach Lokalisation der Streuherde kommt es beispielsweise zu ulzerierender Tonsillitis, eitriger Sinusitis, Sinusvenenthrombose, Meningitis oder Pneumonie. Diese Sonderformen des Scharlachs sind allerdings sehr selten.

Frage: Welche typischen **Folgeerkrankungen** können den Verlauf des Scharlachs komplizieren?

✚ Bakterielle Komplikationen des Scharlachs: Otitis media, tonsillärer Abszess, Lymphadenitis

Antwort: Die typischen Folgeerkrankungen beruhen auf **immunologischen Vorgängen.** Die beiden wichtigsten sind die **akute Glomerulonephritis** und das **rheumatische Fieber** (☞ Abschn. 9.1). Diese Folgeerkrankungen treten zwei bis sechs Wochen nach dem akuten Streptokokkeninfekt auf. Zwischen dem fünften und dem zehnten Krankheitstag kann das so genannte **Scharlachfrührheumatoid** auftreten. Es handelt sich dabei um eine flüchtige Synovitis, die grundsätzlich von dem erst später auftretenden rheumatischen Fieber abzugrenzen ist. Ebenso ist von der akuten Poststreptokokkenglomerulonephritis die **interstitielle Frühnephritis** abzugrenzen, die harmlos ist und sich durch eine Mikrohämaturie während des akuten Infektes bemerkbar macht. Diese typischen Scharlachfolgeerkrankungen treten heute aufgrund der effektiven Antibiotikatherapie nicht mehr häufig auf.

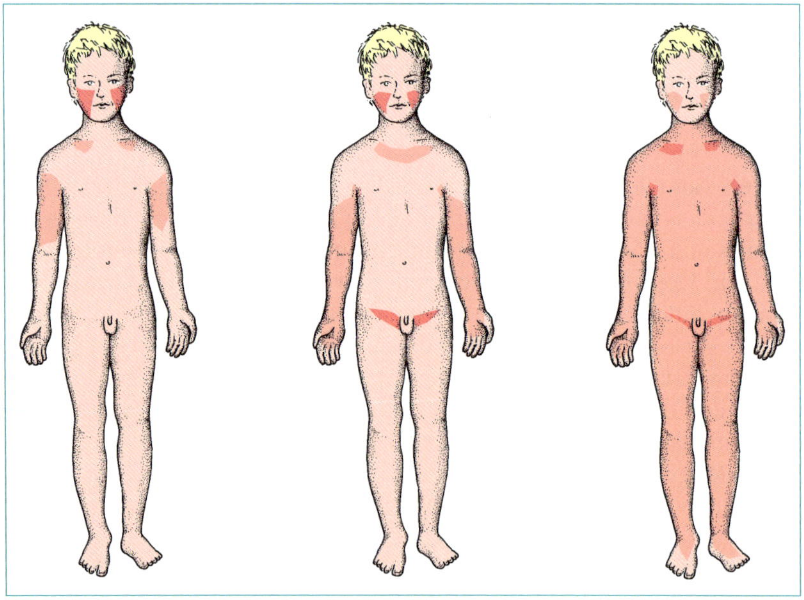

Abb. 8.12: Scharlach-Stadien

Frage: Was sollte man routinemäßig tun, um die Komplikation einer Poststreptokokkenglomerulonephritis frühzeitig zu erkennen?

Antwort: Zwei bis drei Wochen nach Krankheitsbeginn sollte eine **Urinkontrolle** auf Hämaturie durchgeführt werden, um eine **Hämaturie** auszuschließen. Diese kann erstes Anzeichen einer Glomerulonephritis sein.

✚ Intrainfektiöse Mikrohämaturie: harmlos. Postinfektiöse Mikrohämaturie: V. a. Glomerulonephritis!

Fallbeispiel: In ihre Sprechstunde kommt eine Mutter mit ihrem vier Jahre alten Sohn. Sie berichtet, dass er seit zwei Wochen einen leicht juckenden Ausschlag in der Analregion habe. Sämtliche Therapieversuche mit pflegenden Cremes einschließlich einer antimykotischen Lokalbehandlung haben keinerlei Besserung erbracht. Dem Jungen gehe es eigentlich gut, er habe nur gelegentlich leichte Bauchschmerzen und eine ebenfalls seit zwei Wochen bestehende Verstopfungsneigung. Was vermuten Sie?

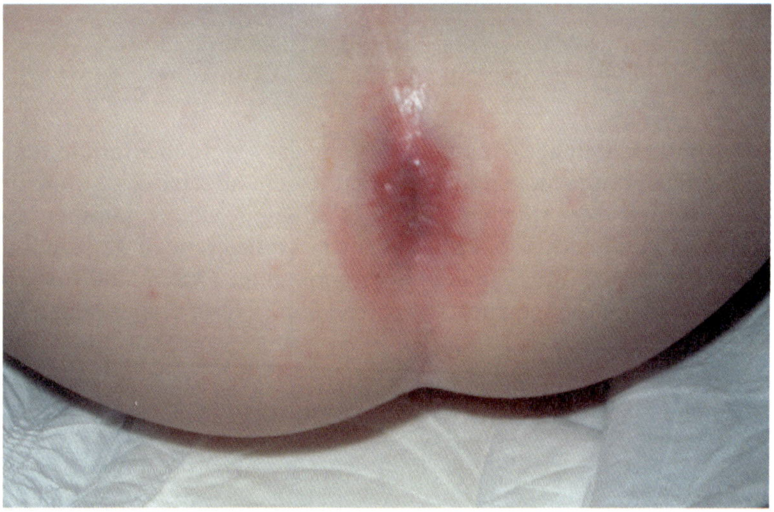

Abb. 8.13: Siehe Antwort

Antwort: Die intensive scharfumrandete Rötung mit teilweise leicht mazerierter Analhaut und die frustanen therapeutischen Versuche sind hochverdächtig für eine **Streptokokkenproktitis.** Gelegentlich treten in der Tat auch Bauchschmerzen, Blut im Stuhl oder eine Obstipation auf.

✚ Synonyme der Streptokokkenproktitis: Streptokokkendermatitis der Analschleimhaut oder „Analscharlach"

☐ ☐ ☐
☺ 😐 ☹

? **Frage:** Sehr schön haben Sie diese Erkrankung erkannt, die in der Praxis nicht selten mit Fehldiagnosen wie Oxyuriasis oder therapieresistente Mykose versehen wird. Therapiert wird sie wie der klassische Scharlach. Welche **Therapie** wählen Sie demnach?

Antwort: Mittel der Wahl ist **Penizillin V** (100 000 IE/kg KG) oral über zehn Tage. Bei Penicillinallergie wird Erythromycin oder ein Cephalosporin verwendet.

Prüfer: Erlauben Sie mir noch eine Bemerkung zur klassischen Scharlachtherapie: Da eine zehntägige Therapie ein erhebliches Complianceproblem darstellt, kann alternativ eine fünftägige Therapie erwogen werden. In großen Studien hat sich gezeigt, dass eine solche fünftägige Therapie mit dem Cephalosporin Loracarbef oder dem Makrolid Erythromycinestolat die gleiche Eradikationsrate hat wie die herkömmliche zehntägige Penicillintherapie. Sie geht allerdings mit höheren Kosten als Letztere einher.

8.14 Diphtherie

☐ ☐ ☐
☺ 😐 ☹

? **Frage:** Durch welchen Erreger wird die **Diphtherie** hervorgerufen? Beschreiben Sie kurz die Pathogenese der Erkrankung!

+ Ansteckung erfolgt meist durch Tröpfcheninfektion. Inkubationszeit: 1–7 Tage.

Antwort: Der Erreger der Diphtherie ist das **Corynebakterium diphtheriae.** Die grampositiven Stäbchen bilden ein **hitzelabiles Ektotoxin.** Dieses ist im Wesentlichen für die klinischen Manifestationen der Krankheit verantwortlich. Es führt zur **nekrotisierenden Entzündung** der Schleimhäute mit **Pseudomembranbildung.** Durch die Toxämie werden auch andere Organe, vorwiegend Herz, Nerven, Nieren und Leber, geschädigt.

☐ ☐ ☐
☺ 😐 ☹

? **Frage:** Klassischerweise finden sich bei uns die primären klinischen Manifestationen der Diphtherie im Nasen-Rachen-Raum sowie am Kehlkopf. In Entwicklungsländern sind dagegen die Haut- (Wunddiphtherie) und Nabelinfektionen häufiger. Beschreiben Sie bitte die **klinischen Symptome** dieser Verlaufsform der lokalisierten Diphtherie!

Antwort: Die **Tonsillendiphtherie** beginnt plötzlich mit meist nur mäßig erhöhten Temperaturen und allgemeinem Krankheitsgefühl. Charakteristisch ist eine Angina mit weißlichen Pseudomembranen, die auf den Nasen-Rachen-Raum übergreifen können und beim Abstreifen bluten. Typisch sind auch ein faulig-süßlicher Mundgeruch und geschwollene Kieferwinkellymphknoten. Die eher bei Säuglingen auftretende **Nasendiphtherie** ist gekennzeichnet durch zunächst serös-eitrigen, später blutigen Schnupfen.

Klinische Zeichen der **Kehlkopfdiphtherie** sind rasch zunehmende Heiserkeit bis Aphonie und bellender Husten. Gefürchtet ist das Bild des echten Krupp, der sich durch stenosebedingte Dyspnoe mit inspiratorischem Stridor auszeichnet und bis zur Erstickung führen kann, wenn nicht rechtzeitig intubiert oder notfallmäßig tracheotomiert wird.

Frage: Welche zusätzlichen Symptome machen das Bild der toxischen Verlaufsform der Diphtherie aus? **?**

☐ ☺ ☐ 😐 ☐ ☹

Antwort: Diese Verlaufsform beginnt plötzlich mit **hohem Fieber.** Die Membranen bilden sich rasch aus und können schließlich den ganzen Nasen-Rachen-Raum ausfüllen. Häufig besteht ein **Krupp.** Es kann zu **toxisch vermitteltem Kreislaufversagen** und Kollaps kommen. Der Hals ist oft maximal ödematös geschwollen, was auch als „**Cäsarenhals**" bezeichnet wird. Eine toxische Leberbeteiligung macht sich durch Leberschwellung bemerkbar. Sind die Nieren beteiligt, kommt es zur Proteinurie. Die toxische Diphtherie ist noch immer eine schwere Erkrankung, die mit relativ hoher Letalität verbunden ist.

✚ Die gefürchtete Komplikation eines toxischen Myokardschadens tritt meist als Spätmanifestation nach 4–6 Wochen auf.

Frage: Wie würden Sie ein Kind, bei dem Diphtherieverdacht besteht, therapieren? **?**

☐ ☺ ☐ 😐 ☐ ☹

Antwort: Nach Abnahme eines Rachenabstrichs muss bei **Verdacht** auf Diphtherie unverzüglich mit der Therapie begonnen werden, da das Auftreten von Komplikationen in hohem Maße von der rechtzeitigen Therapie abhängt. Es wird **Diphtherieantitoxin** verabreicht, das aus Pferdeserum gewonnen wird. Zusätzlich wird antibiotisch mit **Penicillin** behandelt. Der Patient muss schon bei Krankheitsverdacht isoliert werden.

8.15 Tuberkulose

Frage: Wie entsteht die Tuberkulose? **?**

☐ ☺ ☐ 😐 ☐ ☹

Antwort: Die Tuberkulose wird durch **Mycobacterium tuberculosis,** sehr selten durch Mycobacterium bovis verursacht. Obwohl sie in den letzten 100 Jahren stark zurückgegangen ist, gehört sie noch immer zu den häufigen Infektionskrankheiten. Die Übertragung erfolgt fast immer als **Tröpfcheninfektion,** wobei häufig ältere, an offener Tbc erkrankte Menschen die Infektionsquelle sind. Grundsätzlich muss zwischen Infektion und Erkrankung unterschieden werden. Dazwischen liegen oft viele Jahre.

☐ ☐ ☐
☺ 😐 ☹

? **Frage:** Welche **Formen** der Tuberkulose unterscheidet man?

Antwort: Es können im Wesentlichen zwei Tuberkuloseformen unterschieden werden. Die **Primärtuberkulose** entsteht unmittelbar nach der Erstinfektion und wird oft nicht bemerkt. Die **Postprimärtuberkulose** entwickelt sich in den meisten Fällen durch Reaktivierung alter Organherde. Diese liegen in 90 % der Fälle in der Lunge.

☐ ☐ ☐
☺ 😐 ☹

? **Frage:** Wie äußert sich die Primärtuberkulose klinisch?

Antwort: Der Verlauf der Primärtuberkulose wird zum einen von der Menge und Virulenz der Erreger und zum anderen von der Resistenzlage des Organismus bestimmt. Etwa 90 % aller Primärtuberkulosen laufen in der **Lunge** ab. Seltener sind **Haut, Halslymphknoten** oder **Darm** primär betroffen.

☐ ☐ ☐
☺ 😐 ☹

? **Frage:** Jetzt sprechen wir mal über den typischen **Verlauf einer Lungentuberkulose,** beginnend mit dem Primärkomplex. Können Sie dazu etwas sagen?

Antwort: Grundsätzlich beginnt die Lungentuberkulose mit dem **Primärkomplex.** Dieser besteht aus dem **Lungenprimärherd** und dem **befallenen zugehörigen Lymphknoten.** In der Mehrzahl der Fälle verläuft die pulmonale Primärtuberkulose **asymptomatisch.** Der Primärkomplex kann jedoch gerade bei kleinen Kindern durchaus einmal **pneumonieähnliche Krankheitsbilder** mit Fieber, Husten, Inappetenz, Leistungsschwäche und Gewichtsabnahme verursachen. Bisweilen kommt es schon in diesem Stadium zu einer hämatogenen Generalisierung **(Frühgeneralisierung),** die insbesondere eine **Miliartuberkulose** mit ausgeprägter körperlicher Beeinträchtigung oder eine **Meningitis tuberculosa** zur Folge haben kann. Bei älteren Kindern oder bei günstiger Abwehrlage bildet sich der Primärkomplex in aller Regel unbemerkt zurück. Erst in einem späteren Stadium, oft Jahre oder Jahrzehnte nach der Primärinfektion, werden die Tuberkelbazillen reaktiviert und es kommt zur **Postprimärtuberkulose** mit meist uncharakteristischen Symptomen wie subfebrilen Temperaturen, Gewichtsabnahme, Nachtschweiß, Husten und Auswurf.

Frage: Ja, richtig. Meistens sind die Anzeichen einer Postprimärtuberkulose tatsächlich uncharakteristisch. Es gibt aber auch Fälle, in denen **Organmanifestationen** auftreten. Können Sie hierzu noch etwas sagen?

Antwort: Die **Postprimärtuberkulose** ist die Spätform der Tuberkulose und entsteht fast ausschließlich durch **Reaktivierung von Organherden** aus dem **primären Stadium.** In über 90 % der Fälle betrifft die postprimäre Tuberkulose die Lunge. So kann beispielsweise durch Reaktivierung eines alten Spitzenherdes das so genannte **Assmann-Frühinfiltrat** entstehen. Heilen die Infiltrate nicht ab, können sie einschmelzen und Kavernen bilden, die manchmal Anschluss an das Bronchialsystem gewinnen. Dann liegt eine **offene Tuberkulose** vor. Weitere Beispiele für eine Spätform ist die **Knochentuberkulose,** die bevorzugt an der Wirbelsäule und an großen Gelenken auftritt. Kinder weisen nicht selten kleinere Herde an Hand- und Fußknochen als so genannte **Spina ventosa** auf. **Urogenitaltuberkulose** und **Lymphknotentuberkulose** können weitere Spätformen sein. Prinzipiell kann sich die postprimäre Tuberkulose an jedem Organ manifestieren.

Frage: Wie gehen Sie bei Verdacht auf Tuberkulose diagnostisch vor?

Antwort: Am Anfang der Diagnostik sollte die gründliche **Anamneseerhebung** stehen, um Aufschluss über Risikofaktoren, Vorerkrankungen und Kontaktpersonen zu bekommen. Symptome bei der **körperlichen Untersuchung** können Richtung weisend sein. Zur Standard-Diagnostik gehören die **Tuberkulin-Testung** und die **Röntgenthoraxaufnahme.** Die konventionellen Röntgenaufnahmen können je nach Befund durch Tomographie, CT und NMR ergänzt werden. **Sputum, Magennüchternsekret, Rachenabstrich** und **Urin** sollten an **drei aufeinanderfolgenden Tagen** gewonnen und bakteriologisch untersucht werden. Dabei ist die bakteriologische Kultur von größerem Aussagewert als der mikroskopische Nachweis säurefester Stäbchen in der Ziehl-Neelsen-Färbung. Bei Hinweisen auf Meningitis muss die **Lumbalpunktion** erfolgen. Im positiven Fall werden hohes Eiweiß bei relativ geringer Zellzahlerhöhung und sehr niedriger Zucker nachgewiesen.

✚ Bei Erwachsenen spielt die Untersuchung des bronchoskopisch gewonnenen Bronchialsekrets die wichtigste diagnostische Rolle zum Erregernachweis.

Frage: Ob nun Magennüchternsekret, Sputum und/oder Urin untersucht wird, ist von Klinik zu Klinik recht unterschiedlich. Bei Kindern erhält neuerdings die Direktnachweismethode mittels PCR eine immer größere Bedeutung. Zur Verdeutlichung: Diese Methode erlaubt den Nachweis von nur zehn Bakterien pro ml Untersuchungssekret gegenüber 6000–10 000 Bakterien für die Mikroskopie. Diagnostisches Standardverfahren ist außerdem der Tuberkulintest. Wie wird er durchgeführt?

Antwort: Der Tuberkulintest beruht auf einer **allergischen Reaktion** vom **Spättyp** und gibt Auskunft darüber, ob eine Auseinandersetzung des Körpers mit Tuberkuloseerregern stattgefunden hat bzw. gerade stattfindet. Bei den meisten verwendeten Tests wird das Tuberkulin intrakutan appliziert (Mendel-Mantoux-Test). Für Reihenuntersuchungen ist der Stempel-Test, z.B. **Tine-Test,** am gebräuchlichsten. Er ist positiv, wenn sich nach drei Tagen an einer der vier Einstichstellen eine Papel gebildet hat, d.h. wenn es zur deutlichen Induration gekommen ist.

Frage: Der Tine-Test hat seine Bedeutung insbesondere in der Screeninguntersuchung gehabt. Sein Aussagewert ist sehr unzuverlässig. Deshalb sollte er heute überhaupt nicht mehr angewendet werden. Besteht Verdacht auf eine Tbc, muss der **Mendel-Mantoux-Test** durchgeführt werden. Was wissen Sie darüber?

tipp Eine sehr praxisbezogene Frage.

Antwort: Dieser intrakutane Test ist der empfindlichste Hauttest und kommt für die **Reizschwellenbestimmung** in Betracht. Tuberkulinlösungen steigender Konzentration werden intrakutan in den Unterarm injiziert. Tritt nach 72 h eine Papel mit einem Durchmesser von über 5 mm auf, so ist der Test positiv. Eine Interpretation des positiven Testergebnisses erfolgt zusammen mit Anamnese (Kontakt zu Tuberkulosekranken, BCG-Impfung), Klinik und Röntgenbild. Ein negativer Mendel-Mantoux-Test mit der höchsten Tuberkulinkonzentration macht das Vorliegen einer Tuberkulose unwahrscheinlich.

Frage: Kennen Sie Fälle, bei denen trotz negativen Tuberkulintests eine Tuberkulose vorliegen kann?

✚ Anergie: fehlende Reaktion auf Antigene

Antwort: Ein negativer Tuberkulintest schließt nicht unbedingt das Vorliegen einer aktiven Tuberkulose aus. Der Test wird erst ca. sechs bis acht Wochen nach Infektion positiv, sodass diese Lücke nicht erfasst wird. Auch im anergischen Stadium der Miliar-Tbc bleibt die Tuberkulinreaktion vorübergehend abgeschwächt oder fehlt ganz. Zustände, bei denen das Immunsystem nicht voll funktionstüchtig ist, wie angeborene oder erworbene Immunschwäche, immunsuppressive Therapie, M. Hodgkin und Non-Hodgkin-Lymphome, bewirken ebenfalls das Ausbleiben der Tuberkulinreaktion. Auch schon bei akuten Masern oder kurz nach Masernschutzimpfung kann eine anerge Reaktion vorliegen.

Frage: Was wissen Sie über die Therapie der primär unkomplizierten „aktiven" Lungentuberkulose? **?**

☐ ☺ ☐ 😐 ☐ ☹

Antwort: Bei dringendem Verdacht sollte unverzüglich eine Therapie mit **Tuberkulostatika** eingeleitet werden. Die Kulturergebnisse dürfen nicht erst abgewartet werden, da diese nicht vor sechs bis acht Wochen nach Entnahme eintreffen. Um eine sekundäre Resistenzentwicklung zu verhindern, werden grundsätzlich mehrere Antituberkulotika miteinander kombiniert. Die Standardtherapie dauert sechs Monate, wobei in den **ersten zwei Monaten** eine Kombination aus drei oder vier Medikamenten gewählt wird. Bei der kindlichen Tuberkulose wird am häufigsten die Kombination aus **Isoniazid, Rifampizin** und **Pyrazinamid** eingesetzt. In den **folgenden vier Monaten** reicht die Gabe von zwei Medikamenten, z.B. **Isoniazid** und **Rifampicin.** Unter der Therapie müssen laufend die durch Nebenwirkungen gefährdeten Organe überprüft werden.

✚ Primär komplizierte Lungentuberkulose: Lymphknoteneinbruch, Bronchuskompression, Ventilationsstörung

Frage: Nennen Sie mir bitte vier Substanzen der ersten Wahl zur Behandlung einer Tuberkulose! Geben Sie auch kurz die wichtigsten Nebenwirkungen an! **?**

☐ ☺ ☐ 😐 ☐ ☹

Antwort: Antituberkulöse Mittel der ersten Wahl sind Isoniazid, Rifampicin, Ethambutol und Pyrazinamid. **Isoniazid** verursacht bevorzugt Leberschäden und Polyneuritiden, **Rifampicin** ebenfalls hauptsächlich Leberschäden, weshalb bei diesen beiden Medikamenten regelmäßige Kontrollen der Leberwerte erfolgen sollten. **Ethambutol** kann zur Optikusneuritis und zu Netzhautschäden führen. Unter dieser Therapie sollten daher regelmäßig augenärztliche Kontrollen erfolgen und die Therapiedauer sollte zwei Monate nicht überschreiten. Durch **Pyrazinamidtherapie** können Leberschäden, Polyneuropathie und ein Anstieg der Harnsäure auftreten.

✚ Isoniazid wirkt neurotoxisch, indem es in den Vitamin-B_6-abhängigen Stoffwechsel eingreift. Prophylaktisch kann man deshalb Vitamin B_6 (Pyridoxin) substituieren.

8.16 Salmonellenenteritis

Frage: Wann haben Sie bei einem Kind den Verdacht auf eine Salmonellenenteritis? **?**

☐ ☺ ☐ 😐 ☐ ☹

✚ Bei abwehrgeschwächten Patienten oder bei Säuglingen kommt gelegentlich eine Salmonellensepsis mit metastatischen Abszessen vor, z. B. als osteomyelitischer Herd.

Antwort: Die Salmonellenenteritis wird meist durch **Salmonella enteritidis** oder **Salmonella typhimurium** hervorgerufen. Die Kinder erkranken abrupt mit **hohem Fieber, Übelkeit** und **Erbrechen.** Leitsymptom sind **wässrige Stühle,** die **Blut** und **Schleim** enthalten können und von **abdominellen Krämpfen** begleitet sind. Diese Symptome treten meist einige Stunden bis zu zwei Tage nach dem Essen infizierter Speisen auf. Im Regelfall klingt die Symptomatik nach einigen Tagen ab. Die massiven Brechdurchfälle können aber auch zu Exsikkose und Kreislaufkollaps führen.

☐ ☐ ☐

☺ 😐 ☹

? **Frage:** Die Salmonellose ist in erster Linie eine klinische Verdachtsdiagnose. Eine erfahrene Kinderkrankenschwester kann gelegentlich schon aufgrund des charakteristischen Geruchs des Stuhls einen solchen Verdacht äußern. Welche eher schulmedizinischen Maßnahmen ergreifen Sie, um die Diagnose einer Salmonellose zu sichern?

✚ Anders als bei den durch S. typhi oder S. paratyphi hervorgerufenen Typhuserkrankungen ist die Gruber-Widal-Reaktion bei der Salmonellenenteritis im Erwachsenenalter ohne diagnostische Bedeutung. Im Kindesalter ist sie als Ausdruck der systemischen Reaktion gelegentlich positiv.

Antwort: Als Ausdruck der Entzündungsreaktion geben eine **Leukozytose** mit **Linksverschiebung** und ein **Anstieg** des **C-reaktiven Proteins** Hinweise auf die Salmonellose. Bei starken Fieberschüben können in einigen Fällen auch in der **Blutkultur** Salmonellen nachgewiesen werden. Wichtigste Nachweismethode ist die **Untersuchung des Stuhls,** in der Salmonellen durch kulturelle Anzüchtung nachgewiesen werden. Die serologische Nachweismethode nach Gruber-Widal hat als nachträgliche Diagnosebestätigung eine eher theoretische Bedeutung.

☐ ☐ ☐

☺ 😐 ☹

? **Frage:** Das ist alles völlig richtig, was Sie sagen. Für die klinische Praxis spielen diese Veränderungen und Befunde allerdings eine untergeordnete Rolle. Entscheidend ist im klinischen Alltag immer, wie schwer betroffen das erkrankte Kind ist. Ob der Durchfall durch Salmonellen, Rotaviren oder – wie es am häufigsten der Fall ist – durch irgendwelche unbekannten Enteroviren hervorgerufen wird, ändert nichts an der Therapie. Wie gestalten Sie diese **Therapie?**

✚ ☞ Abschn. 11.9 zur Therapie der akuten Gastroenteritis

Antwort: Im Prinzip würde ich nur **symptomatisch** behandeln. Aufgrund der massiven Durchfälle müssen der **Wasser-** und **Elektrolythaushalt** korrigiert werden. Bei älteren Kindern kann dieses oral erfolgen, während bei Säuglingen und Kleinkindern eine parenterale Substitution wegen der raschen Exsikkosegefahr indiziert sein kann. Da die Resorption von NaCl und Wasser im Dünndarm an die Resorption von

Glukose gekoppelt ist, erfolgt die Rehydratation idealerweise mit Glukose-Elektrolytlösungen.

Frage: Was halten Sie von einer antibiotischen Therapie? ?

Antwort: Normalerweise sind **Antibiotika nicht indiziert,** da sie den Krankheitsverlauf nicht beeinflussen. Die Gefahr besteht darin, dass durch eine antibiotische Therapie die Dauer der Salmonellenausscheidung verlängert und die Zahl der Dauerausscheider vergrößert wird. In Ausnahmefällen kann eine Antibiose bei Neugeborenen und Säuglingen unter sechs Monaten sowie bei schweren Krankheitsverläufen erforderlich sein.

8.17 Typhus

Frage: Beschreiben Sie mir bitte den Weg der **Salmonella-typhi-Bakterien** im Körper eines Infizierten! ?

tipp Eine Frage aus der Inneren Medizin bzw. Pathologie.

Antwort: Die Infektionsquelle für Typhus ist stets der infizierte Mensch, wobei **Dauerausscheider,** kaum jedoch akut Erkrankte, die Hauptgefahr darstellen. Meist werden die Erreger **oral,** über kontaminierte Lebensmittel oder Wasser, aufgenommen. Die Bakterien gelangen in den Darm und **penetrieren** die **Darmschleimhaut.** Histologisch zeigt sich dann eine markige Schwellung der Solitärfollikel und der Peyer-Plaques. Anschließend findet in den **Mesenteriallymphknoten** eine **Vermehrung** der Bakterien statt. Von hier aus gelangen die Salmonellen über **Lymphbahnen** und letztlich über den **Ductus thoracicus** in die **Blutbahn.** Dieser „Wanderweg" der Erreger dauert **ca. 10 bis 20 Tage** und entspricht der Inkubationszeit der Typhuserkrankung. Er endet mit der septischen Fieberkontinua.

Frage: Sie haben sehr richtig die jeweiligen morphologischen Veränderungen genannt, die die Typhus-Erreger bei der Infektion verursachen. Wie lassen sich durch diese Veränderungen die klinischen Symptome ableiten? ?

Antwort: Man unterscheidet beim Typhus drei Stadien: das **Stadium incrementi** in der ersten Krankheitswoche, das **Stadium acmis** in der zweiten und dritten Woche und das **Stadium decrementi** mit Entfieberung, noch bestehenden Durchfällen und der sehr langen Rekonvaleszenzperiode in der vierten Krankheitswoche.

Typhus beginnt mit Fieber, Schlaflosigkeit, Unwohlsein, Kopfschmerzen, Schwindel und Apathie. Durch die markige Schwellung der Mesenteriallymphknoten kann es zunächst zur Obstipation kommen. Ab der zweiten Woche geht die **Obstipation** durch die Nekrosen der Peyer-Plaques und Lymphknoten in **erbsbreiartige Stühle** über. Ab der zweiten Woche kann es auch zu metastatischen Nierenherden kommen, sodass der Urin im Sediment eine Bakteriurie zeigen kann. Auch lokale Absiedelungen der Keime in andere Organe kommen vor. Durch Übertritt von Bakterien in die Blutbahn kann eine septische Fieberkontinua eintreten.

☐ ☐ ☐
☺ 😐 ☹

? Frage: Gerade das zweite Stadium mit seinem hohen, anhaltenden Fieber und seiner ausgeprägten Bewusstseinstrübung ist besonders charakteristisch. Die Patienten sind wie „benebelt“, was durch den griechischen Begriff „typhos“ für Nebel zum Ausdruck kommt. Trotz des Fiebers besteht eine relative Bradykardie. Es fehlt der sonst für septische Verläufe so typische Schüttelfrost. An der Haut des Rumpfes entsteht in einem Drittel der Fälle die für dieses Krankheitsbild typische **Effloreszenz.** Welche ist das?

Antwort: Es handelt sich um die so genannten Roseolen. **Roseolen** sind **kleinfleckige Hautrötungen,** die durch eine **toxische Gefäßdilatation** entstehen. Auf Druck verschwinden sie typischerweise. Beim Typhus findet man sie manchmal am Ende der ersten Krankheitswoche, also mit Beginn der Bakteriämie.

☐ ☐ ☐
☺ 😐 ☹

? Frage: Welche **Komplikationen** können beim Typhus auftreten?

Antwort: Komplikationen sind aufgrund der meist rechtzeitigen Behandlung selten geworden. Meist treten sie in der dritten Krankheitswoche auf. Aufgrund der Nekrosen und Geschwürbildung kann es zur Arrosion von Blutgefäßen und massiver **Darmblutung** kommen. **Darmperforationen** betreffen in erster Linie das Ileum. Relativ häufige Komplikationen sind **Typhusrezidive,** die nach einem fieberfreien Intervall von sieben bis zehn Tagen stattfinden und durch persistierende Bakterien hervorgerufen werden. Manchmal kommt es zu Beginn der antibiotischen Behandlung zur so genannten **Herxheimer-Reaktion,** die sich durch die Toxinwirkung beim Zerfall der Salmonellen erklären lässt. Normalerweise kommt es aber im Stadium decrementi zur allmählichen Erholung mit Reepithelialisierung der Lymphknoten und Peyer-Plaques sowie Entfieberung.

☐ ☐ ☐
☺ 😐 ☹

? Frage: Wie sieht typischerweise das **Blutbild** bei Typhus aus?

Antwort: Im Gegensatz zu den meisten bakteriellen Infektionen besteht bei Typhus eine **Leukopenie** mit **Linksverschiebung.** Außerdem zeichnet sich die Erkrankung durch eine **absolute Eosinopenie** aus.

+ Im Gegensatz zum Typhus findet sich beim Paratyphus eine Leukozytose.

Frage: Welche weiteren diagnostischen Maßnahmen leiten Sie zur Diagnosesicherung ein? **?**

Antwort: Zur Diagnosesicherung werden **wiederholt Blutkulturen** abgenommen, da in den ersten drei Wochen eine Bakteriämie besteht. Im **Stuhl** oder **Urin** lassen sich die Erreger frühestens in der zweiten, meist erst in der dritten und vierten Krankheitswoche nachweisen. Die **Gruber-Widal-Reaktion** ist von untergeordnetem diagnostischen Wert. Erst sehr hohe Titer oder ein Titeranstieg sind beweisend. Deshalb muss man immer mindestens zwei zeitlich getrennte Serumproben einschicken. Der serologische Nachweis mittels der Gruber-Widal-Reaktion gelingt zudem erst ab der zweiten Krankheitswoche.

Frage: Wie gehen Sie therapeutisch vor, wenn die abgenommenen Blutkulturen einen positiven Befund ergeben? **?**

Merke: Gyrasehemmer (z.B. Ciprofloxazin): im Kindesalter keine Zulassung, deshalb immer strenge Indikationsabwägung, da im Tierversuch irreversible Knorpelschäden aufgetreten sind. **!**

Antwort: Der Patient muss zunächst isoliert und unverzüglich der Therapie zugeführt werden. Dann folgt eine Meldung an das Gesundheitsamt. Bei der Therapie muss auf eine ausreichende, in der Regel **parenterale Flüssigkeitszufuhr** geachtet werden. Antibiotisch wirksam sind **Cotrimoxazol** oder **Amoxicillin oral, Ampicillin i.v.** oder bei erwachsenen Patienten **Gyrasehemmer.** Die antibiotische Therapie wird zehn Tage über die Entfieberung hinaus weitergeführt, um eine Dauerausscheidung zu vermeiden.

Frage: Wann spricht man denn von **Dauerausscheidern?** Welche Typen von Ausscheidern kennt man? **?**

Antwort: Dauerausscheider ist ein Patient, der **zehn Wochen nach Krankheitsbeginn noch Erreger im Stuhl** hat. Man versucht, den Patienten mit den bei Typhus wirksamen Antibiotika zu sanieren. Bei ca. zwei Dritteln der Dauerausscheider handelt es sich um Galleausscheider, sodass solche Patienten eventuell durch Cholezystektomie zu heilen sind. Bei dem restlichen Drittel handelt es sich um Dünndarmausscheider. Geheilt ist ein Dauerausscheider erst, wenn zehn Stuhlproben in Folge negativ sind.

8.18 Shigellenruhr, Amöbenruhr

Frage: Was versteht man unter einer „Ruhr"?

Antwort: Es handelt sich um eine **katarrhalische,** später **ulzeröse Dickdarmerkrankung.** Leitsymptom ist der **blutig-schleimig-eitrige Stuhl.** Man unterscheidet die **bakterielle Ruhr,** die durch Shigellen, meist Shigella dysenteriae, hervorgerufen wird und die **Amöbenruhr,** deren Erreger das Protozoon Entamoeba histolytica ist.

Frage: Nennen Sie Unterschiede dieser beiden infektiösen Darmerkrankungen!

Antwort: Während die Shigellenruhr eine Inkubationszeit von nur wenigen Stunden bis einigen Tagen hat, dauert es bei der Amöbenruhr Tage bis Wochen bis zum Auftreten erster klinischer Symptome. Die **bakterielle Shigellenruhr** beginnt mit kolikartigen Bauchschmerzen, hohem Fieber und schleimig blutigen Durchfällen. Es kann schnell eine Dehydratation eintreten. Das **Endotoxin** von Shigella dysenteriae ist für lokale Komplikationen wie Dickdarmgeschwüre mit Darmblutung oder Darmperforation verantwortlich, während die generalisierten Komplikationen wie Kreislaufstörungen und Spätarthritiden durch ein **Ektotoxin** der Shigellen hervorgerufen werden. Die **Amöbenruhr** bleibt oft asymptomatisch. Wenn sie klinisch manifest wird, treten schleimig blutige Durchfälle, Leibschmerzen, gelegentlich auch Obstipation auf. Extraintestinal können noch Monate oder Jahre später Leberabszesse auftreten.

Frage: Welche **morphologischen Formen** von Entamoeba histolytica unterscheidet man?

Antwort: Man unterscheidet drei morphologische Formen, die Minuta- und die Zystenform sowie die Magnaform. Aus den oral aufgenommenen **Zysten** bilden sich im Dick- oder Dünndarm **Minutaformen,** die sich weiter vermehren und wieder Zysten bilden können. Zysten werden allein oder zusammen mit vegetativen Formen im Stuhl chronisch infizierter Personen ausgeschieden. Die Minutaform siedelt sich im Dickdarm an, lebt auf der Darmschleimhaut oder im Darminhalt und ist im Stuhl nachweisbar. Durch unspezifische Stressfaktoren wandelt sich die Minutaform in die **Magnaform** um. Diese Protozoen können von der Darmwand aus auf hämatogenem Weg in andere Organe gelangen. Die häufigste derartige Komplikation ist der Leberabszess.

Vegetativform	nichtinvasive Minutaform: harmloses Trägertum invasive Magnaform: Amöbiasis-Erkrankung
Zystenform	Übertragung erfolgt durch Zysten

Tab. 8.5: Morphologische Formen von Entamoeba histolytica

Frage: Welche Methoden eignen sich zum Erregernachweis dieser beiden infektiösen Darmkrankheiten? **?**

Antwort: Bei der Shigellenruhr gelingt der Erregernachweis nur im frischen Stuhl. Die Serologie hat keine Aussagekraft. Bei der Amöbenruhr können serologisch Antikörper nachgewiesen werden. Sicherer ist allerdings der Zystennachweis im Stuhl. Vegetative Formen lassen sich ebenfalls nur im frischen körperwarmen Stuhl nachweisen.

Frage: Welche Antibiotika sind bei der Ruhr wirksam? **?**

Antwort: Bei der Shigellenruhr ist Ampicillin das Mittel der Wahl. Es kann auch Cotrimoxazol verwendet werden. Die Amöbenruhr wird mit Metronidazol therapiert. Symptomatisch steht bei den Erkrankungen der Ausgleich des Wasser- und Elektrolythaushalts im Vordergrund.

8.19 Cholera

Frage: Kennen Sie die beiden häufigsten **Erreger** der Cholera und die Pathogenese dieser Krankheit? **?**

Antwort: Erreger der Cholera sind der klassische Stamm des Bakteriums **Vibrio cholerae** oder der **El-Tor-Stamm.** Derzeitige Pandemien werden durch Vibrio El Tor hervorgerufen. Choleravibrionen sind gramnegative, kommaförmige Stäbchenbakterien, die eine Geißel besitzen. Die Infektion erfolgt durch **orale Aufnahme** der Erreger, insbesondere durch **fäkal kontaminiertes Trinkwasser.** Nachdem die Bakterien in den Dünndarm gelangt sind und sich dort vermehrt haben, bewirkt ein **Enterotoxin** die **Hypersekretion** und **vermehrte Peristaltik des Dünndarms.** Die Symptome treten nach einer Inkubationszeit von Stunden bis Tagen auf. Cholera kommt besonders in tropischen und subtropischen Regionen vor.

+ Wirkung des Enterotoxins auf Peristaltik und Sekretion des Dünndarms: durch Aktivierung der Adenylatzyklase und Vermehrung des zyklischen AMP

Frage: Welche **klinischen Zeichen** der Cholera kennen Sie?

Antwort: Häufig bleibt die Cholera asymptomatisch oder es treten nur leichte Durchfälle auf. Bei schweren Formen kann es zu profusem, schmerzlosen Durchfall kommen, wobei täglich bis zu 20–30 so genannte „**Reiswasserstühle**" abgesetzt werden. Die Stühle sind sehr dünnflüssig, fast geruchlos und von weißlich-glasiger Farbe. Unbehandelt kommt es schnell zu **Exsikkose** und es drohen die **Komplikationen** Schock, Nierenversagen, hypokaliämische Rhythmusstörungen und Tod. Bei der schwersten Form der Cholera tritt der Tod durch Endotoxinvergiftung innerhalb weniger Stunden ein.

Frage: Was müssen Sie bei der **Diagnosesicherung** beachten?

Antwort: Die Diagnosesicherung erfolgt durch **Vibrionennachweis im Stuhl.** Man muss darauf achten, dass der Stuhl auf keinen Fall austrocknet, da sonst die Vibrionen zugrunde gehen. Um dies zu vermeiden, wird ein Stuhlabstrich gekühlt verschickt und innerhalb einer Stunde untersucht. Alternativ kann die Stuhlprobe auch in einer Peptonlösung verschickt und muss dann nicht ganz so schnell, nämlich innerhalb von 6 h, untersucht werden.

Frage: Wie therapieren Sie die Cholera, und was wissen Sie über den Impfschutz?

Antwort: Die Therapie muss bei Choleraverdacht unverzüglich beginnen. Zunächst werden **Elektrolyt-** und **Wasserdefizit korrigiert.** Die laufenden Flüssigkeitsverluste werden durch eine **Infusionstherapie** ausgeglichen. Antibiotisch wirksam sind **Erythromycin** oder **Cotrimoxazol.** Eine aktive Immunisierung mit abgetöteten Vibrionen existiert und ist bei Reisen in bestimmte Länder und Infektionsgebiete vorgeschrieben. Der Impfschutz ist allerdings gering und wirkt höchstens 6 Monate.

8.20 Oxyuren

Fallbeispiel: Eine Mutter bringt ihren achtjährigen Sohn zu Ihnen, weil er ständigen Juckreiz in der Analregion hat und nachts schlecht schläft. Außerdem berichtet sie, im Stuhl ca. 1 cm lange weiße Würmer gefunden zu haben. An welche Erkrankung denken Sie und wie gehen Sie weiter vor?

Antwort: Es handelt sich wahrscheinlich um die parasitäre Krankheit **Oxyuriasis,** einen Befall mit dem Madenwurm **Enterobius vermicularis.** Dies ist die häufigste Wurmerkrankung bei Kindern. Die Infektion erfolgt **fäkal-oral** durch die Aufnahme von Wurmeiern. **Geschlechtsreife Weibchen** leben im Dickdarm und **wandern nachts** zur **Analregion,** wo sie ihre **Eier ablegen.** Dadurch entsteht **Juckreiz,** der nachts besonders stark ist. Durch Kratzen und orale Aufnahme der Eier kann es zur Re- und Selbstinfektion kommen. Gelegentlich treten ein Analekzem, Fissuren oder vaginaler Fluor auf. Allgemeinsymptome fehlen. Sind keine Würmer im Stuhl sichtbar, kann man mittels eines **Klebestreifens** Eier von der Analregion gewinnen und dann mikroskopisch nachweisen. Neben der Verwendung von Wurmmitteln, wie z.B. Mebendazol oder Piperazin, ist eine ausreichende Hygiene zur Vermeidung von Reinfektionen nötig, d.h. Fingernägel kurz schneiden, Bettwäsche wechseln, Familienmitglieder mitbehandeln.

✚ **Klebestreifentest:** 1. Am Abend Analregion waschen; 2. am Morgen Tesafilmstreifen paraanal kleben; 3. anschließend abziehen und auf Objektträger kleben; 4. unter Mikroskop sind Eier gut sichtbar.

9 Rheumatische Erkrankungen

9.1 Rheumatisches Fieber

Fallbeispiel: Ein elfjähriges Mädchen klagt seit ungefähr einer Woche über Müdigkeit, Inappetenz und Bauchschmerzen. Seit einigen Tagen bestehen zusätzlich Rötung und Schwellung verschiedener Gelenke, außerdem hohes Fieber. Zunächst war nur das Ellenbogengelenk betroffen. Am folgenden Tag erschien dieses Gelenk wieder unauffällig, dafür waren aber Knie und Sprunggelenk befallen. Bei der Vorstellung wiederum sehen Sie ein akut entzündetes, stark schmerzhaftes Ellenbogengelenk. Knie und Sprunggelenk sind nahezu erscheinungsfrei. Wie lautet Ihre erste Verdachtsdiagnose?

tipp Obwohl das rheumatische Fieber heute durch die frühzeitige, konsequente Antibiotikatherapie eine bei uns relativ seltene Erkrankung ist, wird es häufig in mündlichen Prüfungen behandelt.

Antwort: Ein Kind in diesem Alter mit uncharakteristischen Prodromalerscheinungen, hohem **Fieber** und dem klinischen Bild einer **akuten wandernden Polyarthritis** würde mich primär an ein **rheumatisches Fieber** denken lassen. Besonders typisch in der Anamnese ist, dass die Gelenke außerordentlich schmerzhaft sind und sprunghaft befallen werden. In dem von Ihnen geschilderten Fall ist zunächst nur das Ellenbogengelenk betroffen, dann sind Knie- und Sprunggelenk, anschließend das Ellenbogengelenk erneut befallen. Um meine Verdachtsdiagnose zu erhärten, würde ich nach einem ca. zwei bis drei Wochen vorausgegangenen Streptokokkeninfekt fragen.

Frage: Tatsächlich bestand eine eitrige Angina tonsillaris, die zudem nicht antibiotisch behandelt wurde. Ihr erster Verdacht geht also durchaus in die richtige Richtung. Worauf achten Sie bei der **körperlichen Untersuchung,** um weitere Hinweise auf diese heute eher seltene Erkrankung zu erlangen?

Antwort: Bei der Inspektion des entkleideten Kindes würde ich zunächst auf das Vorhandensein eines blassroten, ring- oder girlandenförmigen Erythems achten, das bevorzugt den Rumpf befällt. Dieses **Erythema anulare marginatum** manifestiert sich jedoch nur in seltenen Fällen. Besondere Aufmerksamkeit sollte man der **kardiologischen Untersuchung** des Kindes schenken. Die eigentliche Gefahr des rheumatischen Fiebers besteht in einer Schädigung der Herzklappen, obwohl grundsätzlich alle Herzstrukturen, d.h. sowohl Endo- als auch Peri- und Myokard, betroffen sein können. Bei der Untersuchung sollte man dementsprechend auf Tachykardien, **neu aufgetretene Herzgeräusche**

oder Zeichen einer Herzinsuffizienz achten. Die Herzsymptome können sowohl in den ersten Tagen, als auch erst im späteren Verlauf der Erkrankung auftreten, deshalb muss ein solches Kind engmaschig kardiologisch überwacht werden. Selbstverständlich müssen **alle Gelenke** auf **eventuelle Entzündungszeichen** untersucht werden. Dabei sollte man insbesondere auch auf knötchenartige Verdickungen an Sehnenansätzen, Periost oder Gelenkkapseln achten. Diese **subkutanen rheumatischen Knötchen** treten allerdings äußerst selten auf, sodass sie von einigen Autoren als diagnostisches Kriterium abgelehnt werden.

Frage: Sie haben bis jetzt vier der fünf **Jones-Kriterien** genannt, die man zur Diagnose des rheumatischen Fiebers heranzieht. Welches der so genannten Hauptkriterien fehlt Ihnen noch? **?**

Antwort: Die **Chorea minor Sydenham** ist eine rheumatische **Spätmanifestation,** die in der Regel nach längerer Latenz auftritt. Sie äußert sich durch **choreatische Bewegungsstörungen** der Extremitäten, des Rumpfes und der Gesichtsmuskulatur. Diese Symptome können allerdings sehr diskret sein, sodass sie sich nur als Zappeligkeit oder Ungeschicklichkeit des Kindes manifestieren.

Hauptkriterien	Nebenkriterien
• subkutane Knötchen • Pankarditis • Arthritis • Chorea minor • Erythema anulare Merke: Anfangsbuchstaben = SPACE	• Fieber • Arthralgie • früheres rheumatisches Fieber • BSG/CRP erhöht • EKG-Veränderungen • vorangegangener Streptokokkeninfekt
Diagnose wahrscheinlich	
• 2 Hauptkriterien • 1 Hauptkriterium und 2 Nebenkriterien • Antistreptolysintiter konstant hoch oder Titeranstiege, die nach Infekt nicht sinken • evtl. antisarkolemmale Antikörper (ASA)	

Tab. 9.1: Jones-Kriterien des rheumatischen Fiebers

Frage: Was wissen Sie über die Pathogenese dieser Erkrankung? **?**

Antwort: Es handelt sich definitionsgemäß um eine **streptokokkenallergische Systemerkrankung.** Dabei initiieren die Streptokokken bei Patienten mit entsprechender genetischer Disposition eine **Autoimmunreaktion** gegen körpereigenes Gewebe. Die Antikörper, die sich gegen die Streptokokken ausbilden, zeigen eine **Kreuzantigenität** sowohl gegen kardiale als auch gegen zentrale Strukuren des Nucleus caudatus und subthalamicus. Somit erklären sich die Symptome einer Karditis und einer Chorea minor. Zusätzlich lassen sich jedoch auch immunkomplexbedingte Kapillarschäden an Myo- und Endokard nachweisen. Auch die nichtdestruierenden Gelenkentzündungen werden im Sinne einer Immnunkomplexmanifestation verstanden.

Frage: Bei dem eingangs geschilderten Fall bestätigt sich der Verdacht eines rheumatischen Fiebers. Dennoch möchte ich darauf hinweisen, dass in der Anfangsphase die Polyarthritis mit Systembeteiligung (Still-Syndrom) als eine schwierige Differentialdiagnose in Betracht gezogen werden muss. Wie würden Sie nun dieses Kind therapieren?

Antwort: Primäres Ziel der Therapie muss die konsequente Elimination der Streptokokken sein. Diese gelingt am besten durch eine mindestens zehntägige **intravenöse Penicillintherapie.** Anschließend sollte man eine lebenslange orale Penicillinprophylaxe durchführen. Zusätzlich wird antiphlogistisch mit **Azetylsalizylsäure** behandelt. Die Effektivität einer solchen Therapie zeigt sich daran, dass das Fieber abfällt, die Tachykardie und das schlechte Befinden rückläufig sind. Grundsätzlich sollte so lange behandelt werden, bis BSG und CRP eine weitgehende Kontrolle der entzündlichen Aktivität anzeigen. Ist es zu einer kardialen Beteiligung gekommen, sollte eine **systemische Kortikoidtherapie** verabreicht werden. Dauer und Dosierung richten sich auch hier nach dem klinischen Bild und nach den serologischen Parametern. Im Allgemeinen kann diese Therapie nach ca. sechs Wochen wieder abgesetzt werden.

Frage: Sie erwähnten ganz richtig eine lebenslange **Rezidivprophylaxe mit Penicillin.** Für wie realistisch halten Sie es, eine solche Therapie in der Praxis durchzuführen?

+ Über die Dauer der Prophylaxe gehen die Meinungen auseinander. Sie sollte mindestens 5 Jahre, bei einem Rezidiv in jedem Fall lebenslang andauern.

Antwort: Dies ist natürlich in hohem Maße von der Compliance des Patienten bzw. der Eltern abhängig. Realistischer erscheint die Empfehlung, Penicillin zumindest **bis zum 20. Lebensjahr** und **mindestens fünf Jahre** über das erste rheumatische Fieber hinaus zu geben. Außerdem besteht die Möglichkeit, anstatt der täglichen oralen Gabe monatliche intramuskuläre Injektionen eines Depotpenicillins, z.B. Benzathinpenicillin, zu verabreichen.

9.2 Juvenile rheumatoide Arthritis

Frage: Wann würden Sie bei einem Kind von einer juvenilen rheumatoiden Arthritis sprechen?

Antwort: Um diese Frage zu beantworten, möchte ich zunächst einmal die Definition der juvenilen rheumatoiden Arthritis nennen. Es handelt sich um eine **Entzündung** unbekannter Ursache in **mindestens einem Gelenk** für die Dauer von **mindestens sechs Wochen.** Der Patient hat bei Beginn der Erkrankung das 16. Lebensjahr noch nicht vollendet. Aus der Definition geht hervor, dass man alle anderen Gründe für eine akute Gelenkentzündung ausgeschlossen hat. Hierbei ist insbesondere an virale, reaktive und septische Arthritiden zu denken. Letztere werden meist durch Staphylococcus aureus und Haemophilus influenzae ausgelöst. Bei einer akuten Arthritis muss man auch immer an eine Borreliose denken (☞ Abschn. 8.9).

✚ Die Diagnose einer Coxitis fugax („Hüftschnupfen") wird sonographisch (Erguss) und laborchemisch (keine wesentlichen Entzündungszeichen) untermauert. Entlastung und in extremen Fällen Antiphlogistika führen nach 3–4 Tagen zum Rückgang der Beschwerden.

Merke:
- **virale Arthritiden:** z.B. nach Infektion durch Röteln- und Mumpsviren sowie Parvovirus B19 und Epstein-Barr-Virus
- **reaktive Arthritiden:** nach Infektionen durch Yersinien, Salmonellen, Shigellen, Chlamydien und Campylobacter

Frage: Sie haben sehr richtig die Definition genannt, wobei aber auch Definitionen existieren, die eine Mindestdauer von drei Monaten voraussetzen. In der klinischen Praxis beobachtet man recht häufig akute Gelenkentzündungen, für die keine Ursache eruiert werden kann. Diese Entzündungsreaktionen kommen relativ häufig im Hüftgelenk vor und treten vor allem im Kleinkindesalter auf. Sie bestehen weniger als sechs Wochen und werden als „akute transiente Arthritis" bzw. als **Coxitis fugax** (bei Befall der Hüfte) bezeichnet. Selbstverständlich kann diese Diagnose erst gestellt werden, wenn alle anderen Ursachen, wie z.B. septische, rheumatische, nekrotische oder parainfektiöse Prozesse, sicher ausgeschlossen sind. Aber kommen wir zurück zu meinem Lieblingsthema. Welche **Verlaufsformen** der juvenilen rheumatoiden Arthritis kennen Sie?

Antwort: Es können **drei Verlaufsformen** unterschieden werden. Beim **oligoartikulären** Beginn sind initial vier oder weniger Gelenke, beim **polyartikulären** fünf oder mehr größere Gelenke betroffen. Schließlich gibt es noch den **systemischen** Beginn, der sowohl mit Arthritiden als auch mit Beteiligung viszeraler Organe (Hepatosplenomegalie, Hepatitis, Lymphknotenschwellung usw.) beginnen kann (Morbus Still).

Frage: Bei der oligoartikulären Arthritis werden noch zwei Subgruppen unterschieden. Können Sie noch etwas zu dieser Unterteilung sagen?

✚ Da bei allen Formen der rheumatoiden Arthritis das Risiko einer Iridozyklitis besteht, müssen betroffene Kinder regelmäßig zur augenärztlichen Kontrolle.

Antwort: Bei der **Oligoarthritis** kann man einerseits den **Typ 1** abgrenzen, den man auch als **frühkindliche Form** bezeichnet und der überwiegend Mädchen betrifft. Der Krankheitsbeginn liegt bereits im zweiten Lebensjahr. Vornehmlich werden asymmetrisch große Gelenke befallen. Dieser Befall kann das Laufenlernen behindern. Die Kinder sind besonders durch das Auftreten einer chronischen Iridozyklitis, die in hohem Maße zur Defektheilung mit Sehbehinderung neigt, gefährdet. Aus diesem Grund wird der Typ 1 auch als **Iridozyklitistyp** bezeichnet. Der **Typ 2** der Oligoarthritis, auch **spät beginnender Typ** genannt, betrifft überwiegend Jungen zwischen sechs und 16 Jahren und manifestiert sich als asymmetrische Mono- oder Oligoarthritis der großen Gelenke. Neben Schmerzen an Sehnenansätzen und Kreuzschmerzen kann auch hier eine Iridozyklitis auftreten. Da auch stammnahe Gelenke wie das Sakroiliakalgelenk betroffen sein können, wird dieser Typ auch als **Sakroiliitistyp** bezeichnet.

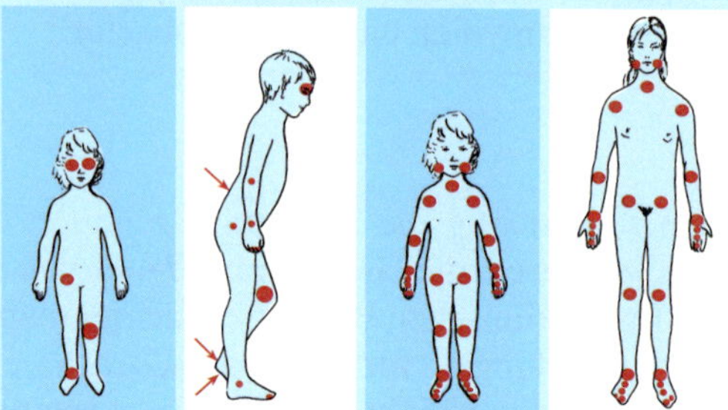

	Oligoartikulär (asymmetrische Arthritis)		**Polyartikulär (symmetrische Arthritis)**		**Systemisch (M. Still)**
Häufigkeit	30%	14%	31%	10%	15%
RF	–	–	–	+	–
Alter	2	10	3	12	5
Geschlecht	W	M > W	W > M	W	W = M
ANA	+ (50%)	(+)	+ (25%)	+ (75%)	—
HLA	DR 5	B 27	—	DR 4	—
Uveitis	+ (40%)	+ (8-25%)	—	—	—
Gelenk	Gut	(Gut)	(Gut)	Schlecht	(Schlecht)
Prognose	**Spätere Blindheit in 17%**	**Übergang in ankylosierende Spondylitis**		**Typische adulte RA noduli rheumatici**	**Fieber, Exanthem, Hepatosplenomegalie, Polyserositis, Arthralgie**
Subtyp	Oligoarthritis Typ I (early onset oligoarthritis)	Oligoarthritis Typ II (late onset oligoarthritis)	Rheumafaktor-negative Polyarthritis	Rheumafaktor-positive Polyarthritis (adult onset polyarthritis)	Systemic onset

Abb. 9.1: Gelenkbeteiligung bei den Untergruppen der juvenilen rheumatoiden Arthritis (modifiziert nach [1])

Prüfer: Lassen Sie mich bitte Ihre durchaus richtigen Ausführungen ergänzen. Nach modernen Einteilungen wird der Typ 2 der Oligoarthritis zu den Spondylarthropathien und nicht zur eigentlichen juvenilen rheumatoiden Arthritis gerechnet. Diese große Gruppe stellt damit die zweithäufigste chronisch entzündliche Gelenkerkrankung im Kindes- und Jugendalter dar. Der Name Spondylarthropathien soll zum Ausdruck bringen, dass sowohl periphere als auch stammnahe Gelenke des Achsenskeletts betroffen sein können.

Merke: Juvenile Spondylarthropathien sind **HLA-B-27-assoziiert** und umfassen folgende Erkrankungen: !
- juvenile ankylosierende Spondylitis
- juvenile Psoriasis-Arthritis
- Arthritis bei entzündlicher Darmerkrankung
- reaktive Arthritis (z.B. nach Salmonellen, Shigellen, Yersinien)

Frage: Aber kommen wir zurück zum Thema. In welche beiden Gruppen wird die polyartikuläre Verlaufsform unterteilt? ?

☐ ☺ ☐ 😐 ☐ ☹

Antwort: Die polyartikulären Verlaufsformen werden je nach Vorhandensein eines **Rheumafaktors** in seronegative und seropositive Arthritiden unterteilt. Die **seronegative kindliche Polyarthritis** ist die weitaus häufigere Form und zeigt Tendenzen zur Selbstlimitierung. Die **seropositive** oder auch **adulte Form** ist dagegen durch einen weitaus ungünstigeren Verlauf mit frühzeitiger Knorpelerosion der Gelenke gekennzeichnet. Es handelt sich dabei um den frühen Beginn der rheumatoiden Arthritis des Erwachsenen, wovon häufig weibliche Jugendliche betroffen sind.

✚ Der klassische Rheumafaktor, also IgM-Antikörper gegen das Fc-Fragment von IgG-Antikörpern, findet sich bei weniger als 5 % der Patienten im Kindesalter (seropositive Form).

Frage: Wir haben bis jetzt über die oligoartikuläre und polyartikuläre Verlaufsform gesprochen. Bitte äußern Sie sich noch kurz über die dritte Verlaufsform, den **systemischen Typ** der juvenilen rheumatoiden Arthritis. Wie wird denn dieses Syndrom genannt? ?

☐ ☺ ☐ 😐 ☐ ☹

Antwort: Beim systemischen Befall oder auch **Still-Syndrom** steht initial das hohe **intermittierende Fieber** im Vordergrund, es können erhebliche differentialdiagnostische Probleme auftreten. Begleitet wird das Still-Syndrom oft von einem **blassen polymorphen Exanthem.** Die Mehrzahl der Kinder entwickelt eine **Hepatosplenomegalie** und **Lymphknotenschwellung**. Außerdem kann eine Peri- oder Myokarditis auftreten.

☐ ☐ ☐
☺ 😐 ☹

? **Frage:** Ja, aber warum gibt es denn die differentialdiagnostischen Schwierigkeiten, bzw. warum ist es so schwer, in frühen Stadien die richtige Diagnose zu stellen?

Antwort: Beim systemischen Befall kann die eigentliche Arthritis erst Monate, in seltenen Fällen Jahre nach den viszeralen Symptomen auftreten. Dies führt dazu, dass zunächst viele andere Differentialdiagnosen, besonders maligne Erkrankungen, in Betracht gezogen werden müssen!

☐ ☐ ☐
☺ 😐 ☹

? **Frage:** Zum Abschluss möchte ich Sie noch bitten, kurz die **Grundzüge der Therapie** rheumatischer Erkrankungen zu erläutern.

✚ Der Stellenwert der neueren Cyclooxygenaseinhibitoren (Cox-2-Hemmer) ist für die Kinderrheumatologie noch nicht absehbar.

Antwort: Als besonders wichtige Maßnahme in der Therapie möchte ich zunächst **nichtmedikamentöse Verfahren** wie Kältetherapie, Ergotherapie und vor allem die Krankengymnastik erwähnen. Vor allem die **Krankengymnastik** besitzt zum Erhalt oder zur Wiedererlangung des Bewegungsumfangs und der Kräftigung der Muskulatur eine große Bedeutung. Medikamentös stehen zunächst die nur symptomatisch wirkenden **nichtsteroidalen Antirheumatika (NSAR),** wie z.B. Naproxen, Ibuprofen und Diclofenac, im Vordergrund. Diese werden bei leichteren Beschwerden als Monotherapie eingesetzt (Stufe 1).

Liegt ein stärkerer Entzündungsschub vor, werden in Kombination mit den NSAR folgende Verfahren angewendet (Stufe 2): Die Oligoarthritis wird durch die intraartikuläre Steroidinjektion behandelt, die polyartikuläre Verlaufsform durch die systemische Methotrexatgabe. Neben diesen Medikamenten werden im schweren akuten Entzündungsschub **Glukokortikoide** systemisch eingesetzt (Stufe 3). Zunächst wird hoch dosiert, um dann recht schnell auf eine niedrige Erhaltungsdosis zu kommen.

Als so genannte **Basistherapeutika** steht eine Reihe von Pharmaka in der Langzeitbehandlung der rheumatoiden Arthritis zur Verfügung, die sich auch durch eine remissive Wirkung, d.h. den Krankheitsverlauf positiv beeinflussende Wirkung, auszeichnen. Interessanterweise ist bei einigen dieser Medikamente der genaue Wirkmechanismus nicht bekannt. Hierzu gehören das schon erwähnte Methotrexat, aber auch Sulfasalazin und Azathioprin. Wegen mangelnder Wirksamkeit kommen in der Pädiatrie folgende Basistherapeutika nicht mehr zum Einsatz: Chloroquin, Goldsalze, Penicillamin.

! **Merke:** im Mittelpunkt der Behandlung stehendes Therapiekonzept:
- bei **Oligoarthritis:** intraartikuläre Steroidinjektion
- bei **Polyarthritis:** systemische Methotrexatapplikation

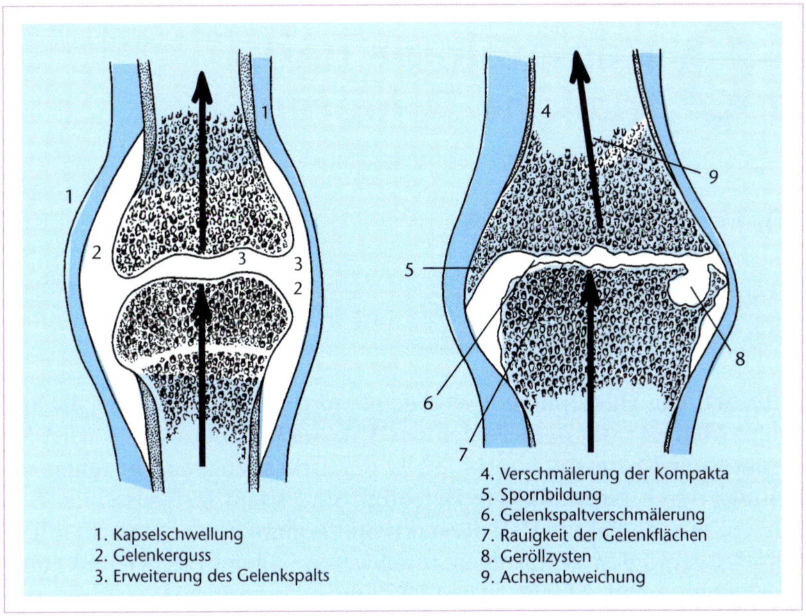

Abb. 9.2: Röntgenologische Veränderungen bei rheumatoider Arthritis

Prüfer: Neben den von Ihnen genannten klassischen Therapien scheinen die neuen immuntherapeutischen Ansätze besonders vielversprechend zu sein, insbesondere die Anti-Zytokin-Therapie. Wir sind allerdings noch weit davon entfernt, eine langfristig wirksame kausale Behandlung zur Verfügung zu haben. Die TNFα-Therapie (Etanercept) ist noch zu teuer und nur so lange wirksam, wie sie verabreicht wird. Ich hoffe, dass wir in den nächsten Jahren weitere Fortschritte in der Behandlung der juvenilen chronischen Polyarthritis machen werden.

10 Hämatologie und maligne Tumoren

10.1 Hämophilie A

Frage: Wodurch ist die Hämophilie A bedingt, und wie äußert sie sich klinisch?

Antwort: Die Hämophilie A ist eine hämorrhagische Diathese, die auf einem **Mangel** oder dem **Fehlen** des **Faktors VIII** beruht. Sie wird **X-chromosomal-rezessiv** vererbt. 30 % der Erkrankungen entstehen allerdings durch **Neumutation.** Betroffen sind somit fast ausschließlich Jungen. Je nach Faktor-VIII-Restaktivität kommt es zu unterschiedlich stark ausgeprägten Symptomen. In schweren Fällen treten Gelenk- und Muskelblutungen, Magen-Darm-Blutungen und eine Hämaturie auf. Bei starken Blutungen finden sich gelegentlich Fieber, eine BSG-Beschleunigung und Leukozytose. Nach längerer Krankheitsdauer führen **rezidivierende Gelenkeinblutungen** zu „Blutergelenken" mit Bewegungseinschränkung und Deformierung, der so genannten **hämophilen Arthropathie.**

Faktor-VIII-Restaktivität	Schweregrad
< 1 %	schwer, Blutungen häufig (Gelenke, Muskeln)
1–5 %	mittelschwer
5–15 %	mild, Blutungen selten
15–50 %	Subhämophilie

Tab. 10.1: Schweregrade der Hämophilie A

Frage: Welche Laborveränderungen erwarten Sie? Wie wird die Diagnose gesichert?

Antwort: Charakteristisch für die Hämophilie A ist die **verlängerte PTT.** Mit der PTT wird der endogene Teil des plasmatischen Gerinnungssystems erfasst. Es kommt zu einer unzureichenden Fibrinbildung und dadurch zu einem unvollständigen Wundverschluss. Typisch ist auch, dass die primäre Blutstillung, erfasst durch die Blutungszeit, normal ist. Der Quick-Wert (exogener Schenkel) ist ebenfalls normwertig.

Zur Diagnosesicherung führt die **quantitative Faktor-VIII-Bestimmung.**

Frage: Wie therapieren Sie eine Hämophilie A? **?**

☐ ☺ ☐ 😐 ☐ ☹

Antwort: Bei schweren Fällen muss **Faktor VIII substituiert** werden. Die zu verabreichende Dosis und die Dauer der Therapie hängen in erster Linie von der Blutungslokalisation ab. Nach gehäuften Blutungen in ein Gelenk ist eine **Dauersubstitutionstherapie** auch im Anschluss an das akute Ereignis sinnvoll. Außerdem wird **vor operativen Eingriffen** der Faktor VIII angehoben. Bei Blutungen müssen **Druckverbände** länger als normal angelegt werden, da Nachblutungen häufig sind. Eine eventuelle Gelenkbeteiligung sollte durch **Physiotherapie** sowie medikamentös durch Analgetika therapiert werden. Salizylate sind obsolet, da diese die Blutungsneigung weiter erhöhen.

✚ Beachte bei der Therapie: Faktor VIII hat eine HWZ von nur 8 h.

Frage: Welche Risikofaktoren bestehen bei der Gerinnungsfaktorsubstitution? **?**

☐ ☺ ☐ 😐 ☐ ☹

Antwort: Es können, wie bei jeder Substitution von Blutbestandteilen, **Infektionen** übertragen werden, obwohl diese Gefahr in den letzten Jahren durch gründliche Blutuntersuchungen vermindert wurde. Weiterhin kann es zur Bildung von Antikörpern gegen Faktor VIII kommen. Es entsteht das Bild der so genannten **Hemmkörperhämophilie.** Die spezifische Substitutionstherapie wird dadurch unwirksam.

Prüfer: Eine große Anzahl der Kinder, die vor 1985 mit nicht ausreichend gereinigten Präparaten behandelt wurden, ist HIV-infiziert. Heutzutage sollten durch Anwendung virusinaktivierter bzw. gentechnologisch hergestellter Präparate Hepatitiden und HIV-Infektionen nicht mehr vorkommen.

10.2 Immunthrombozytopenie (ITP)

Frage: Was versteht man unter einer idiopathischen thrombozytopenischen Purpura? **?**

☐ ☺ ☐ 😐 ☐ ☹

Antwort: Die idiopathische thrombozytopenische Purpura ist eine Thrombozytopenie infolge verkürzter Thrombozytenlebensdauer. Sie wird durch **Autoantikörper gegen Thrombozyten** verursacht. Die Thrombozytenbildung ist dabei reaktiv gesteigert. Es werden zwei Verlaufsformen bei dieser Erkrankung unterschieden. Die **akute Form** tritt vor allem bei Kindern im Anschluss an Virusinfekte auf. Die **chronische**

Form, auch M. Werlhof genannt, findet sich bevorzugt bei Erwachsenen.

! **Merke:** Unter einer Thrombozytopenie versteht man die Erniedrigung der Plättchenzahl auf Werte unterhalb der Altersnorm, d.h. in der Regel unter 100 000/µl.

? **Frage:** Welche anderen Arten von Immunthrombozytopenien kennen Sie?

Antwort: Autoantikörper gegen Thrombozyten können sich auch bei den sekundären Immunthrombozytopenien **im Rahmen anderer Grunderkrankungen** finden. Hierzu gehören beispielsweise maligne Lymphome, die HIV-Infektion und der systemische Lupus erythematodes. Einige **Medikamente,** z.B. Sulfonamide, Phenylbutazon, Chinin und Goldpräparate, können die Bildung von Autoantikörpern induzieren. Schließlich können Thrombozytopenien durch **Isoantikörper** hervorgerufen werden. Dies ist nach wiederholten Bluttransfusionen oder bei fetal-maternaler Inkompatibilität der Fall. Dabei handelt es sich (in Analogie zur Rh-Inkompatibilität) um Folgen einer Sensibilisierung der Mutter gegen kindliche Plättchen.

✚ Häufig beruht eine Thrombozytopenie auf einer Bildungsstörung im Knochenmark. Ursachen: exogene Knochenmarksschädigung, Knochenmarkinfiltration bei malignen Erkrankungen, Vitamin-B_{12}- oder Folsäuremangel. Kennzeichen: verminderte Megakaryozytenzahl im Knochenmark.

? **Frage:** Wodurch fallen Kinder mit einer idiopathischen Thrombozytopenie auf? Welcher Blutungstyp liegt bei dieser Erkrankung vor?

Antwort: Die Mehrzahl der erkrankten Kinder hat ein bis drei Wochen zuvor einen **Virusinfekt** durchgemacht. Der Allgemeinzustand ist in der Regel gut. Die Kinder fallen durch **Petechien** und **kleine Hämatome** auf. Schon kleinste Verletzungen können **Haut- und Schleimhautblutungen** verursachen. Diese Blutungserscheinungen treten meist erst auf, wenn die Thrombozytenzahl auf Werte **unter 30 000/µl** gefallen ist. Typisch sind neben der stark verringerten Thrombozytenzahl eine **verlängerte Blutungszeit, normale plasmatische Gerinnungswerte** und eine **vermehrte Megakaryozytenzahl** im Knochenmark. Die verkürzte Thrombozytenüberlebenszeit lässt sich mit ^{51}Cr-markierten Thrombozyten nachweisen. In der Mehrzahl der Fälle finden sich gegen Thrombozyten gerichtete Antikörper, die allerdings nicht spezifisch für die Erkrankung sind.

! **Merke:** Der Blutungstyp bei Thrombozytopenie ist durch Petechien und kleine Hämatome gekennzeichnet.

Frage: Wenn man sich über die verschiedenen Blutungsleiden unterhält, muss man sich vergegenwärtigen, dass es drei grundsätzlich unterschiedliche Blutungstypen gibt. Als Erstes ist der korpuskuläre oder zelluläre Blutungstyp zu nennen, zu dem auch die ITP gehört. Außerdem existieren noch der vaskuläre und der plasmatische Blutungstyp. Was wissen Sie über diese Formen?

Antwort: Vasopathien, also **vaskuläre Blutungsleiden,** beruhen auf erhöhter Gefäßfragilität oder auf Allergien. Der Blutaustritt aus den Gefäßen zeigt sich in Form von Petechien und Purpura. Bei den Vasopathien sind plasmatische Gerinnungswerte, Thrombozytenzahl und -funktion normal. **Plasmatische Gerinnungsstörungen** oder Koagulopathien bezeichnen eine erhöhte Blutungsneigung auf Grund von Faktormangel oder Funktionseinschränkung der Gerinnungsfaktoren. Hierbei finden sich großflächige Blutungen, so genannte Sugillationen, und Gelenkeinblutungen. Während Thrombozytenzahl und Blutungszeit normal sind, fallen die plasmatischen Gerinnungswerte für den entsprechenden Faktor pathologisch aus.

+ Bei kombinierten Hämostasestörungen (z.B. disseminierte plasmatische Gerinnung, DIC) treten sowohl petechiale als auch großflächige Blutungen auf.

Frage: Wie gehen Sie therapeutisch bei einem Kind mit einer akuten idiopathischen Thrombozytopenie vor? Wie sieht die Prognose aus?

Antwort: Die akute idiopathische Thrombozytopenie hat bei Kindern einen selbstlimitierenden Verlauf. In **90 % der Fälle** tritt nach zwei bis sechs Wochen die **Spontanremission** ein. Daher sollte man zunächst abwarten, so lange die Thrombozytenzahl nicht unter die kritische Grenze von 30 000 / µl fällt. Erst dann kann der Einsatz von Thrombozytenkonzentraten und Immunglobulinen notwendig werden.

Prüfer: Ob letztlich Immunglobuline oder auch Steroide die äußerst seltenen lebensbedrohlichen Blutungskomplikationen verhindern können, ist bisher nicht bewiesen. Plättchentransfusionen sind zwar manchmal unumgänglich, aber problematisch, da auch die übertragenen Thrombozyten durch die Autoantikörper inaktiviert werden und es gleichzeitig zur zusätzlichen Bildung von Isoantikörpern kommen kann. Geht die Thrombozytopenie in eine chronische Form über, kann ebenfalls der Einsatz von Kortikosteroiden oder Immunglobulinen oder auch von Immunsuppressiva diskutiert werden. Ist die Milz als Hauptabbauort der Thrombozyten identifiziert, kann eine Splenektomie Heilung bewirken. Sie sehen, dass die Behandlung der akuten und insbesondere der chronischen ITP uns noch viele Rätsel aufgibt.

10.3 Akute lymphatische Leukämie (ALL)

Fallbeispiel: Ein fünfjähriger Junge wird von seiner Mutter in Ihre Praxis gebracht. Er hat seit ca. drei Wochen Schmerzen im rechten Knie, die seit dem Vortag so stark sind, dass er kaum noch laufen kann. Der Junge kommt Ihnen sehr blass und müde vor. Bei der körperlichen Untersuchung fallen Ihnen ferner eine Hepatosplenomegalie sowie multiple kleine dunkelrote Flecken, vorwiegend an den Extremitäten, auf. Ihre Verdachtsdiagnose lautet: akute lymphatische Leukämie. Welche weiteren Symptome könnten bei dieser Erkrankung vorliegen?

+ Die ALL ist mit ca. 25 % die häufigste maligne Erkrankung im Kindesalter (ca. 7 % Neuroblastom, 6 % Nephroblastom, 5 % Non-Hodgkin-Lymphome, 5 % Astrozytome).

Antwort: An uncharakteristischen Symptomen können **Appetitmangel, Gewichtsabnahme, rezidivierende Infekte** und **Fieber** bestehen. Häufig sind auch typische **Symptome der Anämie,** wie **Blässe, geringe Belastbarkeit** und **Dyspnoe,** vorhanden. Auf Grund der verminderten Thrombopoese kommt es neben **Hämatomen** auch, wie in Ihrem Fallbeispiel beschrieben, zu **petechialen Haut-** und **Schleimhautblutungen.** Die **Lymphknoten** können **vergrößert** sein. Seltener beteiligt sind ZNS, Haut und Hoden. Beim ZNS-Befall kann es durch intrakranielle Drucksteigerung zu **Kopfschmerzen, Übelkeit** und **fokalen neurologischen Symptomen** kommen. Die testikuläre Leukämie äußert sich in einer ein- oder beidseitigen **schmerzlosen, harten Hodenschwellung.** Der ZNS-Befall wird als **Meningeosis leucaemica** bezeichnet.

? **Frage:** Nennen Sie bitte die typischen Blutbildveränderungen bei der ALL!

Antwort: Typische Blutbildveränderungen sind eine **Anämie** und **Thrombozytopenie.** Klassischerweise ist die **Leukozytenzahl stark erhöht** (bis 200 000 / µl), sie kann aber auch (bei ca. 50 %) normal, gelegentlich sogar erniedrigt sein. Im Blutausstrich findet sich eine unterschiedlich hohe Zahl an Lymphoblasten. Je nach Beteiligung anderer Organe zeigen sich Enzym- und Elektrolytveränderungen, Änderungen der harnpflichtigen Substanzen, der BSG und des Gerinnungsstatus.

? **Frage:** Welche weiteren diagnostischen Maßnahmen müssen folgen, um die Verdachtsdiagnose zu sichern und nähere Aussagen hinsichtlich Therapie und Prognose treffen zu können?

+ Ca. 80 % aller ALL-Formen exprimieren das c-ALL-Antigen und werden als common-ALL bezeichnet.

Antwort: Bei jedem Verdacht auf eine akute lymphatische Leukämie muss neben der Blutuntersuchung eine **Knochenmarkpunktion** folgen. Beweisend ist ein **Lymphoblastenanteil** von **mehr als 25 %.** Diese Lymphoblasten verdrängen die normale Hämatopoese. Sie können nach **zytochemischen, immunologischen, morphologischen** und **biologischen**

Kriterien klassifiziert werden. Dies ist nötig, da sowohl Therapie als auch Prognose vom Ergebnis dieser Untersuchungen abhängen. Daran muss sich eine **Staging-Untersuchung** anschließen. Hierzu gehören Lumbalpunktion, Röntgenthorax, EKG, Sonographie und weiterführende bildgebende Diagnostik. Um von einem ZNS-Befall sprechen zu können, müssen im Liquor eine Zellzahl von mehr als 5 / mm^3 und Tumorzellen oder eine Raumforderung nachweisbar sein.

Frage: Für die Prognose und Behandlungsstrategie haben die immunologische und zytogenetische Klassifikation große Bedeutung. Mit Hilfe von monoklonalen Antikörpern, die Oberflächen- und intrazytoplasmatische Strukturen erkennen, lassen sich lymphoblastische Leukämien entweder der B- (80 %) oder der T-Zellreihe (15 – 20 %) zuordnen. Welche klinischen Risikofaktoren kennen Sie, die neben der Blastenklassifikation mit einer ungünstigen Prognose korrelieren?

?

☐ ☐ ☐
☺ 😐 ☹

Antwort: Ungünstig sind eine große Tumormasse, eine **starke Organinfiltration** und eine **hohe Blastenzahl** im peripheren Blut. Bei Kindern, die **jünger als zwei** oder **älter als zehn Jahre** sind, oder bei **primärem ZNS-Befall** ist die Prognose ebenfalls schlechter. Weitere prognostisch ungünstige Zeichen sind eine **geringe Blastenreduktion** unter der **initialen Prednisongabe** zu Therapiebeginn und ein **frühes Rezidiv.** Die Heilungsrate aller ALL-Formen liegt insgesamt bei ca. 70 %.

✚ Komplette Remission liegt vor, wenn im Knochenmark weniger als 5 % Blasten, im Liquor keine Leukämiezellen, keine weiteren Infiltrate nachweisbar sind.

Frage: Erläutern Sie mir bitte kurz die therapeutischen Grundzüge der akuten lymphatischen Leukämie!

?

☐ ☐ ☐
☺ 😐 ☹

Antwort: Die akute lymphatische Leukämie erfordert eine **Polychemotherapie.** Mit der **Induktionstherapie** wird zunächst versucht, durch hohe Zytostatikagaben eine komplette Remission herbeizuführen, d.h., der Patient ist scheinbar geheilt und die Krankheit mit den üblichen Mitteln nicht mehr nachweisbar. Um einem ZNS-Befall vorzubeugen, wird zusätzlich Methotrexat intrathekal appliziert. Dieses ist nötig, da die verwendeten Zytostatika auf Grund der Blut-Liquor-Schranke nicht in ausreichender Konzentration in den Liquor gelangen. Liegt ein manifester ZNS-Befall vor, ist eine zusätzliche Schädelbestrahlung indiziert. In regelmäßigen Abständen werden Knochenmarkspunktionen durchgeführt, um die Remission beurteilen zu können. Nach kompletter Remission schließt sich eine ähnlich aggressive **Konsolidierungstherapie** an, um ein Frührezidiv zu verhindern. Induktions- und Konsolidierungstherapie dauern ca. sieben Monate. Danach schließt sich über zwei Jahre die so genannte **Erhaltungstherapie** in Form einer oralen Therapie mit Methotrexat an. Neben dieser spezifischen Therapie sind

✚ Bei ALL häufig verwendete Zytostatika: Prednison, Asparaginase, Vincristin, Methotrexat, Daunorubicin, Cyclophosphamid, Adriamycin. Alle pädiatrischen Tumorpatienten werden nach einheitlichen Studienprotokollen behandelt. Für ALL gilt in Deutschland das ALL-BFM- oder das Co-ALL-Protokoll.

die Substitution von Blutprodukten, der Einsatz von Antibiotika und die Behandlung der Zytostatikanebenwirkungen nötig.

Frage: Kommen wir zurück zu unserem fünfjährigen Jungen. Welche einzelnen Schritte würden Sie als Stationsarzt bei dem dringenden Verdacht auf eine ALL veranlassen?

Antwort: Ich würde den kleinen Patienten umgehend in eine kinderkardiologische Abteilung einweisen. Nach Sicherung der Diagnose durch eine Knochenmarkspunktion sollte unverzüglich mit der Therapie begonnen werden. Der Junge wird in eine bestimmte Risikogruppe eingeordnet und erhält die ersten Zytostatika. Initial erfolgt in der so genannten zytoreduktiven Vorphase die einschleichende Gabe von Prednisolon, um die riesige Tumorzellmasse langsam einzuschmelzen, bevor weitere Chemotherapeutika die Induktionsphase komplettieren.

10.4 Nephroblastom

Frage: Welcher ist der häufigste maligne Nierentumor der Kindheit? Was wissen Sie über diesen Tumor?

Antwort: Der häufigste maligne Nierentumor bei Kindern ist das **Nephroblastom,** auch **Wilms-Tumor** genannt. Er macht 10 % aller soliden Malignome im Kindesalter aus. Beim Nephroblastom handelt es sich um ein **embryonales Adenosarkom,** welches aus einer mesenchymalen und einer epithelialen Komponente aufgebaut ist. Der Häufigkeitsgipfel in der Altersverteilung liegt zwischen dem ersten und vierten Lebensjahr. 75 % der Kinder mit einem Nephroblastom sind unter fünf Jahre alt. Der Tumor ist trotz hoher Malignität überwiegend heilbar. In 5–10 % der Fälle kommt ein Nephroblastom beidseits vor.

Frage: Ein nicht geringer Anteil der Nephroblastome wird bei den ärztlichen Vorsorgeuntersuchungen diagnostiziert. Wie erklären Sie sich das? Welche klinischen Erscheinungen können bei Kindern mit einem Nephroblastom auftreten?

Antwort: Die Kinder sind häufig zunächst symptomlos, sodass die Tumormasse erst bei einer Routineuntersuchung durch die **abdominelle Palpation** auffällt. Andernfalls macht sich der Tumor erst im fortgeschrittenen Stadium, z.B. durch starke **Zunahme des Bauchumfangs,** bemerkbar. Oft kommt es damit auch zu **Bauchschmerzen,** die von Fieber begleitet sein können. Magen-Darm-Störungen, eventuell mit Erbrechen und Durchfall, sind etwas seltener. Gelegentlich treten im weiteren Verlauf eine **Makro- oder Mikrohämaturie, Gewichtsverlust** und ein **Hypertonus** auf. Das Nephroblastom korreliert in ca. 15 % der Fälle mit **Fehlbildungen** wie Aniridie, Viszeromegalie und Anomalien des Urogenitalsystems.

Frage: Kennen Sie eine Stadieneinteilung für das Nephroblastom? **?**

☐ ☐ ☐
☺ 😐 ☹

Antwort: Das Nephroblastom wird in **fünf Stadien** eingeteilt. Im **Stadium I** ist es auf eine Niere beschränkt. Das **Stadium II** liegt vor, wenn der Tumor die Nierenkapsel durchbrochen und regionale Lymphknoten infiltriert hat. Ist die Tumorausdehnung weiter fortgeschritten, jedoch noch auf das Abdomen beschränkt, handelt es sich um das **Stadium III,** während im **Stadium IV** bereits eine hämatogene Metastasierung erfolgt ist. Schließlich wird ein beidseitiger Nierentumor dem **Stadium V** zugeordnet. Die hämatogene Metastasierung erfolgt zum größten Teil, nämlich zu 80 %, in die Lunge. Zu 20 % metastasiert der Tumor in die Leber, selten auch in die Knochen.

> ✚ Prognose: Die Heilungsrate im Stadium I und II beträgt 90 %, im Stadium III noch 70 % und sinkt im Stadium IV auf 50 %.

Frage: Die wichtigsten Differentialdiagnosen zum Wilms-Tumor stellen das Neuroblastom und nichtmaligne Nierenerkrankungen wie Zystennieren oder eine Nephroblastomatose dar. Welche Untersuchungen müssen folgen, wenn Sie die Verdachtsdiagnose „Nephroblastom" geäußert haben? **?**

☐ ☐ ☐
☺ 😐 ☹

Antwort: Zur genauen Tumorlokalisation werden bildgebende Verfahren wie **Sonographie, CT** und **Kernspintomographie** angewendet. Die **i.v.-Urographie** lässt erkennen, in welchem Ausmaß das Nierenbecken deformiert ist. Routinemäßig wird ein Röntgenthorax angefertigt, um eine Metastasierung zu erkennen. Im Urin werden Katecholamine bestimmt, um ein Neuroblastom auszuschließen.

> ✚ Für das Nephroblastom existiert kein relevanter Tumormarker! Tumormarker des Neuroblastoms: Vanillin- und Homovanillinmandelsäure im Urin, neuronspezifische Enolase, Ferritin im Serum.

Frage: Wie therapieren Sie? **?**

☐ ☐ ☐
☺ 😐 ☹

Antwort: Die Therapie ist in der Regel chirurgisch in Kombination mit einer Chemo- und Strahlentherapie.

> ✚ Eine geschickte Antwort, da sie für viele fortgeschrittene, solide Tumoren im Kindesalter zutrifft.

Prüfer: Ich möchte Ihre Antwort noch etwas vervollständigen. Die Therapie richtet sich nach Alter, histologischem Subtyp und Stadium der Erkrankung und erfolgt nach einem standardisierten Therapieprotokoll. Nur bei Säuglingen und sehr kleinen Tumoren steht in Europa die

Operation am Anfang der Therapie. Ansonsten wird durch eine präoperative Chemotherapie versucht, die Tumormasse zu reduzieren. Auf diese Weise kann in ca. 20 % der Fälle eine Reduktion des Tumorstadiums von III nach II, bzw. von II nach I erfolgen. Außerdem wird die Gefahr einer intraoperativen Tumorruptur und peritonealen Aussaat mit ihren katastrophalen Folgen reduziert. Ob nach der Tumornephrektomie postoperative Chemo- oder Strahlentherapie folgen, richtet sich nach dem operativen Stadium und nach der Histologie.

10.5 Neuroblastom

Frage: Das Neuroblastom ist eines der häufigsten Malignome im Kindesalter. Was wissen Sie über das Neuroblastom?

Antwort: Das Neuroblastom ist ein **maligner embryonaler Tumor** des Kindesalters, ausgehend vom **Nebennierenmark** oder vom **Grenzstrang des Sympathikus.** Bei 8–10 % aller soliden Malignome im Kindesalter handelt es sich um Neuroblastome. Der Altersgipfel liegt zwischen dem zweiten und vierten Lebensjahr. 90 % aller Kinder mit Neuroblastom sind jünger als zehn Jahre. In der überwiegenden Anzahl der Fälle liegen Neuroblastome retroperitoneal, entlang dem Grenzstrang und im Nebennierenbereich.

Frage: Aus neueren Untersuchungen geht hervor, dass der Tumor stadienunabhängig zunächst unterschiedlich stark progredient wächst und es dann zu einer spontanen Tumorinvolution und Regression der Tumormasse kommen kann. Das Neuroblastom verfügt also über eine gewisse Selbstheilungstendenz. Die Klinik beim Neuroblastom beginnt unterschiedlich, da zwei Drittel der Patienten zum Zeitpunkt der Diagnosestellung schon nachweisbare Metastasen haben. Welche **Symptome** können Sie erwarten?

> ✚ Ist das Neuroblastom z. B. im hinteren oberen Mediastinum lokalisiert, kann ein Horner-Syndrom entstehen.

Antwort: Die Symptome hängen, wie Sie schon sagten, davon ab, ob und wohin der Tumor bereits metastasiert hat. Erste Symptome, wie z. B. **Knochenschmerzen,** werden also häufig durch Metastasen verursacht. Es können aber auch **uncharakteristische Symptome,** wie Anorexie, Anämie, Fieber, Gelenk- und Muskelschmerzen, auftreten. Durch das vermehrt gebildete vasoaktive intestinale Polypeptid kann **Durchfall** verursacht werden. Weiterhin können **Lymphknotenschwellungen** entstehen. Ein Tumor im Spinalkanal geht mit Neuralgien, Paresen und manchmal sogar mit einer Querschnittssymptomatik einher. Hypertonie und Schweißattacken sind Ausdruck einer vermehrten Katecholaminproduktion.

Frage: Fassen Sie doch noch einmal zusammen, in welche Organe das Neuroblastom bevorzugt metastasiert! Kennen Sie auch die **Einteilung** des Neuroblastoms **nach Evans** bezüglich Tumorausbreitung und Metastasierung?

Antwort: Das Neuroblastom metastasiert bevorzugt in **Lymphknoten, Skelett, Leber** und **Knochenmark.** Gelegentlich sind auch Orbita und Haut betroffen. Die Stadieneinteilung hinsichtlich der Tumorausbreitung umfasst fünf Stadien. Im **Stadium I** handelt es sich um einen noch lokalisierten Tumor. Kommt ein monolateraler Lymphknotenbefall hinzu, so handelt es sich um das **Stadium II.** Das **Stadium III** liegt vor, wenn der Tumor über die Mittellinie hinausgewachsen ist und beidseits der Mittellinie Lymphknoten befallen sind. Bei einem disseminierten Tumor und zusätzlichen Fernmetastasen handelt es sich um das **Stadium IV.** Schließlich gibt es noch ein Stadium, das mit **IV S** beziffert wird.

tipp Einzelheiten über das Stadium IV S zu kennen, setzt der Prüfer sicherlich nicht als Basiswissen voraus. Umso mehr wird er sich freuen, wenn der Prüfling etwas darüber weiß.

Prüfer: Ich freue mich, dass Sie das Stadium IV S erwähnen, da es sich dabei wirklich um eine onkologische Besonderheit handelt. Definiert ist es als lokalisierter Primärtumor, wie er im Stadium I und II vorliegt, bei dem aber zusätzlich auch disseminierte Herde in Haut, Leber oder Knochenmark vorhanden sind. Grundsätzlich betrifft dieses Stadium nur Säuglinge im ersten Lebensjahr. Kinder, die diesem Stadium zugeordnet werden können, zeigen regelmäßig nach massiver Progression eine spontane Tumorrückbildung. Eine Therapie (Chemo- oder Radiotherapie) ist nur dann indiziert, wenn der Tumor aufgrund seiner Größe eine vitale Bedrohung darstellt. Manchmal ist auch eine „milde" Chemotherapie notwendig, um die Regression zu induzieren. Man geht derzeit davon aus, dass es sich bei den verschiedenen Tumorherden eher um ein multifokales Geschehen als um eine echte Metastasierung handelt. Das Wachstum dieser Tumorherde ist nur zeitlich begrenzt, sodass es zur spontanen Rückbildung kommt.

Frage: Wie gehen Sie diagnostisch bei Verdacht auf ein Neuroblastom vor? Welche **Laborveränderungen** erwarten Sie?

Antwort: Ca. 90 % der Neuroblastome produzieren **Katecholamine** und ihre Derivate. Die Stoffwechselmetaboliten (z. B. Vanillin-, Homovanillinmandelsäure, Dopamin) können vermehrt im 24-h-Sammelurin nachgewiesen werden. Im Serum finden sich erhöhte Konzentrationen von **LDH, Ferritin** und **neuronspezifischer Enolase (NSE).**

Die Tumorlokalisation und -ausdehnung werden mittels **Sonographie, NMR, Röntgen** und **CT** bestimmt. Das Röntgenbild zeigt in 50 % der Fälle einen verkalkten Tumor. Er ist häufig suprarenal lokalisiert. Eine Knochenmarkbeteiligung wird durch **Knochenmarkpunktion** ausgeschlossen. Im positiven Fall finden sich typische Neuroblastomrosetten im Ausstrich.

Besondere Bedeutung hat die **MIBG-Szintigraphie**, bei der es zu einer tumorspezifischen adrenergen Anreicherung des applizierten Indikators (J-131Meta-Benzyl-Guanidin-Szintigraphie) kommt. Diese Darstellung des Tumorgewebes wird sowohl zur Diagnosestellung angewendet als auch – wenn der Tumor anreichert – zur Verlaufsbeurteilung genutzt.

☐ ☐ ☐
☺ 😐 ☹

? **Frage:** Welche **therapeutischen Richtlinien** kennen Sie und wie ist die **Prognose** des Neuroblastoms?

+ Facharztwissen: Lässt sich im Tumorgewebe die n-myc-Onkogenamplifikation nachweisen, ist die Prognose schlecht, d.h. Stadium III / IV, Alter > 1 Jahr, n-myc-Ampl.: Überlebensrate ca. 10 %.

Antwort: Die Therapie richtet sich nach Stadium und Lokalisation des Tumors sowie nach dem Alter und dem Allgemeinzustand des Kindes. Anzustreben ist sicherlich die **primäre Resektion** des Tumors. Zur präoperativen Tumorverkleinerung und bei unvollständiger Resektion werden zusätzlich Strahlen- und Chemotherapie eingesetzt. Gebräuchliche Zytostatika sind z.B. Vincristin, Cyclophosphamid, Doxorubicin und Cisplatin. In Stadium I und II betragen die Heilungsaussichten über 90 %, im Stadium III und Stadium IV S immerhin noch 60 – 70 %. Kinder im Stadium IV haben mit 10 – 20 % Überlebensrate eine schlechte Prognose.

11 Erkrankungen der Verdauungsorgane

11.1 Ösophagusatresie

Frage: Es gibt einfache **technische Untersuchungen,** um eine Ösophagusatresie zu diagnostizieren. Was wissen Sie darüber? **?**

☐ ☐ ☐

☺ 😐 ☹

Antwort: Der Fetus ist auf Grund der Atresie nicht in der Lage, das Fruchtwasser zu schlucken. Daher besteht zu 50 % ein **Polyhydramnion,** das somit schon präpartal auf eine Ösophagusatresie hinweisen kann. Die Neugeborenen mit einer Ösophagusatresie, die in einer von 3000 Geburten auftritt, fallen durch **schaumigen Speichel** vor Mund und Nase auf. Die Kinder neigen durch den aspirierten Schleim und Speichel, der sich im Ösophagusblindsack befindet, zu **Zyanoseattacken** und zu **Aspirationspneumonien.**

✚ 20 % der Kinder sind bei Geburt untergewichtig, 50 % von ihnen haben begleitende Fehlbildungen.

Bei der Sondierung mit einer **Magensonde** kommt es bei Vorliegen einer Ösophagusatresie nach ca. 8–12 cm zu einem Stopp. Die korrekte Lage der Sonde im Magen bei physiologischem Ösophagus lässt sich durch Auskultation insufflierter Luft oder durch die Untersuchung von aspiriertem Magensaft mit Lackmuspapier sichern.

Frage: Die Ösophagusatresien werden nach Vogt in vier verschiedene Typen eingeteilt. Erläutern Sie diese Klassifizierung! **?**

☐ ☐ ☐

☺ 😐 ☹

Antwort: Der **Typ I** bezeichnet die Aplasie des Ösophagus und ist extrem selten. Bei dem **Typ II** besteht eine alleinige Atresie, das heißt, der Ösophagus ist nicht durchgängig. Dieser Typ kommt in 9 % der Fälle vor. Der **Typ III** wird unterteilt in a, b und c. Der **Typ IIIb** ist mit ca. 90 % der weitaus häufigste. Auch dabei endet der Ösophagus blind, allerdings besteht eine untere Fistel, das heißt, eine Verbindung zwischen Trachea und distalem Ösophagussegment. Die Formen Typ IIIa und IIIc kommen wiederum selten vor. Beim **Typ IIIa** besteht neben der Atresie eine obere ösophagotracheale Fistel, beim **Typ IIIc** besteht eine obere und untere ösophagotracheale Fistel. Bei **Typ IV** ist die Kontinuität des Ösophagus nicht unterbrochen, es besteht lediglich ein Fistelgang zur Trachea (H-Fistel).

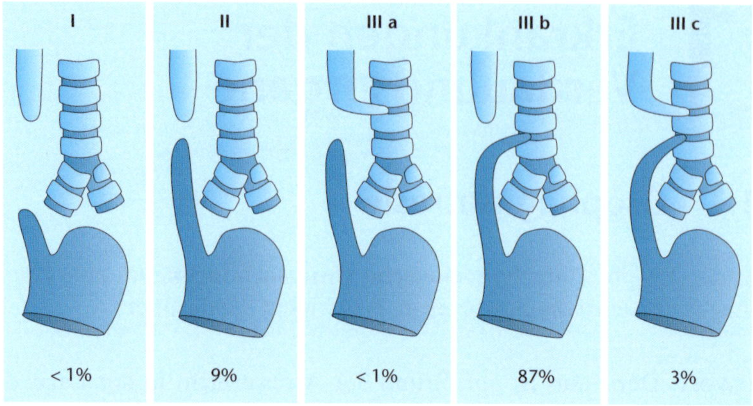

Abb. 11.1: Schematische Darstellung der Ösophagusatresien nach Typ (Vogt-Klassifikation) und Häufigkeit (Typ IV nach Vogt nicht dargestellt)

? **Frage:** Die Ösophagusatresie ist eine klinische Diagnose, die auf Grund ihrer charakteristischen Symptomatik – Polyhydramnion, Herauswürgen schaumiger Flüssigkeit, nichtsondierbarer Magen – schon kurz nach der Geburt gestellt werden muss. Welche **diagnostische Maßnahme** ergreifen Sie, um die Verdachtdiagnose zu sichern?

Antwort: Zur Diagnostik der Ösophagusatresie gehört die **Röntgenaufnahme des Thorax** und **des Abdomens** mit einer schattengebenden **Sonde.** Die Sonde wird bei einer Atresie lediglich im oberen Ösophagusstumpf sichtbar. Wird während der Röntgenaufnahme Luft durch die Sonde insuffliert, lässt sich der Blindsack radiologisch darstellen. Ein luftgefüllter Magen weist auf das Vorhandensein einer Fistel zwischen Ösophagus und Trachea unterhalb der Atresie hin (z.B. Vogt IIIb).

? **Frage:** Wie sieht die **Therapie** der Ösophagusatresie aus, und wovon hängt das jeweilige Vorgehen ab?

> **tipp** Mit Fragen dieser Schwierigkeit ist nur zu rechnen, wenn der Prüfling zuvor extrem gute Leistungen gezeigt hat.

Antwort: Die Therapie der Ösophagusatresie hängt von der Zuordnung der Patienten zu bestimmten Prognosegruppen ab. So werden der **Prognosegruppe A** solche Kinder zugeordnet, die ein Geburtsgewicht über 2500 g aufweisen und bei denen keine weiteren Fehlbildungen und keine pulmonologischen Probleme vorliegen. Hier werden die primäre **operative Therapie** mit Verschluss einer eventuellen ösophagotrachealen Fistel sowie die Anastomosierung zwischen dem Ösophagusblindsack und dem unteren Ösophagussegment angestrebt.

In der **Gruppe B** bestehen neben der Atresie eine mäßige Pneumonie oder schwere Fehlbildungen. Das Geburtsgewicht beträgt zwischen 1800–2500 g. Bei diesen Patienten wird die **Thorakotomie** normalerweise für einige Tage **verschoben.** Sie erhalten bis dahin ein **Gastrostoma** zur Absaugung des Magens sowie eine **Ablaufsonde** in den oberen Ösophagusblindsack. Zur weiteren Aspirationsprophylaxe sollten sie hochgelagert und kontinuierlich abgesaugt werden. Die Pneumonie wird mit **Antibiotika** behandelt, die Patienten werden parenteral ernährt.

✚ Schematisiertes Vorgehen der Kinderchirurgen: Prognosegruppe A: rasche Operation, Prognosegruppen B und C: Operation erst nach Stabilisierung der Kinder.

Bei Patienten der **Gruppe C** ist die Ösophagusatresie mit einer Duodenalatresie, mit anorektalen Fehlbildungen oder mit schweren Pneumonien kombiniert. Je nach Gewicht der Kinder und Art der bestehenden Fehlbildungen wird auch hier in der Regel die **Thorakotomie** bis zur Stabilisierung der Kinder **verschoben.**

Merke: häufig assoziiertes Fehlbildungssyndrom:
VACTERL-Assoziation:
V = **v**ertebral defects
A = **a**nal atresia
C = **c**ardiac anomalies
TE = **t**rachea-**e**sophageale fistula
R = **r**adiodsyplasia oder renal anomalies
L = **l**imb anomalies

Prüfer: Sie beschreiben die korrekte kinderchirurgische Vorgehensweise. Dennoch möchte ich Ihnen sagen, dass man immer mehr dazu neigt, diese Kinder so früh wie möglich – innerhalb der ersten 24 h – zu operieren, auch wenn begleitende Fehlbildungen vorliegen. Ist der Zustand jedoch durch eine schwere Pneumonie oder Beatmungsschwierigkeiten instabil, ist man gezwungen, die Operation zunächst zu verschieben. Die operative Therapie der ersten Wahl ist eine Fisteldurchtrennung und primäre Anastomosierung der beiden Ösophagussegmente. Leider ist diese Therapie auf Grund zu großer Distanz der beiden Segmente oftmals nicht möglich. Deshalb wurden zahlreiche Methoden bzw. Techniken entwickelt, die in einer solchen Situation angewendet werden. Häufig wird zum Beispiel die Fadenmethode nach Rehbein angewendet. Interessierte unter Ihnen können das nach der Prüfung nachlesen.

11.2 Bauchwanddefekte

Frage: Was wissen Sie über **angeborene Defekte der Bauchwand?** ?

☐ ☐ ☐
☺ 😐 ☹

✚ Der Bruchsack besteht von innen nach außen aus Peritoneum, Wharton-Sulze und Amnionepithel.

✚ Bei der Omphalozele gibt es immer einen Bruchsack, auch wenn dieser schon intrauterin rupturiert sein kann.

Antwort: Die wichtigsten angeborenen Bauchwanddefekte sind **Omphalozele** und **Gastroschisis,** wobei beide Anomalien meist schon vor der Geburt durch Ultraschall diagnostiziert werden und somit postnatal entsprechende Maßnahmen zum Transport des Kindes getroffen werden können. Bei der **Omphalozele** handelt es sich um eine unvollständige Rückbildung des physiologischen Nabelbruchs. Man sieht vorgefallene viszerale Bauchorgane, die immert von einer transparenten Membran als Bruchsack umgeben werden. Dieser kann auch schon intrauterin rupturiert sein. Die Nabelschnur setzt an der Kuppel des Bruchsacks an. Die **Gastroschisis** ist ein Bauchwanddefekt unbekannter Ätiologie, die keinen Bruchsack besitzt. Differentialdiagnostisch wichtig ist, dass hier die Nabelschnur meist links neben dem Defekt inseriert.

☐ ☐ ☐

? **Frage:** Richtig. Therapeutisch strebt man bei beiden Anomalien eine primär chirurgische Deckung an. Unter Umständen kann es notwendig sein, mit Hilfe von Duramaterial den Defekt sekundär zu schließen. Große Omphalozelen, deren Reposition nur unter Kompression der Bauchorgane möglich ist, werden konservativ behandelt. Durch Pinselung der Membran mit einer verschorfenden Substanz wird binnen Wochen eine Epithelialisierung erreicht. Im Alter von vier oder fünf Jahren kann dann eine Resektion des breiten Narbengewebes erfolgen. Wie beurteilen Sie die **Prognose** dieser beiden Erkrankungen?

Antwort: Bei der **Omphalozele** ist in der Regel eine normale **termingerechte Geburt** möglich. Durch die Möglichkeit einer **konservativen Behandlung** kann den Kleinen oft eine Operation erspart werden, wobei insgesamt aber der postoperative Verlauf nach einer Omphalozelenoperation unkompliziert ist. Die **Prognose** ist jedoch insgesamt **ernster** als bei der Gastroschisis, da **weitere Fehlbildungen,** z.B. am Herzen oder am Urogenitaltrakt, assoziiert sein können. Bei einer **Gastroschisis** besteht oft eine **Frühgeburtlichkeit,** da die Reaktion zwischen den frei liegenden Darmschlingen und dem Fruchtwasser Wehen induzieren kann. Ein **operativer Verschluss** ist in jedem Fall notwendig. Da keine weiteren Fehlbildungen vergesellschaftet sind, hängt die **Prognose** ganz wesentlich vom **postoperativen Verlauf** ab, der in der Regel komplikationsreicher ist als bei der Omphalozele. Meist besteht für längere Zeit eine Ileussymptomatik, da der Darm nicht regelrecht transportiert. Eine Relaparotomie ist bei einer Gastroschisis häufig notwendig.

☐ ☐ ☐

? **Frage:** Kennen Sie ein Fehlbildungssyndrom, das mit einer Omphalozele einhergeht?

Antwort: Das **Wiedemann-Beckwith-Syndrom,** auch Exomphalos-Makroglossie-Gigantismus-Syndrom (EMG-Syndrom) genannt, geht typischerweise mit einem Nabelbruch, Makroglossie, Riesenwuchs, Organomegalie und mit einer besonderen Fazies einher.

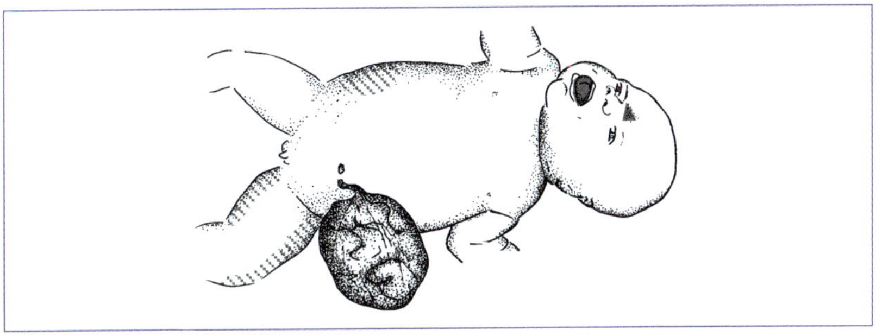

Abb. 11.2: Wiedemann-Beckwith-Syndrom (modifiziert aus [1])

11.3 Erbrechen

Frage: Welche **Ursachen für Erbrechen** im Neugeborenen und Säuglingsalter kennen Sie?

Antwort: Zunächst würde ich an die häufigste Ursache denken, nämlich die **Magen-Darm-Infektion.** Hierfür sind meistens Viren, wie z.B. Rotaviren, verantwortlich. Aber auch Bakterien wie Salmonellen, Shigellen und Campylobacter können zu Erbrechen führen. Typischerweise besteht gleichzeitig Durchfall. Allerdings führen beim Säugling oft auch **Infektionen anderer Organe** zu Erbrechen. Ich denke dabei an z.B. Otitis media oder Harnwegsinfekte. Stets muss bei Erbrechen eine Meningitis ausgeschlossen werden; dabei kommt es durch den erhöhten Hirndruck zum zentralen Erbrechen.

Frage: Eine der häufigsten Formen des Erbrechens im Neugeborenenalter dürfte das „**Spucken**" sein, ein atonisches „Herauslaufen" von Nahrung bei Säuglingen nach der Fütterung oder beim Ins-Bett-Legen. Wie kommt es zustande? Wie können Sie es diagnostizieren?

Antwort: Die von Ihnen beschriebene Symptomatik tritt regelmäßig nach der Mahlzeit auf, die Kinder nehmen aber gut an Gewicht zu! Daher kommt auch der Spruch: „Speikinder sind Gedeihkinder". Der **untere Ösophagussphinkter** bzw. die Cardia **funktionieren noch nicht vollständig,** sodass die Nahrung refluxiert. Dies lässt sich diagnostisch sehr gut mittels Sonographie darstellen.

Frage: Richtig. Es gibt auch Formen des Erbrechens, die eine organische Ursache haben. Ich denke z.B. an durch Obstruktionen bedingtes Erbrechen. Kennen Sie dafür auch Beispiele?

✚ Weitere Ursachen für Erbrechen: falsche Fütterungstechnik, Nahrungsmittelallergien (z.B. Kuhmilchallergie, Zöliakie), Defekte der Verdauungsenzyme, reflektorisch (nach Hodentorsion, bei Nierensteinkoliken, bei Appendizitis)

Antwort: Auch **Stenosen** oder **Atresien** im Magen-Darm-Trakt führen in den ersten Lebenstagen zum Erbrechen und einer progredienten Gewichtsabnahme. Etwas später (vierte bis sechste Lebenswoche) macht sich, ebenfalls durch Erbrechen, die **hypertrophische Pylorusstenose** bemerkbar (☞ Abschn. 11.5). Auch die **Invagination** (☞ Abschn. 11.6) führt letztlich zur Stenose. Andere mögliche Gründe sind Ösophagusdivertikel, Kardiainsuffizienz oder eine Darm-Malrotation.

Prüfer: Sie erkennen, dass das Erbrechen ein völlig unspezifisches Symptom des Kindes darstellt. Nahezu alle Erkrankungen können sich durch dieses Symptom präsentieren, wobei Folgendes gilt: Je jünger das Kind ist, desto häufiger tritt dieses unspezifische Symptom auf.

Fallbeispiel: Als Beispiel möchte ich von einem acht Wochen alten Säugling berichten, der gestern zur stationären Aufnahme kam. Seit dem Vortag hatte er rezidivierend erbrochen, ohne zunächst andere Krankheitszeichen zu entwickeln. Gestern bekam er Fieber, und sein Allgemeinzustand verschlechterte sich. Welche Diagnose könnte die Lumbalpunktion erbracht haben?

Antwort: Der Kleine könnte an einer bakteriellen Meningitis erkrankt sein.

Prüfer: Erbrechen muss also im Kindesalter immer als ernstes Symptom gewertet werden und detaillierte differentialdiagnostische Überlegungen folgen lassen.

11.4 Hiatushernie, Kardiainsuffizienz

Fallbeispiel: Eine Mutter berichtet Ihnen, ihr drei Monate alter Säugling würde zwischen den Mahlzeiten schlaff erbrechen und habe nicht mehr regelmäßig an Gewicht zugenommen. Er sei schon immer ein Spuckkind gewesen. Woran denken Sie?

tipp In diesem Fall gilt also nicht das Sprichwort „Speikinder sind Gedeihkinder", das sich auf den postprandialen Reflux oder auf leichte Formen der Kardiainsuffizienz bezieht.

Antwort: Wenn die Kinder, die nach den Mahlzeiten spucken oder schlaff erbrechen, Gedeihstörungen aufweisen, muss man daran denken, dass statt eines physiologischen kurzen postprandialen Refluxes ein **pathologischer Reflux** vorliegen kann. Dieser wird meistens durch eine Kardiainsuffizienz hervorgerufen. Zusätzlich kann eine Hiatushernie vorliegen. Dabei kommt es zur Verlagerung der Kardia durch den erweiterten Hiatusschlitz. Meistens liegt bei den Kindern eine **axiale Gleithernie** vor, die paraösophageale Hernie ist dagegen selten. Die Hiatushernie führt zur Insuffizienz des unteren Ösophagussphinkters, sodass ein Reflux oder Erbrechen auftreten kann. Es besteht eine familiäre Häufung, wobei Jungen vermehrt betroffen sind.

Frage: Welche **Folgen** der Hiatushernie kennen Sie? **?**

☐ ☺ ☐ 😐 ☐ ☹

Antwort: Beim häufigen Erbrechen kann es zur **Aspiration** mit rezidivierenden Bronchitiden oder auch zu einer Aspirationspneumonie kommen. Der Nahrungsreflux führt zur **Ösophagitis** mit der Gefahr einer konsekutiven Ösophagusstenosierung oder Ösophagusverkürzung.

Frage: Wie gehen Sie bei Verdacht auf eine Kardiainsuffizienz bzw. Hiatushernie diagnostisch vor? **?**

☐ ☺ ☐ 😐 ☐ ☹

Antwort: Diagnostische Methode der Wahl stellt die **Ultraschalluntersuchung** dar. Unter sonographischer Einstellung des unteren Ösophagus und des Mageneingangs lässt sich bei gleichzeitiger Fütterung in der Regel sehr gut ein Reflux darstellen. Provokationsmanöver, z. B. Kopftieflage, können eine zusätzliche Hiatushernie zum Vorschein bringen. Falls der Ultraschall kein Ergebnis bringt, kann zur Sicherung der Diagnose eine **röntgenologische Untersuchung** mit Kontrastmittel durchgeführt werden. Bei Kopftieflage der Kinder werden die kontrastmittelgefüllte Kardia oberhalb des Zwerchfells sowie der Reflux von Kontrastmittel sichtbar. Eine **24-h-pH-Metrie-Messung** kann die Häufigkeit der Refluxe zahlenmäßig erfassen. Eine Ösophagoskopie ist besonders aussagekräftig, da der Grad der Entzündung und evtl. eine Gleithernie erkannt werden.

> **+ Facharztwissen:** Bei einer Ösophagitis wird Omeprazol (1 mg / kg) verabreicht.

Prüfer: Bei Vorliegen einer Hiatushernie geringen Ausmaßes ohne wesentliche Ösophagitis führen konservative Maßnahmen in 90 – 95 % zum Erfolg. Die Kinder sollten mit einer Neigung von 30° hochgelagert werden und angedickte Nahrung sowie eventuell Antazida erhalten. Liegt eine ausgeprägte Hiatushernie vor, das heißt, befindet sich mehr als ein Drittel des Magens im Thoraxraum, so sollte eine Fundoplikatio oder eine Hiatusplastik mit Gastropexie vorgenommen werden.

11.5 Hypertrophische Pylorusstenose

Fallbeispiel: Zu Ihnen kommt eine Mutter mit ihrem fünf Wochen alten Sohn. Sie berichtet, dass er seit ca. zehn Tagen immer direkt nach der Flaschenfütterung erbreche. Anfangs sei dies nur gelegentlich aufgetreten, mittlerweile werde jede Flasche, nach dem sie zur Hälfte geleert sei, wieder in „hohem Bogen" ausgebrochen. In der letzten Woche sistiere zudem die Gewichtszunahme. Sie merken unschwer, dass ich ein typisches Krankheitsbild dieses Lebensalters beschreibe. Welche Differentialdiagnosen sollte man dennoch erwägen?

Antwort: Sie beschreiben das typische klinische Bild einer hypertrophischen Pylorusstenose. Dabei sind Knaben fünfmal häufiger betroffen als Mädchen, und man beobachtet eine familiäre Häufung. Der Beginn der Erkrankung liegt in der zweiten bis vierten Lebenswoche. Die Nahrung wird **postprandial** im **Schwall oder Strahl erbrochen.** Differentialdiagnostisch muss man auch an einen systemischen Infekt bzw. an eine Gastroenteritis denken. Eine Kardiainsuffizienz mit oder ohne Hiatushernie zeigt sich eher durch schlaffes, unmittelbar nach der Geburt auftretendes Erbrechen. Eine weitere wichtige Differentialdiagnose ist das adrenogenitale Syndrom (☞ Abschn. 7.6) mit Salzverlust. Es tritt ebenfalls starkes Erbrechen auf, sodass man auch von einer „Pseudopylorusstenose" spricht. Laborchemisch zeigt sich hierbei aber im Gegensatz zur echten Pylorusstenose das Bild einer metabolischen Azidose mit Hyperkaliämie. Habituelles Erbrechen, ausgelöst beispielsweise durch Aerophagie, und eine hochsitzende Darmstenose sollten ebenfalls in Betracht gezogen werden.

✚ Seltenere Differentialdiagnosen: Hirndruck, Sepsis, Pyelonephritis, Pancreas anulare, peptisches Ulkus

✚ Berechnung der Anionenlücke durch Subtraktion der Serumwerte von Chlor und Bikarbonat von Natrium ($Na^+ - Cl^- - HCO_3^-$). Werte > 16 mmol / l: Hinweis auf Akkumulation fixer Säuren.

Prüfer: Richtig. Lassen Sie mich dennoch zu diesen häufiger auftretenden Erkrankungen noch eine seltenere Differentialdiagnose ergänzen, da hier eine Fehldiagnose fatal enden kann. So können sich verschiedene angeborene Stoffwechselerkrankungen, besonders die Organoazidurien, ebenfalls mit schwallartigem Erbrechen und Lethargie manifestieren. Die Kinder sind mit einem Erkrankungsbeginn im Alter von zwei Wochen etwas jünger und haben eine metabolische Azidose mit deutlich vergrößerter Anionenlücke.

Frage: Aber zurück zur hypertrophischen Pylorusstenose. Wie würden Sie bei diesem Kind Ihre Verdachtsdiagnose sichern?

Antwort: Neben der typischen klinischen Symptomatik ist vor allem die **Sonographie** geeignet, eine Pylorusstenose zu diagnostizieren. Es zeigt sich im Querschnitt ein verdickter Muskeldurchmesser und im Längsschnitt ein verlängerter Pyloruskanal. Sind diese Befunde eindeutig, kann auf eine weiterführende **Röntgenkontrastdarstellung** verzichtet werden. Laborchemisch zeigt sich durch den ständigen Verlust der Magensalzsäure eine **metabolische Alkalose** mit **Hypokaliämie** und **Hypochlorämie.**

Frage: Bevor Sie mit der Gerätediagnostik beginnen, sollte zunächst einmal die körperliche Untersuchung durchgeführt werden. Ein geübter Untersucher kann auch hier schon deutliche Hinweise auf einen „Py" gewinnen. Wie sehen solche Kinder typischerweise aus, und wie führen Sie die Untersuchung des Abdomens durch?

Antwort: Als Folge des Wasser- und Elektrolytverlustes können **Exsikkosezeichen** (☞ Abschn. 11.10), wie ein verminderter Hautturgor und eine eingesunkene Fontanelle sichtbar sein. Durch die insuffiziente Nahrungsaufnahme kommt es zur Reduktion der Fettpolster und somit **Gewichtsabnahme.** Die Säuglinge haben ein gequältes greisenhaftes Aussehen. Bei der Inspektion des Abdomens kann mitunter die **Magenperistaltik,** die vom linken Rippenbogen zum rechten Oberbauch verläuft, sichtbar sein. Diese lässt sich durch Fütterung von Tee provozieren. Bei dünnen Bauchdecken und entspannter Muskulatur sollte versucht werden, den verdickten Pylorus unterhalb der Leber seitlich des Rektusrandes zu tasten.

Frage: Angenommen, bei dem fünf Wochen alten Knaben bestätigt sich der Verdacht auf eine hypertrophische Pylorusstenose. Was würden Sie der Mutter therapeutisch raten?

Antwort: Mit einer Operationsletalität von unter einem Promille und einer nahezu hundertprozentigen Erfolgsquote gilt die **Pyloromyotomie nach Weber-Ramstedt** als Verfahren der ersten Wahl. Dabei wird zunächst präoperativ der Elektrolyt- und Säure-Base-Haushalt ausgeglichen und dann in Intubationsnarkose die verdickte Muskulatur durch einen Längsschnitt gespalten, ohne die Schleimhaut zu verletzen. In leichteren Fällen ohne metabolische Veränderungen kann eine konservative Therapie diskutiert werden: häufige kleine Mahlzeiten (10–12 / d), Hochlagerung, evtl. Sedierung und evtl. Gabe eines Spasmolytikums vor den Mahlzeiten.

11.6 Invagination

Fallbeispiel: Während Ihres Dienstes in der pädiatrischen Notaufnahme wird Ihnen ein acht Monate alter Junge vorgestellt, von dem der Vater berichtet, er habe plötzlich aus voller Gesundheit heraus anhaltend und sehr schrill geschrieen, außerdem mehrfach erbrochen. Was würden Sie den Vater daraufhin fragen?

Antwort: Das Alter des Kindes und der hochakute Beginn lassen mich an eine **Invagination** denken. Ich würde den Vater fragen, ob das Kind die Beine angezogen hätte, ob es auffallend blass und eventuell verschwitzt gewesen sei und ob es bis zur Ankunft in der Klinik auch eventuell symptomlose Intervalle gegeben habe.

Frage: Natürlich können auch zahlreiche andere Erkrankungen, wie z.B. eine akute Gastroenteritis mit Darmkoliken, schwerer Meteorismus, eine akute Appendizitis, Pyelonephritis, Lymphadenitis mesenterialis oder auch eine Otitis media usw., eine solche Symptomatik bieten. Dennoch freut es mich, dass Sie sofort an die Invagination gedacht haben, da sie im Gegensatz zu fast allen anderen Erkrankungen eine sofortige Diagnose mit entsprechender Therapie erfordert. Welche Ursachen für eine Invagination kennen Sie?

Antwort: Die Invagination entsteht durch Einstülpung von proximalen in distale Darmabschnitte, wobei die **ileozökale Invagination** die häufigste Form ist. Meist tritt die Invagination im zweiten Lebenshalbjahr auf, Jungen und Mädchen sind in einem Verhältnis drei zu eins betroffen. Ursächlich für eine Invagination können **Entzündungen, Polypen, Tumoren, lymphatische Plaques** sowie **Meckel'sche Divertikel** sein. Pathophysiologisch kommt es durch die aus der Invagination folgende Kompression der Mesenterialgefäße zu einem venösen Stau mit möglicher Schleimhautblutung und Übertritt von Blut ins Darmlumen. Komplikationen dieser Darmischämie sind Nekrosen, Perforationen und peritonitische Zustände.

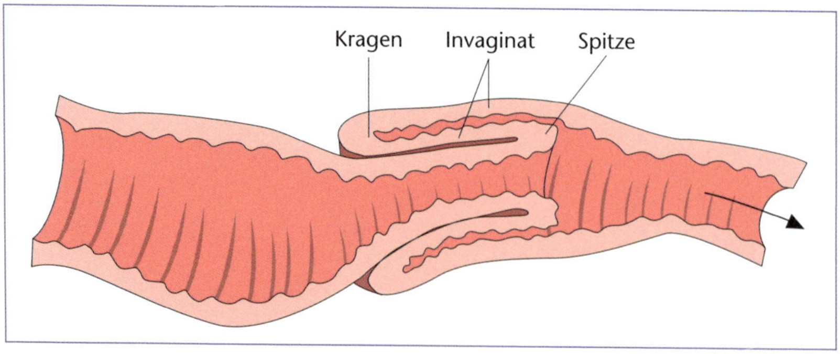

Abb. 11.3: Invagination (modifiziert nach [2])

Frage: Kommen wir noch einmal auf die klinische Untersuchung des vorgestellten Säuglings zurück. Zunächst sollten Sie Ihre gründliche Routineuntersuchung durchführen. Worauf achten Sie bei der Untersuchung des Abdomens?

Antwort: Die **Auskultation** kann sowohl spärliche als auch eine lebhafte, pendelartige Peristaltik erbringen. Beides kann ein Hinweis auf einen Ileus sein. Bei der **Palpation** des Abdomens ist das Invaginat eventuell als Walze zu tasten. Die **rektale Untersuchung** zeigt eventuell blutigen Schleim am Finger. Zu den späten Symptomen zählt rektaler Blutabgang.

Frage: Bei der Untersuchung des Säuglings finden Sie zunächst keine eindeutigen pathologischen Zeichen. Sie vermuten dennoch eine Invagination. Welche technischen Untersuchungen führen Sie durch?

Antwort: Als Erstes würde ich eine **Ultraschalluntersuchung** durchführen. Bei vorliegender Invagination zeigt sich – häufig im rechten Unterbauch – eine Kokardenstruktur. Durch eine **Abdomenleeraufnahme** im Hängen kann am Ort der Invagination eine luftfreie Zone dargestellt werden.

Frage: Tatsächlich zeigt sich bei dem Säugling eine Kokardenstruktur (so genanntes Schießscheibenphänomen) im rechten Unterbauch. Wie gehen Sie weiter vor?

Antwort: Durch rektale Kontrastmittelapplikation kann nochmals unter sonographischer Kontrolle das Invaginat eindeutig dargestellt werden. Mit zunehmender KM-Menge steigt der hydrostatische Druck und vermag das Invaginat zu lösen. Dieses Verfahren bezeichnet man als Hydrokolosonographie. Alternativ kann die **Desinvagination** auch unter **radiologischer Kontrolle** entweder durch einen Kontrastmitteleinlauf oder durch pneumatische Insufflation durchgeführt werden.

+ Bei länger bestehender oder rezidivierender Invagination sowie bei peritonitischen Zeichen erfolgt in der Regel eine Laparotomie.

11.7 Morbus Hirschsprung

Fallbeispiel: Die Schwester aus dem Neugeborenenzimmer berichtet Ihnen, bei einem vier Tage alten Kind bestünde ein stark geblähtes Abdomen. Das Kind trinke schlecht und habe mehrfach erbrochen. Außerdem habe es noch kein Mekonium abgesetzt. Woran denken Sie?

> **!** **Merke:** Mekonium sollte in den ersten 24 Lebensstunden abgesetzt werden, ansonsten muss rektal angespült werden.

✚ Ungefähr 10–15 % der Kinder mit Mukoviszidose haben als Neugeborene einen Mekoniumileus.

Antwort: Bei verzögertem Mekoniumabgang muss man differentialdiagnostisch neben angeborenen Anal- und Darmatresien auch an einen **Mekoniumileus,** wie er zum Beispiel bei einer Mukoviszidose (☞ Abschn. 12.16) auftreten kann, denken. In seltenen Fällen kann auch ein Megacolon congenitum, der so genannte Morbus Hirschsprung, die Ursache sein. Der Krankheitsbeginn manifestiert sich dabei allerdings meistens erst später.

? **Frage:** Um was für eine Krankheit handelt es sich beim **Morbus Hirschsprung?**

Antwort: Beim Morbus Hirschsprung fehlen intramurale Ganglienzellen des Plexus myentericus und des Plexus submucosus in verschiedenen Abschnitten proximal des Anus. Die Krankheit geht mit schwerer **Obstipation** und **Erbrechen** einher.

? **Frage:** Wie kommt es pathophysiologisch zu den Symptomen?

Antwort: Durch das Fehlen der Ganglienzellplexus kommt es zu einem **Überwiegen des Parasympathikus,** der zu einer **Dauerkontraktion** der betroffenen Darmabschnitte führt. Betroffen sind übrigens in 75 % das Rektum und das Sigmoid. Vor der Engstelle besteht eine massive Darmerweiterung, die der Erkrankung den Namen „Megakolon" gegeben hat.

? **Frage:** Wie sichern Sie Ihre Verdachtsdiagnose?

Antwort: Zur Diagnostik des Morbus Hirschsprung zählen neben der **Sonographie** und **Röntgendiagnostik** eine **Rektummanometrie** sowie eine **Schleimhautbiopsie.** Neben den klassischen Kolonkontrasteinläufen mit entsprechender bildgebender Röntgendiagnostik werden heute zunehmend auch **Hydrokolosonographien** zur Primärdiagnostik durchgeführt. Hierdurch lassen sich in der Regel die Engstelle oder massiven Erweiterungen recht gut darstellen. Die Manometrie dient dem Nachweis fehlender Peristaltik sowie der fehlenden Sphinkterrelaxation. Das endoskopisch gewonnene Schleimhautbiopsat wird histologisch auf die Zahl der Ganglienzellen sowie histochemisch mit einer speziellen Färbung auf den Acetylcholinesterasegehalt untersucht. Beim Morbus Hirschsprung ist dieser vermehrt.

Frage: Was veranlassen Sie nach Sicherung eines Morbus Hirschsprung?

Antwort: Die Therapie besteht in der **Resektion des aganglionären,** also funktionsuntüchtigen **Darmabschnitts.** Ich veranlasse ein kinderchirurgisches Konsil, da eine operative Therapie indiziert ist.

11.8 Zöliakie

Frage: Wie ist die **Zöliakie** definiert?

Antwort: Bei der Zöliakie handelt es sich um eine lebenslänglich bestehende **Empfindlichkeit gegenüber Gluten,** einem in bestimmten Getreidesorten vorkommenden Nahrungsprotein bzw. dessen in Alkohol löslichem Bestandteil, dem Gliadin. Durch noch nicht geklärte immunologische Vorgänge kommt es nach Aufnahme dieses Eiweißes zur **Atrophie der Dünndarmzotten** mit nachfolgender intestinaler Malabsorption. Es besteht eine familiäre Häufung sowie die Zugehörigkeit zu bestimmten Histokompatibilitätsantigenen.

Merke: ESPGAN-Kriterien der echten Zöliakie:
- typische Klinik und atrophische Mukosa, klinische Besserung auf glutenfreie Ernährung
- normale Mukosa unter glutenfreier Diät
- Schädigung der Mukosa nach erneuter Glutenbelastung

Fallbeispiel: Ich habe Ihnen das Bild eines 15 Monate alten Kindes mit der Diagnose Zöliakie mitgebracht. Erläutern Sie anhand des Bildes die typische Symptomatik dieser Erkrankung.

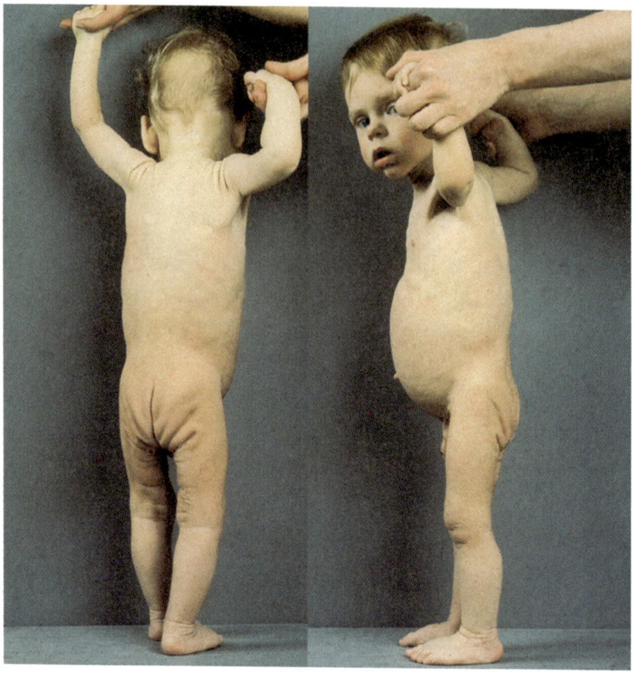

Abb. 11.4: Siehe Antwort (aus [6])

✚ Dystrophie, d.h. mangelndes Gedeihen des Kindes, ist in einigen Fällen einziges Symptom der Zöliakie.

Antwort: Der Junge zeigt eine ausgeprägte Gedeihstörung, die als Leitsymptom der Zöliakie gilt. Das subkutane Fettgewebe ist vollständig verschwunden, sodass Beine und Arme extrem dünn sind und die Haut sich in Falten legt. Man spricht auch vom Tabaksbeutelgesäß. Das Abdomen ist durch Meteorismus und flüssigkeitsgefüllte Darmschlingen ausladend. Der ernste Gesichtsausdruck des Jungen steht für ein weiteres Symptom: Unzufriedenheit und Misslaunigkeit. Der Beginn der Symptome liegt zwischen dem achten und 24. Lebensmonat nach Zugabe von Getreideprodukten zur Nahrung. Es treten Appetitlosigkeit, Gedeihstörungen und massige, übelriechende Stühle auf.

☐ ☐ ☐

? **Frage:** Welche **Symptome** treten auf Grund der **Malabsorption** auf?

Antwort: Durch die Malabsorption kommt es zur Eisenmangelanämie, zur sekundären Hypoproteinämie, zum Immunglobulinmangel und zu Hypovitaminosen. So kann der Mangel an Vitamin K zu Blutungskomplikationen führen. Die typische Symptomatik wird allerdings nur in wenigen Fällen sichtbar. Häufiger zeigen die Kinder **Gedeihstörungen,** sind also dystroph und nehmen nicht regelmäßig an Gewicht zu.

Frage: Wie wird die Diagnose Zöliakie gestellt und was raten Sie den Eltern in Bezug auf die Ernährung ihres Kindes?

Antwort: Bei Zöliakiepatienten sind die Gliadinantikörper im Blut erhöht. Wichtig für die Diagnosefindung ist die **Dünndarmsaugbiopsie** zum Nachweis der atrophischen Dünndarmzotten. Die Therapie der Zöliakie besteht in **gliadinfreier Kost.** Die Getreidesorten Weizen, Roggen, Gerste und Hafer sollten durch Mais, Reis, Hirse und Buchweizen ersetzt werden. Es gibt weiterhin eine Reihe von Lebensmitteln, in denen Gliadin versteckt vorhanden ist. Dies sind beispielsweise Süßwaren, kohlenhydrathaltige Wurstwaren, fertige Saucen und Suppen.

✚ Es werden IgG- und IgA-Ak gegen Gliadin, sowie IgA-Ak gegen Endomysium gebildet. Die Bestimmung der gewebsspezifischen Transglutaminase ist ein weiterer sensitiver Screeningparameter.

Frage: Bis zu welchem Lebensjahr muss diese Diät eingehalten werden?

Antwort: Man empfiehlt heute eine **lebenslange Diät,** da Patienten, die sich im späteren Lebensabschnitten wieder mit glutenhaltiger Nahrung ernähren, eine erhöhte Inzidenz von Darmlymphomen aufweisen.

11.9 Appendizitis

Fallbeispiel: Ihnen wird ein siebenjähriger Junge mit akuten Bauchschmerzen vorgestellt. Die Mutter berichtet, ihr Sohn habe seit dem Vortag nichts mehr essen wollen, am Morgen habe er zweimal erbrochen. Die Schmerzen seien um den Nabel herum am stärksten gewesen. Wie gehen Sie vor?

Antwort: Wichtig ist die Frage nach dem Zeitpunkt des letzten Stuhlgangs und auch nach aktuellen Durchfallerkrankungen in der Familie, da eine wichtige Differentialdiagnose die beginnende Gastroenteritis ist. Der Junge sollte zeigen, an welcher Stelle der Schmerz am stärksten ist. Anschließend würde ich bei dem Kind die axilläre und rektale Temperatur messen. Eine bestehende Obstipation, eine Differenz zwischen axillärer und rektaler Temperatur sowie die Verlagerung des Schmerzes in den rechten Unterbauch legen die Verdachtsdiagnose der akuten Appendizitis nahe. Bei der Palpation des Abdomens achte ich auf Druckschmerz, Klopfschmerz oder Loslassschmerz und eine lokale Abwehrspannung. Bei der rektalen Untersuchung weist ein druckschmerzhafter Douglasraum auf eine Appendizitis sowie ein tastbares Infiltrat auf einen Abszess hin. Bei einer **perforierten Appendix** kommt es zu einer Peritonitis mit Abwehrspannung, die bei Palpation als bretthart er Bauch imponiert.

☐ ☐ ☐
☺ 😐 ☹

? **Frage:** Was sind die nächsten Schritte zur Diagnosefindung?

Antwort: Zunächst einmal kann durch kein Verfahren die Diagnose mit Sicherheit gestellt werden. Das gilt sowohl für den Nachweis sowie für den Ausschluss einer Appendizitis. Zur Diagnostik zählt das **Differentialblutbild,** die Bestimmung des **CRP** und der **BSG,** und in jedem Fall die **Untersuchung des Urins.** Eine Leukozytose sowie ein erhöhtes CRP weisen auf einen entzündlichen Prozess hin. Bei der **Ultraschalluntersuchung** kann der Geübte häufig eine verdickte Appendix sehen.

☐ ☐ ☐
☺ 😐 ☹

? **Frage:** Das ist richtig. Was wissen Sie über die **Pathogenese der Appendizitis?**

Antwort: Ein wichtiger Faktor bei der Entstehung der Appendizitis ist eine **lokale Behinderung des Stuhltransports.** Diese kann durch eine Hyperplasie des lymphatischen Gewebes im Rahmen einer Enteritis, durch Kotsteine oder durch Fremdkörper verursacht sein. Durch die Druckerhöhung im Darmlumen kommt es zur **Ischämie der Schleimhaut** und durch Ulzera zur **Invasion von Keimen** der Kolonflora in die Appendixwand. Durch eine Perforation der Appendix, die durch Darmschlingen abgedeckt ist, entsteht der **perityphlitische Abszess,** sonst kommt es zur **diffusen Peritonitis.**

☐ ☐ ☐
☺ 😐 ☹

? **Frage:** Welche anderen Erkrankungen können akute Bauchschmerzen auslösen?

Antwort: Zu den gastrointestinalen Ursachen eines akuten Abdomens im Kindes- und Jugendalter zählen neben der Appendizitis eine **Enterokolitis** oder ein **entzündetes Meckel-Divertikel.** Eine **Lymphadenitis mesenterialis** als Zeichen einer unspezifischen intestinalen Entzündung ist eine häufige Differentialdiagnose. Auch an eine **eingeklemmte Leistenhernie** sowie die **Hodentorsion** sollte man denken. Basale Pneumonien, Otitiden und Meningitiden können mit akutem Bauchschmerz einhergehen. Weitere extraintestinale Ursachen sind Erkrankungen der ableitenden Harnwege, Hüft- und Wirbelsäulenschäden, die diabetische Ketoazidose und die Porphyrie.

☐ ☐ ☐
☺ 😐 ☹

? **Frage:** Wie wird die Appendizitis therapiert?

Antwort: Bei einer akuten Appendizitis besteht die Indikation zur **Appendektomie.** Bei diffuser Peritonitis wird das Exsudat ausgespült und eventuell eine Drainage zum Spülen gelegt. Die Patienten erhalten Antibiotika.

11.10 Akute Gastroenteritis

Frage: Welche Erreger spielen bei einer akuten Gastroenteritis eine Rolle?

Antwort: In etwa drei Vierteln der Fälle sind Viren als Ursache verantwortlich. Neben den häufig auftretenden Rotaviren kommen Adenoviren, Coxsackie- und ECHO-Viren in Frage. Unter den bakteriellen Erregern sind pathogene E.-coli-Stämme, Shigellen, Salmonellen, Yersinien und Campylobacter zu nennen.

Fallbeispiel: In die Notaufnahme kommt eine Mutter mit ihrem sechs Monate alten Säugling. Sie berichtet, dass das Kind seit dem Vortag Durchfall habe. Heute seien schon mindestens sieben sehr wässrige, stinkende, grüne Stühle abgesetzt worden. Außerdem bestehe Fieber bis 39 °C. Sie erkennen sehr schnell, dass ich die typische Anamnese der akuten Gastroenteritis beschreibe. Was möchten Sie jetzt noch von der Mutter wissen, um die Situation besser einschätzen zu können?

Antwort: Ich würde die Mutter vor allem fragen, wie das Kind normalerweise ernährt wird, und ob es diese Nahrung während der letzten Stunden noch aufgenommen habe. Von entscheidender Bedeutung ist allerdings, ob das Kind noch in ausreichender Menge getrunken hat, um so die Flüssigkeitsverluste durch die Durchfälle auszugleichen. Außerdem ist es sehr wichtig, nach dem letzten Körpergewicht zu fragen, um den **aktuellen Gewichtsverlust** beurteilen zu können.

Kriterium	leicht	mittel	schwer
Körpergewichtsverlust in % • Säuglinge • ältere Kinder	 ≤ 5 ≤ 3	 5–10 3–7	 > 10 > 7
Verlust an Extrazellularraum (ml / kg) • Säuglinge • ältere Kinder	 50 30	 100 70	 150 100
Symptome	Durst, Hautturgor vermindert, Schleimhaut trocken	Kreislauf: Blutdruckabfall, Tachykardie Niere: Oligurie	Schock, Bewusstlosigkeit

Tab. 11.1: Schweregrade der Dehydratation

☐ ☐ ☐
☺ 😐 ☹

? **Frage:** Worauf achten Sie bei der körperlichen Untersuchung?

Antwort: Zunächst sollte man den Allgemeinzustand des Kindes beurteilen. Während der allgemeinen internistischen Untersuchung gilt natürlich dem **Abdomen** das ganz besondere Interesse. Palpatorisch achtet man auf Weichheit, Abwehrspannung, Resistenzen, Druckschmerz oder eventuelle Narben. Auskultatorisch erwartet man bei der Gastroenteritis eine lebhafte plätschernde oder „quatschende" **Peristaltik.** Das Ausmaß der Dehydratation und damit des Flüssigkeitsverlustes lässt sich anhand von **Exsikkosezeichen** abschätzen: Beginnend am Kopf streicht man über die **große Fontanelle,** um so ein eventuell eingesunkenes Niveau festzustellen. Außerdem achtet man auf halonierte Augen. Bei bereits beeinträchtigter **Vigilanz** beobachtet man einen seltenen Lidschlag. Ein Blick in den Mund zeigt trockene **Schleimhäute** und häufig eine belegte Zunge. Besonders wichtig ist die Beurteilung des **Hautturgors.** Dazu nimmt man eine Hautfalte der Bauchdecke und beobachtet ihr Verstreichen, nachdem man sie losgelassen hat. Bei extremer Dehydratation zeigt sich das Bild „stehender Hautfalten". Letztlich geben **Herzfrequenz, Blutdruck** und auch das **Pulsniveau** weitere wichtige diagnostische Hinweise.

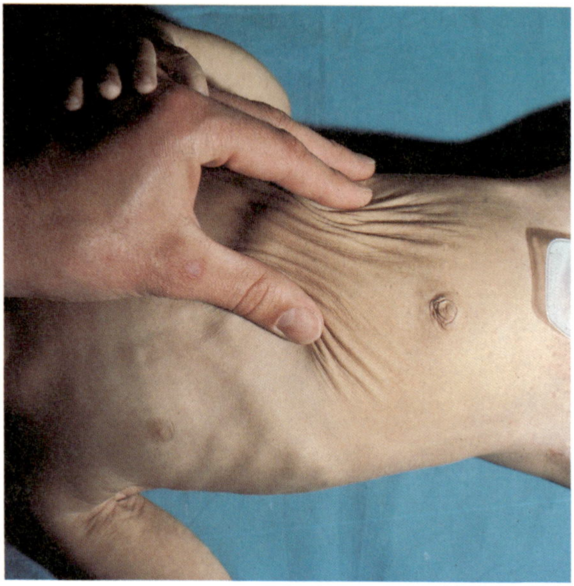

Abb. 11.5: Exsikkose im Verlauf einer Gastroenteritis bei einem neun Monate alten Säugling (aus [6])

Frage: Sie haben die wichtigsten Punkte genannt, die bei der akuten Gastroenteritis diagnostische Hinweise geben. Nebenbei bemerkt muss man selbstverständlich bei diesem Kind auch jede andere Ursache für Fieber ausschließen. Ich denke insbesondere an eine Bronchitis, einen Harnwegsinfekt oder eine Otitis media. Auch mögliche meningeale Zeichen sollten bei der Untersuchung eines solchen Kindes gesucht werden. Welche weiteren diagnostischen Methoden stehen Ihnen zur Verfügung, um das Ausmaß der Erkrankung besser einzuschätzen?

Antwort: Als nächsten Schritt würde ich Laboruntersuchungen durchführen. Ein **Differentialblutbild,** eine **Blutgasanalyse** und eine **Elektrolytbestimmung** geben entscheidende Hinweise auf den Schweregrad der Dehydratation. Außerdem würde ich das Kind wiegen, um so den Gewichtsverlust besser zu abschätzen zu können.

Frage: Ihre Untersuchungen ergeben, dass das Kind klinisch nur leicht exsikkiert wirkt, eine mäßige Leukozytose ohne Linksverschiebung besteht, die Elektrolyte ausgeglichen sind und dass in der Blutgasanalyse der Base excess −4,3 beträgt. Außerdem berichtet die Mutter, dass das Kind noch ausreichend und regelmäßig trinke. Welche Therapie empfehlen Sie?

Antwort: Ich würde **antipyretische Maßnahmen** und eine orale Rehydratation empfehlen. Hierzu sind besonders Glukose-Elektrolytlösungen geeignet. In dieser ca. sechs Stunden dauernden „**Rehydratationsphase**" erhält das Kind die Menge des geschätzten Flüssigkeitsverlustes. Bei leichter Dehydratation sind das für Säuglinge und Kleinkinder etwa 40–50 ml/kg, bei mäßiger Dehydratation etwa 60–100 ml/kg. Daran schließt sich die „**Realimentationsphase**" an. Säuglinge erhalten ihren Basisbedarf (100–120 ml/kg/d) in Form ihrer gewohnten Milchmahlzeit, initial gegebenenfalls verdünnt mit Wasser. Alternativ kann auch Reisschleim oder Karottensuppe mit der Milch gemischt werden. Ein relativ schneller Übergang zur gewohnten Kost innerhalb von zwei bis vier Tagen sollte angestrebt werden.

✚ Umsetzen auf Heilnahrung in der „Realimentationsphase" ist nicht angezeigt. Die Bezeichnung Heilnahrung ist irreführend, da sie keine kurative Wirkung besitzen.

✚ Fertigelektrolytlösungen sollten einen Natriumgehalt von 60 mmol/l und einen Glukosegehalt von 75–110 mmol/l enthalten.

Frage: So sollte die orale Rehydratation idealerweise verlaufen. Leider werden häufig die Fertigelektrolytlösungen wegen ihres schlechten Geschmacks von den Kindern nicht getrunken. Somit besteht die Gefahr, die drohende Exsikkose noch zu verstärken. In einem solchen Fall können die Kinder trinken, was sie gewohnt sind. Das Wichtigste ist, dass sie überhaupt ausreichend Flüssigkeit aufnehmen. Was aber empfehlen Sie, wenn das Kind noch voll gestillt wird?

Antwort: Gestillte Säuglinge werden auf jeden Fall ad libitum weitergestillt. Zwischen diesen Mahlzeiten werden zusätzlich orale Rehydratationslösungen in kleinen Mengen zugefüttert.

Fallbeispiel: Noch in der gleichen Nacht stellt die Mutter ihr sechs Monate altes Kind mit der akuten Gastroenteritis erneut vor. Nachdem zunächst die orale Rehydratationslösung gut toleriert wurde, erbricht das Kind jetzt fortlaufend, sodass keine Flüssigkeit mehr aufgenommen wurde. Zudem bestehen weiterhin unverändert Fieber und Durchfall. Wie gehen Sie jetzt vor?

Antwort: Jetzt muss das Kind stationär aufgenommen werden, da der ambulante orale Rehydratationsversuch gescheitert ist. Ich würde eine **erneute Labordiagnostik** veranlassen und mit der **intravenösen Infusionstherapie** beginnen.

Frage: Das ist sicher in diesem Moment die richtige Entscheidung. Welche weiteren Maßnahmen ordnen Sie an?

Antwort: Das Kind soll eine möglichst kurze **Nahrungskarenz** einhalten, außerdem sind antipyretische und antiemetische Maßnahmen wichtig. Tägliches Wiegen, Untersuchung der Stühle auf pathogene Erreger und engmaschige Elektrolytkontrollen sowie Blutgasanalysen sind weitere begleitende Maßnahmen. Nach der Nahrungspause kann mit dem langsamen oralen Nahrungsaufbau begonnen werden.

11.11 Toxikose

Frage: Was versteht man unter dem Begriff **Toxikose?**

Antwort: Dabei handelt es sich um die schwerste Form der akuten Gastroenteritis im Säuglingsalter. Kennzeichnend sind starke Dehydratation (☞ Abschn. 11.10) bzw. **Exsikkose, metabolische Azidose** und **Bewusstseinstrübung.**

Frage: Richtig, wobei der Begriff Toxikose schon die wesentlichen Merkmale aufzeigt, nämlich Verknüpfung von Exsikkose und zentralnervösen Symptomen. Welche unterschiedlichen **Formen der Dehydratation** kennen Sie?

Antwort: Pathogenetisch kommt es bei einer Dehydratation zu einem Flüssigkeits- und Elektrolytverlust. Am häufigsten gehen dabei Elektrolyte und Wasser in gleichem Verhältnis verloren. Es kommt zu einer **isotonen** Dehydratation. Laborchemisch findet sich Natrium im Normbereich zwischen 132 und 145 mmol / l. **Hypotone** Dehydratationen zeigen einen höheren Salz- als Wasserverlust. Genau umgekehrt liegen die Verhältnisse bei der **hypertonen** Dehydratation.

Kriterium	hypoton	isoton	hyperton
Serum-Natrium (mmol / l)	< 132	132 – 145	> 145
Verlust	Salz > Wasser	Wasser = Salz	Wasser > Salz
Häufigkeit	ca. 10 %	ca. 65 %	ca. 25 %

Tab. 11.2: Dehydratationstypen

Kriterium	hypoton	isoton	hyperton
Hautturgor	stark reduziert	reduziert	teigig
Herzfrequenz	starke Tachykardie	Tachykardie	leichte Tachykardie
Blutdruck	deutlich vermindert	vermindert	zunächst noch normal
ZNS	Koma, Krampfanfall	Lethargie	Unruhe, Irritabilität, Krampfanfall

Tab. 11.3: Symptome der Dehydratationstypen

Frage: Was ist denn eine akute hyperpyretische Toxikose?

Antwort: Dabei handelt es sich um eine **Sonderform der hypertonen Dehydratation,** die mit einer ausgeprägten **Schocksymptomatik** und **Fieber** von über 40 °C einhergeht. Betroffen sind oftmals ältere, gut gediehene Säuglinge. Auffällig ist, dass die Kinder initial keine eindeutigen Dehydratationszeichen zeigen. Der Hautturgor ist eher teigig, es besteht nur eine geringe Tachykardie. Im Vordergrund steht bald die foudroyant verlaufende Schocksymptomatik mit Kreislaufzentralisation und Bewusstseinstrübungen. Die Kinder wirken unruhig und weisen eine erhöhte Krampfbereitschaft auf. Differentialdiagnostische Schwierigkeiten ergeben sich dann, wenn die Durchfälle erst spät bei voll entwickeltem Krankheitsbild auftreten. Um das Ausmaß der Schocksituation zu erkennen, sind Blutdruck- und Herzfrequenzmessung bei der Primärversorgung wichtig.

Frage: Bitte erläutern Sie kurz die Grundzüge der Therapie!

Antwort: Um die akute Schocksymptomatik mit Kreislaufzentralisation zu unterbrechen, infundiert man zunächst Humanalbumin zur **Volumenexpansion.** Die metabolische Azidose wird mit **Natriumbikarbonat** gepuffert. Anschließend erfolgt die Rehydratation durch Infusionen einer **Glukose-Elekrolytlösung.** Selbstverständlich ist eine effektive antipyretische Behandlung wesentlicher Bestandteil der Therapie.

Frage: Was muss unbedingt bei der Infusionstherapie bedacht werden?

Merke: Faustregel: „Je höher das Na^+-Serum, desto mehr Na^+ in den Tropf."

Antwort: Von ganz entscheidender Bedeutung ist, dass der Natriumgehalt der Infusionslösung ausreichend hoch ist. Meist besteht eine hypertone, d.h. hypernatriämische Dehydratation. Wird diese Dehydratation allerdings durch niedrigen Natriumgehalt in der Infusionslösung zu schnell ausgeglichen, treten ungünstige Wasserverschiebungen zwischen Intra- und Extrazellularraum ein. Entsteht durch mangelnde Natriumzufuhr eine kurzfristige Hyponatriämie, kommt es durch Osmose zu einem Wassereinstrom in die Zellen. Dieses kann zu einem Hirnödem mit Krampfanfällen führen.

11.12 Hepatitis A

Frage: An aufeinander folgenden Tagen werden in der pädiatrischen Ambulanz zwei jugendliche Patienten aus einem Kinderheim mit den Symptomen Übelkeit und Erbrechen vorgestellt. Die Kinder hatten ihren Betreuern von hellem Stuhl und dunklem Urin berichtet. Wie ist Ihre Verdachtsdiagnose?

Antwort: Epidemisches Auftreten von gastrointestinalen Symptomen lässt zunächst an eine infektiöse Pathogenese denken, die Braunfärbung von Urin und heller Stuhl weisen auf eine Entzündung der Leber hin. Die Viren der Hepatitis A werden vorwiegend fäkal-oral oder über kontaminierte Nahrungsmittel übertragen, ich würde daher bei diesen Jugendlichen an eine Hepatitis A denken. Ein weiteres augenscheinliches Leitsymptom aller Leberentzündungen ist der Sklerenikterus und bei höheren Bilirubinwerten die Gelbfärbung der Haut.

Frage: Ja, richtig. Welcher Verlauf ist typisch für die Hepatitis A? **?**

Antwort: Nach einer Inkubationszeit von 15–45 Tagen kommt es zu uncharakteristischen Beschwerden wie Müdigkeit, Übelkeit, Erbrechen, Diarrhöe oder Fieber. Arthralgien sowie ein flüchtiges Exanthem können auftreten. Dieses **Prodromalstadium** dauert ca. eine Woche. Mit Beginn des **Ikterus** nehmen die Beschwerden ab und es beginnt die Krankheitsphase mit acholischem Stuhl und dunklem Urin. Manchmal besteht eine Hepatomegalie.

> ✚ Bei Kindern verläuft die Hepatitis A in > 50 % subklinisch oder anikterisch. Sie heilt innerhalb von 3–6 Wochen folgenlos aus.

Frage: Welche Laborparameter weisen auf eine akute Hepatitis hin? **?**

Antwort: Bei akuter Hepatitis können sich die Bilirubinwerte bis 15 mg/dl erhöhen. Die Transaminasen können vierstellige Werte erreichen. Auch die GLDH ist häufig erhöht. Weitere pathologische Befunde sind BSG-Beschleunigung, Leukopenie mit relativer Lymphozytose, erhöhte Gammaglobuline sowie IgM-Antikörper.

Frage: Wodurch können Sie bei Veränderung dieser Laborparameter Ihre Verdachtsdiagnose sichern? **?**

Antwort: Die Diagnose wird durch den Nachweis von **Anti-Hepatitis-A-Virus-Antikörpern** der IgM-Klasse oder dem späteren Anstieg von Anti-HAV-IgG gesichert. Der Nachweis von **Antigenen im Stuhl** ist während des Prodromalstadiums möglich, später jedoch unzuverlässig, da schon bei Beginn der klinischen Symptome keine Antigene mehr vorhanden sind.

> ✚ Die Infektiosität der Hepatitis A entspricht der Dauer der HAV-Ausscheidung mit dem Stuhl (etwa 2 Wochen vor bis 2 Wochen nach Krankheitsbeginn).

Frage: Wie therapieren Sie eine akute Hepatitis A? **?**

Antwort: Es gibt keine kausale Therapie der Hepatitis A. Symptomatische Maßnahmen sollten sich nach den jeweiligen Beschwerden der Kinder richten. Weder Bettruhe noch eine bestimmte Diät haben Einfluss auf den Krankheitsverlauf. Passive Immunisierungen mit Anti-HAV-enthaltendem Gammaglobulin werden auf Grund der nicht gänzlich auszuschließenden Infektionsgefahr mit HIV und Hepatitis B nur noch in Ausnahmefällen durchgeführt. Risikogruppen steht ansonsten eine aktive Impfung zur Verfügung.

11.13 Hepatitis B

Frage: Die Symptomatik der Virushepatitiden ist grundsätzlich nicht verschieden. Wie unterscheidet sich aber die Hepatitis B bezüglich Entstehung und Verlauf von der Hepatitis A?

✚ Hepatitis B kann bei der Geburt, durch Blutkontakt oder beim Geschlechtsverkehr übertragen werden.

Antwort: Das Hepatitis-B-Virus gehört im Gegensatz zum Hepatitis-A-Virus zur Gruppe der DNA-Viren. Es besteht aus mehreren Anteilen, der HBV-DNA, dem Oberflächenantigen Hbs-Ag, dem Hüllen-Antigen HBc-Ag und einer sekretorischen Form des HBc-Ag, dem HBe-Ag. Die Inkubationszeit der Hepatitis B beträgt 30–150 Tage und ist somit wesentlich länger als die der Hepatitis A. Die Hepatitis B verläuft in ca. **65 % asymptomatisch** und heilt bei Erwachsenen in über 90 % der Fälle vollständig aus. In ca. 10 % persistiert das Virus. Diese Patienten werden als **HBs-AG-Träger** bezeichnet. Heilt eine akute Hepatitis nicht innerhalb von sechs Monaten aus, spricht man definitionsgemäß von einer **chronischen Hepatitis.**

Frage: Im Kindesalter zeigt die Chronizitätsrate eine Altersabhängigkeit. Wie Sie schon erwähnt haben, liegt sie im Erwachsenenalter bei 10 %, im Vorschulalter bei 20–40 %, im Kleinkindesalter bei 40–60 % und tragischerweise im Säuglingsalter bei 90 %. Wie wird eine akute Hepatitis B **diagnostisch** gesichert? Gehen Sie bitte besonders auf das Verhalten von Hepatitis-Antigenen und -Antikörpern im Serum ein!

Antwort: Entsprechend der schon beschriebenen Antigene gibt es die korrespondierenden Antikörper Anti-HBs, Anti-HBc und Anti-HBe. Die Diagnose wird durch den Nachweis des **HBs-Ag** und **Anti-HBc** gesichert. In der akuten Krankheitsphase findet sich überwiegend **Anti-HBc-IgM.** Das **Anti-HBc-IgG** persistiert meistens lebenslang. Das HBc-Ag lässt sich nur histologisch in Leberzellkernen nachweisen, während die übrigen Bestandteile im Serum bestimmt werden können. Anti-HBs wird erst positiv, wenn das HBs-Ag verschwunden ist und signalisiert zusammen mit dem Anti-HBe eine Ausheilung der Hepatitis. Während des Zeitraums zwischen dem Verschwinden von HBs-Ag und der Bildung von Anti-HBs ist der Nachweis von Anti-HBc-IgM der einzige Nachweis einer akuten Hepatitis B. So lange das HBs-Ag positiv ist, besteht potentielle Infektiosität! Ein Nachweis von HBe-Ag und HBV-DNA (durch PCR) ist hinweisend auf hohe Infektiosität!

Prüfer: Das haben Sie sehr schön erklärt. Zusammengefasst gilt also Folgendes: Die **akute Infektion** oder eine **chronische Infektiosität** wird durch den Nachweis von **HBs-Ag** angezeigt. Interessiert das Ausmaß bzw. die **Höhe** der **Infektiosität,** helfen die Bestimmung von **HBe-Ag** und der **direkte Virusnachweis** (DNA) mittels PCR. Eine bereits **überstandene Hepatitis B** und auch der **Impferfolg** wird durch das **Anti-HBs** nachgewiesen. Für alle anderen Fälle nehmen Sie sich ein Titerverlaufsschema und vergleichen Ihre aktuellen Befunde.

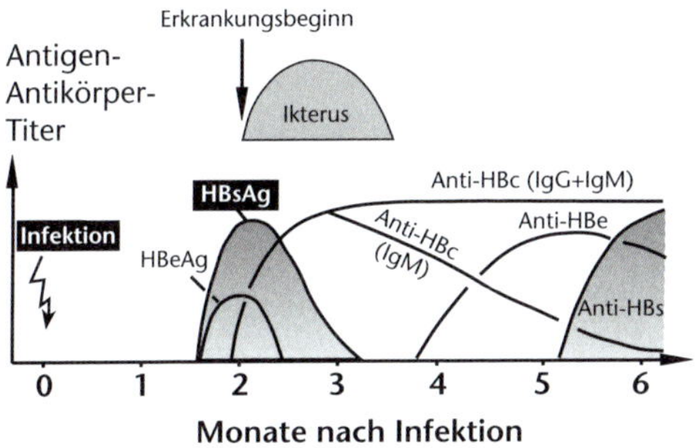

Abb. 11.6: Hepatitis-B-Kurven

Frage: Was können Sie zur Prophylaxe der Hepatitis-B-Erkrankung sagen?

Antwort: Bis zum Auftreten von HBs-Antikörpern sowie bei Persistenz des HBs-Ag sind beim Kontakt mit Hepatitis-B-Patienten **hygienische Maßnahmen** zu beachten, um die größte Infektionsgefahr, den Kontakt mit Blut oder blutkontaminierten Gegenständen, zu vermeiden. Bei Neugeborenen HBs-Ag-positiver Mütter sowie nach einer Exposition ist innerhalb von 12 h eine **Simultanimpfung** vorzunehmen. Zur aktiven Immunisierung steht ein HBs-Ag-enthaltender Impfstoff zur Verfügung. Zur **Grundimmunisierung** sind drei Injektionen erforderlich.

> **+ Facharztwissen:**
> Indikationen für Interferontherapie: histologisch aktive Hepatitis, hohe Transaminasen, niedrige Viruslast, horizontale Infektion.
> Dauer: 6 Monate;
> 3 × pro Woche 6 Mio. Einheiten / m^2 subkutan.
> Responderrate: ca. 45 %.

Prüfer: Eine chronische Hepatitis-B-Infektion ist eine schwere, lebensbedrohliche Erkrankung. Mittlerweile lässt sie sich mit einigem Erfolg mit Interferon behandeln. Die Übertragung auf ein Neugeborenes durch eine infektiöse, HBs-Ag-positive Mutter stellt ein besonderes Problem dar. Zur Reduktion der Hepatitisinzidenz wurde Hepatitis B im Januar 1996 in den Impfkalender aufgenommen (☞ Abschn. 17.9).

12 Erkrankungen der Atmungsorgane und des HNO-Bereiches

12.1 Fremdkörperaspiration

☐ ☐ ☐
☺ 😐 ☹

Fallbeispiel: In die pädiatrische Notaufnahme kommt ein Vater mit seinem 18 Monate alten, sehr ängstlich wirkenden Sohn. Das Kind ist leicht zyanotisch, es bestehen ein exspiratorischer Stridor und eine Tachypnoe. Der Vater berichtet, das Kind, das im Nachbarzimmer spielte, habe aus voller Gesundheit plötzlich zu husten angefangen und schlecht Luft bekommen. Welche Verdachtsdiagnose stellen Sie?

✚ Wegen seines steileren Abgangs aus der Trachea ist meistens der rechte Hauptbronchus betroffen.

Antwort: Die Anamnese in Zusammenhang mit den klinischen Zeichen plötzlicher Husten, Atemnot und Zyanose weist auf die Verdachtsdiagnose der **Fremdkörperaspiration** hin. Sie tritt meist im späten Säuglingsalter oder bei Kleinkindern auf. Am häufigsten werden **Erdnüsse,** kleine Spielzeugteile oder Münzen aspiriert. An weiteren Befunden können ein in- oder exspiratorischer Stridor oder auch ein abgeschwächtes Atemgeräusch mit hypersonorem Klopfschall vorliegen.

☐ ☐ ☐
☺ 😐 ☹

? **Frage:** Das ist richtig! Wie gehen Sie weiter vor?

Antwort: Zunächst würde ich eine **Röntgenthoraxaufnahme** veranlassen.

☐ ☐ ☐
☺ 😐 ☹

? **Frage:** Hier ist die von Ihnen geforderte Aufnahme. Was sehen Sie?

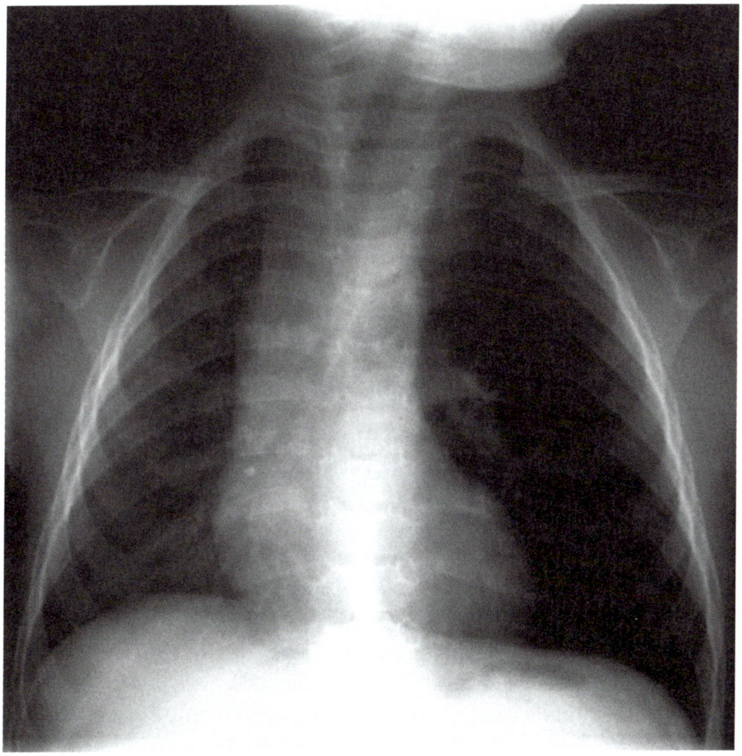

Abb. 12.1 Siehe Antwort (aus [6])

Antwort: Die linke Lunge ist deutlich transparenzgemindert im Sinne einer **Überblähung.** Demzufolge ist das Mediastinum zur rechten Seite verlagert. Dies ist das klassische Bild einer **Fremdkörperaspiration.** Der Fremdkörper führt zu einem **Ventilmechanismus** im distalen Bronchialbaum, daher die ausgeprägte Überblähung. Zur weiteren Sicherung der Diagnose ist eine in der Regel starre **Bronchoskopie** indiziert. Die Therapie besteht in der endoskopischen Extraktion des Fremdkörpers.

Frage: Kommt es nicht zu diesem ausgeprägten klinischen Bild einer Ventilbronchusstenose, bleibt das akute Aspirationsereignis häufig zunächst unbemerkt. Welche **Komplikationen** können mit einiger Verzögerung auftreten?

?

☐ ☺ ☐ 😐 ☐ ☹

Antwort: Bei unbemerkt gebliebener Aspiration kann es nach der den Anfangssymptomen folgenden Latenzphase zu rezidivierenden Fieberschüben, eitrigem Auswurf und Zyanose kommen. Röntgenologisch sieht man häufig bronchitische oder infiltrative Zeichen. In einigen Fällen treten **rezidivierende Bronchopneumonien** als Hinweis auf eine Fremdkörperaspiration auf. **Atelektasen** und **Lungenabszesse** beeinflussen die Prognose erheblich.

12.2 Tonsillitis

Frage: Welche **klinischen Zeichen** weisen auf das Vollbild einer **akuten bakteriellen Tonsillitis** hin?

> ✚ Im 1. Lebensjahr ist die Adhärenz der Streptokokken an die Rachenschleimhaut herabgesetzt, sodass eine Streptokokkentonsillitis beim Säugling selten ist.

Antwort: Die bakterielle Tonsillitis wird überwiegend durch -hämolysierende Streptokokken der Gruppe A hervorgerufen und tritt häufig im frühen Schulkinderalter auf. Der Erkrankungsbeginn vollzieht sich **plötzlich** mit **hohem Fieber, starken Schluckschmerzen** mit Nahrungsverweigerung und **Vergrößerung** der im Kieferwinkelbereich liegenden **Lymphknoten.**

Frage: Richtig. Auffällig sind zudem noch der deutlich reduzierte Allgemeinzustand und die bei Racheninspektion stark geröteten Mandeln. Sind tatsächlich β-hämolysierende Streptokokken verantwortlich, zeigt sich in der Regel ein hochrotes Enanthem im Bereich des weichen Gaumens. Eine eitrige Tonsillitis kann aber auch durch andere Erreger, wie z.B. Pneumokokken, hervorgerufen werden. Können Sie mir sagen, wie Sie in der Praxis eine bakterielle Tonsillitis von einer viralen Angina unterscheiden?

> ✚ **Angina lacunaris:** entzündete Mandeln mit länglichen gelben Streifen, **Angina follicularis:** mit punktförmigen Stippchen

Antwort: Rein klinisch gesehen ist es nicht immer möglich, eine virale Tonsillitis von einer bakteriellen Angina zu unterscheiden. Die follikulären oder lakunären Beläge sind zwar sehr verdächtig auf eine Streptokokkeninfektion, können jedoch auch bei einer viralen Tonsillitis vorkommen. Für einen **viralen Infekt** spräche die **Beeinflussung mehrerer Organe,** zum Beispiel in Form einer **Rhinitis** oder **Diarrhöe.**

Prüfer: Das Vollbild einer Streptokokkenangina mit hochrotem Enanthem im Bereich des weichen Gaumens ist eine Blickdiagnose und bedarf keiner weiteren Diagnostik. Bei allen untypischen Verlaufsformen oder frühen Stadien kommt ein **Streptokokkenschnelltest** zum Einsatz. Der Schnelltest beruht auf dem direkten Nachweis des Streptokokken-A-Kohlenhydratantigens. Ferner sprechen erhöhte BSG und Leukozytose für einen Streptokokkeninfekt. Der Erregernachweis in der Bakterienkultur und der Anstieg des Antistreptolysintiters könnten die Diagnose bestätigen, haben in der Praxis jedoch keine Bedeutung. Eine Unterscheidung zum Scharlach ist im frühen Stadium nicht möglich.

Frage: Welche therapeutischen Konsequenzen hat die Diagnose einer bakteriellen Angina tonsillaris?

Antwort: Da es bei dieser Infektion zu Komplikationen wie einer tonsillogenen Sepsis oder einem Peritonsillarabszess kommen kann, und da nach einer Streptokokken-Angina die Folgekrankheiten akute Glomerulonephritis und rheumatisches Fieber auftreten können, ist eine **zehntägige Penicillintherapie** angezeigt. Man therapiert oral drei- bis viermal täglich mit einer Gesamtmenge von 100 000 I.E. / kg pro Tag. Zusätzlich sollte man den Eltern empfehlen, den Kindern viel Flüssigkeit anzubieten und sie mit Kamillen- oder Salbeitee gurgeln zu lassen.

✚ Alternative zur 10-tägigen Penicillintherapie: 5 Tage Loracarbef oder Erythromycin-estolat

Frage: Wann besteht die **Indikation zur Tonsillektomie,** und welche **Komplikationen** können auftreten?

Antwort: Die Indikation sollte kritisch gestellt werden. Sie ist Therapie der Wahl bei **chronischer Tonsillitis,** die als das Auftreten von mehr als drei akuten bakteriellen Anginen innerhalb eines Jahres definiert ist. Eine Tonsillektomie sollte in diesem Fall nicht vor Ablauf des dritten Lebensjahres erfolgen. Weitere Indikationen sind der **retro-** sowie **paratonsilläre Abszess** und die **Tonsillenhyperplasie,** die zu Atemwegsobstruktion mit nächtlicher Hypoxämie und pulmonaler Hypertonie (OSAS) führen kann.

✚ **Facharztwissen:** OSAS = obstruktives Schlafapnoe-Syndrom, verursacht durch Tonsillen- und Adenoidhyperplasien, Diagnose durch Schlaflaboruntersuchung

Prüfer: Die Indikation zur Tonsillektomie wird in der Regel von den HNO-Ärzten häufiger als von den Pädiatern gestellt. Eine Entfernung der Tonsillen schützt das Kleinkind nicht vor erneuten Infekten, sondern stellt theoretisch sogar eine Verschlechterung der Infektabwehr durch Herausnahme dieses lymphatischen Organs dar.

Merke: klinische Unterscheidung verschiedener Tonsillopharyngitisformen:
- **Tonsillopharyngitis bei Mononukleose:** Rötung und Schwellung der Tonsillen mit flächenhaften grau-weißen Belägen, die die Tonsillen nicht überschreiten. Petechien an Gaumen und Uvula.
- **eitrige Tonsillopharyngitis:** Rötung und Schwellung der Tonsillen mit punktförmigen Eiterstippchen auf den Tonsillen.
- **Streptokokken-Angina:** Rötung und Schwellung der Tonsillen mit und ohne Eiterbelägen, charakteristisch ist das hochrote Enanthem im Bereich des weichen Gaumens / Uvula (Blickdiagnose!).
- **Scharlach:** Streptokokken-Angina (s. o.) mit typischem Hautausschlag, Himbeerzunge usw.

12.3 Adenoide

Frage: Sie kennen den Begriff der „Mandelentzündung". Meiner Meinung nach ist dieser Begriff nicht ganz korrekt. Können Sie sich vorstellen, warum?

✚ Vereinfachte Pathogenese: Adenoide → Tubenbelüftungsstörung → seröser Erguss im Mittelohr → durch chronische Entzündungsreaktion → muköser Erguss im Mittelohr → Schallleitungsschwerhörigkeit

Antwort: Bei dem Begriff Mandelentzündung kann es zu Missverständnissen kommen, da es neben den Gaumenmandeln, den Tonsillae palatinae, noch die Rachenmandel, die Tonsilla pharyngea, gibt, deren Hyperplasie im Volksmund als Polypen bezeichnet wird. Die **Rachenmandelhyperplasie,** die meist im Kleinkindesalter vorkommt, ist Ausdruck eines aktiven Immunsystems und tritt besonders nach rezidivierenden Entzündungen auf. Die Wucherungen der Rachenmandel bezeichnet man auch als adenoide Vegetationen.

Frage: Wodurch fallen die Kinder auf?

✚ Anhaltende Paukenergüsse führen über eine Schallleitungsschwerhörigkeit zu einer Störung des Spracherwerbs.

Antwort: Durch Verlegung des Nasenrachenraums kommt es bei den Kindern zu chronisch **behinderter Nasenatmung** mit typischem offenstehendem Mund, der ihnen oft einen etwas „dümmlichen" Gesichtsausdruck verleiht. Die Kinder schnarchen und schlafen schlecht, was zu Konzentrationsstörungen und schneller Ermüdbarkeit führt. Die Belüftungsstörung der Ohrtuben verursacht **rezidivierende Mittelohrentzündungen,** chronische Paukenhöhlenergüsse und eine Schallleitungsschwerhörigkeit.

Frage: Wie sehen Diagnose und Therapie aus?

Antwort: Die Diagnose erfolgt klinisch und durch Spiegelung des Nasenrachenraums. Die Rachenmandel verdeckt als weiches gelapptes rötliches Gebilde die Choanen und bei starker Hyperplasie die Tubenöffnungen. Die Therapie besteht in der operativen Entfernung der Rachenmandel, der so genannten **Adenotomie,** häufig in Verbindung mit einer Parazentese oder Einlage von Paukenröhrchen.

12.4 Otitis media

Frage: Welches sind die **häufigsten Erreger** der Otitis media?

Antwort: Die häufigsten Erreger der Otitis media, die vor allem Säuglinge und Kleinkinder betrifft, sind **Pneumokokken, Haemophilus in-**

fluenzae, Streptokokken und besonders bei jungen Säuglingen die **Staphylokokken.** Viren können als alleinige Erreger oder als Wegbereiter einer bakteriellen Otitis media auftreten.

Frage: Welche **klinischen Zeichen** treten bei einer Otitis media auf? **?**

☐ ☺ ☐ 😐 ☐ ☹

Antwort: Die bakterielle Otitis media beginnt plötzlich mit **starken Ohrenschmerzen** und **hohem Fieber.** Die Kinder fassen sich häufig ans Ohr, und es besteht der klassische Tragusdruckschmerz. Bei Säuglingen imponieren häufig auch Trinkschwierigkeiten und Durchfälle.

✚ Viral verursachte Otitis media: meist beidseitig, bakteriell bedingte Form: einseitig

Frage: Können Sie uns den **otoskopischen Befund** bei der Otitis media beschreiben? **?**

☐ ☺ ☐ 😐 ☐ ☹

Antwort: Bei der Otoskopie stellt sich das **Trommelfell** häufig mit **deutlicher Gefäßzeichnung** dar. Der typische **Lichtreflex fehlt,** und bei schon fortgeschrittener Otitis ist das Trommelfell **hochrot.** Eine Vorwölbung des Trommelfells wird durch einen Paukenerguss hervorgerufen.

Frage: Wie würden Sie bei einer gesicherten Otitis media therapieren? **?**

☐ ☺ ☐ 😐 ☐ ☹

Antwort: Schon bei Verdacht auf eine bakterielle Otitis wird über sieben Tage **antibiotisch** mit Amoxicillin oder Cephalosporin sowie mit **abschwellenden Nasentropfen** therapiert, da sich sonst eine Mastoiditis mit der Gefahr einer Innenohrschädigung bilden kann.

Frage: Welche weiteren **Komplikationen** sind Ihnen bekannt? **?**

☐ ☺ ☐ 😐 ☐ ☹

Antwort: Die Komplikationen einer akuten Otitis media sind durch die Ausbreitung der lokalen Entzündung gegeben, also insbesondere die **Mastoiditis, Labyrinthitis, Meningitis** oder im Extremfall eine **Sinusvenenthrombose.**

Prüfer: Nach einer akuten Otitis mit entsprechender antibiotischer Therapie besteht häufig über vier bis sechs Wochen noch ein Paukenerguss. Dann sollte die Flüssigkeit aber aus dem Mittelohr resorbiert sein, da sie ansonsten neben der passageren Schallleitungsstörung ein Risiko für eine erneute Infektion darstellt. Entsteht – begünstigt durch Adenoide – ein zähflüssiger Erguss im Sinne eines **Seromukotympanons,**

kann oftmals erst eine Adenotomie mit Parazentese oder Einlage von Paukenröhrchen das Verschwinden des Ergusses bewirken.

12.5 Stridor congenitus

Frage: Eine Mutter berichtet Ihnen, dass bei ihrem zehn Monate alten Säugling während der Einatmung besonders in Rückenlage ein ziehendes, juchzendes Begleitgeräusch besteht. An welche Differentialdiagnosen denken Sie?

Antwort: Das beschriebene Begleitgeräusch der Atmung, der so genannte Stridor, entsteht bei Verengungen der Atemwege. Ein Stridor, der sich auf die Inspiration beschränkt, tritt auf bei Einengung der Atemwege außerhalb des knöchernen Thorax. Häufigste Ursache für einen in der Neugeborenenzeit aufgetretenen Stridor ist die **Laryngomalazie** oder die **Tracheomalazie.** Beides wird verursacht durch abnorm weiches Knorpelgewebe. Der **Stridor congenitus** entsteht durch inspiratorischen Kollaps des Kehlkopfes (Larynx). Bei der Tracheomalazie fällt die weiche Vorderwand der Trachea nach hinten.

Frage: Was würden Sie dieser Mutter raten?

Antwort: Bei Vorliegen einer **Tracheomalazie** sind **Sekretolyse** und **abschwellende Maßnahmen** gelegentlich hilfreich. In ausgeprägten Fällen sollten Kompression der Trachea von außen, Fehlbildungen des Kehlkopfes sowie eine Erkrankung der Tonsillen sonographisch, radiologisch und endoskopisch ausgeschlossen werden.

Prüfer: Liegt eine Laryngo- oder Tracheomalazie vor, verschwindet der Stridor mit zunehmender Steifheit des Knorpelgerüstes ohne weitere Maßnahmen. Nur ganz selten sind die Verlegungen der Atemwege derart dramatisch, dass rezidivierende Zyanoseattacken weitere therapeutische Maßnahmen, wie z.B. die vorübergehende Anlage eines Tracheostomas, erfordern. Ist die Ursache eines Stridor congenitus gänzlich unklar, muss weitere Diagnostik erfolgen. Die wichtigste Untersuchung bei einem unklaren Stridor ist neben der Sono- und Echokardiographie der Röntgen-Breischluck. Hier können Impressionen der Trachea aufgedeckt werden. Bei weiter bestehendem Verdacht führt man als nächsten Schritt eine diagnostische Bronchoskopie durch, um mediastinale Gefäßfehlbildungen auszuschließen, die für die Kompression der Trachea verantwortlich sein können. Diese aberrierenden Gefäße zeigen sich bronchoskopisch als Pulsationen der Trachealwand.

12.6 Choanalatresie

Frage: Die Choanalatresie ist ein angeborener membranöser oder knöcherner Nasenverschluss, der bei ca. 0,04 % der Neugeborenen auftritt. Die beidseitige Choanalatresie ist lebensbedrohlich, weil Säuglinge fast ausschließlich durch die Nase atmen. Unmittelbar nach der Geburt kann es zu Zyanoseattacken und zu einem CO_2-Anstieg kommen. Wie stellen Sie die **Diagnose einer Choanalatresie?**

Antwort: Die Verdachtsdiagnose wird nach einem **Sondierungsversuch** mit unterschiedlich dicken Magensonden gestellt und gegebenenfalls mittels seitlicher Röntgenaufnahme mit Kontrastmittelfüllung der Nase bestätigt.

✚ Die einseitige Atresie ist fünfmal häufiger als die beidseitige und fällt in den ersten Lebenswochen durch eine chronische Rhinitis auf.

Frage: Wie sieht die Therapie einer doppelseitigen Choanalatresie aus?

Antwort: Primärmaßnahmen sind das sofortige Einlegen eines Güdel-Tubus und die nachfolgende Intubation. In einem zweiten Schritt wird dann der membranöse Verschluss eröffnet und mit einem Kunststoffröhrchen offengehalten. Häufig sind nach Entfernung der Röhrchen wiederholte Bougierungen über Monate erforderlich, um einen Wiederverschluss der Choanen zu verhindern.

12.7 RSV-Infektion

Frage: Besonders bei jungen Säuglingen kann es zu einer sehr bedrohlichen obstruktiven Ventilationsstörung kommen, die vor allem die peripheren Bronchialabschnitte betrifft. Können Sie sich vorstellen, an welche Erkrankung ich denke?

Antwort: Durch eine **RS-Virusinfektion** kann es bei Säuglingen zu einer ausgeprägten Bronchitis und damit zu einer **hochgradigen obstruktiven Ventilationsstörung** mit Verschluss der Bronchiolen kommen, was als Bronchiolitis obliterans bezeichnet wird. Hinweis auf dieses Krankheitsbild ist eine Verschlechterung des Allgemeinzustands mit **Tachypnoe** und **Trinkschwäche.** Liegt bereits eine ausgeprägte Überblähung vor, ist das Atemgeräusch leise, abgeschwächt („silent chest"). Gelegentlich hört man **feinblasige Rasselgeräusche.** Steht die Obstruktion im Vordergrund, hört man einen inspiratorischen **Stridor.** Es können

✚ Risikofaktoren für die Entstehung einer Bronchiolitis obliterans: Frühgeburtlichkeit, bronchopulmonale Dysplasie, Vitien, schwere Allgemeinerkrankungen

Nasenflügeln und **interkostale Einziehungen** beobachtet werden. Auskultatorisch liegt überwiegend exspiratorisches **Giemen** vor.

☐ ☐ ☐
☺ 😐 ☹

? **Frage:** Sie haben die klinischen Zeichen einer Bronchiolitis eindrucksvoll geschildert. Mittlerweile steht ein relativ zuverlässiger RSV-Schnelltest zur Verfügung, mit dessen Hilfe die Viren im Nasopharyngealsekret nachgewiesen werden können. Welche therapeutischen Maßnahmen veranlassen sie bei einem solchen Kind?

✚ Die inhalative oder systemische Applikation des Virostatikums Ribavirin bleibt Sonderfällen vorbehalten.

Antwort: In erster Linie ist die Therapie einer Bronchiolitis symptomatisch. Das heißt, sie besteht in einer **Überwachung der Säuglinge** durch Herzfrequenz- und Sauerstoffmonitoring, Flüssigkeits- und Elektrolytausgleich sowie der Verabreichung von **Expektoranzien.** Im Vordergrund der Behandlung steht die **regelmäßige Inhalationstherapie** mit β-Sympathomimetika (z.B. Sultanol®) und Parasympatholytika (z.B. Atrovent®), gegebenenfalls unter konsequenter Sedierung der Kinder. Bei besonders schweren Fällen bedarf es einer Sauerstoffzufuhr oder einer mechanischen Beatmung. Steroide und Antibiotika sind wirkungslos.

Prüfer: Für spezielle Risikokinder, d.h. Frühgeborene mit einer bronchopulmonalen Dysplasie, steht zudem eine winterliche Impfprophylaxe durch monatliche Gabe von Immunglobulinen zur Verfügung.

12.8 Pierre-Robin-Sequenz

☐ ☐ ☐
☺ 😐 ☹

? **Frage:** Kennen Sie einen Fehlbildungskomplex des oberen Respirationstraktes, der unmittelbar nach der Geburt zu lebensbedrohlicher Atemnot führen kann und welchen Sie in aller Regel bei einem Neugeborenen auf den ersten Blick erkennen können?

✚ Unterscheide: Syndrom / Symptomkomplex, d.h. Gruppe von gleichzeitig zusammen auftretenden Krankheitszeichen. Sequenz: Aufeinanderfolge von Symptomen, die sich gegenseitig bedingen: Durch die Gaumenspalte fehlt der Zunge das Widerlager, sie fällt zurück, der Unterkiefer bleibt hypoplastisch.

Antwort: Zu den angeborenen Fehlbildungen der Atemwege fällt mir die **Pierre-Robin-Sequenz** ein, die einem durch die auffällige Fazies meist sofort ins Auge springt. Bei dieser Krankheit besteht eine Kombination von medianer **Gaumenspalte, retroponiertem hypoplastischem Unterkiefer** und **Glossoptose,** dem Zurückfallen der Zunge. Die Zunge gleitet in die Gaumenspalte und verlegt den Nasen-Rachen-Raum. Es kommt zur Atembehinderung und zu lebensbedrohlichen Zyanoseattacken.

Frage: Ja, richtig. Die Pierre-Robin-Sequenz tritt zwar selten auf, trotzdem sollte man bei Atemnot von Säuglingen differentialdiagnostisch daran denken. Im Notfall genügen häufig die Inspektion der Mundhöhle und das Hervorholen der Zunge mit zwei Fingern. Können Sie sich vorstellen, wie man weiter vorgeht?

Antwort: Ja, man sollte die Gaumenspalte operativ verschließen.

Prüfer: Das ist natürlich richtig. Bis dahin allerdings wird das Zurückgleiten der Zunge durch überwiegende Bauchlagerung mit entsprechender Herzkreislauf- und Sauerstoffüberwachung vermieden. Eine in den ersten Lebenstagen individuell angepasste Gaumenplatte wird dann konsequent das Zurückfallen der Zunge verhindern. Früher war man häufig zur Fixation der Zunge durch eine Naht am Unterkiefer gezwungen. Es gibt jedoch auch Mund-Kiefer-Gesichtschirurgen, die ohne Gaumenplatte arbeiten. In schwierigen Fällen mit rezidivierenden schweren obstruktiven Apnoen sind gelegentlich bei Neugeborenen Intubation und Beatmung und bei älteren Kindern die Anlage eines Tracheostomas notwendig.

+ Ernährung zunächst über nasogastrische Sonde, bei gut angepasster Platte auch orale Fütterung. Im Verlauf der ersten Lebensjahre werden je nach Befund Lippen, weicher Gaumen und harter Gaumen durch i.d.R. mehrzeitige Operationen verschlossen.

12.9 Pneumothorax

Frage: Welche **Ursachen** für einen Pneumothorax sind Ihnen bekannt?

Antwort: Der Pneumothorax ist definiert als das Eindringen von Luft in den Pleuraspalt. Man unterscheidet zwischen offenem und geschlossenem Pneumothorax. Ein **geschlossener Pneumothorax** kann zum Beispiel bei einer **gedeckten Lungenverletzung** mit oder ohne Rippenfraktur entstehen. Weiterhin führen eine Druckerhöhung in den Alveolen bei **künstlicher Beatmung** oder im Rahmen eines **Asthmaanfalls** sowie das **Einreißen von Emphysemblasen** zum geschlossenen Pneumothorax. Ursachen für einen **offenen Pneumothorax** sind **perforierende Verletzungen der Thoraxwand.** Iatrogen kann bei **Arteria-subclavia-** oder **Pleurapunktionen** ein Pneumothorax verursacht werden.

Frage: Was versteht man unter einem **Spannungspneumothorax?**

Antwort: Der Spannungspneumothorax kann beim offenen und auch beim geschlossenen Pneumothorax vorliegen. Gemeint ist, dass infolge eines **Ventilverschlusses** mit jedem Atemzug Luft in den Pleuraraum strömt und nicht entweichen kann. Der Überdruck nimmt ständig zu. Das Mediastinum ist kontinuierlich und meist extrem zur gesunden Seite verlagert.

☐ ☐ ☐
☺ 😐 ☹

? **Frage:** Beschreiben Sie die typische Klinik bei Vorliegen eines Pneumothorax! Wie ist der palpatorische und auskultatorische Untersuchungsbefund?

Antwort: Patienten mit Pneumothorax klagen über **plötzlichen intrathorakalen Schmerz.** Es bestehen ein **trockener Husten, Tachypnoe,** eventuell eine **Zyanose** und **Jugularvenenstauung.** Auskultatorisch finden sich auf der betroffenen Seite ein vermindertes Atemgeräusch und ein hypersonorer Klopfschall. Der Spannungspneumothorax führt des Weiteren zu kontinuierlich zunehmender **Atemnot.**

☐ ☐ ☐
☺ 😐 ☹

? **Frage:** Mit welchem bildgebenden Verfahren erkennen Sie den Pneumothorax am besten?

Antwort: In der **Röntgenthoraxaufnahme** ist eine teilweise oder vollkommen kollabierte Lunge sichtbar. Auf der betroffenen Seite fehlt die Lungengefäßzeichnung, und man erkennt die hohe Transparenz durch eine teilweise oder vollkommene Aufhellung der Aufnahme. Bei der **Durchleuchtung** ist entweder eine Mediastinalverschiebung mit der Atmung, das so genannte Mediastinalflattern, oder eine konstante Verschiebung des Mediastinums und eine Kompression der gesunden Lunge beim Spannungspneumothorax zu sehen.

☐ ☐ ☐
☺ 😐 ☹

Fallbeispiel: Zu Ihnen wird ein zwölfjähriger Junge gebracht, der beim Schulsport über plötzliche Atemnot geklagt hat. Zudem sei ein heftiger Hustenreiz aufgetreten. Die klinische Untersuchung gibt Hinweise auf einen Pneumothorax. Die Röntgenthoraxaufnahme sichert die Diagnose. Wie gehen Sie weiter vor?

Antwort: Bei einem kleinen **Mantelpneumothorax** reicht die Beobachtung unter stationären Bedingungen, da dieser sich spontan zurückbilden kann. Beim **Spannungspneumothorax** sollte unverzüglich zur Entlastung eine Punktion des Pleuraraums erfolgen. Dazu eignet sich der 2. Interkostalraum medioklavikulär sowie der 5./6. Interkostalraum der vorderen Axillarlinie. Anschließend wird eine **Bülau-Saugdrainage** mit Sog angelegt. Nach einigen Tagen wird der Sog abgestellt und durch Röntgenthoraxaufnahmen überprüft, ob der Pneumothorax weiterhin besteht. Wenn das der Fall ist, muss die Drainage fortgesetzt werden. Nur in seltenen Fällen ist die operative Therapie indiziert. Beim **offenen Pneumothorax** ist ein luftdichter Verband anzulegen und das verletzte Kind auf die betroffene Seite zu lagern. Der operative Verschluss sollte umgehend erfolgen.

12.10 Pneumonien

Fallbeispiel: Während Ihres Dienstes in der Ambulanz einer Kinderklinik wird Ihnen ein dreijähriger Junge mit 40,5 °C Fieber vorgestellt. Nach Aussage der Eltern sei der Junge seit einer Woche erkältet, seit dem Vortag habe er über Bauchschmerzen geklagt. Beim Ausziehen des Kindes fallen Ihnen eine beschleunigte Atmung mit Nasenflügeln und juguläre Einziehungen auf. Auskultatorisch zeigen sich über den rechten basalen Lungenabschnitten feinblasige Rasselgeräusche. Woran denken Sie, und welche Untersuchungsbefunde erwarten Sie?

Antwort: Das hohe Fieber und die bestehende Tachydyspnoe zusammen mit dem Auskultationsbefund weisen in erster Linie auf eine Pneumonie hin, die entweder primär viral mit bakterieller Superinfektion oder als primär bakterielle Pneumonie aufgetreten ist. Die Bauchschmerzen können auf eine Mitreaktion abdomineller Lymphknoten zurückzuführen sein. Weiterhin typisch ist die **erhöhte Atemfrequenz,** auskultatorisch bestehen bei einer typischen bakteriellen Pneumonie inspiratorische, feinblasige, klingende, ohrnahe **Rasselgeräusche.** Der **Klopfschall** ist abgeschwächt, gelegentlich findet man Bronchialatmen. Auf der Röntgenthoraxaufnahme lassen sich **pneumonische Infiltrate** nachweisen.

Frage: Bevor wir über Diagnose und Therapie der Pneumonie sprechen, nennen Sie uns doch bitte noch die **Einteilung der Pneumonien** in verschiedene Gruppen!

Antwort: Bei der Einteilung nach Lokalisation und Röntgenmorphologie unterscheidet man zwischen der Bronchopneumonie und der Segment- oder Lappenpneumonie. Ferner gibt es die interstitiellen Pneumonien, die auch als atypische Pneumonien bezeichnet werden. Sinnvoll erscheint eine weitere Einteilung nach dem Lebensalter oder dem Erregerspektrum. Diese Einteilungen greifen ineinander über, da in bestimmten Altersklassen bestimmte Erreger vorrangig gefunden werden. Die **Neugeborenenpneumonien** werden meistens peripartal erworben und durch Streptokokken der Gruppe B, aber auch durch alle anderen Spitalkeime (Klebsiellen, Staphylococcus aureus, Listerien) hervorgerufen. Bei **Säuglingen** und **Kleinkindern** ist die Pneumonie häufig viraler Genese mit bakterieller Superinfektion. Als bakterielle Erreger finden sich Pneumokokken und Haemophilus influenzae. **Immungeschwächte Kinder** sind durch Pilz- oder Pneumozystispneumonien gefährdet.

+ Im **Schulkindalter** sollten immer auch Mykoplasmen bei der Auswahl des Antibiotikums (Makrolid) in Betracht gezogen werden, da in diesem Alter gehäuft Mykoplasmenpneumonien auftreten.

Frage: Ja, richtig, an eine Pneumonie durch **Pneumocystis carinii** ist natürlich nicht nur bei Erwachsenen zu denken. Was wissen Sie denn über diese Pneumonie?

Antwort: Die Pneumonie wird, wie Sie schon sagten, durch den ubiquitär vorkommenden Erreger Pneumocystis carinii hervorgerufen. Sie tritt als gefährliche **opportunistische Infektion** auf bei Patienten, die Immunsuppressiva erhalten, HIV-infiziert sind oder unter einer schweren konsumierenden Krankheit leiden. Hinweise auf eine Pneumocystispneumonie sind subfebrile Temperaturen, ein unproduktiver Husten sowie Dyspnoe bis zur Zyanose. Da das Röntgenbild lange unauffällig ist, werden die Symptome häufig fehlgedeutet. Der Erregernachweis erfolgt mittels **Bronchiallavage,** eventuell auch durch serologische Tests. Die Therapie wird mit **Cotrimoxazol** oder **Pentamidin** durchgeführt. Beide Substanzen können nach Abklingen der Symptome und Rückgang der röntgenologischen Zeichen als inhalative oder orale Rezidivprophylaxe dienen.

✚ Treten röntgenologische Zeichen auf, so handelt es sich meist um eine feinretikuläre Zeichnung mit Fleckschatten. Außerdem können Atelektasen mit Verlegung kleiner Bronchien auftreten.

Frage: Jetzt aber noch einmal zurück zur allgemeinen Diagnostik. Wie gehen Sie vor?

Antwort: Die klinischen Zeichen einer Pneumonie sind vom Neugeborenen- bis zum Kleinkindesalter sehr unterschiedlich und reichen vom asymptomatischen Zustand bis zum schweren Atemnotsyndrom. In dieser Altersgruppe gibt die **Röntgendiagnostik** entscheidende Hinweise für die Diagnose. Bei älteren Kindern lässt sich die Diagnose oft durch typische **klinische Zeichen** wie eine Klopfschalldämpfung, Bronchialatmen oder feinblasige klingende Rasselgeräusche stellen. Leukozytose, CRP-Anstieg und positive Blutkulturen sind typisch für bakterielle Pneumonien, negative Befunde bei diesen Parametern schließen eine Pneumonie jedoch nicht aus.

Frage: Wie therapieren Sie die Pneumonie?

Antwort: Neben der spezifischen Therapie, die vom Erreger der Pneumonie abhängt, gibt es eine Reihe **symptomatischer Maßnahmen,** die hilfreich sind. Hierzu zählen fiebersenkende Maßnahmen wie Wadenwickel, der Einsatz von Paracetamol oder Ibuprofen. Die Kinder sollten außerdem genügend Flüssigkeit erhalten. Zur besseren Sekretentleerung dienen Klopfmassagen sowie Medikamente wie N-Acetylcystein oder Ambroxol. Inhalationen mit physiologischer Kochsalzlösung fördern die Sekretolyse. Der Einsatz der **Antibiotika** erfolgt nach den für die bestimmten Altersgruppen wahrscheinlich auftretenden Erregern. Bei Verdacht auf Pneumokokken oder Haemophilus influenzae sind Cephalosporine und Amoxicillin Mittel der Wahl. Eine Mykoplasmenpneumonie wird durch Makrolide (Erythromycin, Clarithromycin) therapiert. Die Staphylokokkenpneumonie sollte mit penicillinasefesten Penicillinen, zum Beispiel mit Oxacillin, behandelt werden.

12.11 Infektkrupp

Fallbeispiel: Sie werden nachts zu einem zweijährigen Kind gerufen. Die aufgeregte Mutter berichtet, dass das Kind eigentlich nur leicht erkältet sei und jetzt plötzlich durch einen lauten trockenen Husten und Heiserkeit auffiele. Sie finden einen im Bett liegenden, auffällig wenig beeinträchtigten Jungen mit deutlichem in- und exspiratorischem Stridor. Sie beobachten eine etwas angestrengte Atmung und leichte epigastrische Einziehungen. Welche Diagnose stellen Sie?

Antwort: Der Stridor legt nahe, dass es sich offensichtlich um eine akute, entzündlich bedingte Stenosierung der oberen Luftwege handelt. Je nach anatomischer Lokalisation dieser Stenosierung unterscheidet man die **subglottische Laryngotracheitis** und die **supraglottische Epiglottitis.** Die erste Verdachtsdiagnose muss hier Laryngotracheitis lauten, die man auch als Infektkrupp oder Pseudokrupp bezeichnet. Es handelt sich um eine meist durch Viren ausgelöste, akute Schleimhautschwellung des subglottischen Raumes. Aufgrund der anatomischen Engen sind bevorzugt Kinder im Alter von ein bis drei Jahren betroffen. Typisch ist das Auftreten in der Nacht nach banalem Infekt mit „bellendem“ Husten, Heiserkeit und Stridor.

tipp Eine typische Krankengeschichte. Die wichtigsten Erreger sind RS-, Parainfluenza- und ECHO-Viren. Der Weg zur Diagnosefindung sollte trotzdem kurz aufgezeichnet werden.

Frage: Ihre Verdachtsdiagnose ist völlig richtig. Der akute Pseudokrupp-Anfall kann nach dem klinischen Zustand des Kindes in vier Stadien eingeteilt werden. In welchem Stadium befindet sich dieses Kind?

Antwort: Dieses Kind mit typischem Husten, Stridor und leichten Einziehungen in jedoch noch gutem Allgemeinzustand ist dem Stadium 2 zuzuordnen.

Stadium 1	bellender Husten
Stadium 2	Stridor, Einziehungen im Jugulum und Epigastrium
Stadium 3	Atemnot, Tachykardie, Hautblässe, Unruhe, Angst
Stadium 4	Stridor, maximale Einziehungen, höchste Atemnot, flacher und rascher Puls, Zyanose, Sopor

Tab. 12.1: (Pseudo-)Krupp-Stadien

☐ ☐ ☐

? Frage: Welche Maßnahmen ergreifen Sie?

+ Der aktuelle Begriff ist Infektkrupp, jedoch wird die historisch bedingte Terminologie zunehmend verlassen und von einer Laryngotracheobronchitis (LTB) gesprochen.

Antwort: Man sollte grundsätzlich ruhig agieren, um weder Mutter noch Kind in weitere Aufregung zu versetzen. Frische oder besser noch **angefeuchtete Atemluft,** beispielsweise durch nasse Tücher, die man über die Heizung hängt, oder das Anstellen der Dusche, und Anbieten von reichlich Flüssigkeit sind Maßnahmen, die auch schon vor Eintreffen des Notarztes Anwendung finden sollten. Therapeutisch verabreicht man in diesem Stadium ein **Prednisolon-Suppositorium** (100 mg) und transportiert das Kind evtl. mit Sauerstoffvorlage, am besten sitzend auf dem Schoß der Mutter, in die Klinik. Dort inhaliert es mit Adrenalin oder mit einem **Epinephrin-Racemat,** worauf sich die Symptomatik in der Regel rasch bessert. Bei bedrohlicheren Pseudokrupp-Anfällen können ein i.v.-Zugang mit systemischer Kortikoidapplikation und evtl. eine Maskenbeatmung und Intubation notwendig werden.

☐ ☐ ☐

? Frage: Sie erwähnen den etwas älteren Begriff „Pseudokruppanfall", also „falscher" Kruppanfall. Was ist dann ein **„echter" Kruppanfall?**

Antwort: Als echten Krupp bezeichnet man die **Kehlkopfdiphtherie,** wobei die typischen pseudomembranösen Beläge dieser schweren Infektionserkrankung den Larynx befallen. Die Stimme wird zunehmend tonlos, und es tritt der typische **bellende Husten** auf. Zusätzlich kommt es zu Stridor und Erstickungsanfällen. Diese Erkrankung ist extrem selten. Sie ist dennoch zusammen mit der akuten Epiglottitis die wichtigste Differentialdiagnose eines Pseudokruppanfalls.

☐ ☐ ☐

? Frage: Wie kann man die akute Epiglottitis – abgesehen davon, dass sie sehr viel seltener ist, mit Haemophilus influenzae B einen anderen Erreger und damit auch eine andere Therapie besitzt – klinisch von einem Infektkrupp unterscheiden?

+ Nicht selten muss ein Kind wegen massivem Larynxödem bei einer Epiglottitis notfallmäßig tracheotomiert werden.

Antwort: Die betroffenen Kinder sind mit zwei bis fünf Jahren etwas älter. Der Krankheitsbeginn ist perakut. Die Kinder haben hohes Fieber, sind schwer beeinträchtigt. In der Regel fehlt der Husten, die Stimme ist kloßig, es bestehen Schmerzen beim Schlucken, Speichel läuft ihnen aus dem Mund. Man hört einen leisen, feuchten inspiratorischen Stridor und so genanntes exspiratorisches „Karcheln", welches die Verlegung der Atemwege durch Schleimhautschwellung und Speichelbildung signalisiert. Es besteht zunehmende Dyspnoe, und es droht die Ateminsuffizienz.

Prüfer: Wegen der Gefahr der totalen Larynxobstruktion sollte man auf eine ausführliche Racheninspektion unbedingt verzichten. Wird diese doch durchgeführt, dann nur unter Intubationsbedingungen.

Frage: Das Krankheitsbild der Epiglottitis gibt es kaum noch. Können Sie sich vorstellen, warum?

Antwort: Seit Einführung der Hib-Impfung 1991 ist die Anzahl der invasiven Hämophilus-Infektionen, d.h. Meningitis und Epiglottitis, stark gesunken.

✚ Im Jahr 1990 wurden ca. 3000 invasive Hämophilus-Infektionen pro Jahr registriert, 2000 waren es noch ca. 30.

Kriterium	subglottische Laryngitits (Pseudokrupp)	supraglottische Laryngitis (Epiglottitis)
Erreger	Virus	Haemophilus influenzae
inspiratorischer Stridor	++	0
bellender Husten	+	0
Heiserkeit	+	kloßige Sprache
Dysphagie / Hypersalivation	0	+
Fieber	(+)	+
Verlauf	subakut / akut	hochakut
Altersgipfel	1 – 3 Jahre	2 – 5 Jahre
Leukozyten	normal	Leukozytose, Linksverschiebung

Tab. 12.2: Unterschiede zwischen Pseudokrupp und Epiglottitis

12.12 Akute Bronchitis

Frage: Wodurch wird die akute Bronchitis bei Kindern hervorgerufen?

Antwort: Im Kindesalter wird eine akute Bronchitis am häufigsten durch **Viren** hervorgerufen, z.B. RS-Viren, Adeno-, Coxsackie-, ECHO- und Parainfluenza-Viren. Das durch die Virusinfektion vorgeschädigte Epithel kann nach einiger Zeit von Bakterien besiedelt werden, die die Entzündungsreaktion unterhalten. Man spricht von einer **bakteriellen Superinfektion.**

? Frage: Wie sehen die klinischen Zeichen der akuten Bronchitis aus, und wie verändern sie sich im Fall dieser bakteriellen Superinfektion?

Antwort: Bei den Patienten bestehen Hustenreiz sowie pharyngeale oder retrosternale Schmerzen beim Husten. Der **Husten** ist anfangs trocken und wird in der Regel im Verlauf produktiver. Eventuell sind mittel- bis grobblasige, nicht klingende **Rasselgeräusche** zu hören, die durch Sekretbewegungen entstehen. Die bakterielle Superinfektion entsteht erst nach einigen Tagen: Das Sekret wird zäher, gelblicher, die Hustenattacken nehmen zu. Es kommt zu Fieber und einer Verschlechterung des Allgemeinzustandes.

? Frage: Welche Expektoranzien unterscheidet man allgemein? Nennen Sie Beispiele!

Antwort: Allgemein unterscheidet man **Sekretolytika** von **Mukolytika.** Die Sekretolytika führen zur Freisetzung eines weniger viskösen Bronchialsekrets. Ambroxol (Mucosolvan®) ist ein Beispiel für diese Substanzgruppe. Die Mukolytika verflüssigen das Sekret durch das Aufbrechen der Disulfidbrücken. Hierzu gehört das N-Acetylcystein (Fluimucil®).

Prüfer: Der **banale Luftwegsinfekt** mit Schnupfen und leichter bronchitischer Beteiligung ist der häufigste Infekt überhaupt. Kleinkinder können acht bis zehn dieser Infekte im Jahr durchmachen. Die medikamentöse Therapie beschränkt sich auf die Gabe von Nasentropfen, fiebersenkenden Mitteln und gegebenenfalls Kochsalzinhalationen oder die eben beschriebenen Schleimlöser. Ausdrücklich betonen möchte ich, dass Antibiotika fast nie erforderlich sind. Nur im Fall der schweren bakteriellen Superinfektion mit anhaltendem Husten und Fieber werden Antibiotika sinnvollerweise eingesetzt.

12.13 Obstruktive Bronchitis

? Frage: Was können Sie uns über die **Ätiologie** und **Pathogenese** der obstruktiven Bronchitis erzählen?

Antwort: Die obstruktive Bronchitis, die sowohl im Säuglingsalter als auch im Kleinkindesalter auftritt, wird meist durch Viren, insbesondere **RS-Viren** und **Adenoviren** hervorgerufen. Diese Erreger verursachen die Hyperreaktion des Bronchialsystems mit einer Verengung der Bronchien durch **Schleimhautödem, vermehrte Schleimbildung** und **Bronchospasmus.**

Frage: Was fällt klinisch bei den Kindern mit obstruktiver Bronchitis auf?

Antwort: Bei den Kindern bestehen, genau wie bei asthmatischen Patienten, **Dyspnoe, trockener Husten,** und bei der Auskultation sind **exspiratorisches Giemen** und **Brummen** zu hören. Die Atemfrequenz kann gesteigert sein, selten besteht eine Zyanose.

Frage: Wie gehen Sie, von der genauen körperlichen Untersuchung einmal abgesehen, diagnostisch bei Verdacht auf eine obstruktive Bronchitis vor?

Antwort: Neben dem Differentialblutbild ist vor allem die **Blutgasanalyse** indiziert. Dabei sollte auf einen pCO_2-Anstieg mit Ausbildung einer respiratorischen Azidose geachtet werden. Ferner würde ich eine **Röntgenübersichtsaufnahme** des Thorax veranlassen, um eine Pneumonie oder eine Aspiration auszuschließen. Diese Aufnahme zeigt bei obstruktiver Bronchitis eventuell eine Überblähung mit vermehrter perihilärer Zeichnung im Sinne einer Peribronchitis.

Merke: BGA-Normwerte:
- pH 7,35–7,45
- pCO_2 35–45 mmHg
- pO_2 60–80 mmHg
- HCO_3 22–26 mmol/l
- BE ±2 mmol/l

Frage: Gut, jetzt bitte noch kurz ein paar Worte zur Therapie. Welche Möglichkeiten haben Sie?

Antwort: Natürlich ist zunächst einmal auch auf die ausreichende Zufuhr von Flüssigkeit zu achten. Schwerpunkt der Behandlung bildet die regelmäßige **Inhalationstherapie.** Der Bronchodilatation dient eine inhalative Therapie mit **Betamimetika,** wie zum Beispiel Salbutamol (Sultanol®), oder mit **Parasympatholytika** wie Ipratropiumbromid (Atrovent®). Zusätzlich können **Glukokortikoide** (Pulmicort®) inhalativ angewendet werden. Bei schweren Formen kann man **Glukokortikoide parenteral** geben, im Extremfall **Theophyllin** (Euphyllin®). Nach einer längerfristigen Behandlung mit Sultanol oder Glukokortikoiden sollten die Medikamente nur schrittweise abgesetzt werden.

✚ Der Verdacht auf eine bakterielle Superinfektion erfordert den Einsatz von Antibiotika, z. B. Erythromycin oder Amoxicillin.

Prüfer: Säuglinge, die immer wieder im Rahmen von Infekten mit obstruktiven Episoden reagieren, haben ein so genanntes „hyperreagibles

Bronchialsystem". In der Regel verliert sich diese Neigung im Kleinkindesalter, oder sie geht fließend in ein kindliches Asthma bronchiale über. Deshalb ist die Unterscheidung einer rezidivierenden obstruktiven Bronchitis und eines frühkindlichen Asthma bronchiale in dieser Altersgruppe schwierig.

12.14 Asthma bronchiale

? **Frage:** Wie definieren Sie das Asthma bronchiale, und welche Pathogenese ist Ihnen bekannt?

Antwort: Das Asthma bronchiale ist definiert als eine durch **exogene** und **endogene Reize ausgelöste, anfallsweise auftretende obstruktive**

Grad	Definition	Symptomatik	Lungenfunktion (LuFu)[a]	Lebensqualität
I	rezidivierende bronchiale Obstruktion[b] (wheezing)	episodischer Husten / leichte Atemnot, symptomfreies Intervall > 2 Monate	nur episodisch obstruktiv, LuFu dann oft noch normal: FEV_1 > 80 %, MEF_{25-75} bzw. MEF_{50} > 65 % im Intervall o.p.B.	nicht beeinträchtigt
II	episodisches Asthma[c]	Intervall zwischen Episoden, < 2 Monate	nur episodisch obstruktiv, LuFu dann meist pathologisch: FEV_1 < 80 % und / oder MEF_{25-75} bzw. MEF_{50} < 65 % im Intervall o.p.B.	nicht beeinträchtigt bzw. teilweise eingeschränkt
III	persistierendes Asthma[c]	an mehreren Tagen / Woche[d] oder in den Nächten Symptome	auch im Intervall obstruktiv, FEV_1 < 80 % und / oder MEF_{25-75} bzw. MEF_{50} < 65 %	beeinträchtigt

[a] Individuelle Maximalwerte sind zu berücksichtigen. Gegebenfalls Überblähung beachten (FRC > 120 % des Soll). Lungenfunktion im Säuglings- und Kleinkindesalter nur in Spezialeinrichtungen messbar.
[b] Chronische Entzündung und Vorliegen einer bronchialen Überempfindlichkeit der Bronchialschleimhaut nicht obligat. Bei Kleinkindern Obstruktionen vorwiegend in der kalten Jahreszeit und infektgetriggert. Bei Schulkindern oft nach sporadischem Allergenkontakt, Obstruktionsdauer > 48 h
[c] Von einer bronchialen Überempfindlichkeit im symptomfreien Intervall ist bei den Schweregraden II und III auszugehen.
[d] z.B. bei körperlicher Belastung in Spiel und Sport

Tab. 12.3: Schweregradeinteilung des Asthma bronchiale (Monatsschrift für Kinderheilkunde, Band 150, Heft 6, Juni 2002, S. 766–774)

Ventilationsstörung auf dem Boden eines hyperreaktiven Bronchialsystems. Es zählt wie die allergische Rhinitis und die Neurodermitis zu den so genannten **atopischen Krankheiten,** die familiär gehäuft vorkommen und durch eine vererbte Anlage zur verstärkten IgE-Bildung gekennzeichnet sind. Es kommt zu einer IgE-vermittelten Typ-I-Sofortreaktion, die letztlich durch eine Freisetzung von Histamin zur Einengung des Bronchialsystems führt. Beteiligt an der Bronchuskonstriktion sind ein Bronchospasmus, eine ödematöse Schwellung der Schleimhaut und eine vermehrte Produktion von viskösem Schleim, die Schleimdyskrinie.

Frage: Sie beschrieben gerade das allergische Asthma bronchiale, das durch die Sensibilisierung der Atemwege durch Allergene bei Atopikern verursacht wird. Welche anderen Formen des Asthma bronchiale kennen Sie?

Antwort: Neben dem allergischen Asthma bronchiale, das auch Extrinsic asthma genannt wird, gibt es das **Intrinsic asthma** oder das **nichtallergische Asthma.** Hierzu gehört das **infektgetriggerte** Asthma, das **chemisch-** oder **physikalisch** ausgelöste Asthma sowie das Anstrengungsasthma, das besonders bei Kindern auftritt.

✚ Bei Erwachsenen liegt zu 80 % eine Mischform aus extrinsischem und intrinsischem Asthma vor.

Frage: Bleiben wir noch beim **Anstrengungsasthma.** Was versteht man darunter?

Antwort: Häufig kommt es bei asthmatischen Kindern bei starker körperlicher Belastung, besonders nach dem Laufen über mehrere Minuten, zu einer Bronchokonstriktion. Ursächlich soll eine **Abkühlung der Bronchialmukosa** durch Entzug von Wärme und Wasser beim Einatmen trockener Luft sein.

✚ Hausstaubmilbenallergiker haben häufig ein Anstrengungsasthma.

Frage: Wie würden Sie die Faktoren, die bei einem Kind einen Asthmaanfall auslösen können, zusammenfassen?

Antwort: Zu den Auslösern eines Asthmaanfalls zählen **virale Infekte,** die häufig auch im Kleinkindalter zu obstruktiven Bronchitiden führen und bereits auf eine bronchiale Hyperreaktivität hinweisen. Weiterhin kann es durch **körperliche Anstrengung** zu asthmatischen Anfällen kommen. Innerhalb des Spektrums der verschiedenen Allergene, die eine Atemwegsobstruktion auslösen können, spielen **Inhalationsallergene,** insbesondere Pollen- und Hausstaubmilbenallergene, eine Rolle. Weitere Allergene sind Katzen- und Hundehaare, Federn und gelegentlich Nahrungsmittelbestandteile und Medikamente. Schließlich seien noch **psychische Faktoren** wie Stress und Angst, **Zigarettenrauch, Umweltnoxen** und **Klimafaktoren** als weitere bronchokonstriktorisch wirkende Stimuli genannt.

Frage: Wie sehen die typischen klinischen Zeichen des Asthma bronchiale aus?

Antwort: Das **Leitsymptom** des Asthma bronchiale ist die **anfallsweise auftretende Atemnot,** die mit Angstgefühl und Schweißausbruch einhergehen kann und sich klinisch durch **Giemen, Pfeifen** oder **Brummen** äußert. Bei den Patienten besteht **quälender Hustenreiz.** Sie haben Dyspnoe, sitzen aufrecht und atmen zusätzlich mit der Atemhilfsmuskulatur **(Orthopnoe).** Auffallend sind das **verlängerte Exspirium** sowie die meist vorhandene **Tachykardie.** Perkutorisch lassen sich **hypersonorer Klopfschall** sowie ein **Zwerchfelltiefstand** nachweisen.

Fallbeispiel: In Ihre Sprechstunde kommt ein sechsjähriger Junge mit deutlicher Dyspnoe. Es besteht ein Pfeifen und Giemen als Distanzgeräusch, und der Junge atmet durch den geöffneten Mund. Die Mutter berichtet, ihr Sohn sei seit ca. zwei Wochen erkältet und leide seitdem unter heftigen Hustenattacken. Nachts bestehe bereits seit Monaten ein trockener quälender Husten. Als Säugling und Kleinkind sei er schon häufiger krank gewesen. Der Kinderarzt hätte dann immer von einer obstruktiven Bronchitis gesprochen. Welche Verdachtsdiagnose haben Sie?

+ Bei stark erhöhten IgE-Werten ist eine Atopie wahrscheinlich. Mittels RAST (Radio-Allergo-Sorbent-Test) gelingt häufig der serologische Nachweis spezifischer Antikörper (z.B. gegen Blütenstaub, Tierhaare, Hausstaubmilben).

Antwort: Die beschriebene Klinik sowie die rezidivierenden obstruktiven Bronchitiden in der Vorgeschichte, insbesondere die nächtlichen Hustenattacken, lassen bei einem sechs Jahre alten Jungen an ein **Asthma bronchiale** denken. Auskultatorisch findet sich ein verlängertes Exspirium und exspiratorisches Giemen. Neben einer ausführlichen **Anamnese,** die die Entwicklung der Symptome sowie die Frage nach Allergien in der Familie beinhalten sollte, würde ich eine **Röntgenthoraxaufnahme** veranlassen. Typisch wäre hier eine Überblähung der Lunge mit vermehrter perihilärer Streifenzeichnung. Zur erweiterten Diagnostik des allergischen Asthma bronchiale nach Überwindung der akuten Phase dienen der **Haut-Pricktest** und der serologische **RAST-Test** zur Bestimmung von Gesamt- und spezifischem IgE. Weiterhin ist die Durchführung von **Lungenfunktionstests** indiziert.

Frage: Welche **Akuttherapie** schlagen Sie für den sechsjährigen Jungen vor?

Antwort: Als Grundpfeiler der Therapie sollte der Junge regelmäßig mit einem **Betamimetikum** (Salbutamol), ggf. in Kombination mit einem Anticholinergikum, **inhalieren.** Kommt es darunter nicht zu einem kompletten Rückgang des Hustens, wird kurzzeitig ein inhalatives Steroid eingesetzt. Bestehen radiologisch oder laborchemisch Hinweise auf eine bakteriell entzündliche Komponente, liegt man mit einem Makrolidantibiotikum richtig.

tipp Für Studenten ohne praktische Erfahrung eine schwierige Frage.

Frage: Wann käme für diesen Patienten eine **Dauertherapie** in Frage? ?

☐ ☐ ☐
☺ 😐 ☹

Antwort: Erst wenn die beschwerdefreien Intervalle zwischen den obstruktiven Episoden kürzer als zwei Monate sind, d. h. Obstruktionen im Verlauf eines Jahres zwischen sechs- und zwölfmal auftreten, ist eine Dauerinhalation mit **DNCG** oder einem **Steroid** angezeigt (Stufe II).

Prüfer: Richtig! Bis dahin würde man diesen Jungen nach Abklingen der akuten Beschwerden mit einer Bedarfsmedikation versorgen. Bei starker Hustensymptomatik, Anstrengungsbeschwerden oder echten obstruktiven Symptomen wird mit einem kurz wirksamen Betamimetikum inhaliert.

Grad	Bedarfs-therapie	Dauertherapie
I	kurzwirksame Beta-2-Adrenergika*	keine
II		evtl. Cromone (DNCG o. Nedrocromil) für 6–8 Wo, falls keine Besserung u. / o. häufiger Betaadrenerikabedarf bzw. primär sicher dosiertes inhalatives Glukokortikosteroid (ICS)***
III		max. dosiertes ICS, falls keine Besserung Dosissteigerung bzw. Add-on-Leukotrienantagonist u. / o. lang wirksames Betaadrenergika**** u. / o. Theophyllin ret. u. / o. orales Kortison intervallmäßig (oder dauerhaft)**

* zusätzliche bzw. alternative Medikationsmöglichkeit: Anticholinergika, z. B. Ipratropiumbromid, oder wässriges Theophyllin
** vor Dosissteigerung des ICS bzw. vor add on Therapie oder Gabe oralen Glukokortikosteroids: Vorstellung in einem Zentrum
*** Über die Position der Leukotrienantagonisten in Stufe II als First-Line-Treatment wird zur Zeit noch so kontrovers diskutiert, dass sie hier derzeit nicht aufgenommen werden können.
**** im Vorschulalter keine Efficacy- oder Safetydaten, deshalb hier nur in Ausnahmefällen

Tab. 12.4: Stufenschema: Empfehlungen zur medikamentösen Asthmatherapie bei Kindern (Monatsschrift für Kinderheilkunde, Band 150, Heft 6, Juni 2002, 653–800)

☐ ☐ ☐
☺ 😐 ☹

? **Frage:** Eine Frage noch zur **Hausstaubmilbenallergie,** die ein häufiger Auslöser eines exogenen Asthma bronchiale darstellt. Was raten Sie den Patienten zur Umgebungssanierung?

Antwort: Ein milbendichter Matratzenüberzug (Encasing) ist in der Lage, die nächtliche Hausstaubmilbenkonzentration wesentlich zu reduzieren. Ergänzend sollten Teppichböden gegen glatte Oberflächen (z.B. Parkett, Kunststoffböden) ausgetauscht und Polstermöbel aus dem Schlafzimmer verbannt werden. Günstig sind Bettdecken und Kopfkissen aus waschbarem Material. Staub anziehende Spielzeuge (Plüschtiere) sollten regelmäßig gewaschen werden. Selbstverständlich besteht ein striktes Rauchverbot in der Wohnung.

12.15 Rhinitis allergica

☐ ☐ ☐
☺ 😐 ☹

? **Frage:** Immer mehr Kinder und Erwachsene erkranken an **Heuschnupfen.** Was wissen Sie darüber?

Antwort: Bei der Rhinitis und Konjunktivitis allergica, die auch **Pollinose** genannt wird, kommt es zu einer saisongebundenen **allergischen Soforttyp-Allergie.** Betroffen sind insbesondere die **Schleimhäute von Auge, Nase** und **Bronchien.** Der Gipfel für die Ersterkrankung liegt zwischen dem 10. und 20. Lebensjahr. Mittlerweile sind 10 % der Bevölkerung betroffen, wobei zunehmend jüngere Patienten erkranken.

☐ ☐ ☐
☺ 😐 ☹

? **Frage:** Wie kommt diese Krankheit zustande?

Antwort: Die Pollinosis betrifft häufig Menschen mit erblicher atopischer Disposition. Die Krankheit zählt neben dem allergischen Asthma bronchiale und der Neurodermitis zu dem **atopischen Formenkreis.** Diese Menschen haben eine erhöhte Allergiebereitschaft. Für die von Ihnen angesprochene erhöhte Zahl von Neuerkrankungen werden auch der erhöhte Luftschadstoffgehalt und die erhöhten Ozonwerte verantwortlich gemacht.

Prüfer: Pollenallergene lösen in den Schleimhäuten von Allergikern extreme Entzündungsreaktionen im Sinne einer Überreaktion des Immunsystems aus. Die extreme Zunahme der allergischen Erkrankungen bei Kindern hängt nach neueren Erkenntnissen mit der reduzierten Allergenexposition in der Säuglings- und Kleinkinderzeit zusammen. Mitverursacht wird dies durch folgende Faktoren: Leben in einer Kleinfamilie mit wenigen Geschwisterkindern, Leben in weitgehend klimatisierten Räumen bzw. weniger Aufenthalt im Freien, Leben in den pollenärmeren Großstädten usw. Dagegen haben Kinder, die auf dem

Bauernhof aufwachsen, statistisch gesehen ein geringeres Risiko, an einer Allergie zu erkranken!

Frage: Was sind die häufigsten auslösenden Allergene? **?**

☐ ☺ ☐ 😐 ☐ ☹

Antwort: Vorwiegend sind **Pollen der Windbestäuber** wie Gräser, Roggen, Birke, Erle und Hasel für die Pollinosis verantwortlich. Das erklärt, dass meteorologische Faktoren wie Regen, Wind und Sonne das Beschwerdebild direkt beeinflussen. Bei einer normalen täglichen Inhalation von ca. 5000–8000 Pollen genügen zur Auslösung der Symptome bei einem Sensibilisierten häufig schon weit weniger als 50 Pollenkörner.

Frage: Sie sprachen von **Symptomen** der Pollinose. Nennen Sie uns bitte die wichtigsten! **?**

☐ ☺ ☐ 😐 ☐ ☹

Antwort: Die Beschwerden setzen plötzlich mit dem beginnenden Pollenflug ein. Es kommt zu Niesattacken und **Fließschnupfen.** Ebenso häufig ist die **Bindehautentzündung** mit juckenden und tränenden Augen. Manchmal besteht auch ein Juckreiz in den Gehörgängen und im Rachen. Bei einem Drittel der Betroffenen entsteht nach einigen Jahren auch ein allergisches Bronchialasthma.

Frage: Sie haben bei einem Kind den Verdacht auf eine Pollinose. Wie sichern Sie die Diagnose? **?**

☐ ☺ ☐ 😐 ☐ ☹

Antwort: In aller Regel kann die Diagnose durch eine gründliche **Anamnese** mit hoher Wahrscheinlichkeit gestellt werden. Dazu zählen neben der Frage nach der jahreszeitlichen Ausdehnung und dem erstmaligen Auftreten von Symptomen auch die Familienanamnese und die Untersuchung hinsichtlich anderer Zeichen der Atopie!

Weitere diagnostische Maßnahme ist die Durchführung einer **Prick-Testung.** Der Prick-Test ist ein Hauttest, bei dem das auf die Haut applizierte Allergen mit einer Lanzette bis an die Grenze des Stratum papillare gebracht wird. Nach 10–15 min findet eine Bewertung der Quaddelgröße statt. Damit kann die Diagnose bestätigt und gelegentlich eine Auskunft über die auslösenden Allergene gegeben werden. Manchmal wird zur erweiterten Diagnostik auch eine **RAST-Testung** zur qualitativen IgE-Bestimmung durchgeführt (☞ Abschn. 16.3 Neurodermitis).

Frage: Können Sie uns zum Schluss noch ein paar Worte zur Therapie sagen? **?**

☐ ☺ ☐ 😐 ☐ ☹

Antwort: Da eine konsequente Allergenkarenz kaum durchführbar ist, steht am Anfang der Therapie die symptomatische lokale Behandlung mit **Antihistaminika,** z.B. in Form von Nasen- oder Augentropfen. Dadurch werden eine Blockierung peripherer H_1-Rezeptoren sowie eine Unterdrückung der Mastzelldegranulation bewirkt. Als Lokaltherapie ist auch **Cromoglycinsäure (DNCG)** geeignet, jedoch nur, wenn sie als Dauertherapie eingesetzt wird. Bei akut aufgetretenen Beschwerden ist DNCG wenig wirksam. Bei ausgeprägter nasaler Obstruktion („Nase verstopft") ist in der Regel ein lokales Steroid indiziert. Ansonsten steht eine Reihe moderner nichtsedierender Antihistaminika zur systemischen Therapie zur Verfügung.

? **Frage:** Was wissen Sie über die Hyposensibilisierung?

Antwort: Eine kausale Behandlung kann durch die so genannte **Hyposensibilisierung** erfolgen. Dabei wird in drei aufeinanderfolgenden Jahren präsaisonal das spezifische Antigen oder eine Mischung aus maximal drei Antigenen in steigender Dosierung intrakutan gespritzt. Die Wirkung beruht in einer Bildung blockierender Antikörper der IgG-Gruppe, die bei erneuter natürlicher Allergenexposition quantitativ mit den vorhandenen IgE-Antikörpern konkurrieren. Diese kompetitive Hemmung führt zu einem Absinken des IgE-Spiegels.

12.16 Mukoviszidose

Fallbeispiel: Ihnen wird ein dreijähriges Kind mit einer Gedeihstörung vorgestellt. Die Gewichtszunahme hat seit dem zweiten Lebensjahr sistiert, die Gewichtskurve macht einen deutlichen Knick und liegt mittlerweile unter der 10. Perzentile. Bei der Befragung der Mutter erfahren Sie, dass in den ersten Lebenstagen eine ileusartige Symptomatik durch eine verzögerte Mekoniumentleerung bestand. Seit dem Säuglingsalter sind rezidivierende Bronchitiden und bereits drei schwere Bronchopneumonien aufgetreten. Welches Krankheitsbild vermuten Sie?

Antwort: Der **Mekoniumileus,** die **pulmonale Symptomatik** und die **Dystrophie** sind die typischen klinischen Auffälligkeiten bei einer Mukoviszidose.

? **Frage:** Sehr gut! Die Mukoviszidose oder zystische Fibrose (CF) wurde 1936 von dem Schweizer Pädiater Fanconi als eigenständiges Krankheitsbild beschrieben und ist die häufigste autosomal-rezessive Stoffwechselerkrankung der „weißen Rasse". Wissen Sie, wie oft diese Erkrankung vorkommt?

Antwort: Die Mukoviszidose ist neben den Trisomien eine der häufigsten genetischen Erkrankungen mit einer Häufigkeit von ca. 1 : 1700, wobei beide Geschlechter gleich häufig betroffen sind.

Frage: In den letzen Jahren ist man der genetischen Ursache dieser Störung immer mehr auf die Spur gekommen. Das betroffene Gen ist auf dem langen Arm des Chromosoms 7 lokalisiert. Mittlerweile sind ca. 700 Mutationen bekannt, die zu einer Mukoviszidose führen können. Was wissen Sie über die Pathogenese?

Antwort: Folge der von Ihnen beschriebenen genetischen Veränderung ist die **fehlerhafte Produktion** eines **Proteinkomplexes,** der normalerweise als Chloridionenkanal in der Zellmembran von Epithelzellen fungiert. Durch den Defekt resultiert eine **verminderte Chloridionensekretion** in das Lumen der Drüsenzelle und eine konsekutiv **erhöhte Natriumabsorption** in das Zellinnere. Zusammen mit Natrium wird dem von der Zelle produzierten Sekret jedoch auch Wasser entzogen, sodass die Viskosität stark zunimmt.

✚ Der vom CF-Gen codierte Proteinkomplex wird als CFTR (cystic fibrosis transmembrane conductance regulator) bezeichnet.

Frage: Sehr richtig beschreiben Sie die pathogenetischen Zusammenhänge. Dieses zähe Sekret der exokrinen Drüsen ist verantwortlich für eine Obstruktion der Ausführungsgänge, für rezidivierende Entzündungen und letztlich für einen zystisch-fibrotischen Umbau des betroffenen Organs. Welches Organ ist hauptsächlich von diesen Veränderungen betroffen?

Antwort: Im Vordergrund stehen die bronchopulmonalen Symptome mit **rezidivierenden Bronchitiden** und **Bronchopneumonien.** Die Beschwerden können bereits im ersten Lebenshalbjahr auffallen. Einige Kinder werden jedoch erst im Schulalter symptomatisch. Die zunehmende pulmonale Obstruktion führt im weiteren Verlauf zu einer **Atelektasenbildung, Emphysementwicklung** und zur **Thoraxdeformität.** Im fortgeschrittenen Stadium verursachen die genannten Veränderungen eine zunehmende **respiratorische Insuffizienz.** Durch die Veränderungen im Lungenstromgebiet entsteht eine pulmonale Hypertonie, die letztlich in ein **Cor pulmonale** mündet.

✚ Die gestörte mukoziliäre Clearance führt immer wieder zu pulmonalen Infektionen mit den Problemkeimen *Staphylococcus aureus, Pseudomonas aeruginosa und Haemophilus influenzae.*

Frage: Ca. 95 % der Patienten weisen zum Todeszeitpunkt ein chronisches Cor pulmonale mit den Zeichen der Rechtsherzinsuffizienz auf. – In unserem Fallbeispiel wurde der Patient wegen der Gedeihstörung vorgestellt. Wie kommt diese zustande?

✚ In Nordeuropa und Amerika zeigen 70 % der Patienten die Mutation DF508, d.h. im Proteinkomplex CFTR fehlt an Pos. 508 eine Aminosäure (PHE). Die Patienten können homozygot für die Mutation DF508 sein oder heterozygot, d.h. auf dem anderen Allel findet sich eine andere seltenere Mutation (z.B. R347P).

Antwort: Der zweite Hauptmanifestationsort der zystischen Fibrose ist der **Gastrointestinaltrakt.** Das vorgestellte Kind gehört zu den 10 % der Patienten, die bereits unmittelbar nach der Geburt durch verzögerten Abgang des zähen, viskösen Mekoniums mit dem klinischen Bild eines **Mekoniumileus** auffällig werden. Der Befall des Pankreas führt zur **exokrinen Pankreasinsuffizienz,** die durch eine Steatorrhoe mit einem Mangel an den fettlöslichen Vitaminen **(EDeKA)** sowie einer Diarrhöe und konsekutiven Wachstumsretardierung in Erscheinung tritt.

☐ ☐ ☐
☺ 😐 ☹

? **Frage:** Auch die Leber mit den Komplikationen einer fokal biliären Zirrhose, portalen Hypertonie oder einer Cholelithiasis ist häufig mitbetroffen. Am Urogenitaltrakt ist vor allem die eingeschränkte Fertilität der Patienten klinisch relevant. Auch am Skelettsystem lassen sich Veränderungen im Sinne einer Retardierung des Knochenalters oder einer Osteoporose nachweisen. Welche Untersuchung veranlassen Sie, um bei dem vorgestellten Kind die Diagnose zu sichern?

Antwort: Zur Diagnosestellung wird eine **Schweißanalyse nach Pilocarpin-Stimulation** durchgeführt. Normal ist ein Natriumchloridgehalt des Schweißes von 20–40 mmol/l. Ein Wert von über 60 mmol/l in der Iontophorese ist beweisend für eine Mukoviszidose. Besondere Bedeutung hat mittlerweile die Genanalyse erlangt, die eine Verlässlichkeit von 95 % erzielt.

☐ ☐ ☐
☺ 😐 ☹

? **Frage:** Warum wurde nicht unmittelbar nach der Geburt aufgrund des Mekoniumileus ein Schweißtest durchgeführt?

Antwort: Säuglinge sezernieren in der Regel erst im Alter von zehn bis zwölf Wochen genügend Schweiß, um eine zuverlässige Analyse vorzunehmen. In diesem Fall kann ein so genannter **BM-Test** durchgeführt werden, der einen erhöhten Albumingehalt im Mekonium nachweist. Alternativ kann in dieser Zeit auch das **immunreaktive Trypsin im Serum** bestimmt werden, das bei einer CF typischerweise erhöht ist. Beide Verfahren finden auch als **Neugeborenen-Screening** Anwendung an manchen Kliniken.

Frage: Zum Schluss beschreiben Sie bitte noch die drei Grundpfeiler der Behandlung der Mukoviszidose!

Antwort: Wichtigstes Prinzip ist die **effektive Sekretelimination,** die durch eine intensive Physiotherapie zur Entfernung des viskösen Sekretes, der Entlastung der Atemmuskulatur und der Erhaltung der Thoraxbeweglichkeit erreicht wird. Zusätzlich wird durch Mukolytika und durch Inhalationen der Schleim verflüssigt. Den zweiten Grundpfeiler stellen **Prävention und Behandlung respiratorischer Infekte** durch prophylaktische oder bedarfsweise antibiotische Therapie dar. Als drittes muss auf eine **ausreichende Kalorien- und Vitaminzufuhr** geachtet werden, um Mangelzuständen und Gedeihstörungen entgegenzuwirken.

✚ Prognose: Der Median des erreichten Lebensalters bei Patienten in Nordamerika stieg in den letzten 25 Jahren von 7 auf 26 Jahre.

13 Urogenitaltrakt

13.1 Harnwegsinfekt

Fallbeispiel: Ein Neugeborenes mit den typischen Merkmalen einer neonatalen Infektion wird in Ihrer Ambulanz vorgestellt. Es hat ein marmoriertes Hautkolorit, eine Rektaltemperatur von 39 °C bei auffällig kühlen Extremitäten, wirkt apathisch, ist trinkunlustig und erbricht rezidivierend. An welche Infektionen müssen Sie denken?

Antwort: Überwiegend findet man bei Neugeborenen keinen lokalen Infektionsherd, das heißt, es liegt ein generalisiertes Krankheitsbild vor, eine so genannte Neugeborenensepsis. Dennoch muss bei der körperlichen Untersuchung auf klinische Zeichen einer Pneumonie und einer Meningitis geachtet werden. Haut, Schleimhäute, Konjunktiven und Nabel werden auf Entzündungszeichen inspiziert. Auch eine nekrotisierende Enterokolitis muss in Betracht gezogen werden. Bei unauffälligem klinischen Untersuchungsbefund ist auch an das Vorliegen eines **Harnwegsinfektes** zu denken.

! **Merke:** Bei Neugeborenen und kleinen Säuglingen ist Fieber immer ein Alarmzeichen für eine schwerwiegende Infektion. Unverzichtbare Vorgehensweise: eingehende körperliche Untersuchung, venöser Zugang mit Blutentnahme einschließlich Blutkultur, Lumbalpunktion. Nach Spontanurinuntersuchung ggf. Blasenpunktion.

? **Frage:** Richtig. Darum gehört zu jeder Fieberabklärung bei Kindern die Urindiagnostik. Was wissen Sie über die **Pathogenese** von **Harnwegsinfektionen** im Kindesalter?

! **Merke:** Unterscheide: Harnwegsinfekt (Oberbegriff), Urethritis (Harnröhrenentzündung), Zystitis (Harnblasenentzündung), Pyelonephritis (Nierenbeckenentzündung)

Antwort: Die Infektion kann bei Neugeborenen **hämatogen** oder **aszendierend** entstehen. Im Neonatalalter sind Jungen häufiger betroffen als Mädchen. Im Gegensatz dazu sind jenseits des Neonatalalters Mädchen weitaus häufiger betroffen, bedingt durch die viel kürzere Urethra, welche eine aszendierende Infektion begünstigt. Erreger eines Harnwegsinfektes sind in aller Regel Keime des unteren Gastrointestinaltraktes, am häufigsten **E. coli, Enterokokken, Klebsiella** und **Proteus.**

Frage: Wie manifestiert sich ein Harnwegsinfekt klinisch in Abhängigkeit vom Alter des Kindes?

Antwort: Klinisch bieten **Neugeborene** fast immer das relativ unspezifische Bild einer Neugeboreneninfektion, wie Sie es vorhin beschrieben haben. Meist sind **ältere Kinder** insgesamt weniger beeinträchtigt. Symptome können dann eine sekundäre Enuresis, eine Pollakisurie, Dysurie und abdominelle Schmerzen sein. Manchmal ist die Abgrenzung zur Appendizitis nicht einfach. Fieber und laborchemische Entzündungszeichen gemeinsam mit einem klopfschmerzhaften Nierenlager deuten in diesem Alter im Allgemeinen schon auf eine Nierenbeteiligung, d.h. auf eine akute Pyelonephritis, hin.

+ Im Labor können Entzündungszeichen wie Leukozytose mit Linksverschiebung, CRP-Erhöhung sowie Hyperbilirubinämie (Neugeborene) auffallen. Auch die Blutkultur kann positiv sein.

Frage: Wie stellen Sie die definitive Diagnose eines Harnwegsinfektes?

Antwort: Durch eine **Untersuchung des Urins** auf Bakterien und Leukozyten.

Frage: Welche Methoden kennen Sie?

Antwort: Zunächst einmal kann man einen **Teststreifen** verwenden und den Urin auf Leukozyten und Nitrit untersuchen. Diese Teststreifen sind heute nahezu genauso empfindlich wie die Leukozytenbestimmung in der **Zählkammer.** Mehr als 10 Leukozyten/µl in der Zählkammer sind verdächtig, mehr als 50/µl sprechen für einen Harnwegsinfekt. Falls mittels Sedimentuntersuchung eine Leukozyturie oder Bakteriurie festgestellt wird, schließt sich ein so genannter **Uricult-Test** an. Hierbei wird eine vorgefertigte Agarplatte 24 h in einem Wärmeschrank bebrütet und die Bakterienbesiedlung abgelesen. Werte von $> 10^5$ Keimen/ml sind verdächtig, $> 10^6$ Keime/ml sind signifikant.

Frage: Richtig, 10^5 Keime/ml ist die so genannte Kass-Zahl. Für welche Art der Uringewinnung gilt diese Zahl überhaupt, und warum ist die Urindiagnostik bei Kindern häufig problematisch?

Antwort: Die **Kass-Zahl** gilt für den Mittelstrahlurin. Die Gewinnung eines solchen Urins ist beim Neugeborenen natürlich unmöglich, man klebt stattdessen einen kleinen Beutel auf die Haut und sammelt den

Urin. Verfälschungen des Urinbefundes gibt es besonders dann, wenn das Kind eine Windeldermatitis oder eine Vulvovaginitis hat. In diesem Fall sowie bei allen unklaren Befunden muss man eine **Einmalkatheterisierung** oder eine **suprapubische Blasenpunktion** durchführen. Bei Letzterer muss der Urin steril sein, das heißt, auch schon geringe Keimbesiedlungen beweisen einen Harnwegsinfekt.

? **Frage:** Wie behandeln Sie einen Harnwegsinfekt im Kindesalter?

Antwort: Bei **Neugeborenen** sowie bei einer Pyelonephritis behandelt man mit **Ampicillin** oder **Cephalosporinen,** häufig in Kombination mit einem Aminoglykosid. Cotrimoxazol ist in diesem Alter nicht erlaubt, da es einen Kernikterus durch Freisetzung des meist schon erhöhten Bilirubins aus der Plasmaeiweißbindung hervorrufen kann. **Ältere Kinder** werden wie Erwachsene mit **Cotrimoxazol, Amoxicillin** oder **Cephalosporinen** behandelt.

? **Frage:** Sehr gut. Kennen Sie auch den Unterschied zwischen einem komplizierten und einem unkomplizierten Harnwegsinfekt?

Antwort: Der **komplizierte Harnswegsinfekt** ist eine Infektion bei anatomisch oder funktionell nicht intaktem ableitenden Harnwegssystem, wie zum Beispiel bei einem vesikoureteralen Reflux, bei einer Ureterdystopie oder einer neurogenen Blase bei Spina bifida. Um dieses abzuklären, sollten Jungen nach jedem ersten Harnwegsinfekt, Mädchen nach dem ersten Rezidiv mittels **Sonographie, Miktionszystosonographie (MCS), Miktionszystourethrographie (MCU)** oder **Ausscheidungsurographie** untersucht werden.

Prüfer: Richtig, wobei eine Ausscheidungsurographie in der Routinediagnostik kaum noch Anwendung findet. Ob die Jungen wirklich nach jedem ersten, die Mädchen nach jedem zweiten Harnwegsinfekt eine Refluxprüfung erhalten sollten und ob das MCS dem MCU gleichwertig ist, wird unter Pädiatern und Kinderurologen immer wieder heiß diskutiert. Standard nach jedem Harnwegsinfekt ist eine gründliche Sonographie der Nieren, Ureteren und der Blase nach Flüssigkeitsbelastung.

13.2 Vesikoureteraler Reflux

? **Frage:** Ein vesikoureteraler Reflux ist im Kindesalter relativ häufig. Die Diagnose wird in der Regel bei der Ursachenabklärung eines Harnwegsinfektes gestellt. Welche Untersuchungsverfahren stehen zur Verfügung?

Antwort: Es gibt zwei Möglichkeiten, einen vesikoureteralen Reflux zu diagnostizieren. Grundlage jeder Untersuchung der ableitenden Harnwege stellt die **sonographische Untersuchung nach Flüssigkeitsbelastung** dar. Hierbei können insbesondere schwere Verlaufsformen mit Pyelektasie nachgewiesen werden. Natürlich muss man hierbei auch immer an andere Erkrankungen, wie z.B. eine Ureterostiumstenose oder eine Urethrastriktur, denken. Ein bereits eingetretener Nierenparenchymschwund lässt sich durch die Sonographie besonders gut darstellen. Der empfindlichste Nachweis eines vesikoureteralen Refluxes gelingt jedoch durch das **Miktionszystourethrogramm.** Hierbei wird transurethral ein Harnblasenkatheter gelegt und Kontrastmittel injiziert. Unter Miktion wird dann die Blasenentleerung beurteilt. Bei Vorliegen eines Refluxes tritt das Kontrastmittel von der Blase in die Ureteren über.

> ✚ Sonographische Untersuchung nach Flüssigkeitsbelastung bedeutet, dass die Kinder sehr gut getrunken haben sollten und ggf. Lasix appliziert wird. Nur unter guter Hydrierung lassen sich alle Stauungsphänomene (z.B. Hydronephrosen) sonographisch darstellen.

Prüfer: Alternativ wird heutzutage von einigen Untersuchern die **Miktionszystosonographie** bevorzugt, die grundsätzlich ähnlich durchgeführt wird. Der Reflux des Kontrastmittels wird allerdings nicht durch Durchleuchtung, sondern sonographisch dokumentiert. Wie stellt man sich die Pathogenese des vesikoureteralen Refluxes vor?

Antwort: Der physiologische „Ventilmechanismus" zwischen Ureter und Harnblase wird durch den schrägen Verlauf des distalen Ureters durch die Blasenmuskulatur gewährleistet. Ein zu kurzer Ureterdurchtritt durch die Blasenwand kann diesen Ventilmechanismus unwirksam machen. Besonders dystope Ureteren sind häufig refluxiv. Auch Infektionen sollen über ein Ödem der Blasenschleimhaut die physiologischen Antirefluxmechanismen der Harnblase behindern. Natürlich kann es auch bei einer infravesikalen Obstruktion oder bei einer neurogenen Blase sekundär zu einem Reflux kommen.

> ✚ Einmündung des Ureters: orthotop: durch intramuralen Verlauf des Ureters normalerweise kein Reflux; lateral verlagert: kurzer intramuraler Verlauf und dadurch Insuffizienz des Ventilmechanismus; medial verlagert: häufig mit Uretermündungsstenosen kombiniert

Frage: Sehr gut. Was wissen Sie über die **Gradeinteilung** des **vesikoureteralen Refluxes?** ?

☐ ☺ ☐ 😐 ☐ ☹

Antwort: Es gibt fünf verschiedene Stadien. Dabei liegt im Anfangsstadium I ein Reflux nur im Ureter, im Stadium V beispielsweise eine kompressionsbedingte Atrophie des Nierenparenchyms vor.

> ✚ Die Behandlung des vesikoureteralen Refluxes ist nach wie vor sehr umstritten und uneinheitlich.

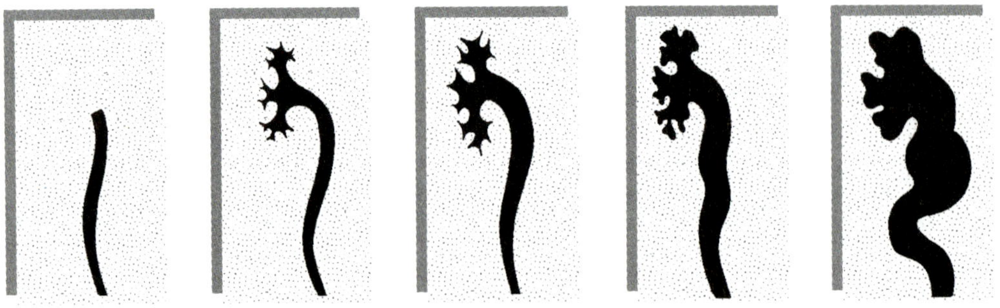

Reflux nur bis in den Ureter.

Reflux bis in Nierenbecken und Nierenkelche. Keine Dilatation. Fornices normal.

Mäßige oder leichte Dilatation und/oder Schlängelung des Ureters. Leichte oder mäßige Dilatation des Nierenbeckens, aber keine oder nur geringe Auftreibung der Fornices.

Mäßige Dilatation und/oder Schlängelung des Ureters. Mäßige Dilatation des Nierenbeckens und der Kelche. Kompletter Verlust der scharfen Fornixwinkel, aber Bestehenbleiben der Papillenimpressionen in der Mehrzahl der Kelche.

Starke Dilatation und Schlängelung des Ureters. Starke Dilatation von Nierenbecken und Kelchen. Papillenimpressionen in der Mehrzahl der Kelche nicht mehr sichtbar.

Abb. 13.1: Internationale Röntgenklassifikation des vesiko-uretero-renalen Refluxes

? **Frage:** Was wissen Sie über die Therapie des vesikoureteralen Refluxes?

✚ Die beiden häufigsten Vorgehensweisen: **Operation** nach Lich-Gregoir und Lettbetter-Politano

✚ Voraussetzung für ein abwartendes Verhalten ist immer eine normale Nierenfunktion der betroffenen Seite. Eine Nierenfunktionsszintigraphie (MAG-3-Szintigramm) gehört deshalb zur Routinediagnostik.

Antwort: In den **niedrigen Stadien** (I, II, III, teilweise auch Stadium IV) wird eine **Infektprophylaxe** mit niedrig dosiertem Trimethoprim oder einem Nitrofurantoinpräparat über etwa ein Jahr durchgeführt. Danach kommt es in den allermeisten Fällen zu einem spontanen Verschwinden des Refluxes. Ist der Reflux nach einer einjährigen Therapie immer noch in einem unveränderten oder geringeren Ausmaß vorhanden, so wird in den meisten Fällen die Antibiotikaprophylaxe fortgesetzt, bis eine Ausheilung eintritt.

In den **höheren Stadien** (teilweise in Stadium IV, in jedem Fall in Stadium V) gilt es, die betroffene Niere zu retten und Sekundärkomplikationen wie eine Gedeihstörung, Urämie, Urosepsis oder einen renalen Hypertonus zu verhindern. Darum wird in der Regel die stärker betroffene Seite primär durch eine Ureterostomie entlastet, um später eine Ureterneueinpflanzung mit Antirefluxplastik durchzuführen. Nicht selten muss nur die stärker betroffene Seite operiert werden, die kontralaterale Seite erholt sich häufig spontan.

13.3 Nephritisches und nephrotisches Syndrom

Frage: Nierenerkrankungen können entzündlicher und nichtentzündlicher Genese sein. Pathologisch werden glomeruläre, interstitielle und tubuläre Erkrankungen unterschieden. Bei den glomerulären Erkrankungen differenziert man wiederum klinisch zwischen einem nephritischen und einem nephrotischen Syndrom. Kennen Sie den Unterschied zwischen diesen Syndromen?

Antwort: Ein **nephrotisches Syndrom** äußert sich durch einen renalen Eiweißverlust nach glomerulärer Schädigung mit konsekutivem Entstehen von hypoproteinämischen Ödemen. Definitionsgemäß bestehen folgende vier Symptome:

- **Proteinurie** von mehr als 1 g pro 24 h und m^2 Körperoberfläche
- **Hypoproteinämie** bzw. Hypalbuminämie < 2,5 g / dl
- **Hyperlipoproteinämie,** wobei Cholesterin meist > 250 mg / dl
- **Ödeme** typischerweise zuerst an den Augenlidern, danach an den Beinen; später kommt es zum Aszites, eventuell auch zu Pleuraergüssen

Beim **nephritischen Syndrom** stehen entzündliche Prozesse im Mittelpunkt des pathophysiologischen Geschehens. Das Leitsymptom ist eine **Mikro- bis Makrohämaturie,** die von einer leicht- bis mittelgradigen Proteinurie begleitet wird. Fakultativ liegen ein Hypertonus, eine GFR-Erniedrigung sowie eine Einschränkung der Wasser- und Salzelimination mit Oligurie und Ödemen vor.

nephrotisches Syndrom	nephritisches Syndrom
• Minimal-change-GN (am häufigsten) • membranoproliferative GN • fokal-segmental-sklerosierende GN* • membranöse (syn. perimembranöse) GN • selten: Systemerkrankungen, z. B. SLE, Amyloidose	• Poststreptokokkennephritis • IgA-Nephritis • rapid-progressive GN • mesangioproliferative GN • Purpura-Schoenlein-Henoch-Nephritis • Systemerkrankungen, z. B. Diabetes mellitus, SLE

* fokale GN: < 80 % der Glomerula befallen, andernfalls spricht man von diffusen Glomerulonephritiden; segmentale Glomerulonephritiden: nur einzelne Teile des Schlingenkonvoluts befallen; GN = Glomerulonephritis

Tab. 13.1: Glomerulonephritiden

13.4 Poststreptokokkennephritis

Fallbeispiel: Ein siebenjähriger Junge hatte vor acht Tagen Fieber und einen Racheninfekt. Nun fällt er durch allgemeine Schwäche, leicht erhöhte Temperaturen, lumbale Schmerzen, Blässe, Inappetenz, Lidödeme sowie eine Makrohämaturie auf. Er klagt über Übelkeit und Kopfschmerzen. Woran denken Sie?

Antwort: Die Anamnese ist typisch für eine **Poststreptokokkennephritis.** Sie tritt bei Jungen häufiger auf als bei Mädchen und hat ihr Altersmaximum zwischen dem sechsten und zehnten Lebensjahr. Vor dem dritten Lebensjahr ist sie selten. Die Glomerulonephritis wird ausgelöst durch nephritogene Streptokokken, die in der Regel primär Racheninfektionen, seltener Hautinfektionen verursachen. Die Manifestationszeit zwischen Streptokokkeninfekt und renaler Erkrankung liegt zwischen sechs und 14 Tagen, bei Hauterkrankungen auch länger. Pathogenetisch liegt eine Immunreaktion mit Bildung von Antigen-Antikörper-Komplexen und deren subepitheliale Ablagerung im Glomerulum vor. Kommt es zu dieser Immunreaktion, so bleiben 20–50 % der Patienten asymptomatisch oder fallen durch eine **Mikrohämaturie** als Zufallsbefund auf. Das bedeutet, dass eine Poststreptokokkennephritis wahrscheinlich in sehr vielen Fällen gar nicht diagnostiziert wird.

Frage: Wie lange bleiben die Symptome bestehen, und zu welchen Komplikationen kann es kommen?

Antwort: Die Symptome bestehen meist ein bis zwei Wochen. Durch eine verminderte Wasserausscheidung kann es zur **Hypervolämie** und damit zur **Blutdruckerhöhung** kommen. Die glomeruläre Schädigung führt zu einer GFR-Verminderung und damit zu einer Aktivierung des Renin-Angiotensin-Aldosteron-Systems. Hierdurch wird die Blutdruckerhöhung noch verstärkt. Im schlimmsten Fall kann dieses zu einer **Herzinsuffizienz** führen. Der Blutdruck normalisiert sich in der Regel innerhalb einer Woche. Proteinurie und Hämaturie können noch über Monate bestehen bleiben. 90 % der Fälle heilen aus, selten kommt es zum akuten **Nierenversagen** oder zur **chronischen Glomerulonephritis,** meist in Form einer mesangioproliferativen Glomerulonephritis.

Frage: Welche Laborbefunde erwarten Sie?

+ Nicht selten kommt es zu Elektrolytstörungen und erniedrigter Kreatininclearance.

Antwort: In über 90 % liegt eine Erhöhung von **Streptokokkenantikörpern** wie Anti-Streptolysin, Anti-Streptokinase oder Anti-DNAse-B vor. In ebenfalls über 90 % findet man erniedrigte **C3-Spiegel** (Komplement 3). Normale oder erhöhte C3-Werte schließen eine Poststreptokokken-GN weitgehend aus. Unspezifische Zeichen sind eine BSG-Erhöhung, Leukozytose und Anämie. In der **Urindiagnostik** findet man obligat eine Mikro- bis Makrohämaturie und eine leicht- bis mittelgradige Proteinurie entsprechend den Symptomen eines nephritischen Syndroms.

Frage: Sie haben die C3-Erniedrigung als wichtiges Kennzeichen erwähnt. Jetzt eine ganz schwere Frage: Welche Nierenerkrankungen gehen denn noch mit einer C3- oder C4-Erniedrigung einher? ?

Antwort: Bei den primären Glomerulonephritiden fällt mir da nur die membranoproliferative Glomerulonephritis ein. Daneben findet man bei einem akuten Schub eines systemischen Lupus erythematodes eine Komplementerniedrigung. Außerdem kann eine solche im Rahmen einer Nierenbeteiligung bei Endocarditis lenta oder einer schweren Sepsis vorkommen.

Frage: Ausgezeichnet. Wie behandelt man denn die Poststreptokokkennephritis? ?

Antwort: Man therapiert zwei bis drei Wochen mit **Penicillin** in einer Dosis von 50 000 IE pro kg KG und Tag. Wichtig ist eine genaue **Bilanzierung.** Die Flüssigkeitszufuhr muss der Urinausscheidung zuzüglich der Perspiratio insensibilis entsprechen. Das Kind sollte Bettruhe einhalten.

✚ Perspiratio insensibilis: Verdunstung in 24 h ca. 400 ml / m^2

Prüfer: Richtig. Hinzuzufügen ist nur noch, dass in einigen Fällen symptomatisch mit Diuretika, Antihypertensiva oder Elektrolytsubstitution nachgeholfen werden muss. Steroide sind nicht hilfreich.

13.5 Minimal-change-Glomerulonephritis

Frage: Welches ist die häufigste **Ursache** eines **nephrotischen Syndroms** im Kindesalter? ?

Antwort: Die häufigste Ursache für ein nephrotisches Syndrom ist die Minimal-change-Glomerulonephritis, auch Lipoidnephrose genannt.

Frage: Warum heißt diese Erkrankung so? ?

Antwort: In dem Biopsat findet man nur minimale histologische Veränderungen, in der Regel keine oder nur eine äußerst **geringe mesangiale Proliferation.** Elektronenmikroskopisch liegt eine **Podozytenverschmelzung** vor. In den Tubulusepithelien können rückresorbierte Eiweiße und Lipide abgelagert werden. Die Ursache der Erkrankung ist weitgehend unbekannt.

? **Frage:** Richtig. Die Erkrankung befällt Jungen häufiger als Mädchen. Das Altersmaximum liegt um das dritte Lebensjahr. Die Minimal-change-Glomerulonephritis ist vor dem ersten oder nach dem 12. Lebensjahr sehr selten. Wie stellen Sie die Diagnose einer Minimal-change-Glomerulonephritis?

✚ **Selektive** Proteinurie: bei nur geringen Basalmembranveränderungen, gekennzeichnet durch Ausscheidung kleinmolekularer Proteine wie Albumin, Transferrin und IgG. **Unselektive** Proteinurie: Ausscheidung großmolekularer Proteine wie α_2-Makroglobulin, IgM.

Antwort: Hinweisend ist die **Klinik** eines nephrotischen Syndroms. In der **Eiweißelektrophorese** fallen eine Hypalbuminämie bei α_2- und β-Globulinerhöhung sowie eine Hypogammaglobulinämie auf (α_2-β-Typ). **Cholesterin** und **Triglyzeride** sind erhöht. Kennzeichnend ist auch eine Lipidurie, die sich im **Urinsediment** durch so genannte Malteserkreuze darstellt. Im Gegensatz zur Poststreptokokkennephritis liegen keine Erythrozyturie, ein normaler C3-Spiegel und eine große, in der Regel selektive Proteinurie vor. Nahezu beweisend für das Vorliegen einer Minimal-change-Glomerulonephritis ist das prompte **Ansprechen auf Steroide.**

? **Frage:** Obwohl diese Erkrankung mit relativ wenigen histologischen Veränderungen einhergeht, und auch das klinische Bild durchaus diskret sein kann, existieren eine Reihe von **Komplikationen,** die zu einem schweren Verlauf der Minimal-change-Glomerulonephritis führen können. Welche Komplikationen sind das?

Antwort: Komplikationen sind **Thromboembolien** durch AT-III-Verluste im Rahmen der Proteinurie. Auch kann eine **Resistenzschwäche** infolge der Hypogammaglobulinämie vorliegen. Besonders häufig kommt es dann zu Pneumokokkeninfektionen. Die Plasmaverluste in das Interstitium können in seltenen Fällen zu einem **hypovolämischen Schock** führen. Nicht zu vergessen sind die Nebenwirkungen der therapeutischen Immunsuppression.

? **Frage:** Damit wären wir bei der **Therapie.** Wie behandelt man die Minimal-change-Glomerulonephritis?

✚ Bei Steroidresistenz oder häufigen Rezidiven verabreicht man Cyclosporin (Sandimmun®) oder Cyclophosphamid (Endoxan®).

Antwort: Therapie der Wahl ist die orale **Kortikoidgabe** nach vorgegebenem Schema. Die Gesamttherapiedauer beträgt etwa drei Monate. Man beginnt mit Prednison in einer Dosis von 2 mg pro kg KG und Tag (max. 80 mg / d) über sechs Wochen und fährt über weitere sechs Wochen mit einer reduzierten alternierenden Prednisongabe fort. Die Diät soll eiweißreich und salzarm sein.

13.6 Hämolytisch-urämisches Syndrom

Frage: Das **hämolytisch-urämische Syndrom** (HUS) kommt hauptsächlich bei Säuglingen und Kleinkindern vor. Können Sie mir die typischen klinischen Befunde nennen? **?**

☐ ☐ ☐
☺ 😐 ☹

Antwort: Im Prodromalstadium findet sich ein Atemwegsinfekt oder noch typischer eine blutige Durchfallerkrankung. Der dramatische Hinweis auf ein HUS ist der Rückgang bzw. das Sistieren der Urinproduktion im Sinne einer **Oligurie** oder **Anurie.** Durch die gleichzeitige **Anämie** sind die Kinder blass und häufig bewusstseinsgetrübt. Der noch ausgeschiedene Urin ist durch Hämolyse dunkel gefärbt, was als **Hämoglobinurie** bezeichnet wird. Der Blutdruck kann erhöht sein. Hierdurch kann es bei krisenhaftem **Blutdruckanstieg** und schweren Verläufen zu zerebralen Krampfanfällen kommen.

Frage: Wie kommt es zu dieser Erkrankung? **?**

☐ ☐ ☐
☺ 😐 ☹

Antwort: Dem HUS gehen fast immer Infektionen des Gastrointestinaltraktes oder der oberen Atemwege voraus. Erreger sind zu einem hohen Prozentsatz so genannte **enterohämorrhagische E. coli** (EHEC). Bei den Atemwegsinfekten, die zu einem HUS führen, findet man meistens Erreger mit Neuraminidaseaktivität, wie z.B. **S. pneumoniae.** Die Erreger führen zu einer toxischen oder immunvermittelten Endothelzellschädigung, besonders im Bereich der Niere. Dort kommt es dann durch eine erhöhte Thrombogenität des Endothels zu einer **thrombotischen Mikroangiopathie** und einer **mechanischen Erythrozytenschädigung.** Dies führt wiederum zu einer **Hämolyse** und einem Thrombozytenverbrauch mit **Thrombozytopenie.** Die veränderten Erythrozyten sind im Blutausstrich als so genannte Fragmentozyten sichtbar. Die renale Mikroangiopathie geht mit einer verminderten Durchblutung der Glomerula und daher mit einer Erniedrigung der GFR einher. In ausgeprägten Fällen kann auf diese Weise ein akutes Nierenversagen induziert werden.

✚ Pathognomonisch für HUS: „eierschalenförmige" Fragmentozyten im Blutausstrich

Blutbild	Anämie, Thrombozytopenie, Retikulozytose, freies Hämoglobin, Fragmentozyten im Blutausstrich
Serumparameter	Retentionswerte (Harnstoff, Kreatinin) erhöht, Hämolysezeichen (LDH und indirektes Bilirubin erhöht, Haptoglobin und Komplement erniedrigt)
Elektrolyte	häufig Hyperkaliämie
Urin	Hämoglobinurie, Proteinurie, Fibrinspaltprodukte

Tab. 13.2: Laborbefunde beim HUS

☐ ☐ ☐

? Frage: Wie behandelt man das HUS?

Antwort: Man kann in der Regel nur **symptomatisch** durch **Flüssigkeitsrestriktion** und **Elektrolytausgleich** behandeln. Nicht selten muss auch ein erhöhter Blutdruck durch Antihypertensiva eingestellt werden. In schweren Fällen muss dialysiert werden. Ist die Diagnose erst einmal gestellt, ist die Prognose auch bei dramatischem Krankheitsbild heute nicht mehr so schlecht wie früher.

Prüfer: Für die Beurteilung von Nierenfunktionsstörungen sind besonders folgende Parameter wichtig: glomeruläre Filtrationsrate (GFR), Serum-Kreatinin und -Harnstoff. Das Kreatinin entspricht bei der Geburt dem mütterlichen Wert, fällt danach auf 0,2–0,6 mg/dl ab und steigt langsam bis zum Erwachsenenwert von max. 1,1 mg/dl an. Der Harnstoff ist von der Eiweißzufuhr abhängig, liegt bei Neugeborenen zwischen 6 und 40 mg/dl und erreicht nach dem ersten Lebensjahr Werte bis 50 mg/dl. Die GFR liegt bei Neugeborenen um 30–40 ml/min/1,73 m^2 und steigt nach dem ersten Lebensjahr auf Erwachsenenwerte um 120 ml/min/1,73 m^2. Der ausschlaggebende Wert, der aber über die Dialyseindikation entscheidet, ist die Kaliumionenkonzentration. Steigt das Kalium infolge der Niereninsuffizienz zu stark an, drohen kardiale Komplikationen!

13.7 Diabetes insipidus renalis

☐ ☐ ☐

? Frage: Relativ häufig beobachtet man in der Praxis, dass Eltern mit ihren Kindern kommen und berichten, dass das Kind extrem viel trinke und außerdem viel Urin ausscheide. Ursache einer solchen Polyurie kann unter anderem ein Diabetes mellitus, ein Diabetes insipidus centralis oder renalis sein. In den meisten Fällen handelt es sich allerdings um eine habituelle Polydipsie. Was würden Sie eine Mutter fragen, um diese Erkrankungen weiter einzugrenzen?

Antwort: Man fragt nach dem genauen **Ausmaß der Flüssigkeitsausscheidung.** Beim Diabetes mellitus werden selten mehr als 4–5 l Urin ausgeschieden. Insbesondere beim Diabetes insipidus centralis können bei älteren Kindern Urinmengen von 15–20 l ausgeschieden werden. Besonders wichtig ist die Frage, ob die Kinder nachts wach werden, um zu trinken. Schläft ein Kind die Nacht durch, ist ein Diabetes insipidus nahezu ausgeschlossen (Diabetes insipidus centralis: ☞ Abschn. 7.1).

Frage: Wie kommt es ätiologisch zu einem Diabetes insipidus renalis?

Antwort: Der Diabetes insipidus renalis ist in einigen Fällen **angeboren,** es liegt ein X-chromosomal-rezessiver Erbgang vor, d.h. es sind nahezu ausnahmslos Jungen betroffen. Die Krankheit kann auch **erworben** sein. Die häufigste Ursache sind in diesem Fall Tubulopathien, bei denen die Sammelrohre nicht mehr auf ADH ansprechen. Schwere Elektrolytstörungen, wie eine Hypokaliämie und eine Hyperkalzämie, können ihrerseits Auslöser einer Tubulopathie sein und damit einen Diabetes insipidus renalis verursachen.

Frage: Wie kann man differentialdiagnostisch einen renalen und zentralen Diabetes insipidus unterscheiden?

Antwort: Grundsätzlich ist bei einem Diabetes insipidus die Plasmaosmolarität erhöht und die Osmolarität des Urins vermindert. Bei einem zentralen Diabetes insipidus fehlt ja das ADH, sodass man durch ADH-Gaben eine Normalisierung der Verhältnisse erreicht: Die Plasmaosmolarität sinkt und die Urinosmolarität steigt. Dieses ist beim renalen Diabetes insipidus nicht der Fall, hier fehlt nicht ADH, sondern die Sammelrohre sind dagegen resistent. Darum haben therapeutische ADH-Gaben beim Diabetes insipidus renalis keinen Sinn.

Merke: Therapie bei D. insipidus:
- **Diabetes insipidus renalis:** Therapeutisch entscheidend ist eine reichliche Flüssigkeitszufuhr. Die Ernährung sollte salzarm sein. Versuch mit nichtsteroidalen Antiphlogistika, da erhöhte renale Prostaglandinkonzentrationen pathophysiologisch an der Entstehung beteiligt sind.
- **Diabetes insipidus centralis:** regelmäßige intranasale ADH-Applikation (Minirin®)

13.8 Maldescensus testis

Fallbeispiel: Ein Vater kommt mit seinem 16 Monate alten Sohn und berichtet Ihnen, dass sich auf der linken Seite kein Hoden im Skrotum befindet. Wie gehen Sie vor?

Antwort: Zunächst einmal muss man Vater und Mutter genau befragen, ob sich der Hoden schon einmal im Skrotum befunden hat. Wichtig ist auch die Frage, ob sich der Hoden eventuell unter entspannten Bedingungen, wie z.B. beim Baden des Kindes, im Hodensack befindet.

tipp Immer erst alle wichtigen Anamnesefragen nennen und dann die körperliche Untersuchung beschreiben.

Bei der anschließenden Untersuchung versucht man, den Hoden zu palpieren und dann manuell in den Hodensack zu deszendieren. Gelingt dieses in Rückenlage des Kindes nicht, so setzt man das Kind in den Schneidersitz, um den Kremasterreflex auszuschalten.

Frage: Welche **Ursachen** kann ein solcher **Maldescensus testis** haben?

✚ Bei einer Hodenektopie befindet sich der Hoden außerhalb des normalen Deszensusweges, z.B. subkutan.

Antwort: In einem Großteil der Fälle sind beim reifen Neugeborenen bereits bei der Geburt beide Hoden im Skrotum platziert. Ist ein Hoden palpatorisch nicht nachweisbar, spricht man von **Kryptorchismus.** Von ganz wesentlicher Bedeutung ist die Unterscheidung zwischen Gleithoden und Pendelhoden. Der **Pendelhoden** ist relativ häufig und entsteht durch den aktiven Kremasterzug. Der Hoden liegt am äußeren Leistenring, lässt sich aber ohne Spannung in den Hoden deszendieren und verbleibt dort auch. Deshalb ist die körperliche Untersuchung unter entspannten Bedingungen oder unter Ausschaltung des Kremasterreflexes wichtig. Beim **Gleithoden** ist der Hoden am Skrotaleingang, lässt sich nur unter Spannung ins obere Skrotalfach verlagern, und gleitet danach sofort wieder zurück.

Frage: Bei dem vorgestellten Kind lässt Sie die Anamnese und der Untersuchungsbefund sicher sein, dass es sich um einen Gleithoden handelt. Was raten Sie dem Vater? Kennen Sie die aktuelle **Therapieempfehlung?**

✚ Die früher applizierten Spritzenkuren (10 i.m.-Injektionen HCG) werden nicht mehr empfohlen!

Antwort: Um die Gefahr einer späteren Infertilität oder einer malignen Entartung zu verringern, sollte ein Maldescensus testis vor Ende des zweiten Lebensjahres beseitigt werden. Zur Anwendung kommen zwei Hormontherapien: die tägliche intranasale **LHRH-Applikation** für die Dauer eines Monats und die wöchentliche intramuskuläre **HCG-Therapie** über fünf Wochen. Gute Ergebnisse erbringt auch die Kombination dieser beiden Therapien. Bei ausbleibendem Deszensus sollte dann die **operative Korrektur** vor Ablauf des zweiten Lebensjahres erfolgen.

Frage: Wie gehen Sie vor, wenn sowohl vor als auch nach konservativer Therapie ein beidseitiger Kryptorchismus vorliegt?

Antwort: Zunächst sollte mit einem **HCG-Test** festgestellt werden, ob überhaupt Hoden vorhanden sind. Dies wird durch einen Testosteronanstieg nach HCG-Injektion erkannt. Ist dies der Fall, sollten die Hoden durch chirurgische Therapie in das Skrotum verlagert werden. Zum Auffinden der Hoden im Bauchraum sind die Kernspintomographie und gegebenenfalls die Laparoskopie hilfreich. Manchmal sind dazu mehrere Sitzungen erforderlich.

Frage: Ja, richtig, mehrere Sitzungen sind sogar im Regelfall erforderlich. Wie gehen Sie denn vor, wenn die Hoden sehr klein oder atrophisch sind? Sollten die Hoden dann nicht besser in einmaliger Sitzung entfernt werden, um dem Kind die mehrfachen Operationen zu ersparen?

Antwort: Nein, man hat ja vorher mit dem HCG-Test bewiesen, dass noch eine Restfunktion vorhanden ist. Aus diesem Grund sollten die Hoden unbedingt erhalten bleiben.

13.9 Hodentorsion

Fallbeispiel: Eine junge Mutter bringt ihren sechs Monate alten Säugling in Ihre Kinderarztpraxis. Sie berichtet, dass ihr Sohn seit einer Stunde aus vollem Wohlbefinden heraus mitten im Schlaf plötzlich angefangen habe zu schreien und sich seitdem nicht mehr beruhigt habe. Das Kind macht einen gequälten Eindruck, bei der körperlichen Untersuchung fällt ein geschwollener und geröteter Hoden auf. Welche Verdachtsdiagnose müssen Sie unmittelbar stellen?

Antwort: Es besteht der dringende Verdacht auf eine **Hodentorsion.** Dieses Krankheitsbild ist ein akuter pädiatrischer Notfall. Das Kind muss umgehend in eine Kinderchirurgie eingewiesen werden. Dort muss der Hoden operativ detorquiert und anschließend prophylaktisch im Hodensack fixiert werden.

✚ Hodentorsionen treten besonders häufig im Säuglingsalter und in der Präpubertät (hormonelle Umstellungsphasen) auf. Außerdem sind retinierte Testes häufiger betroffen.

Frage: Die Fixierung des Hodens wird auch als Orchidopexie bezeichnet. Da der kontralaterale Hoden bei bereits stattgehabter Hodentorsion ebenfalls vermehrt torsionsgefährdet ist, muss auch der gesunde Hoden in einer späteren Zweitoperation orchidopexiert werden. Das beschriebene Fallbeispiel zeigt anschaulich, dass ein Kind bei unklaren Krankheitsbildern von Kopf bis Fuß untersucht werden muss und insbesondere ein nur kurzer Blick unter die Windel nicht ausreichend ist. Welche Gefahr besteht, wenn eine Hodentorsion durch eine unzureichende Untersuchung übersehen wird?

Antwort: Bei der Hodentorsion drehen sich der Hoden, der Samenstrang und die blutversorgenden Gefäße um die eigene Achse. Durch diesen Vorgang stranguliert sich der Hoden und es kommt zu einer zunehmenden **Ischämie.** Bereits nach kurzer Zeit kann das Hodengewebe auf diese Weise komplett absterben und die spätere Zeugungsfähigkeit somit beeinträchtigen.

? **Frage:** Welche wichtigen, im Allgemeinen jedoch akut nicht so gefährlichen Erkrankungen müssen Sie differentialdiagnostisch bedenken?

✚ Weitere Differentialdiagnosen der Hodentorsion (neben Hydatidentorsion und Epididymitis / Orchitis): Hydrozele (positive Diaphanoskopie, schmerzlos), Hodentumoren, -traumata

Antwort: Differentialdiagnostisch muss an eine **Hydatidentorsion** gedacht werden. Das klinische Bild ähnelt der Hodentorsion, ist jedoch häufig blander. Eine wichtige Differentialdiagnose ist die akute **Epididymitis.** Hierbei ist der Hoden ebenfalls stark geschwollen, gerötet und sehr schmerzhaft, die Symptomatik tritt jedoch häufig nicht so perakut wie bei der Hodentorsion auf. Außerdem besteht in aller Regel Fieber, die Entzündungswerte im Blut wie Blutsenkung, Leukozyten und CRP sind erhöht, und im Urin sind eine Bakteriurie und eine Leukozyturie nachweisbar. Behandelt wird hier nichtoperativ mit Antiphlogistika und Antibiotika.

? **Frage:** Die Epididymitis ist sicherlich die wichtigste Differentialdiagnose der akuten Hodentorsion. Kennen Sie das so genannte „**Prehn-Zeichen**", das helfen soll, zwischen einer Hodentorsion und einer Epididymitis zu differenzieren?

Antwort: Das Prehn-Zeichen ist bei der **Hodentorsion** in aller Regel **positiv,** eine Hodenhochlagerung führt zur **Schmerzzunahme.** Bei **entzündlichen Hodenerkrankungen** bewirkt eine Hochlagerung jedoch eher eine **Schmerzabnahme,** das Prehn-Zeichen ist **negativ.** Dieser schmerzlindernde Effekt wird bei der Epididymitis und Orchitis auch therapeutisch ausgenutzt. Natürlich ist das Prehn-Zeichen bei Säuglingen ein sehr unsicheres Zeichen.

? **Frage:** Heutzutage gewinnt man über die Dopplersonographie differentialdiagnostische Erkenntnisse zur Unterscheidung zwischen Hodentorsion und Epididymitis. Sie erwähnten die Orchitis. Welche Infektionskrankheit ist die häufigste Ursache für eine Orchitis?

Antwort: Mumpsinfektionen nach der Pubertät sind die weitaus häufigste Ursache für eine Orchitis. Das Risiko einer einseitigen Hodenatrophie ist hierbei erhöht. Daher ist die Mumpsimpfung eine wichtige Maßnahme, um der männlichen Infertilität vorzubeugen.

14 Herz- und Kreislauferkrankungen

14.1 Kardiale Untersuchung

Frage: Angenommen, Sie haben bei einem Kind den Verdacht auf einen angeborenen Herzfehler. Wie gehen Sie diagnostisch vor?

Antwort: Einer gründlichen kardialen Untersuchung geht zunächst die ausführliche **Befragung** der Eltern voraus. Abgefragt werden häufige Leitsymptome wie **Tachy-** oder **Dyspnoe,** die beispielsweise bei Shuntvitien mit erhöhtem Lungendurchfluss entstehen. Typische Symptome bei Säuglingen mit angeborenen Herzfehlern sind Trinkschwäche sowie **Gedeihstörungen.** Starkes **Schwitzen** bei körperlicher Belastung, wie z.B. beim Füttern, kann ebenfalls Ausdruck einer erhöhten kardialen Belastung sein. Ein weiteres Herzinsuffizienzzeichen ist die bläuliche Verfärbung der Haut, die **Zyanose.**

Frage: Welche zusätzlichen Fragen stellen Sie, wenn es sich bei dem Patienten nicht um einen Säugling, sondern um ein Klein- oder Schulkind handelt?

Antwort: Hier stehen Fragen nach der **körperlichen Leistungsfähigkeit** im Vordergrund. Außerdem sollte man nach rezidivierenden oberen **Atemwegsinfekten** und **Appetitlosigkeit** des Kindes fragen. Eine **Nykturie** kann wie bei Erwachsenen Symptom einer Herzinsuffizienz sein. Das freiwillige häufige Einnehmen einer **Hockstellung** beobachtet man bei Kindern mit Fallot-Tetralogie, da so durch willkürliche Erhöhung des peripheren Widerstandes die pulmonale Durchblutung verbessert wird.

Frage: Nach der Anamnese beginnen Sie natürlich mit der körperlichen Untersuchung. Vor Ihnen liegt das entkleidete Kind. Worauf achten Sie bei der Inspektion?

Antwort: Zunächst beurteilt man den allgemeinen **Entwicklungszustand** des Kindes, also ob das Kind normal gediehen oder etwa dystroph ist. Häufig sind weitere Skelettanomalien oder äußere Fehlbildungen mit angeborenen Herzfehlern verbunden, die durch die gründliche Inspektion bereits erkannt werden können. Bei der Betrachtung des Thorax achtet man auf **Dyspnoezeichen, Thoraxform** und auf sichtbare **hy-**

+ Eine Zyanose entsteht, wenn die Menge an reduziertem Hämoglobin 5 g / dl überschreitet.

peraktive Herzaktionen. In 45°-Stellung des Oberkörpers kann eine vermehrte **Jugularvenenfüllung** Hinweis auf eine Rechtsherzbelastung sein. Die Extremitäten sollten auf **Ödeme** untersucht werden. Dabei fällt manchmal auch eine diskrete **Zyanose** durch Blaufärbung des Nagelbettes auf. **Uhrglasnägel** und **Trommelschlägelfinger** weisen auf schon länger bestehende chronische Hypoxien hin.

! **Merke:**

- **zentrale Zyanose** → Sauerstoffgehalt des arteriellen Blutes vermindert
  - **kardiale Zyanose** bei Vitien mit Rechts-Links-Shunt
  - **pulmonale Zyanose** infolge mangelhafter pulmonaler Sauerstoffanreicherung durch Lungenerkrankung
- **periphere Zyanose** → vermehrte Sauerstoffausschöpfung in der Peripherie, z. B. bei Herzinsuffizienz, Hypothermie

? **Frage:** Die von Ihnen angesprochenen Veränderungen wie Uhrglasnägel und Trommelschlägelfinger werden übrigens auch als „**pulmonale hypertrophe Osteopathie**" bezeichnet. Aber lassen Sie uns mit der körperlichen Untersuchung fortfahren. Sie haben sich das Kind jetzt also gründlich angesehen und einen ersten Eindruck gewonnen. Was könnten Sie untersuchen?

Antwort: Als Nächstes könnte sich die Palpation des **Herzspitzenstoßes** und die Erfassung des **Pulsstatus** anschließen. Eventuell fällt bei der Untersuchung ein präkordiales oder juguläres Schwirren auf. Palpiert werden sollten auch Leber und Milz, um eine eventuelle Hepatosplenomegalie aufzudecken.

! **Merke:**

- Schwirren im **2. ICR rechts** und im Jugulum: nahezu pathognomonisch für eine **Aortenklappenstenose**
- Schwirren im **3. ICR links:** beim **VSD** häufig

? **Frage:** Sehr gut. Wenn ich gemein wäre, würde ich Sie noch fragen, wo denn bei Kindern der von Ihnen angesprochene **Herzspitzenstoß** liegt. Könnten Sie das beantworten?

Antwort: Ja, der Herzspitzenstoß liegt ungefähr im 5. ICR in der Medioklavikularlinie links.

Frage: Das ist nicht falsch, gilt allerdings eher für Erwachsene. Bei Kindern unter vier Jahren liegt er infolge des Zwerchfellhochstandes etwas außerhalb der Medioklavikularlinie im 4. ICR links. Mit zunehmendem Alter verlagert er sich dann weiter nach medial und etwas nach unten, sodass er ca. ab dem 13. Lebensjahr, wie von Ihnen beschrieben, innerhalb der Medioklavikularlinie im 5. ICR links zu palpieren ist. Sie sprachen eben auch den **Pulsstatus** an. Worauf achten Sie denn bei der Palpation des Pulses?

Antwort: Zunächst würde ich beurteilen, ob der Puls regelmäßig oder arrhythmisch ist. Auch die Frequenz wird ausgezählt. Geübte Untersucher können anhand der Härte des Pulsschlags Aussagen zur ungefähren Höhe des systolischen Blutdrucks machen. Auch eine große Blutdruckamplitude, wie z.B. bei einer Aorteninsuffizienz, kann palpatorisch erfasst werden. Letztlich muss auch die Geschwindigkeit des Pulsablaufes, die so genannte Celerität, beurteilt werden.

Merke: Pulsqualitäten
- **Regelmäßigkeit:** regularis – irregularis
- **Frequenz:** frequens – rarus
- **Härte:** durus – mollis
- **Druckamplitude:** altus – parvus
- **Celerität:** celer – tardus

Frage: Gut, jetzt können Sie Ihr Stethoskop herausholen und mit der Auskultation an den typischen Stellen beginnen. Angenommen, Sie untersuchen ein sehr schlankes Klein- oder Schulkind und hören ein leises, nicht fortgeleitetes, inkonstantes systolisches Herzgeräusch mit Punctum maximum über dem Erb'schen Punkt. Um welches häufige Herzgeräusch handelt es sich dabei in den meisten Fällen?

Antwort: Sie beschreiben die akzidentellen **Herzgeräusche,** die bei Gesunden auftreten und mit keinerlei strukturellen oder funktionellen Herzveränderungen einhergehen. Demgegenüber stehen die so genannten **funktionellen,** ebenfalls systolischen Herzgeräusche, welche bei Fieber und Anämie auftreten.

1/6	sehr leise, nur in einer Atempause zu hören
2/6	leise, auch während der Atmung zu hören
3/6	mittellautes Geräusch, nie Schwirren
4/6	lautes Geräusch, meistens Schwirren
5/6	sehr lautes Geräusch, immer Schwirren
6/6	sehr lautes Geräusch, hörbar bis 1 cm Abstand von der Thoraxwand; „Distanzgeräusch"

Tab. 14.1: Stärkegrade der Herzgeräusche

? **Frage:** Welche systolischen Herzgeräusche, die durch Vitien hervorgerufen werden, kommen differentialdiagnostisch in Betracht?

Antwort: Grundsätzlich muss man bei Systolika an eine **Insuffizienz der AV-Klappen** oder eine **Stenose der Taschenklappen** denken. Der Klangcharakter und der Zeitpunkt des Auftretens machen hier eine Differenzierung möglich. Auch eine Aortenisthmusstenose oder ein VSD verursachen natürlich ein systolisches Herzgeräusch. Relativ häufig ist auch ein schwingender Sehnenfaden dafür verantwortlich.

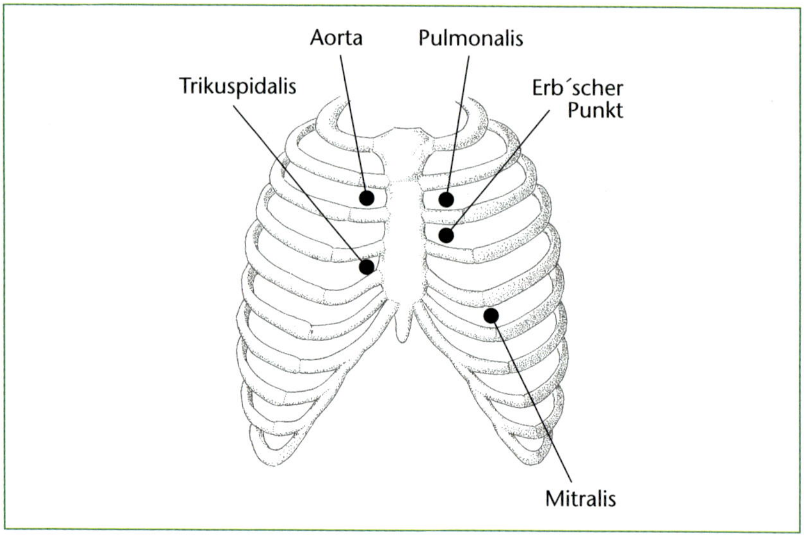

Abb. 14.1: Auskultationsareale

14.2 Pulmonalstenose

Frage: Welche **Befunde** erheben Sie bei einer **Pulmonalstenose?**

Merke: Typische EKG-Veränderungen bei Rechtsherzbelastung: Rechtstyp, P-dextroatriale (P-pulmonale) Hypertrophiezeichen mit hohen R-Zacken in den rechtspräkordialen Ableitungen, Rechtsschenkelblock (komplett / inkomplett)

Antwort: Bei der meist valvulären Pulmonalstenose wird in der Regel durch die Verschmelzung oder Verklebung der Kommissuren der Auswurf des rechten Herzens behindert. Bei höhergradigen Stenosen imponieren **Belastungsdyspnoe** und **Zeichen der Rechtsherzinsuffizienz,** wie Jugularvenenstauung, Hepatomegalie und eine periphere Zyanose. Die Zeichen einer rechtsventrikulären Hypertrophie lassen sich auch gut im EKG und Röntgenthorax nachvollziehen. Die Einteilung der Pulmonalstenose erfolgt nach dem Ort der Stenose in valvulär, subvalvulär (infundibulär), supravalvulär oder peripher. Leichtere Stenosen verursachen keine Beschwerden und fallen lediglich durch das raue **Decrescendosystolikum** über dem **2. / 3. ICR links parasternal** auf. Manchmal fällt eine fixierte Spaltung des zweiten Herztones auf.

Frage: Sie sprachen eben sehr richtig von einer fixierten Spaltung des zweiten Herztones. Was versteht man darunter?

Antwort: Fixiert bedeutet atemunabhängig.

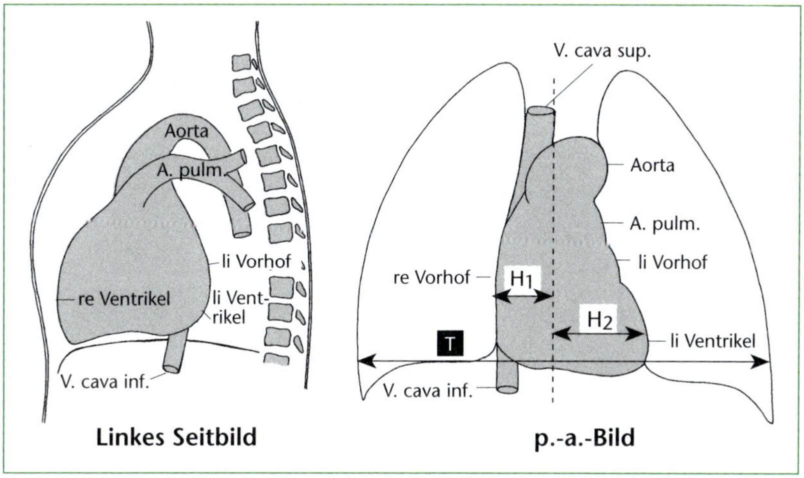

Abb. 14.2: Auswertungsskizzen für den Röntgenthorax

☐ ☐ ☐
☺ 😐 ☹

? Frage: Richtig. Könnten Sie dies vielleicht ein wenig ausführlicher erklären? Wie ist denn der physiologische Klappenschluss von Aorten- und Pulmonalklappe?

Antwort: Normalerweise kommt es bei Inspiration infolge des vermehrten Blutangebotes an den rechten Ventrikel zu einem gegenüber der Aortenklappe etwas verspäteten Verschluss der Pulmonalisklappe und damit zur „**physiologischen**" **Spaltung** des zweiten Herztones. Demgegenüber schließen sich in Exspiration Aorten- und Pulmonalisklappe nahezu gleichzeitig. Liegt nun eine Pulmonalstenose vor, so wird sich diese Klappe auf Grund der Ausflussbehinderung immer verspätet schließen, sodass es sowohl in In- als auch Exspiration zu einer „**fixierten, atemunabhängigen**" **Spaltung** kommt.

! Merke: Eine „paradoxe" Spaltung findet man bei der Aortenklappenstenose.

Durch die Stenose kommt es zum verspäteten Verschluss der Aortenklappe. Dadurch entfällt die „physiologische" atemabhängige Spaltung bei Inspiration, da dann beide Klappen „verspätet" schließen. Es kommt jedoch zu einer Spaltung in Exspiration, da hier nun die Pulmonalis- vor der Aortenklappe schließt. Der Begriff „paradox" bezieht sich also auf eine Spaltung des zweiten Herztones in der entgegengesetzten „falschen" Atemphase.

☐ ☐ ☐
☺ 😐 ☹

? Frage: Was versteht man unter einer **kritischen Pulmonalstenose?**

✚ Bei der kritischen Pulmonalstenose entsteht die zentrale Zyanose infolge eines Rechts-Links-Shunts durch das offene Foramen ovale.

Antwort: Bei der kritischen oder auch „**Knopflochstenose**" sind die Klappen bis auf ein kleines Restostium verschlossen. Die betroffenen Kinder fallen schon im Neugeborenenalter durch die Zeichen einer **Rechtsherzinsuffizienz** auf. Diese äußert sich insbesondere durch eine progrediente **zentrale Zyanose, hypoxämische Anfälle** und eine ausgeprägte **Hepatosplenomegalie.**

☐ ☐ ☐
☺ 😐 ☹

? Frage: Kommen wir nun zur Therapie der Pulmonalstenose. Bei den valvulären Stenosen hat sich heute ein sehr elegantes Verfahren etabliert, das wegen der guten Erfolgsquoten die Methode der ersten Wahl darstellt. An welches Verfahren denke ich?

Antwort: Mit Hilfe der **Herzkatheteruntersuchung** kann diagnostisch der Druckgradient zwischen rechtem Ventrikel und Pulmonalarterie ermittelt werden. In gleicher Sitzung ist mittels **Ballondilatation** die Sprengung der stenotischen, verschmolzenen Klappenränder möglich. Bei echokardiographisch gemessenen Druckgradienten über 50–60 mmHg sollte man schon im Vorschulalter eine solche **Ballonvalvuloplastie** erwägen, bei höhergradigen Stenosen auch schon eher.

Frage: Bleibt noch hinzuzufügen, dass die übrigen Stenoseformen, wie die supra- und subvalvulären, durch einen chirurgischen Eingriff korrigiert werden können. Dieses ist auch bei fehlangelegten, dysplastischen Klappen möglich. Zum Schluss noch eine sehr spezielle Frage: Was ist denn eine **periphere Pulmonalstenose?**

Antwort: Hierbei handelt es sich um **Verengungen der Pulmonalarterien,** die ebenfalls durch ein systolisches Herzgeräusch und Rechtsherzbelastung klinisch auffällig werden können. Dabei können die Stenosierungen sowohl an den großen zentralen Pulmonalarterien als auch an den kleineren peripheren Gefäßen auftreten. Zeigen die zentralen Pulmonalstenosen eine klinische Relevanz, können sie durch Stenteinlagen behandelt werden. Eine Therapie der kleinen peripheren, oft multipel vorkommenden Stenosen ist nicht möglich. Es besteht allerdings die Möglichkeit, dass diese Stenosierungen auswachsen.

14.3 Aortenstenose

Frage: Die Aortenstenose macht ca. 6–7 % der angeborenen Herzfehler aus. Wann und wodurch tritt dieses Vitium meist klinisch in Erscheinung?

Antwort: Bei etwa drei Vierteln der Patienten wird die Diagnose erst im Schulalter im Rahmen der Routineuntersuchung gestellt, da auch höhergradige Formen häufig im Säuglings- und Kleinkindesalter erscheinungsfrei bleiben. Charakteristisch ist ein Schwirren über dem Jugulum und das **systolische Austreibungsgeräusch** mit dem vom ersten Herzton abgesetzten Ejektionsklick mit Punctum maximum über dem 2. ICR rechts parasternal. Die Geräusche werden in die Karotiden fortgeleitet. Klinisch können **Belastungsdyspnoe, Blässe** und auch **Stenokardien** auftreten. Gelegentlich führen erst **Synkopen** zu der Verdachtdiagnose.

+ Neugeborene mit hochgradiger „kritischer" Aortenstenose zeigen das klinische Bild einer akuten kardialen Dekompensation: Trinkschwäche, Tachydyspnoe, Hepatosplenomegalie, graublaues Hautkolorit.

Frage: In der Tat können sogar Stenokardien auftreten. Wie kommen diese pathophysiologisch zustande?

Antwort: Aufgrund der Behinderung der Ausflussbahn des linken Ventrikels pumpt dieser gegen einen erhöhten Widerstand und hypertrophiert. Es handelt sich um eine **konzentrische Hypertrophie,** die relativ lange kompensiert bleibt. Poststenotisch ist der Druck in der Aorta und den Koronarien erniedrigt, sodass es zu einer **relativen Koronarinsuffizienz** kommt. Außerdem führt die linksventrikuläre Hypertrophie nicht nur zu einem erhöhten Sauerstoffbedarf des Herzmuskels, sondern auch zu einer Erhöhung des enddiastolischen Drucks und damit zu einer verminderten subendokardialen Perfusion. Klinisch können diese pathophysiologischen Veränderungen als Herzrhythmusstörungen, Myokardischämien oder plötzlicher Herztod in Erscheinung treten.

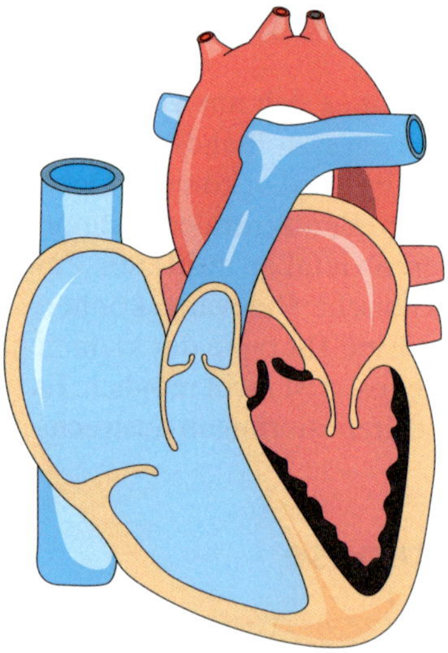

Abb. 14.3: Valvuläre Aortenstenose (modifiziert nach [2])

☐ ☐ ☐
☺ 😐 ☹

? Frage: Ähnlich wie bei der Pulmonalstenose ist auch bei der Aortenstenose die valvuläre Form am häufigsten. Außerdem unterscheidet man noch die sub- und supravalvuläre Form. Letztere kommt häufig im Rahmen von bestimmten Syndromen vor. Können Sie sich vorstellen, an welches Syndrom ich z. B. denke?

Antwort: Sie meinen wahrscheinlich das **Williams-Beuren-Syndrom,** dessen Leitsymptom die supravalvuläre Aortenstenose ist.

☐ ☐ ☐
☺ 😐 ☹

? Frage: Richtig. Dabei handelt es sich um eine angeborene Störung des Vitamin-D-Stoffwechsels, die außerdem mit einer charakteristischen „koboldartigen" Facies, geistiger Retardierung, Minderwuchs und Zahnfehlbildungen, den so genannten Mäusezähnen, einhergeht. Aber zurück zum Thema. Welche therapeutischen Verfahren stehen bei einer valvulären Aortenstenose zur Verfügung?

Antwort: Eine chirurgische Therapie ist bei einer Aortenstenose in der Regel nicht vermeidbar. Bei Druckgradienten über 50 mmHg zwischen linkem Ventrikel und Aorta wird durch eine Operation am offenen Herzen, eine **Kommissurotomie,** d.h. eine Lösung bzw. Sprengung der verschmolzenen Klappen durchgeführt. Dieses ist aber meist nur ein palliativer Eingriff, da Restenosierungen häufig sind und somit ein weiterer Eingriff nötig wird. Einem Teil der Patienten wird man den **Klappenersatz** nicht ersparen können. Es gilt aber, diese Operation mindestens bis zum 13. Lebensjahr hinauszuschieben, damit Wachstumsvorgänge am Klappenansatzring nicht das operative Ergebnis gefährden.

Frage: Wenn man über die Therapie von angeborenen Herzklappenfehlern spricht, muss man immer auch die Möglichkeiten der Herzkatheteruntersuchung bzw. der Ballondilatation mitbedenken. Warum wird die Ballonvalvuloplastie, die bei der Pulmonalstenose die Therapie der ersten Wahl darstellt, nicht mit gleichem Erfolg bei der Aortenstenose eingesetzt?

Antwort: Bei der Aortenstenose ist dieses Verfahren bei sehr kleinen Kindern aufgrund der schwierigen **anatomischen Verhältnisse** oftmals nicht durchführbar oder scheitert. Somit kann eine operative Kommissurotomie vorteilhafter sein. Außerdem neigt die Aortenstenose, im Gegensatz zur Pulmonalstenose, zur **Progression,** sodass sowohl eine Ballondilatation als auch eine Kommissurotomie häufig mehrfach durchgeführt werden muss und dann trotzdem noch der Klappenersatz drohen kann.

14.4 Ventrikelseptumdefekt (VSD)

Frage: Welches ist der häufigste angeborene Herzfehler?

Antwort: Der **Ventrikelseptumdefekt,** also die Kurzschlussverbindung zwischen rechter und linker Herzkammer, ist mit 25–30 % aller kongenitalen Herzfehler das häufigste Vitium. Am zweithäufigsten sind Vorhofseptumdefekt und persistierender Ductus arteriosus Botalli mit jeweils 10 %.

✚ Da die Bildung des Kammerseptums ein sehr komplexer embryonaler Entwicklungsschritt ist, kommt es hierbei häufig zu Fehlbildungen, die sich später morphologisch als Septumdefekt darstellen. Etwa 3 / 4 dieser Defekte sind im Bereich des membranösen Septums lokalisiert.

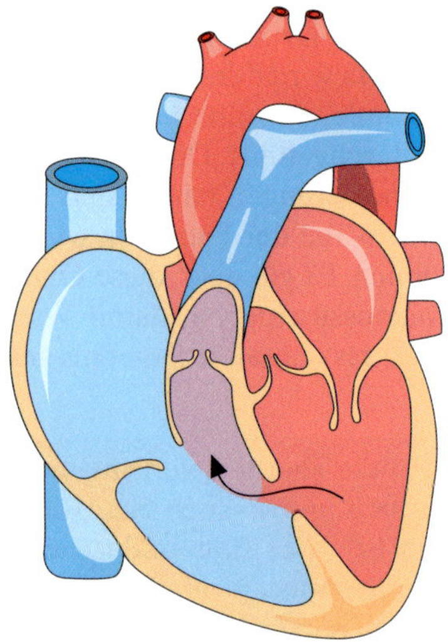

Abb. 14.4: Ventrikelseptumdefekt (modifiziert nach [2])

Prüfer: Klinisch ist nicht die Lokalisation des Defektes von Bedeutung, sondern vielmehr die hämodynamische Wirksamkeit der Shuntverbindung zwischen beiden Kammern. Physiologischerweise handelt es sich ja um zwei Kreislaufsysteme mit unterschiedlichen Drücken. So liegt der systolische Druck im linken Ventrikel bei ca. 100 mmHg und im rechten Ventrikel bei max. 30 mmHg. Es ist sehr leicht ersichtlich, dass Verbindungen zwischen beiden Kammern somit zu einem Links-Rechts-Shunt führen.

☐ ☐ ☐
☺ 😐 ☹

? **Frage:** Je nach Ausmaß des Druckausgleiches zwischen rechtem und linkem Ventrikel werden die Ventrikelseptumdefekte grob in drei Gruppen unterteilt. Was wissen Sie über diese **Einteilung?**

tipp Obwohl der Prüfer hier schon etwas spezielleres kardiologisches Wissen abfragt, wird durch die vorausgehenden Erläuterungen auf die Antwort hingearbeitet.

Antwort: Bei kleinem Defekt ist das Shuntvolumen so gering, dass die Drücke in den Ventrikeln nicht verändert sind. Man spricht deshalb auch vom „**drucktrennenden**" **VSD.** Dieser ist hämodynamisch nicht wirksam und tritt klinisch bis auf ein lautes „Pressstrahl-Systolikum" nicht in Erscheinung. Anders bei mittelgroßen Defekten, die eine Belastungsdyspnoe verursachen können. Die Druckdifferenz zwischen rechtem und linkem Ventrikel wird infolge des Shuntvolumens kleiner, deshalb bezeichnet man diese Defektgröße auch als „**druckreduzierenden**" **VSD.** Bei sehr großen Defekten ist der Druck in beiden Ventrikeln faktisch gleich, sodass man von „**druckangleichenden**" **Ventrikelseptumdefekten** spricht.

Merke: Beim kleinen und mittleren VSD steht die Volumenbelastung des linken Herzens im Vordergrund. Das Blut gelangt direkt in die Pulmonalarterie, ohne dass der rechte Ventrikel durch Mehrarbeit betroffen wäre.

!

Frage: Bleiben wir beim **großen VSD.** Beschreiben Sie bitte die **Symptome!**

?

☐ ☐ ☐
☺ 😐 ☹

Antwort: Unmittelbar nach der Geburt ist das typische Herzgeräusch infolge der Druckgleichheit in beiden Ventrikeln meist nicht vorhanden. In den ersten Lebenswochen entwickelt sich ein **systolisches Herzgeräusch** über dem 3. / 4. ICR links parasternal und evtl. ein präkordiales Schwirren. Klinisch auffällig werden diese Kinder schon im frühen Säuglingsalter. Eine erste **kardiale Dekompensation** kann sich – mitunter unterstützt durch einen Infekt – bereits im Alter von drei Monaten zeigen. Vorgestellt werden die Kinder häufig mit der Angabe, dass sie die Flasche nicht mehr vollständig trinken können, schnell erschöpft und dyspnoeisch sind. Weitere Zeichen der Herzinsuffizienz sind eine Lebervergrößerung und vermehrte Schweißsekretion.

Frage: Was versteht man unter der **Eisenmenger-Reaktion?**

?

☐ ☐ ☐
☺ 😐 ☹

Antwort: Bei Defekten mit großem Shunt-Volumen kann sich ein flussbedingter pulmonaler Hochdruck entwickeln. Durch Druckerhöhung im rechten Ventrikel kommt es zur Druckangleichung und somit Minderung des Shuntvolumens. Den Kindern kann es dadurch zunächst besser gehen. Ein lange anhaltender **pulmonaler Hypertonus** kann zur irreversiblen Konstriktion der Lungengefäße führen. Übersteigt jetzt der pulmonale Gefäßwiderstand und somit der Druck im rechten Ventrikel den Druck im linken Ventrikel, so kommt es zur **Shunt-Umkehr,** also zu einem Rechts-Links-Shunt mit zentraler Zyanose. Die Shunt-Umkehr bezeichnet man als Eisenmenger-Reaktion.

✚ Bei der Eisenmenger-Reaktion wird das Systolikum leiser und verschwindet. Die operative Korrektur des VSD ist mit dem Eintreten der Eisenmenger-Reaktion kontraindiziert, weil das rechte Herz nach Verschluss des Septums überlastet wäre und progredient dekompensiert.

Frage: Zum Schluss möchte ich mit Ihnen noch kurz über die Therapie dieses Herzfehlers sprechen. Sie haben eben sehr schön das klinische Bild eines Säuglings mit großem Ventrikelseptumdefekt und kardialer Dekompensation beschrieben. Was machen Sie therapeutisch in einem solchen Fall?

?

☐ ☐ ☐
☺ 😐 ☹

Antwort: Zunächst erfolgt durch **konservative Maßnahmen** die Therapie der Herzinsuffizienz. Eine Herzkatheteruntersuchung wird im Alter von drei Monaten durchgeführt. Um die Gefahr einer irreversiblen pulmonalen Hypertonie mit ihren beschriebenen Komplikationen zu vermeiden, sollte sich im Alter von sechs Monaten der **operative Verschluss** mit einem Kunststoffpatch anschließen.

? **Frage:** Welche Medikamente verwenden Sie zur Rekompensation des Herzens?

Antwort: Die Eckpfeiler einer solchen Therapie bestehen im Wesentlichen aus drei Medikamenten: **ACE-Hemmer, Digitalis** und **Diuretika.**

? **Frage:** Bei kleinen oder mittleren Ventrikelseptumdefekten ist ein abwartendes Verhalten gerechtfertigt. Warum?

Antwort: Bei 30–50 % der Patienten kann es in den ersten Lebensjahren zu einem **Spontanverschluss** oder einer Verkleinerung des Defektes kommen, sodass bei Beschwerdefreiheit durchaus die **operative Korrektur** zurückgestellt werden kann. Ab dem fünften Lebensjahr sollten dann alle VSD verschlossen werden, auch um die Gefahr einer bakteriellen Endokarditis zu mindern.

14.5 Vorhofseptumdefekt (ASD)

? **Frage:** Es existieren verschiedene morphologische Varianten des **Vorhofseptumdefektes,** wobei der Ostium-secundum-Defekt, oder auch ASD II genannt, die häufigste Form darstellt. Was wissen Sie über dieses Vitium?

Antwort: Der **ASD II** liegt kranial des verschlossenen Foramen ovale und entsteht durch eine **Entwicklungshemmung des Septum secundum.** Je nach Defektgröße und eventuell weiteren Fehlbildungen kommt es zu einem **Links-Rechts-Shunt.** Beim Neugeborenen, das noch die physiologische Rechtsherzhypertrophie besitzt, ist das Shuntvolumen relativ klein und steigt erst mit Zunahme der linksventrikulären Hypertrophie an. Das Shuntvolumen führt vor allem zu einer Belastung des rechten Vorhofs, des rechten Ventrikels und der Lungenstrombahn.

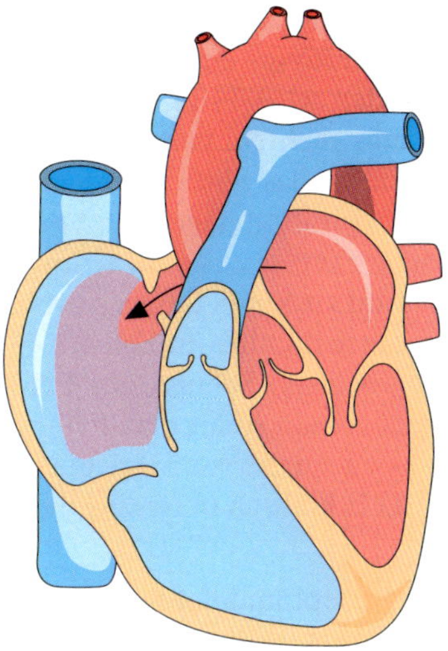

Abb. 14.5: Vorhofseptumdefekt (modifiziert nach [2])

Frage: Durch welche typische Trias ist der Vorhofseptumdefekt gekennzeichnet?

Antwort: Die Leittrias des ASD ist ein **Systolikum mit fixiert gespaltenem zweiten Herzton,** der im EKG erkennbare **inkomplette Rechtsschenkelblock** und die auf der Röntgenthorax-Aufnahme erkennbare **verstärkte Lungenperfusion.**

Frage: Richtig. Wo auskultieren Sie das typische Herzgeräusch eines ASD, und wie kommt es zustande?

Antwort: Das Systolikum ist Zeichen einer **relativen Pulmonalstenose** durch das shuntbedingte vermehrte Blutvolumen und lässt sich dementsprechend über dem **2. ICR links parasternal** auskultieren. Ebenfalls Ausdruck der Volumenbelastung des rechten Ventrikels ist die fixierte, atemunabhängige Spaltung des zweiten Herztones mit verspätetem Verschluss der Pulmonalklappe.

Frage: Richtig, allerdings möchte ich noch besonders auf die fixierte Spaltung des zweiten Herztones eingehen, da dieses Phänomen nur selten wirklich verstanden wird. Physiologisch steigt bei Inspiration der venöse Zufluss zum rechten Ventrikel. Damit steigt auch der rechtsatriale Druck, sodass das Shuntvolumen aus dem linken Vorhof abnimmt. In der Exspiration liegen die Verhältnisse dann genau umgekehrt: Der venöse Zufluss aus dem Körperkreislauf sinkt, und das Shuntvolumen nimmt zu. Somit liegen sowohl bei In- als auch bei Exspiration erhöhte Blutvolumina im rechten Herzen vor, die konstant einen etwas verzögerten Schluss der Pulmonalklappe bewirken. Auskultatorisch hört man somit eine fixierte, atemunabhängige Spaltung. Aber dieses Facharztwissen sei nur am Rande bemerkt. Wie tritt denn der ASD II klinisch in Erscheinung?

Antwort: Kleinere Vorhofseptumdefekte sind meist symptomlos. Auch bei größeren Defekten können die ersten Lebensjahre ohne Beeinträchtigung verlaufen. Die Kinder zeigen oft einen grazilen, **schlanken Körperbau** und eine blasse Hautfarbe. Bei weiterer Zunahme des Links-Rechts-Shunts kommen **Leistungsminderung** und **Belastungsdyspnoe** hinzu.

Prüfer: Bleibt noch kurz die Therapie zu ergänzen. Ab einem Links-Rechts-Shuntvolumen von mehr als 30 % des Herzzeitvolumens sollte eine operative Korrektur angestrebt werden, wobei man – wenn es die Klinik erlaubt – den Operationstermin in das Vorschulalter legt. Mittlerweile wird ein ASD durch mittels Herzkatheterisierung eingebrachte Schirmchen verschlossen.

14.6 Aortenisthmusstenose

Frage: Welche beiden **Formen der Aortenisthmusstenose** kennen Sie?

Antwort: Man unterscheidet die prä- und die postduktale Aortenisthmusstenose. Die Unterscheidung wird danach getroffen, ob die Stenose der Aorta descendens vor oder hinter dem Abgang des Ductus arteriosus Botalli liegt. Die **präduktale Stenose** wird auch als infantile Form der Aortenisthmusstenose bezeichnet. Die Symptome treten schon im Neugeborenenalter auf. Demgegenüber beginnen die Symptome der **postduktalen Aortenisthmusstenose,** auch als Erwachsenenform bezeichnet, erst jenseits des Säuglingsalters. Als weiteres wichtiges Unterscheidungskriterium liegt bei der präduktalen Form ein offener Ductus arteriosus vor. Über diesen wird die untere Körperhälfte mit Blut aus dem rechten Herzen versorgt. Dadurch entsteht eine Zyanose der unteren Körperhälfte. Bei der postduktalen Form ist der Ductus arteriosus geschlossen.

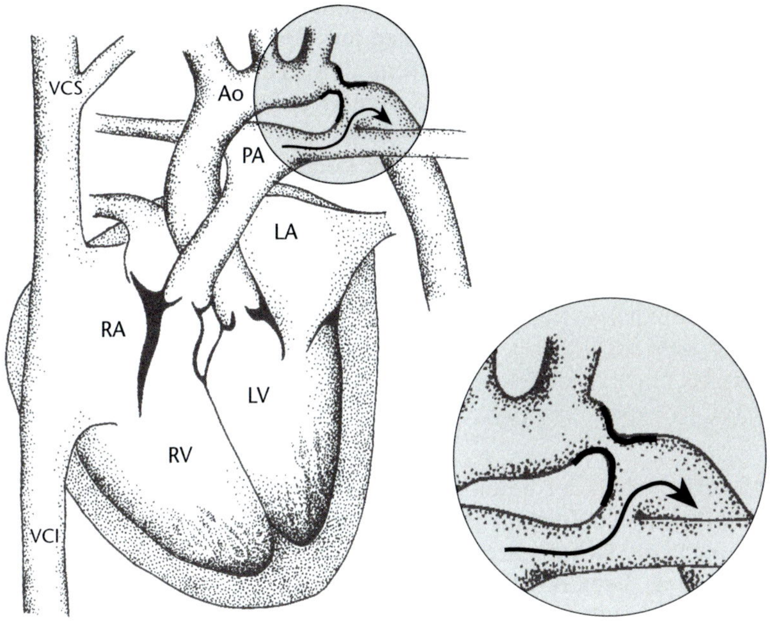

VCS, VCI = obere und untere Hohlvene,
Ao = Aorta, PA = Pulmonalarterie

Abb. 14.6: Präduktale Aortenisthmusstenose (ISTA)

Frage: Welche **Symptome** finden sich bei der **postduktalen Aortenisthmusstenose?** Wie lassen sich diese erklären? **?**

☐ ☐ ☐

Antwort: Charakteristisch für die Aortenisthmusstenose ist ein **Hypertonus der oberen** und ein Hypotonus der **unteren Körperhälfte.** Fuß- und Femoralispulse sind abgeschwächt oder fehlen sogar. Dieses ist durch die Stenose der Aorta descendens unterhalb des Abgangs der A. subclavia bedingt. In seltenen Fällen liegt die Stenose schon vor dem Abgang der linken A. subclavia. In solchen Fällen ist nur der Blutdruck am rechten Arm erhöht. Es ist also wichtig, an beiden Armen den Blutdruck zu messen. Als Folge der Blutdruckverteilung kommt es häufig zu Kopfschmerzen, Nasenbluten und Wadenkrämpfen. Im Laufe der Zeit entwickelt sich ein **Kollateralkreislauf** über die Aa. intercostales, die eventuell pulsierend tastbar sind. **Rippenusuren** am Unterrand der Rippen sind im Röntgenbild meist ab dem zehnten Lebensjahr nachweisbar.

Frage: Welche Gefahren bestehen, wenn eine Aortenisthmusstenose lange Zeit unentdeckt und somit unbehandelt bleibt?

Antwort: Bei unbehandelter Aortenisthmusstenose können sich später typische **Hypertoniekomplikationen** auf Grund einer frühzeitigen Arteriosklerose entwickeln. Im Extremfall wird die Aortenisthmusstenose beispielsweise erst diagnostiziert, wenn es bereits zum Herzinfarkt oder Apoplex gekommen ist. Ebenso kann es bei langem Bestehen der Krankheit zur **Linksherzinsuffizienz** kommen. Schließlich ist bei der Aortenisthmusstenose das Risiko erhöht, an einer **bakteriellen Endokarditis** zu erkranken.

Frage: Sie haben mir jetzt die typische Symptomatik einer postduktalen Aortenisthmusstenose geschildert. Welche Symptome kann man bei einer erheblichen präduktalen Aortenisthmusstenose schon in der Neugeborenenperiode finden?

+ Bei der präduktalen Aortenisthmusstenose bestehen oft zusätzlich andere Fehlbildungen.

Antwort: Neben der bereits erwähnten **Zyanose der unteren Körperhälfte** finden sich Zeichen der **akuten Herzinsuffizienz.** Bei Neugeborenen macht sie sich zunächst meist nur durch Trinkschwäche und Gedeihstörung bemerkbar. Später kommen dann Husten, Dyspnoe, Tachykardie, Ödeme und Lebervergrößerung hinzu. Im Röntgenthorax stellt sich ein **vergrößertes Herz** dar. In schweren Fällen können **Niereninsuffizienz** und **Verbrauchskoagulopathie** auftreten.

Prüfer: Sehr schön, wie Sie die klinischen Symptome der akuten Herzinsuffizienz beschreiben, die allerdings bei Fehlen der Zyanose der unteren Körperhälfte auch häufig verkannt werden. Letzte Woche haben wir ein zehn Tage altes Neugeborenes mit den typischen Symptomen einer Sepsis stationär aufgenommen: blasses, marmoriertes Hautkolorit, Tachypnoe, Tachykardie, Hepatomegalie. Hinter diesen Symptomen verbarg sich eine dekompensierte Aortenisthmusstenose! Aber machen wir weiter mit der Diagnostik. Die Befunde im Röntgenthoraxbild haben Sie ja schon erwähnt. Welche weiteren diagnostischen Untersuchungen veranlassen Sie?

+ Bei Säuglingen ist das Herzgeräusch meist uncharakteristisch.

Antwort: Genauso wie im Röntgenthorax zeigen sich im **EKG** Zeichen der Linksherzhypertrophie. Bei der **Auskultation** fällt ein Systolikum im 3.–4. ICR links parasternal und am Rücken auf. Ein frühsystolischer Klick kommt durch die Dehnung der Aorta zustande. Gelegentlich kann man Geräusche über den Kollateralgefäßen hören. Weiterhin kann man mit der **Echokardiographie** die Stenose nachweisen und dopplersonographisch den Druckgradienten bestimmen. Die Stenose lässt sich auch gut mit der **digitalen Subtraktionsangiographie** (DSA) darstellen. Noch genauer kann man Stenoselokalisation, zusätzliche

Herzfehler, Druckgradient und Shuntvolumen mit dem **Herzkatheter** bestimmen.

Frage: Die Therapie der Wahl bei der Aortenisthmusstenose ist die Operation. Resektion und End-zu-End-Anastomose werden bei kurzstreckigen Verschlüssen durchgeführt, während bei langstreckigen Verschlüssen Erweiterungsplastik oder Protheseninterposition sinnvoll sind. Was meinen Sie, zu welchem Zeitpunkt eine operative Therapie durchgeführt werden sollte?

Antwort: Unbehandelt haben Patienten auf Grund der Hypertoniefolgen eine Lebenserwartung von nur 30–40 Jahren. Der Zeitpunkt der Operation sollte also so früh wie möglich gewählt werden, auf jeden Fall aber vor dem Einsetzen von hypertoniebedingten Komplikationen und vor dem Einsetzen einer Linksherzinsuffizienz. Bereits vorhandene Komplikationen erhöhen das Operationsrisiko. Ebenso ist das Operationsrisiko im Säuglingsalter erhöht. Sofern es sich um eine symptomlose Aortenisthmusstenose handelt, sollte mit der Operation bis zum **zweiten bis vierten Lebensjahr** gewartet werden. Die Operationssterblichkeit liegt bei diesem Eingriff dann unter 1 %. Es kommt zur Blutdrucknormalisierung, und die Kinder haben eine normale Lebenserwartung. Finden sich allerdings schon beim Neugeborenen massive Symptome, so sollte zunächst die Herzinsuffizienz behandelt und nach Rekompensation ab der sechsten Lebenswoche operiert werden. So kann das Operationsrisiko bei diesen Kindern zumindest unter 10 % gehalten werden.

14.7 Morbus Fallot

Frage: Es gibt eine Reihe von angeborenen Vitien, die sich durch einen Rechts-Links-Shunt auszeichnen. Dabei kommt es entweder auf kardialer Ebene oder im Bereich der großen Gefäße zu einer Kurzschlussverbindung zwischen venösem und arteriellem Blut. Leitsymptom dieser Gruppe von Herzfehlern ist die zentrale Zyanose. Welcher ist der dominierende Herzfehler dieser Gruppe und damit das häufigste zyanotische Vitium?

Antwort: Der **Morbus Fallot** ist das häufigste zyanotische Vitium und macht ungefähr 6 % aller angeborenen Herzfehler aus. Ungefähr drei von vier „Blue babies“, die älter als ein Jahr sind, haben eine **Fallot-Tetralogie.** Dazu gehören eine **subvalvuläre Pulmonalstenose,** ein **VSD** und eine über dem Defekt **„reitende“ Aorta.** Durch die Pulmonalstenose kommt es konsekutiv zur Bildung einer **Rechtsherzhypertrophie.**

+ Weitere Formen des M. Fallot: Fallot-Tetralogie und ASD → Fallot-Pentalogie. Pulmonalstenose, Rechtsherzhypertrophie und ASD → Fallot-Trilogie.

Frage: Neugeborene mit einem solchen Herzfehler sind oft eine ganze Zeit unauffällig. Lediglich das Systolikum durch den VSD kann in der ersten Zeit Hinweise auf diesen schweren Herzfehler geben. Wann und wodurch treten diese Kinder später klinisch in Erscheinung?

✚ Weitere M.-Fallot-Symptome: Sistieren der Gewichtszunahme, Belastungsdyspnoe, Apnoeanfälle, körperliche Entwicklungsverzögerung

Antwort: Die subvalvuläre Pulmonalstenose nimmt mit zunehmendem Lebensalter weiter zu und somit das Ausmaß des Rechts-Links-Shunts, der im Übrigen auch die klinische Symptomatik bestimmt. Ungefähr im Alter von sechs Monaten zeigen die Kinder die typische **zentrale Zyanose,** die zunächst nur bei Belastung, dann auch in Ruhe auftritt. Bei extremer Ausprägung nehmen der Rechts-Links-Shunt und damit auch die klinische Symptomatik zu. Andererseits kann es bei leichter Pulmonalstenose auch zu einem Links-Rechts-Shunt kommen, den man dann auch wegen der fehlenden Zyanose als „Pink Fallot" bezeichnet.

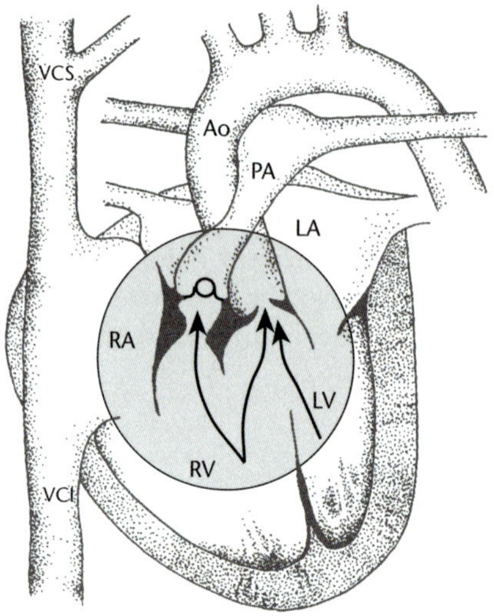

VCS, VCI = obere und untere Hohlvene,
Ao = Aorta, PA = Pulmonalarterie

Abb. 14.7: Fallot-Tetralogie

Frage: Sehr gut. Haben die Kinder erst einmal das zweite oder dritte Lebensjahr erreicht, treten Symptome der **chronischen Hypoxämie** hinzu, wie Trommelschlägelfinger, Uhrglasnägel und Leistungsminderung. Typisch für den Morbus Fallot sind die hypoxämischen Anfälle. Was versteht man darunter?

Antwort: Bei Aufregung oder Angst kann sich das Infundibulum der rechten Ausflussbahn plötzlich konstringieren und somit die Pulmonalstenose so verstärken, dass die pulmonale Perfusion nur noch minimal ist. Der zunehmende Rechts-Links-Shunt bewirkt eine **progrediente Zyanose.** Die Kinder fangen an zu schreien, werden zunächst „blitzeblau" und ringen nach Luft. Später zeigen sie ein blasses Hautkolorit. Ein solcher Anfall kann bis zu **Bewusstlosigkeit** und **Krampfanfällen** führen.

Fallbeispiel: Angenommen, Sie haben das Glück, eine Assistenzarztstelle auf einer kinderkardiologischen Station in der unendlichen Weite Ostfrieslands zu bekommen. Sie werden von der Stationsnonne zu einem Kind mit einer Fallot-Tetralogie gerufen, das einen hypoxisch bedingten Anfall hat. Das Kind ist blass-zyanotisch, dyspnoeisch und bereits leicht somnolent. Was veranlassen Sie?

Antwort: Wenn es die umfangsreiche Verwaltungsarbeit der Station zulässt, würde ich zu dem Kind eilen und ihm **Sauerstoff** verabreichen. Das **Anziehen der Beine** kann ebenfalls den peripheren Widerstand erhöhen und somit die pulmonale Perfusion verbessern. Eine akute Anfallsunterbrechung ist in diesem schwereren Fall wahrscheinlich nur mit einer subkutanen **Morphiuminjektion** möglich. Ist durch diese Maßnahmen die infundibuläre Konstriktion und damit der Zustand des Kindes nicht zu beeinflussen, ist der Einsatz eines β-Blockers indiziert. Bei persistierender Symptomatik kann dann als nächster Schritt Intubation und kontrollierte **Beatmung mit Relaxierung** notwendig werden. Dazu würde ich dann aber den Chef- oder Oberarzt hinzubitten.

✚ Ältere Kinder nehmen bei leichteren hypoxämischen Anfällen selbstständig eine „Hockstellung" ein (Erhöhung des peripheren Widerstandes durch Abknickung der Beingefäße und somit Verminderung des Shuntvolumens).

Prüfer: Diese Vorgehensweise ist in einem solchen Fall durchaus gerechtfertigt. Bleibt zu ergänzen, dass in leichten Fällen auch die Beruhigung des Kindes oder Sedierung mit Diazepam und zusätzlicher Sauerstoffvorlage genügen.

Frage: Aber kommen wir zur **operativen Therapie** des Morbus Fallot. Eine Herzkatheteruntersuchung im Alter von drei Monaten legt die operative Vorgehensweise fest. Primär angestrebt wird eine einzeitige Korrektur-OP im Alter von etwa einem Jahr. In einigen Fällen ist ein zweizeitiges operatives Verfahren notwendig. Wieso kann der Defekt oftmals nicht sofort endgültig korrigiert werden?

Antwort: Eine primäre Korrekturoperation durch Verschluss des Ventrikelseptumdefektes und Resektion der hypertrophischen Infundibulummuskulatur ist nicht möglich, wenn die A. pulmonalis hypoplastisch ist. Auf Grund des unterentwickelten Gefäßbettes wäre durch eine primäre Korrekturoperation keine suffiziente Lungenperfusion möglich.

✚ Palliativeingriffe mit dem Ziel der Verbesserung der Lungenperfusion und der Ausweitung der hypoplastischen Pulmonalgefäße: **Blalock-Taussig-Operation:** Goretex-Interponat zw. A. subclavia u. A. pulmonalis. **Waterston-Cooley-Operation:** Anastomose zw. Aorta ascendens u. A. pulmonalis.

In einem solchen Fall wird zunächst eine **Anastomose zwischen Aorta und A. pulmonalis** hergestellt, die zu einer Ausweitung der hypoplastischen Gefäße führen soll. Im Alter von zwei bis vier Jahren erfolgt dann die **definitive Korrekturoperation,** da sich später an der Weite der Pulmonalgefäße nichts mehr ändert. Hypoxämische Anfälle, hochgradige Zyanose und eine zunehmende Polyglobulie (Hämatokrit über 60 %) gelten in der Regel als Operationsindikation für einen Palliativeingriff (Shuntanlage).

14.8 Transposition der großen Gefäße (TGA)

☐ ☺ ☐ 😐 ☐ ☹

? **Frage:** Die verschiedenen angeborenen Herzfehler treten jeweils zu einem ganz bestimmten Zeitpunkt, d.h. ab einem bestimmten Lebensalter klinisch in Erscheinung. Dabei gilt grundsätzlich, dass ausgeprägtere, schwerere Vitien – man spricht auch von kritischen angeborenen Herzfehlern – sich entsprechend eher manifestieren. So wird sich eine kritische Pulmonalstenose eher als eine leichte Pulmonalstenose manifestieren. Für die Praxis ist es oftmals hilfreich, die typischen Manifestationsalter zu kennen, auch wenn diese nur als grobe diagnostische Richtlinie gelten können. Es gibt einen Herzfehler, der so schwer ist, dass er bereits unmittelbar nach der Geburt durch eine anhaltende Zyanose erkennbar wird, die sich auch durch intensive Sauerstoffgabe nicht bessert. An welches Vitium denke ich?

✚ TGA ist der zweithäufigste angeborene zyanotische Herzfehler (nach Fallot) und tritt entweder isoliert oder als Bestandteil komplexer Vitien auf.

Antwort: Wahrscheinlich wollen Sie auf eine **Transposition der großen Gefäße** hinaus. Dabei entspringen die Aorta aus dem vorne gelegenen rechten Ventrikel und die Pulmonalarterie aus dem linken Ventrikel. Die Verbindung zwischen Vorhof und Ventrikel ist normal. Damit sind **Körper- und Lungenkreislauf** nicht hintereinander, sondern **parallel geschaltet.** Das venöse Blut wird also in den Körper zurückgepumpt, das arterielle gelangt wieder in die Lunge. Es ist leicht verständlich, dass dieses Vitium in der Neugeborenenperiode nur mit dem Leben vereinbar ist, wenn Shunts z.B. über das Foramen ovale oder den Ductus Botalli (☞ Abschn. 4.2) bestehen.

Frage: Bevor wir uns über die Therapie dieses Herzfehlers unterhalten, lassen Sie uns noch ein wenig über die typischen **Manifestationsalter** anderer Herzfehler sprechen. Ebenfalls in der ersten Lebenswoche tritt ein etwas selteneres Vitium klinisch in Erscheinung. Die Kinder sind dabei zunächst unauffällig und zeigen dann eine schnelle kardiale Dekompensation. Es tritt eine zentrale Zyanose auf, im Röntgenthorax ist ein vermehrter Lungendurchfluss charakteristisch. Welchen Herzfehler beschreibe ich?

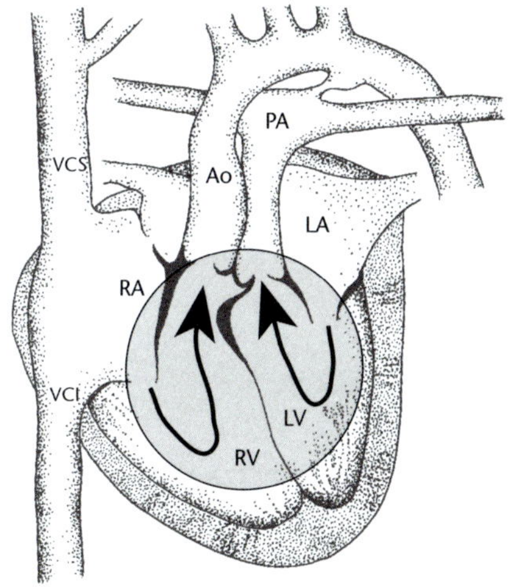

VCS, VCI = obere und untere Hohlvene
Ao = Aorta, PA = Pulmonalarterie

Abb. 14.8: Schema einer Transposition der großen Gefäße (TGA)

Antwort: Denken Sie vielleicht an das **hypoplastische Linksherzsyndrom?**

Frage: Richtig. Dabei liegt oft eine Aortenklappen- oder Mitralklappenatresie oder extreme Stenosierung vor. Der linke Ventrikel ist manchmal nur „erbsgroß“. Wie muss hier der Blutfluss verlaufen, wenn man bedenkt, dass der linke Ventrikel funktionell ausgeschaltet ist?

Antwort: Das gesamte arterialisierte Blut gelangt aus der Lunge in den linken Vorhof und von dort über das **offene Foramen ovale** zurück in den rechten Vorhof. Der große hypertrophierte rechte Ventrikel versorgt dann über Pulmonalarterie, **Ductus arteriosus** und Aorta den Körperkreislauf.

Frage: Im Alter von einigen Wochen können eine Aortenisthmusstenose oder ein persistierender Ductus klinisch in Erscheinung treten. Ungefähr im Alter von zwei oder drei Monaten manifestiert sich typischerweise ein Fallot, da sich durch die zunehmende rechtsventrikuläre Obstruktion der Rechts-Links-Shunt verstärkt und somit die zentrale Zyanose zunimmt. Noch ein wenig später kann der Ventrikel- oder Vorhofseptumdefekt auffallen. Diese Angaben können aber wie gesagt nur als grobe Richtlinien für das Manifestationsalter gelten. Jetzt noch kurz zur **Therapie** bei der **TGA.** Was wissen Sie darüber?

Antwort: Durch Offenhalten oder Wiedereröffnen des Ductus unter **Prostaglandininfusion** wird der Austausch von venösem und arteriellem Blut zwischen den beiden Kreisläufen verbessert und außerdem die Lungenperfusion deutlich gesteigert. Bei Bedarf sorgt man durch die **Ballonatrioseptostomie nach Rashkind** für einen ausreichenden Shunt auf Vorhofebene.

Frage: Wie erfolgt dieses Manöver?

Antwort: Während einer **Rechtsherzkatheteruntersuchung** wird ein Ballon im linken Vorhof gefüllt und ruckartig in den rechten Vorhof zurückgezogen. Der so entstandene große ASD erlaubt eine ausreichende Durchmischung des Blutes. Als endgültige chirurgische Therapie wendet man heute die arterielle **Switch-Operation** als anatomische Korrektur im Neugeborenenalter an.

15 Nervensystem

15.1 Zerebrale Krampfanfälle

Frage: Etwa 4–5 % aller Kinder haben mindestens einmal in ihrem Leben einen zerebralen Krampfanfall. Diese Kinder haben eine gesteigerte Krampfbereitschaft, sodass teilweise schon geringe Schwankungen des biologischen Gleichgewichts wie Fieber, Schlafentzug, körperliche und psychische Belastungen einen epileptischen Anfall auslösen können. Was wissen Sie über die **Ätiologie** von zerebralen **Krampfanfällen?**

?

☐ ☐ ☐
☺ 😐 ☹

Antwort: Die Epilepsie im engeren Sinne kann genetisch bedingt sein. Von dieser **hereditären Epilepsie** zu trennen ist die so genannte **residuale Epilepsie,** welche als Folge von hirnorganischen Defekten bei Zustand nach Schädelhirntrauma, Frühgeburtlichkeit oder Meningoenzephalitiden entstehen kann. Phakomatosen und syndromatische Erkrankungen, wie z.B. das Klinefelter-Syndrom, sind ebenfalls häufiger mit zerebralen Anfallsleiden vergesellschaftet. Epilepsien, deren Ursache unbekannt sind, werden schließlich als **kryptogen** bezeichnet. Von diesen im engeren Sinne epileptischen Anfällen sind die **okkasionellen oder symptomatischen Anfälle** zu differenzieren. Prototyp ist hier der Fieberkrampf, der zahlenmäßig etwa 80 % aller Krampfanfälle im Kindesalter ausmacht.

Frage: Sie haben die wichtige Unterscheidung zwischen Gelegenheitsanfällen und einer Epilepsie richtig dargestellt. Ein Kind mit einem Gelegenheitsanfall wie beispielsweise einem Fieberkrampf sollte keinesfalls als Epileptiker bezeichnet werden. Gibt es weitere Ursachen für okkasionelle Krampfanfälle?

?

☐ ☐ ☐
☺ 😐 ☹

Antwort: Auch bei Intoxikationen, Stoffwechselentgleisungen, Entzündungen des Gehirns und seiner Häute sowie bei einem Schädelhirntrauma kommen **okkasionelle Krampfanfälle** vor.

15.2 Neugeborenenkrämpfe

Frage: Das klinische Bild zerebraler Krampfanfälle variiert in den einzelnen Altersklassen oft erheblich. Welche **Symptome** können auf einen **Neugeborenenkrampf** hinweisen?

?

☐ ☐ ☐
☺ 😐 ☹

Antwort: Der neonatale Krampfanfall ist in aller Regel ein **fokaler Anfall.** Die Symptomatik variiert erheblich. Typische Bilder wie z. B. bei einem Blitz-Nick-Salaam-Anfall (BNS-Anfall) kommen noch nicht vor, da diese Anfälle eine gewisse Hirnreifung voraussetzen. Dagegen können **unklare Apnoephasen, plötzliche Tonusverluste** sowie **Änderungen des Hautkolorits** oder **Hypersalivation** Zeichen eines zerebralen Krampfanfalls im Neugeborenenalter sein. Das gilt auch für **Störungen der okulären Motorik** sowie wechselnd **lokalisierte Muskelkloni.** Je unreifer das Kind, desto geringer ausgeprägt ist jedoch auch die motorische Komponente des Krampfanfalls.

☐ ☐ ☐
☺ 😐 ☹

? **Frage:** Können Sie mir die wichtigsten **Ursachen** von Neugeborenenkrämpfen nennen?

✚ Auch vorgeburtlicher mütterlicher Alkohol-, Morphin- und Medikamentenabusus kann bei Neugeborenen eine Entzugssymptomatik mit Krampfanfällen auslösen.

Antwort: Die häufigsten Ursachen sind **Stoffwechsel-** und **Elektrolytentgleisungen.** An erster Stelle stehen hierbei **Hypoglykämien** und **Hypokalzämien.** Andere Stoffwechselerkrankungen wie z. B. Aminoazidopathien, d. h. Störungen im Metabolismus der Aminosäuren, spielen eher eine untergeordnete Rolle. Ein Vitamin-B_6-Mangel kann zu den sehr seltenen pyridoxinabhängigen Neugeborenenkrämpfen führen. Es lässt sich besonders gut nachweisen, wenn unter laufender EEG-Ableitung nach Injektion von Vitamin B_6 die Krampfanfälle sistieren oder sich die EEG-Auffälligkeiten zurückbilden. Weiterhin zu bedenken sind **entzündliche Ursachen** wie Meningoenzephalitiden und angeborene Infektionen, die TORCHELL-Erkrankungen (☞ Abschn. 3.1). Angeborene **Fehlbildungen, Geburtskomplikationen** wie intrazerebrale Blutungen, Schädelhirntraumata und Hypoxie können ebenfalls zu Krampfanfällen führen. Schließlich gibt es noch die prognostisch günstigeren, allerdings seltenen **familiären Neugeborenenkrämpfe.**

☐ ☐ ☐
☺ 😐 ☹

? **Frage:** Da haben Sie fast alle erdenklichen Ursachen genannt. Wie gehen Sie diagnostisch vor?

✚ Führen diese Untersuchungen nicht zur Ursachenabklärung, werden weitere Stoffwechselanalysen (z. B. Laktat, Ammoniak), Lumbalpunktion und Suche nach angeborenen infektiösen und nichtinfektiösen Erkrankungen notwendig.

Antwort: Wichtig ist zunächst die ausführliche **Anamnese.** Fragen sollte man nach Schwangerschafts- und Geburtskomplikationen, genetischen Erkrankungen in der Familie, Alkohol- und Medikamentenabusus der Mutter sowie dem Vorkommen von familiären Neugeborenenkrämpfen in der Verwandtschaft. Ferner sollte man bei der **Untersuchung** beim Kind gründlich auf sichtbare Fehlbildungen, Syndrome, Prellmarken, Infektzeichen und insbesondere Meningitishinweise achten. Selbstverständlich wird ein kompletter **neurologischer Status** erhoben. Zur Diagnostik zählen ferner eine **Schädelsonographie**

sowie **Laborbestimmungen** von Blutbild, Elektrolyten, Blutzucker, Bilirubin und Blutgasen. Im Mittelpunkt der Diagnostik steht auch im Neugeborenenalter das **EEG.**

Frage: Sehr gut. Umreißen Sie bitte kurz die **Therapie** von Neugeborenenkrämpfen!

Antwort: Früher begann man zunächst aus empirischen Gründen mit einer intravenösen 20 %-igen **Glukosetherapie.** Dies hat heutzutage praktisch jedoch keine Bedeutung mehr, da man jederzeit eine kapilläre Blutzuckermessung durchführen kann. Vom aktuellen Blutzuckerwert ausgehend wird anschließend 10 %-iges **Kalziumgluconat i.v.** und 20 %-iges **Magnesiumsulfat i.m.** injiziert. Als nächster Schritt kann eine intravenöse **Pyridoxingabe** versucht werden. Sie ist aber nur wirksam, falls ein Vitamin-B_6-abhängiges Krampfleiden vorliegt. Sind diese Maßnahmen nicht erfolgreich, so wird eine unspezifische **antiepileptische Therapie,** in aller Regel mit Phenobarbital oder Phenylhydantoin, durchgeführt. Das Vitamin-B_6-abhängige Krampfleiden ist ein wahrscheinlich sehr seltenes Krankheitsbild. Es lässt sich besonders gut nachweisen, wenn unter laufender EEG-Ableitung nach Injektion von Vitamin B_6 die Krampfanfälle sistieren oder sich die EEG-Auffälligkeiten zurückbilden.

15.3 Fieberkrämpfe

Frage: Der febrile Krampfanfall ist der Prototyp des okkasionellen Krampfanfalls im Kindesalter und die häufigste Ursache für einen kindlichen zerebralen Anfall. Der typische Fieberkrampf setzt eine gewisse Hirnreifung voraus. Jungen sind häufiger betroffen als Mädchen. Bei Mädchen liegt das Häufigkeitsmaximum früher, da die Hirnreifung schneller voranschreitet. Wie kommt es typischerweise zu Fieberkrämpfen?

Antwort: Viele kleine Kinder reagieren im Rahmen eines Infektes bei hohem Fieber oder bei rasch ansteigender Temperatur mit einem zerebralen Krampfanfall. Das Fieber liegt bei Krampfbeginn in aller Regel mindestens bei 38 °C, in mehr als 75 % der Fälle über 39 °C. Die Fieberursache ist meistens ein viraler Infekt der oberen Atemwege. Seltener kommen Fieberkrämpfe bei Gastroenteritis, Harnwegsinfekt oder postvakzinal vor. Häufig manifestiert sich der Infekt erst nach dem Fieberkrampf.

Frage: Der schnelle Fieberanstieg innerhalb kurzer Zeit ist mit großer Wahrscheinlichkeit das krampfauslösende Äquivalent, nicht unbedingt die absolute Höhe des Fiebers. Beschreiben Sie das typische klinische Bild eines Fieberkrampfes!

Antwort: Im Allgemeinen liegt ein **generalisierter tonisch-klonischer Krampfanfall** vom Grand-mal-Typ vor. Häufig dauert er länger als afebrile Krampfanfälle. Krampfepisoden von 10–15 min sind keine Seltenheit. Die Kinder sind schweißig, haben ein fiebertypisches Hautkolorit und sind durch die Symptomatik stark beeinträchtigt. Postiktal folgt ein Dämmerzustand.

Fallbeispiel: Eine Mutter bringt ihr dreijähriges fieberndes Kind in Ihre Ambulanz und berichtet, dass das Kind plötzlich nicht mehr ansprechbar gewesen sei und zunächst Zuckungen der rechten Hand, dann der gesamten rechten Körperhälfte geboten habe. Die Symptomatik habe etwa 20 min angedauert. Bei der klinischen Untersuchung finden sich Zeichen eines oberen Atemwegsinfektes. Das Kind ist deutlich somnolent. Handelt es sich hierbei ebenfalls um einen Fieberkrampf?

+ Komplizierte Anfälle gehen mit einem erhöhten Risiko für eine spätere Epilepsie einher.

Antwort: Sehr wahrscheinlich handelt es sich hier um einen **komplizierten Fieberkrampf.** Es gibt verschiedene Kriterien, die einen komplizierten Fieberkrampf definieren. Hierzu zählt auch ein Anfall mit fokalem Verlauf. Als wichtigste Differentialdiagnose in dem von Ihnen beschriebenen Fall muss eine Meningitis bzw. eine Meningoenzephalitis ausgeschlossen werden.

Merke: Kriterien für einen komplizierten Fieberkrampf:
- familiäre Belastung mit Epilepsien
- zerebrale Vorschädigung
- Anfälle vor dem 6. Lebensmonat und nach dem 5. Lebensjahr
- mehrmaliges Krampfen während eines fieberhaften Infektes
- Dauer > 15 min
- fokaler Krampfanfall
- > 3 Fieberkrämpfe
- auffälliges EEG im Intervall (nach Infektausheilung)

Frage: Wann führen Sie zur Abklärung eine Lumbalpunktion durch?

Antwort: Besonders bei Kindern im ersten Lebensjahr sind die klassischen Meningitiszeichen unzuverlässig, sodass diese schwere Erkrankung nur durch eine Punktion ausgeschlossen werden kann. In dieser

Altersgruppe wird eine Lumbalpunktion in aller Regel **bei jedem ersten Fieberkrampf** durchgeführt. Sind die Kinder älter oder anamnestisch Fieberkrämpfe bekannt, so wird eine Punktion nur dann vorgenommen, wenn klinisch der **Verdacht auf** eine **Meningitis** besteht.

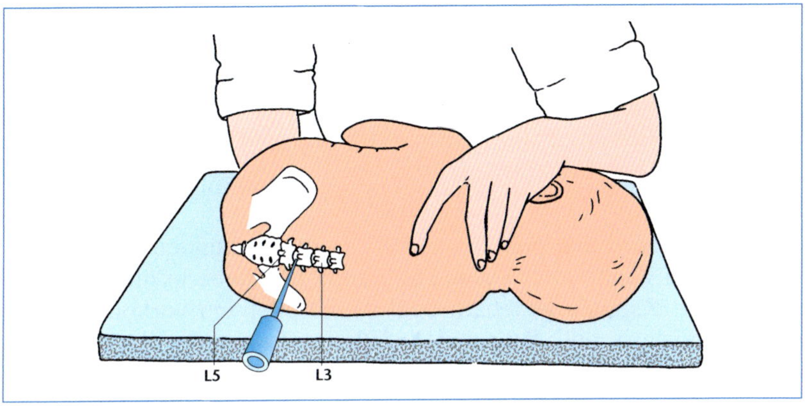

Abb. 15.1: Durchführung einer Lumbalpunktion bei einem Säugling

Frage: Wie therapieren Sie einen febrilen Krampfanfall? **?**

Antwort: Zur Kupierung des Krampfanfalls ist in den meisten Fällen die Applikation einer **Diazepamrektiole** (5 mg bei einem Körpergewicht < 15 kg, ansonsten 10 mg) erfolgreich. Wichtig ist danach eine kontinuierliche **Fiebersenkung** mit Paracetamol oder Ibuprofen, falls dies nicht ausreicht, zusätzlich mit Metamizol (Novalgin®). Mit einer Aspiringabe bei einem Virusinfekt sollte man zurückhaltend sein, da eine Häufung des Reye-Syndroms unter Aspirinmedikation beschrieben wurde.

✚ Reye-Syndrom: akute Enzephalopathie sowie Hepatopathie unklarer Ätiologie und Pathogenese

Frage: Zur Fiebersenkung sollten möglichst nicht nur Medikamente, sondern die ebenfalls sehr wirksamen physikalischen Maßnahmen wie Wadenwickel gehören. Was raten Sie Eltern, deren Kinder einen Fieberkrampf gehabt haben? **?**

Antwort: Ich würde den Eltern eine **Krampfprophylaxe** empfehlen. Die Eltern sollten ihr Kind sorgfältig auf Infektzeichen überwachen und beim Auftreten von Fieber über 38,5 °C regelmäßig **Paracetamol** in altersentsprechender Dosierung verabreichen. Insbesondere ein steiler Fieberanstieg muss verhindert werden, da hier das größte Krampfrisiko besteht. Bei Temperaturen über 39 °C wird vielfach die Gabe eines **Diazepamsuppositoriums** empfohlen. Dieses wirkt protrahierter als die im akuten Anfall applizierte Rektiole und verhindert eine Krampfaktivität in den allermeisten Fällen. Eine antiepileptische Langzeittherapie

✚ Vielfach wird eine Krampfprophylaxe mit Diazepam erst ab dem zweiten Fieberkrampf empfohlen.

wird auf Grund der schwerwiegenden Nebenwirkungen nur sehr selten notwendig. Das Risiko einer zerebralen Schädigung durch Fieberkrämpfe scheint sehr gering zu sein.

15.4 Grand-mal- und Petit-mal-Epilepsien

? **Frage:** Zu den generalisierten Krampfanfällen zählt sowohl die Grand-mal- als auch die Petit-mal-Epilepsie. Wodurch unterscheiden sich diese Anfallsformen?

Antwort: **Grand-mal-Anfälle** sind nicht-altersgebundene Krampfanfälle, die im Kindesalter besonders häufig bei Fieberkrämpfen sowie seltener im Rahmen genetisch bedingter Epilepsien vorkommen. Im Gegensatz dazu sind **Petit-mal-Anfälle** an bestimmte Altersklassen bzw. an eine bestimmte Hirnreifungsstufe gebunden. Ätiologisch stehen genetische Einflüsse sowie organische Defekte, z. B. infolge eines perinatalen Hirnschadens, an erster Stelle. Die einzelnen Unterformen, wie z. B. das BNS-Leiden oder die Pyknolepsie, unterscheiden sich klinisch wesentlich voneinander. Sie können mit einem Grand-mal-Leiden einhergehen oder von diesem abgelöst werden. Petit-mal-Anfälle sind in der Regel kürzer als Grand-mal-Anfälle. Die motorische Komponente ist häufig diskreter ausgebildet. Sie kann wie bei den Pyknolepsien sogar ganz im Hintergrund stehen.

? **Frage:** Können Sie den typischen **Grand-mal-Anfall** beschreiben?

Antwort: Der Grand-mal-Anfall wird oft durch den so genannten **Initialschrei** eingeleitet. Nach einem plötzlichen **Sturz** beginnt die **tonische Phase** mit dem Strecken von Armen und Beinen und gelegentlichem Opisthotonus. Die Patienten zeigen eine Apnoe, sind zyanotisch und haben lichtstarre weite Pupillen. Es folgt die **klonische Phase** mit rhythmischen Zuckungen der Extremitäten. An den Krampfanfall schließt sich ein so genannter **Terminalschlaf** an. Typischerweise besteht Amnesie für die Zeit des Anfalls. Postiktale Zeichen eines stattgehabten Krampfanfalls sind Verletzungsmarken durch Zungenbiss, Enuresis (Einnässen) oder seltener Enkopresis (Einkoten).

? **Frage:** Zu jeder Diagnostik bei einem zerebralen Krampfanfall zählt die ausführliche Fremdanamnese, in welcher Ablauf und Dauer sowie Begleitumstände des Anfalls erfragt werden. Warum ist es so wichtig, auch den genauen Zeitpunkt mit Bezug zum Schlaf-Wach-Rhythmus zu eruieren?

Antwort: Bezüglich der Bindung an den Schlaf-Wach-Rhythmus unterscheidet man die Schlaf-, die Aufwach- und die diffusen Epilepsien. Bei den **Schlafepilepsien** und den **diffusen Epilepsien** liegen häufig organische Defekte vor. Demgegenüber sind die **Aufwachepilepsien,** welche in der Regel direkt nach dem Erwachen auftreten, vorwiegend genetisch bedingt.

Frage: Können Sie mir die einzelnen Typen der Petit-mal-Anfälle mit den entsprechenden Altersklassen nennen? **?**

Antwort: Die **Propulsiv-Anfälle,** auch **West-Syndrom** oder auf Grund des klinischen **Erscheinungsbildes Blitz-Nick-Salaam-Krämpfe** (BNS-Krämpfe) genannt, treten vorwiegend im ersten Lebensjahr, kaum jedoch vor dem dritten Lebensmonat auf. Die **myoklonisch-astatischen Anfälle** betreffen das Vorschulalter, während die **Pyknolepsie** typischerweise im Schulalter auftritt. Die myoklonischen Anfälle, auch als **Impulsiv-Petit-mal** bezeichnet, betreffen in etwa das Pubertätsalter, d.h. sie beginnen in der Regel zwischen dem 13. und 18. Lebensjahr.

Frage: Kennen Sie die zwei charakteristischen EEG-Befunde bei Petit-mal-Anfällen? **?**

Antwort: Die so genannte **Hypsarrhythmie** mit diffusen, chaotisch wirkenden Krampfpotentialen ist der typische EEG-Befund des BNS-Leidens. Demgegenüber fällt bei Patienten mit Pyknolepsie elektroenzephalographisch ein **Spikes-and-waves-Muster** mit einer Frequenz von 3/s auf. Dieses zeigt sich plötzlich über allen Ableitungen aus einer normalen Kurve heraus.

Typ	Alter	Klinik
propulsiv (BNS- oder West-Anfälle)	1. LJ	abrupte Vorwärtsbewegung des Kopfes und des Rumpfes, Adduktionsbewegung der Arme
myoklonisch-astatisch (Lennox-Syndrom)	3.–5. LJ	plötzlicher Tonusverlust mit Sturz und sofortiges Wiederaufstehen
Absencen (Pyknolepsie)	4.–14. LJ	plötzliche Bewusstseinstrübung, häufig Kopfreklination, Automatismen
myoklonisch (Impulsiv-Petit-mal)	13.–18. LJ	klonische Zuckungen der oberen Extremität (Impulsiv-Petit-mal), keine Bewusstseinstrübung

Tab. 15.1: Anfallstypen bei altersgebundenen Epilepsien im Kindesalter

15.5 Hydrozephalus

Frage: Ein Hydrozephalus geht definitionsgemäß mit einer Erweiterung der inneren oder äußeren Liquorräume einher. Welche klinischen Symptome erwarten Sie bei einem einjährigen Kind mit dieser Erkrankung?

Antwort: Bei der Entwicklung eines Hydrozephalus in den ersten Lebensmonaten verhindern die noch nicht verknöcherten Schädelnähte zunächst eine Druckschädigung des kindlichen Gehirns. Es kommt daher zu einer Zunahme des Schädelumfanges. Dies wird auch als **Makrozephalus** bezeichnet. Palpatorisch liegt insbesondere die vordere Fontanelle über dem Knochenniveau. Die Schädelnähte sind entsprechend dem Ausmaß des Hydrozephalus dehiszent. Eine **Stauungspapille** findet man bei unverknöcherten Suturen in aller Regel nicht. Bei rascher Progredienz und ausgeprägtem Hydrozephalus können **neurologische Symptome** wie Erbrechen, Unruhezustände, Vigilanzstörungen, Lähmungen und zerebrale Krampfanfälle im Vordergrund stehen. Das so genannte **Sonnenuntergangsphänomen** entsteht durch Verlagerung der Orbita bei ausgeprägtem Hydrozephalus. Dabei sind untere Korneaanteile hinter dem Unterlid „versunken“.

✚ Eine Störung der Augenmotorik durch Druck auf das Mittelhirn wird als mitwirkender Faktor bei der Entstehung des Sonnenuntergangsphänomens diskutiert.

Frage: Nicht selten ist die Ursachenabklärung bei Kindern mit kongenitalem Hydrozephalus ohne weitere Fehlbildungen erfolglos. Nach welchen Ursachen muss bei Kindern mit dieser Erkrankung überhaupt gefahndet werden?

Antwort: Ein hoher Prozentsatz von Kindern mit kongenitalem Hydrozephalus weist einen **Neuralrohrdefekt** auf. Es kommt hierbei durch die behinderte Aszension des Rückenmarks bei wachsender knöcherner Wirbelsäule zu einer Verlegung des Foramen occipitale magnum durch Kleinhirntonsillen und Medulla oblongata. Dieses wird auch als **Arnold-Chiari-Fehlbildung** bezeichnet. Ein genetisch bedingter Hydrozephalus kommt bei der X-chromosomal-rezessiv vererbten **Aquäduktstenose** vor. Das **Dandy-Walker-Syndrom** mit zystischer Erweiterung des vierten Ventrikels führt ebenfalls zum Hydrocephalus occlusus. Weiterhin können **Tumoren** und **perinatale Hirnschädigungen** Ursache für eine Liquorabflussstörung sein. Als Defektzustand bei Kindern mit **abgelaufener Meningitis** resultiert nicht selten ein Hydrocephalus aresorptivus infolge narbiger Verklebung der Hirnhäute. Nicht zu vergessen sind kongenitale Infektionen wie z. B. die Toxoplasmose.

Merke: Folgende **Hydrozephalusformen** werden unterschieden:
- Hydrocephalus **occlusus:** Störung der Liquorzirkulation durch Verschluss z. B. bei Arnold-Chiari-Fehlbildung, Äquäduktstenosen
- Hydrocephalus **aresorptivus:** Störung der Liquorzirkulation durch verminderte Resorption
- z. B. bei Zustand nach Meningitis
- Hydrocephalus **hypersecretorius:** Störung der Liquorzirkulation durch Überproduktion; selten, z. B. bei Tumoren
- Hydrocephalus **e vacuo:** asphyxiebedingter Hirnparenchymschwund

!

Frage: Ein relativ häufiges Problem in der Neonatologie stellt der posthämorrhagische Hydrozephalus dar. Bei Frühgeborenen mit Hirnblutung kann es durch den Verschluss der Ventrikelverbindungen durch Blutkoagel zu einem massiven Hydrozephalus kommen. Therapeutisch sind bei progredientem Kopfwachstum Liquorentlastungen entweder durch regelmäßige Lumbal- oder durch Ventrikelpunktionen notwendig. Welche weiteren Möglichkeiten gibt es in der Therapie des Hydrozephalus?

Antwort: Der **kongenitale Hydrozephalus** ohne weitere Fehlbildungen ist häufig nicht hypertensiv, d. h. der Liquordruck ist nicht wesentlich erhöht. Damit ist eine Druckschädigung des kindlichen Gehirns sehr unwahrscheinlich, sodass in diesen Fällen meist ein **abwartendes Verhalten** mit regelmäßigen Kontrollen des Kopfumfangs gerechtfertigt ist. Bei **hypertensivem, aggressiv wachsendem Hydrozephalus,** insbesondere bei Patienten mit Neuralrohrdefekten, ist ein früher **chirurgischer Eingriff** indiziert.

+ Postoperative Komplikationen: vom Shunt ausgehende Sepsis, Shuntnephritis, Meningitis

Operationsverfahren sind der
- ventrikuloatriale Shunt mit Anlage eines Shunts vom rechten Seitenventrikel in den rechten Vorhof sowie der
- ventrikuloperitoneale Shunt mit Ableitung des Liquors in die freie Bauchhöhle.

15.6 Neuralrohrdefekte

Fallbeispiel: Sie werden als diensthabender Kinderarzt in den Kreißsaal gerufen. Ein soeben entbundenes Neugeborenes fällt durch eine schlaffe Parese beider Beine und durch eine beidseitige Klumpfußdeformität auf. An welche Erkrankung müssen Sie als Erstes denken? Welche einfache Untersuchung führen Sie auf der Stelle durch?

Antwort: In diesem Fall würde ich zunächst an das Vorliegen einer **Spina bifida** denken. Differentialdiagnostisch kann auch eine geburtstraumatisch entstandene Querschnittslähmung in Betracht gezogen werden. Die Fußdeformitäten weisen aber auf eine schon pränatal vorhandene neurologische Störung hin. Als erster Untersuchungsschritt folgt eine **Untersuchung der lumbalen Wirbelsäule.** Weiterhin muss festgestellt werden, ob das Neugeborene zusätzlich einen Hydrozephalus aufweist.

? **Frage:** Welche Befunde würden Sie bei einer Spina bifida erwarten?

Antwort: Bei einer **Spina bifida aperta** liegt das prolabierte Nervengewebe komplett frei. Der Defekt ist demnach nicht von Haut bedeckt. Die Diagnose einer Spina bifida aperta ist somit eine Blickdiagnose. Demgegenüber ist die **Spina bifida cystica** durch eine mehr oder weniger ausgeprägte Vorwölbung im Bereich der lumbalen Wirbelsäule gekennzeichnet. Diese Vorwölbungen können Meningen, Liquor und Nervengewebe enthalten und sind immer mit Haut bedeckt. Bei der **Spina bifida occulta** kann man den dorsalen Wirbelbogendefekt tasten. Das Neuralrohr ist regelrecht angelegt und verschlossen. Inspektorisch kann eine Hypertrichose oder ein tiefer Sakralporus über dem betroffenen Bereich auffallen.

Form	Charakteristikum
Spina bifida aperta	Das prolabierte Nervengewebe liegt frei.
Spina bifida cystica Meningozele Meningozystozele Meningomyelozele	Prolaps der Arachnoidea Prolaps der Arachnoidea mit Liquorzyste Prolaps von Rückenmark und Meningen
Spina bifida occulta	fehlende Verschmelzung der Wirbelbögen, regelrecht angelegtes Rückenmark und Meningen

Tab. 15.2: Formen der Spina bifida

Prüfer: In dem genannten Fallbeispiel ist das Vorliegen einer Spina bifida occulta sehr unwahrscheinlich. Diese geht nur selten mit neurologischen Ausfällen einher. Stellen sich bei einem Kind mit einer bekannten Spina bifida occulta neurologische Symptome ein, so muss an das so genannte „Tethered-cord-Syndrom" gedacht werden. Durch Fixation der Kaudawurzeln kommt es hierbei infolge des Längenwachstums der Wirbelsäule zu einer Spannung im Bereich der kaudalen Nervenwurzeln. Diese kann sich als ziehende Schmerzen in den Beinen, Sphinkterschwäche, selten auch in Form von Paresen klinisch äußern.

Frage: Was wissen Sie über die Therapie der Spina bifida aperta?

Antwort: Eine Spina bifida aperta muss so früh wie möglich **plastisch-chirurgisch** verschlossen werden, um einer Infektion des frei liegenden Nervengewebes vorzubeugen. Da etwa 80 % aller Spinabifida-Kinder gleichzeitig eine Arnold-Chiari-Fehlbildung mit konsekutivem Hydrocephalus occlusus aufweisen, ist die Anlage eines **ventrikuloperitonealen** oder **-atrialen Shunts** in den meisten Fällen unumgänglich. Dieser zweite operative Eingriff wird natürlich nur dann durchgeführt, wenn tatsächlich Hirndrucksymptomatik auftritt. Nach dieser ersten therapeutischen Phase ist eine **interdisziplinäre Betreuung** der Kinder notwendig. Diese sollte eine urologische, neurologische, orthopädische, pädiatrische und psychiatrische Therapie umfassen. Von entscheidender Bedeutung sind **krankengymnastische Maßnahmen,** mit denen häufig eine deutliche Besserung des neurologischen Beschwerdebildes erzielt werden kann.

Merke: Das **Arnold-Chiari-Syndrom** ist eine angeborene Fehlbildung mit Kaudalverlagerung des Kleinhirns und Hirnstamms.

Die klassische Form geht häufig mit einem Hydrocephalus occlusus und einer Meningomyelocele einher. Die Lebenserwartung von Spina-bifida-Patienten wird insbesondere durch urologische Komplikationen infolge von Miktionsstörungen, Restharn und ureterorenalem Reflux beschränkt. Die Kinder sollten daher möglichst früh die Technik der sterilen Einmalkatheterisierung erlernen. Bei rezidivierenden Harnwegsinfekten muss eine Dauerprophylaxe durchgeführt werden.

Frage: Was würden Sie antworten, falls Sie die Mutter eines Spina-bifida-Kindes nach der Wahrscheinlichkeit eines erneuten Auftretens bei Geschwisterkindern fragt? Gibt es Möglichkeiten der pränatalen Diagnostik?

Antwort: Das Dysraphierisiko ist bei Geschwistern von Spina-bifida-Kindern gering, jedoch signifikant höher als in der Normalbevölkerung. Man sollte den Eltern nicht generell von weiteren Schwangerschaften abraten, da die Möglichkeit der pränatalen Diagnostik besteht. Diese erfolgt mittels Bestimmung des **Alphafetoproteingehaltes im Fruchtwasser** nach Fruchtwasserpunktion um die 16. Schwangerschaftswoche. Das Alphafetoprotein ist bei Dysraphiekindern deutlich erhöht. Die Bestimmung im Blut der Schwangeren ist weniger zuverlässig. Eine weitere Methode der pränatalen Diagnostik stellt die **Sonographie** dar. In der Hand des Geübten können Dysraphien hier mitunter recht präzise dargestellt werden.

Prüfer: Ein mütterlicher Defekt im Folsäurestoffwechsel ist wahrscheinlich in vielen Fällen Ursache für ein erhöhtes Spina-bifida-Risiko. Bei Familien mit Spina-bifida-Kindern konnte durch eine Vitamin-B_6- und Folsäure-Substitution in der Frühschwangerschaft die Inzidenz dysraphischer Störungen bei Geschwisterkindern signifikant gesenkt werden. Die Substitution dieser Vitamine sollte daher bei einer erneuten geplanten Schwangerschaft unbedingt schon präkonzeptionell erfolgen. Auch eine Primärprophylaxe bei werdenden Müttern mit gesunden Kindern oder Erstgebärenden ist sinnvoll.

15.7 Infantile Zerebralparese

Frage: Definitionsgemäß werden alle prä-, peri- oder postnatal entstandenen Hirnschädigungen, bei denen meist spastische Lähmungen im Vordergrund stehen, als infantile Zerebralparese bezeichnet. Welches klassische neurologische Krankheitsbild haben Sie hier vor Augen? Kennen Sie den Eigennamen dieser Erkrankung?

Antwort: Die so genannte **Little-Krankheit** ist die häufigste Form der infantilen Zerebralparese. Infolge der frühkindlichen Hirnschädigung entsteht hierbei eine **Diplegie,** d.h. eine beinbetonte Lähmung mit Oberschenkeladduktion und Spitzfußstellung. Die Kinder liegen oder sitzen typischerweise mit gestreckten, überkreuzten Beinen. Es resultiert ferner ein pathologisches Gangbild, da die Füße charakteristischerweise auf dem Ballen und der Fußaußenseite aufgesetzt werden.

Frage: Neben der spastischen Diplegie existiert als klinisches Korrelat einer infantilen Zerebralparese noch eine Reihe weiterer neurologischer Störungen. Können Sie einige wichtige aufzählen?

✚ Auch **Verhaltensauffälligkeiten** sind häufig. Dabei ist die Differenzierung zwischen primären Verhaltensstörungen und sekundären Formen als Reaktion auf die körperliche Behinderung manchmal nicht einfach.

Antwort: Kennzeichnend ist in nahezu allen Fällen eine **Verzögerung der geistigen und körperlichen Entwicklung.** Intelligenzdefizite sind nicht obligat, bei schweren Formen der infantilen Zerebralparese sind die Kinder jedoch regelmäßig geistig retardiert. Etwa ein Drittel aller Kinder leiden unter **epileptischen Krampfanfällen.** Auch das Sensorium kann durch die zerebrale Schädigung betroffen sein. Hier sind zum Beispiel **Hör- und Sehstörungen** zu nennen. Relativ häufig kommt ein Strabismus divergens vor. Neben einer spastischen Lähmung können auch schlaffe Paresen sowie **zerebelläre Symptome** mit Intentionstremor und Ataxie vorliegen. Weiterhin existieren **extrapyramidale Bewegungsstörungen** wie zum Beispiel choreatische und athetotische Hyperkinesien. Diese können sich auch erst im Laufe der Zeit zusätzlich bei einer bereits bestehenden spastischen Lähmung entwickeln und beeinträchtigen erheblich die willkürliche Motorik des Kindes.

Merke: Hyperkinesien:
- **Athetose:** träge, unwillkürliche, distal betonte, wurmförmige Bewegungen der Extremitäten
- **Chorea:** schnelle, ebenfalls unwillkürliche und distal betonte Kontraktionen einzelner wechselnder Muskeln bzw. Muskelgruppen; allgemeine motorische Unruhe
- **Choreoathetose:** Mischform aus Chorea und Athetose; nicht selten als Residualschaden bei Zustand nach Kernikterus vorkommend

!

Prüfer: Bleibt nur noch hinzuzufügen, dass auf eine mögliche perinatal erworbene Hirnschädigung hinweisende Symptome erst später, z.B. im frühen Säuglingsalter, durch asymmetrische Spontanbewegungen, Muskeltonusstörungen, wie Hypotonie oder Opisthotonus oder ein pathologisches Reflexverhalten in Erscheinung treten können. Diese Auffälligkeiten, die auch nichtzerebralgeschädigte Kinder, so z.B. Frühgeborene, zeigen können, hat Vojta als zentrale Tonus- und Koordinationsstörungen (ZKS) bezeichnet. Therapeutische Domäne dieser Auffälligkeiten ist die Krankengymnastik auf neurophysiologischer Basis.

Frage: Was wissen Sie über die Ätiopathogenese der infantilen Zerebralparese?

?

Antwort: Die klassischen Risikokinder sind Frühgeborene, Kinder aus Mehrlingsschwangerschaften und alle Kinder mit peripartaler Asphyxie. Insbesondere bei Frühgeborenen reagiert das noch unreife Gehirn auf **perinatale Schädigungen** (Sauerstoffmangel) sehr empfindlich. Hypoxische Zustände mit und ohne anschließende Hirnblutung entstehen hierbei sowohl unter der Geburt als auch durch spätere intensivmedizinische Maßnahmen.

✚ Ein Kernikterus war früher häufiger für neurologische, insbesondere extrapyramidale Störungen verantwortlich, kommt aber heutzutage aufgrund der therapeutischen Möglichkeiten ätiologisch nur noch selten in Betracht.

Frage: Jetzt ein kleiner Ausflug in die Pathologie. Können Sie mir einige morphologische Substrate der infantilen Zerebralparese nennen? Was würde ein Pathologe bei der Autopsie finden?

?

Antwort: Bei Frühgeborenen findet man häufig **periventrikuläre** Blutungen und Infarkte, da diese Bereiche des unreifen Gehirns besonders empfindlich auf einen Sauerstoffmangel reagieren. Hierbei kann es auch zu intraventrikulären Blutungen kommen, die je nach Schweregrad letal enden können. Posthämorrhagische Verklebungen der Meningen induzieren gelegentlich einen **Hydrocephalus occlusus.**

Wenn ausgeprägte Infarkte nicht durch Gliagewebe ausgefüllt werden können, entstehen Substanzdefekte, welche mit den inneren und äußeren Liquorräumen kommunizieren. Dieses schwere pathologische Bild wird auch als **Porenzephalie** bezeichnet. Fehlen große Anteile des Großhirns, so spricht man auch von einem **Hydrocephalus e vacuo.**

Bei lokaler Hypoxie im Bereich der Furchen von Groß- und Kleinhirnrinde vernarbt die graue und weiße Substanz der Sulci. Es entsteht die so genannte **Ulegyrie.** Glianarben im Bereich der Stammganglien, wie z.B. bei Kindern mit Kernikterus, werden als **Status marmoratus** bezeichnet.

Frage: Können Sie das therapeutische Vorgehen bei Kindern mit dieser Erkrankung umreißen?

+ Eine das Gangbild behindernde Spitzfußstellung kann z.B. durch eine Achillotomie ausgeglichen werden.

Antwort: Therapiepfeiler sind regelmäßige und früh eingeleitete **krankengymnastische Maßnahmen** auf neurophysiologischer Basis nach Vojta und Bobath. Hiermit sollen pathologische Bewegungsmuster und Fehlstellungen verhindert sowie willkürliche motorische Aktionen trainiert werden. Auch die Spracherlernung muss später durch konsequente **logopädische Betreuung** gefördert werden. Sensorische Ausfälle sollten durch Verschreibung geeigneter **Hilfsmittel** wie z.B. Hörgeräte gemindert werden. Besteht ein zerebrales Anfallsleiden, so ist eine **antiepileptische Medikation** indiziert. Bei ausgeprägter Spastik kann der Muskeltonus durch Myotonolytika gesenkt werden. Häufig werden lokale **orthopädische Interventionen** vorgenommen.

15.8 Meningitis

Fallbeispiel: In die Notfallambulanz kommt eine Mutter mit ihrem siebenjährigen Jungen. Laut Angaben der Mutter bestünden seit dem Vortag Fieber bis 39,8 °C und starke Kopfschmerzen. Außerdem habe der Junge heute bereits viermal erbrochen. Der Zustand habe sich in den letzten Stunden zunehmend verschlechtert. Das Kind ist in einem deutlich reduzierten Allgemeinzustand, hoch fiebernd und wirkt insgesamt schlapp und teilnahmslos. Wie lautet Ihre erste Verdachtsdiagnose?

Antwort: In diesem Fall würde ich aufgrund des hohen Fiebers, der Kopfschmerzen mit Erbrechen und insbesondere wegen der zunehmenden Apathie primär an eine **Meningitis** denken. Differentialdiagnostisch sollte auch ein oberer Luftwegsinfekt mit Sinusitis frontalis oder eine Scharlachinfektion in Betracht gezogen werden.

Frage: Worauf achten Sie bei der körperlichen Untersuchung, um die Verdachtsdiagnose einer Meningitis zu erhärten?

Antwort: Bei der körperlichen Untersuchung sollten zunächst weitere häufige Infekturs achen, wie z.B. Angina tonsillaris, Pharyngitis, Otitis, Gastroenteritis oder eine Pneumonie, ausgeschlossen werden. Diese Erkrankungen können natürlich auch zusätzlich neben einer Meningitis bestehen. Leitsymptom einer Meningitis bei älteren Kindern ist die **Nackensteifigkeit,** auch als Meningismus bezeichnet. Durch die reflektorische Ruhigstellung wird versucht, die bewegungsbedingten, durch Zug an den entzündeten Meningen entstehenden Schmerzen zu vermeiden. Außerdem zeigt sich eine allgemeine **Reizüberempfindlichkeit** gegen Licht, Geräusch und Berührungen. Auch Störungen der Vigilanz müssen bei der körperlichen Untersuchung genau erfasst werden.

✚ Besonders wichtig: gründliche **Inspektion** des gesamten Körpers auf hämorrhagische Effloreszenzen, die Vorboten einer Meningokokkensepsis sein können

Frage: Bei einem echten Meningismus existieren einige charakteristische klinische Zeichen. Bitte beschreiben Sie kurz die klinische Überprüfung dieser Phänomene!

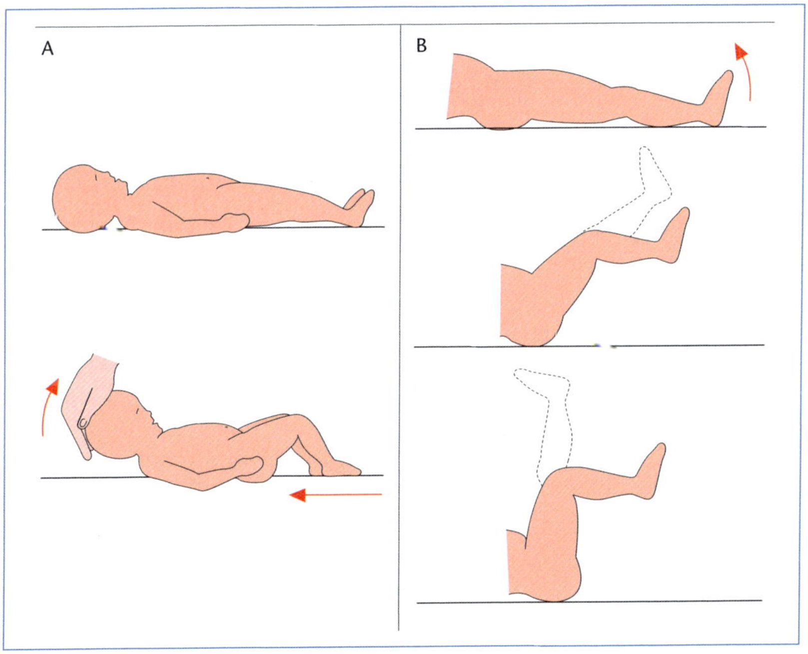

Abb. 15.2: Brudzinski-Zeichen (A) und Kernig-Zeichen (B) (modifiziert nach [3])

✚ Das Lasègue-Zeichen, aus Orthopädie und Neurologie bekannt (Ischialgie, Diskusprolaps), eignet sich auch als Dehnungsschmerzzeichen bei Meningitis bzw. meningealen Reizzuständen.

Antwort: Beim **Brudzinski-Zeichen** wird der Kopf passiv gebeugt, wobei es als Entlastung zum reflektorischen Anziehen der Beine kommt. Das **Lasègue-Zeichen** ist positiv, wenn bei passiver Beugung des gestreckten Beins im Hüftgelenk lumbosakrale Schmerzen auftreten. Das **Kernig-Zeichen** prüft man genau umgekehrt: Im gebeugten Hüftgelenk streckt man passiv das Kniegelenk. Auch hier kommt es durch Zug an den Meningen zu Schmerzen. Im Liegen kann man das Kernig-Zeichen auch folgendermaßen prüfen (☞ Abb. 15.2): Beugt man das gestreckte Bein im Hüftgelenk, kommt es ab einem Winkel von 45° zu einer unwillkürlichen schmerzbedingten Beugung des Kniegelenks. Typisch ist auch die Haltung beim Sitzen: Das Kind hält die Wirbelsäule gestreckt, neigt sich nach dorsal und stützt sich mit beiden Händen nach hinten ab. Man spricht vom so genannten **Dreifußzeichen.** Beim **Knie-Kuss-Zeichen** ist die Annäherung von Mund und Knie nicht möglich.

☐ ☐ ☐
☺ 😐 ☹

? **Frage:** Bei dem vorgestellten Kind zeigen sich auch während der Untersuchung die klinischen Zeichen einer Meningitis. Wie gehen Sie jetzt diagnostisch weiter vor?

Antwort: Bei einer **Blutentnahme** kommt folgenden Entzündungsparametern eine ganz besondere Bedeutung zu: Differentialblutbild, C-reaktives Protein, Blutsenkungsgeschwindigkeit, Gerinnungsanalyse und Blutkultur. Letztlich kann aber nur durch eine **Lumbalpunktion** die Diagnose einer Meningitis bestätigt werden. Hierzu wird mit einer speziellen Hohlnadel unter sterilen Bedingungen zwischen dem dritten und vierten oder vierten und fünften Lendenwirbeldornfortsatz der Duralsack punktiert. Der entnommene Liquor wird auf Zellzahl und auf Erreger untersucht. Die Erregerart bei Meningitis ist altersabhängig:

- **Neugeborene** weisen vor allem gramnegative Erreger, meist E. coli oder B-Streptokokken auf.
- Bei **Kleinkindern** finden sich hauptsächlich Haemophilus influenzae, Meningokokken und Pneumokokken.
- Bei **Erwachsenen** finden sich Staphylokokken, Meningokokken und Pneumokokken.

☐ ☐ ☐
☺ 😐 ☹

? **Frage:** Wie kann schon während einer Lumbalpunktion der Verdacht auf eine bakterielle Besiedlung überprüft werden?

✚ Der Druck, mit dem der Liquor sich aus der Nadel entleert, ist gelegentlich erhöht.

Antwort: Bei extremer Zellvermehrung kann der **Liquor trübe** oder **eitrig** sein. Ein orientierender Nachweis einer Eiweißerhöhung im Liquor, wie er typischerweise bei einer bakteriellen Meningitis vorliegt, kann durch die **Pandy-Reaktion** getestet werden. Dazu fügt man dem Pandy-Reagenz einige Tropfen Liquor zu. Eine positive Reaktion wird durch Trübung angezeigt.

Frage: Welchen **Liquorbefund** erwarten Sie bei einer **bakteriellen Meningitis?**

Antwort: Der untere Grenzwert einer pathologischen **Leukozytenerhöhung** liegt bei fünf Zellen pro μl, bei bakterieller Entzündung werden Zellzahlen bis über 10 000 gefunden. Typisch sind außerdem **Eiweiß- und Laktaterhöhungen.** Der **Glukosewert** im Liquor beträgt normalerweise 2 / 3 des Blutzuckers.

Merke: Liquorparameter und Normalbefunde bei bakterieller Meningitis:
- **Farbe:** normalerweise wasserklar (keine Trübung, Blutbeimengung); artifizielle Blutung durch den Punktionsvorgang durch schlierenartige Blutbeimengung erkennbar
- **Zellzahl** (Bestimmung in Fuchs-Rosenthal-Zählkammer): Normal sind < 5 Zellen / μl.
- **Eiweißgehalt** (Schnelltest mit Pandy-Reaktion): Normal sind 20 – 45 mg / dl (Pandy-Reaktion negativ).
- **Glukosekonzentration:** 50 – 70 % des Blutzuckerwertes. Normal sind 45 – 75 mg / dl.
- **Laktat:** Anstieg bei bakteriellen Meningitiden deutlich höher als bei viralen Meningitiden

Kriterium	eitrige Meningitis	tuberkulöse Meningitis	virale Meningitis
Erreger	pyogene Kokken	Mycobacterium tuberculosis	Viren
Lokalisation	„Haubenmeningitis"	„Hirnbasismeningitis"	diffus
Beginn	akut	schleichend	akut
Fieber	hoch	mäßig	leicht
Vigilanzstörung	stark	mäßig	wenig
Besonderheit	Epilepsie, Hypakusis	Hirnnervenlähmungen	
Liquor	trüb-eitrig	klar	klar
Zellen	Granulozyten	Lympho- / Monozyten	Lymphozyten
Zellzahl	bis 40 000 / 3	ca. 500 / 3	3000 / 3
Eiweiß	erhöht	erhöht	normal

Kriterium	eitrige Meningitis	tuberkulöse Meningitis	virale Meningitis
Zucker	erniedrigt	erniedrigt	normal
Laktat	erhöht	erhöht	normal

Tab. 15.3: Liquorbefunde bei unterschiedlichen Erregern

? **Frage:** Bei dem vorgestellten Jungen zeigt sich auch in der Lumbalpunktion die typische Konstellation einer bakteriellen Meningitis, wobei sich allerdings zunächst mikroskopisch noch kein Erreger finden lässt. Womit beginnen Sie die Therapie?

✚ Durch Fortführung dieser begleitenden Therapie über 4–5 Tage sollen seltener residuelle Hörstörungen auftreten.

Antwort: So lange kein Erreger identifiziert ist, erfolgt die Anbehandlung mit einem **Cephalosporin** der dritten Generation. Hier haben sich die beiden Derivate Cefotaxim (Claforan®) und Ceftriaxon (Rocephin®) wegen ihres breiten Spektrums bewährt. Insbesondere vor der ersten Antibiotikaapplikation wird vielfach **Dexamethason** verabreicht, um die Reaktionen auf den initialen Erregerzerfall zu vermindern.

Prüfer: Richtig. Werden dann Meningokokken oder Pneumokokken nachgewiesen, kann antibiogrammgerecht eine Umstellung auf Penicillin G erfolgen. Haemophilus influenzae wird wegen zunehmender Resistenzen gegenüber Ampicillin häufig ebenfalls resistogrammgerecht mit Cephalosporinen weiterbehandelt. Nun aber noch einige Anmerkungen zur Meningokokkenmeningitis. Diese durch Neisseria meningitidis hervorgerufene Erkrankung zeigt neben dem sporadischen auch ein endemisches Vorkommen. Der Häufigkeitsgipfel liegt im zweiten Lebensjahr. Nach einer Inkubationszeit von einigen Tagen entsteht zunächst eine Meningokokkenpharyngitis. Von hier aus kommt es dann in einigen Fällen zu einer septischen Streuung mit Befall der Hirnhäute.

? **Frage:** Eine ganz besonders gefährliche Variante einer Meningokokkensepsis ist das Waterhouse-Friderichsen-Syndrom. Ich habe Ihnen hier einmal das Bild eines drei Jahre alten Mädchens mit diesem schweren Krankheitsbild mitgebracht. Was wissen Sie über dieses Syndrom?

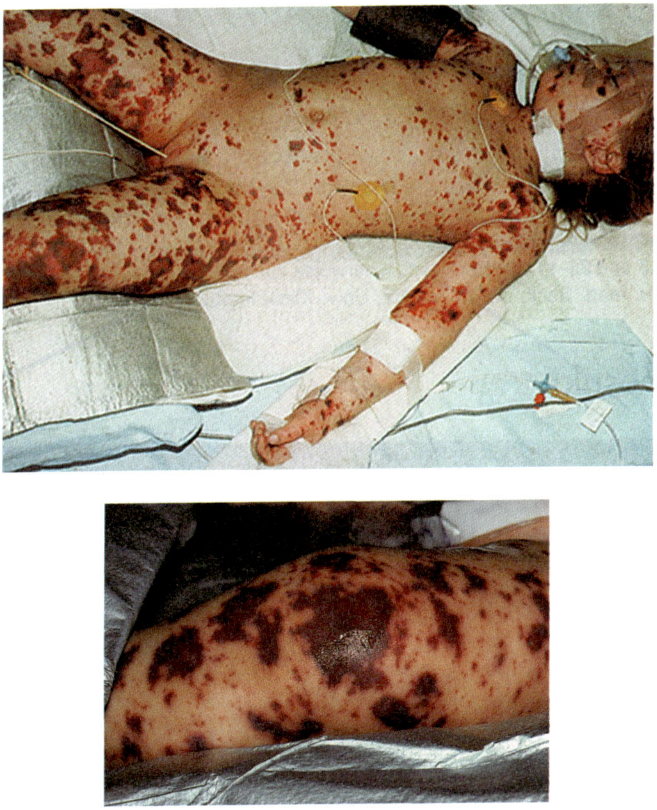

Abb. 15.3: Waterhouse-Friderichsen-Syndrom

Antwort: Beim Waterhouse-Friderichsen-Syndrom handelt es um ein durch Meningokokkensepsis verursachtes perakut auftretendes Krankheitsbild, das durch schwere **Schocksymptomatik, Gerinnungsstörungen** und **Bewusstseinstrübungen** gekennzeichnet ist. Aus voller Gesundheit erkranken die Kinder innerhalb weniger Stunden. Im Rahmen einer **fulminanten Meningokokkensepsis** entsteht eine schwere Verbrauchskoagulopathie. Auf dem Bild erkennt man einen intensivpflegepflichtigen Patienten im schweren Schockzustand, aschgrauer, livider Haut mit multiplen **petechialen Hautblutungen** und **Nekrosen.** Pathognomonisch sind die **„intravitalen Totenflecken"** als Ausdruck schwerster Mikrozirkulationsstörungen.

Merke: Komplikationen bei bakteriellen Meningitiden: !

- bei Neugeborenen erhöhte Letalität
- Augenmuskelparesen (häufig Abduzensparese)
- Hydrocephalus internus occlusus (durch Aquäduktverschluss)
- Hörverlust (vor allem durch Pneumokokken)
- epileptische Anfälle

Frage: Welche **Laborveränderungen** erwarten Sie bei einer Meningokokkensepsis mit Waterhouse-Friderichsen-Syndrom?

Antwort: Durch das fulminante septische Erscheinungsbild können sowohl das Blutbild als auch der Liquorbefund normal sein. Lediglich in der **Kultur** oder lichtmikroskopisch lassen sich die Meningokokken nachweisen. Ansonsten wird der Körper derart von den Erregern „überfallen", dass eine adäquate Immunantwort, wie etwa eine Leukozytose oder Linksverschiebung ausbleibt. Außerdem zeigen sich infolge der disseminierten intravasalen Gerinnung **hämostaseologische Veränderungen** wie eine Thrombozytopenie, Erniedrigung des Quickwertes und PTT-Verlängerung.

Merke: lymphozytäre Virusmeningitis:

- **Definition:** durch zahlreiche verschiedene Viren verursachte lymphozytäre Meningitis, bei der vor allem die Beteiligung des Hirnparenchyms (Enzephalitis) bzw. des Rückenmarks (Myelitis) eine sehr seltene, aber gefürchtete Komplikation darstellt
- **Erreger:** vor allem Enteroviren (Coxsackie, ECHO), Arbo-, Polio-, Herpes-, Varizellen-, Zoster-, Mumpsviren, FSME
- **Vorkommen:** v.a. in der warmen Jahreszeit durch hämatogene Aussaat (Virämie)
- **Symptome:** i.d.R. leichtere Verläufe mit den typischen meningealen Symptomen (Kopfschmerzen, Nackensteifigkeit, Fieber, Lichtempfindlichkeit)
- **Liquor:** lymphozytäre Pleozytose bei oftmals normalen Eiweiß-, Zucker-, Laktatwerten
- **Prognose:** gut
- **Therapie:** symptomatisch, Bettruhe

16 Pädiatrisch wichtige Hautkrankheiten

16.1 Hereditäre und konnatale Hautkrankheiten

Frage: Viele Krankheiten gehen im Kindesalter mit Hautveränderungen einher. Dazu zählen z. B. die exanthematischen Kinderkrankheiten wie Masern, Scharlach oder Windpocken. Kennen Sie auch eigenständige **genetisch bedingte Hautkrankheiten** in der Pädiatrie?

Antwort: Ein Beispiel sind die **hereditären Verhornungsstörungen** der Haut, die so genannten **Ichthyosen.** Diese lassen sich nach klinischen, elektronenmikroskopischen und genetischen Befunden in verschiedene Gruppen einteilen.

tipp Eine schwere Frage! Wie immer gilt, dass man über Beispiele, die man anführt, gut Bescheid wissen sollte.

Frage: Können Sie zu der Gruppeneinteilung etwas sagen?

Antwort: Hauptsächlich werden drei Ichthyosen unterschieden. Die **Ichthyosis vulgaris** ist eine autosomal-dominant vererbte **Retentionshyperkeratose.** Durch eine verminderte Abstoßung des Stratum corneum entsteht zwischen dem dritten Lebensmonat und ersten Lebensjahr eine generalisierte symmetrische Schuppung der Haut. Typischerweise sind die Gelenkbeugen sowie Schleimhäute, Hände und Füße nicht betroffen. Die X-chromosomal-rezessiv vererbte **Ichthyosis** ist ebenfalls eine **Retentionshyperkeratose** mit mangelnder Hornabstoßung. Sie kommt nur bei männlichen Kindern vor und beginnt in den ersten sechs Lebensmonaten. Betroffen sind die Extremitäten einschließlich der Beugen. Eine typische **Proliferationshyperkeratose** durch übermäßige Hornproduktion ist die autosomal-rezessiv vererbte **Ichthyosis congenita.** Sie beginnt in den ersten Lebenswochen und zeigt einen generalisierten symmetrischen Befall inklusive der großen Gelenkbeugen, Hände und Füße sowie der Mundschleimhaut.

+ Maximalvarianten der Ichthyosis congenita kommen als sog. „Kollodium-" oder „Harlekinbabies" mit nahezu völlig eingepanzerter verhornter Haut zur Welt.

Fallbeispiel: Eine Mutter kommt mit ihrem sechs Monate alten Säugling zu Ihnen. Sie berichtet über zunehmende Hautveränderungen in den letzten Wochen. Ihnen fällt auf, dass sich an mechanisch belasteten Hautpartien erythematöse Herde mit straffen Blasen befinden. Woran denken Sie?

Antwort: Bei dieser Anamnese würde ich zunächst an eine **blasenbildende Krankheit** denken. Typischerweise entwickeln Säuglinge hierbei an druckbelasteten Hautpartien großflächige Blasen. Häufig wird die Krankheit erst im Krabbelalter deutlich, weil sich zu diesem Zeitpunkt die mechanische Belastung an Armen und Beinen erhöht.

Frage: Die Antwort ist richtig. Wie wird diese blasenbildende Krankheit genannt? Existieren verschiedene Formen?

Antwort: Das Kind ist anscheinend an einer hereditären **Epidermolyse** erkrankt. Unterschieden wird die häufigere **nichtdystrophische,** autosomal-dominant vererbte Epidermolyse, die ohne Narbenbildung abheilt, von einer **dystrophischen** Form. Diese wird autosomal-rezessiv vererbt. Die Abheilung erfolgt mit Narbenbildung und kann dadurch bedingt zu Kontrakturen führen.

Frage: Ihnen wird ein drei Monate altes Kind vorgestellt, das auf dem Rücken einen im Durchmesser ca. 2 cm großen, dunkel pigmentierten Fleck aufweist. Was raten Sie den besorgten Eltern?

> ✚ Bei kongenitalen Pigmentzellnaevi des oberflächlichen Typs wartet man mit der Exzision bis zum 10. Lebensjahr, weil die dann schon vernünftigeren Kinder den kleinen Eingriff auch in Lokalanästhesie tolerieren.

Antwort: Bei einem Naevus dieser Größe liegt der Verdacht auf einen angeborenen, also **kongenitalen Pigmentzellnaevus** nahe. Wird dieses von den Eltern bestätigt, sollten sie darüber aufgeklärt werden, dass bei angeborenen Pigmentzellnaevi ein erhöhtes Melanomrisiko besteht. Die meisten angeborenen Pigmentzellnaevi sind vom **oberflächlichen Typ.** Man muss das kleine Kind dann nicht bereits vor dem zehnten Lebensjahr mit einer chirurgischen Entfernung belasten, da eine Melanomentwicklung vor der Pubertät nicht zu erwarten ist.

Bei weichen drucknachgiebigen Naevi liegt der Verdacht auf einen kongenitalen Pigmentzellnaevus des **tiefen Typs** vor. In diesem Fall ist wegen des höheren Risikos der Melanomentstehung die Exzision schon vor dem zehnten Lebensjahr begründet. Im Zweifelsfall kann eine Probeentnahme vorgenommen werden. Der histologische Befund gibt dann Auskunft über die genaue Diagnose.

Frage: Was raten Sie den Eltern eines gleich alten Kindes mit einem ebenfalls 2 cm großen Säuglingshämangiom?

Antwort: Säuglingshämangiome weisen normalerweise **typische Wachstumsphasen** auf: anfangs meist ab der zweiten Woche rasches Wachstum, später Stillstand und langsame Regression, die in 70 % vor der Einschulung, in 95 % bis zum elften Lebensjahr zum völligen Verschwinden führt. Aus diesem Grund wurden Säuglingshämangiome noch bis vor wenigen Jahren nur behandelt, wenn möglicherweise durch die Lokalisation, z.B. am Auge oder am Mund, die Entwicklung des Kindes gefährdet war. Heute wird jedoch auf Grund des guten Ansprechens moderner Behandlungsmethoden und zur Vermeidung der wenigen, dann jedoch dramatischen Fälle ohne Tumorrückbildung, eine möglichst frühzeitige Behandlung empfohlen.

Frage: Die von Ihnen angesprochene Änderung des therapeutischen Konzepts hat sich in der Tat durchgesetzt. Welche Behandlungsmaßnahmen werden vorwiegend angewendet?

Antwort: Prinzip der Behandlung ist, die **Spontanregression** einzuleiten. Dazu sind manchmal auch mehrere Behandlungen notwendig. Sie erfolgt am einfachsten durch Kältebehandlung mit flüssigem Stickstoff im Sprayverfahren, im Kontaktverfahren mit einer Kältesonde oder einen mit Stickstoff getränkten Wattetupfer. Alternativ kann eine **Lasertherapie** mit einem Absorptionsmaximum im roten Wellenlängenbereich durchgeführt werden. Sie wirkt durch Erhitzung der Erythrozyten und bewirkt eine Thrombosierung der Blutgefäße. Die Lasertherapie ist im Vergleich zur Kältebehandlung aufwendiger, da während des Laserns die Augen des Säuglings geschützt werden müssen und die Lasergeräte nicht in allen Zentren verfügbar sind. Sie bietet im Vergleich zur Kältebehandlung keine wesentlichen Vorteile.

Frage: Worin liegt denn der Unterschied zwischen einem **Säuglingshämangiom** und einem **Naevus flammeus?**

Antwort: Der Naevus flammeus ist nicht, wie das Säuglingshämangiom, eine Geschwulst im Sinne einer **kapillären Gefäßneubildung,** sondern ein Bezirk, bei dem es durch Ausfall der neurogenen Rezeptoren zu einer **Gefäßweitstellung** in den oberen Dermisanteilen kommt. Im Gegensatz zum Säuglingshämangiom ist nur eine geringe Rückbildungstendenz zu erwarten. Häufig sind Naevi flammei somit ein anhaltendes ästhetisches Problem. In vielen Fällen wird durch eine Laserbehandlung eine Aufhellung oder vollständige Abblassung des Naevus flammeus erreicht.

Frage: Jetzt einmal von dem ästhetischen Problem abgesehen, woran müssen Sie unbedingt denken, wenn Sie z.B. ein Kind mit einem Naevus flammeus in der Region eines Trigeminusastes oder in einer anderen Region sehen?

Antwort: Naevi flammei können eine diagnostische Bedeutung haben, da sie wichtige Merkmale bestimmter Fehlbildungssyndrome sind. Bei einem einseitigen Naevus flammeus im Trigeminusbereich sollte das so

✚ Laterale Feuermale sind syndromverdächtig. Mediale Feuermale („Storchenbiss") sind völlig unbedenklich und verschwinden häufig von selbst.

genannte **Sturge-Weber-Syndrom** ausgeschlossen werden. Dies ist ein autosomal-dominant vererbbares Gefäßfehlbildungssyndrom im Versorgungsbereich des ersten oder zweiten Trigeminusastes mit einseitigem Naevus flammeus und Angiektasie des gleichseitigen Auges mit Glaukom. Manchmal treten fokale Epilepsien auf. Beim **Von-Hippel-Lindau-Syndrom** ist der Naevus flammeus mit Hämangiomen auf Retina und multiplen kapillären Ektasien der Hirnhäute kombiniert. Klinische Symptome verursachen diese Hämangiome allerdings erst im Rahmen einer subarachnoidalen Blutung, die meistens erst im Erwachsenenalter auftritt. Ferner treten gehäuft Nieren- und Pankreaszysten auf. Eine weitere Krankheit mit Naevus flammeus ist das **Klippel-Trenaunay-Syndrom.** Dabei besteht der Naevus flammeus an einer oder mehreren Extremitäten mit einer Vergrößerung derselben und Varikose.

16.2 Phakomatosen

☐ ☐ ☐

☺ 😐 ☹

? **Frage:** Beim Sturge-Weber-Syndrom und dem Klippel-Trenaunay-Syndrom handelt es sich um **Phakomatosen.** Wissen Sie, was dieser Begriff bedeutet?

Antwort: Phakomatosen sind embryonal bedingte neuroektodermale Entwicklungsstörungen, die mit Fehlbildungstumoren an Haut, Nervensystem und Blutgefäßen einhergehen. Dazu zählen neben den beiden genannten Erkrankungen die **Neurofibromatosis generalisata von Recklinghausen**, der **Morbus-Bourneville-Pringle** und das **Peutz-Jeghers-Syndrom**.

☐ ☐ ☐

☺ 😐 ☹

? **Frage:** Erzählen Sie uns doch bitte noch etwas zu der bekanntesten Phakomatose, dem Morbus von Recklinghausen!

✚ Peutz-Jeghers-Syndrom: autosomal-dominant vererbte Erbkrankheit, bestehend aus intestinaler Polyposis mit Malignitätsrisiko und perioraler sommersprossenartiger Lentiginose (von manchen Autoren zu den Phakomatosen gezählt).

Antwort: Die **autosomal-dominant** vererbte Krankheit geht mit **Pigmentanomalien** in Form von Café-au-lait-Flecken und **Neurofibromen** einher. Typisch ist das so genannte Klingelknopfphänomen der Neurofibrome. Kleine Neurofibrome treten fast regelmäßig an der Iris als so genannte Lisch-Knötchen auf. Man unterscheidet einen in der ersten Lebensdekade einsetzenden **peripheren Typ** dieser Krankheit vom später einsetzenden, selteneren **zentralen Typ,** der zusätzlich mit bilateralen Akustikusneurinomen, zerebralen Krampfanfällen und in einem Drittel der Fälle mit Skelettanomalien auftritt. Der ebenfalls autosomal dominant vererbte **Morbus-Bourneville-Pringle** (tuberöse Hirnsklerose) geht an der Haut mit einem **Adenoma sebaceum** einher. Das sind gelblich-braune, gut verschiebliche Fibroangiome im Gesicht. Außerdem beobachtet man periunguale Fibrome, die so genannten **Koenen-Tu-**

moren. Manchmal treten im Rahmen einer tuberösen Hirnsklerose Intelligenzstörungen und epileptische Anfälle auf.

16.3 Ekzemgruppe

Frage: Was versteht man unter dem Formenkreis der Atopien? **?**

Antwort: Zum atopischen Formenkreis gehören die **Neurodermitis atopica,** das **allergische Asthma bronchiale** und die **Rhinitis allergica.** Diese drei Krankheiten treten gehäuft zusammen oder nacheinander auf. Bislang geht man von einer multifaktoriellen Vererbung mit Schwellenwert aus.

Frage: Was können Sie uns über die Neurodermitis oder auch atopische Dermatitis erzählen? **?**

Antwort: Die atopische Dermatitis ist eine bevorzugt im Kleinkindesalter chronisch rezidivierende Hautkrankheit, die normalerweise nicht vor dem dritten Lebensmonat beginnt. Bei erkrankten Kindern zeigt sich zunächst der so genannte **Milchschorf.** Das sind nässende erythematöse Schuppenkrusten am behaarten Kopf und den seitlichen Gesichtspartien. Ab dem zweiten Lebensjahr, manchmal aber auch schon wesentlich früher, beobachtet man die typischen **Beugenekzeme** in den Ellenbeugen und weniger häufig in den Kniekehlen. Leitsymptome sind **trockene Haut** und starker **Pruritus,** der vielen Ekzemkindern eine qualvolle Zeit bereitet. Die Ekzemschübe werden meistens mit den Jahren milder. Im Erwachsenenalter weisen mitunter nur noch Nebenkriterien auf die atopische Dermatitis hin.

> tipp Die Neurodermitis ist auch in der Pädiatrie ein häufig und gern geprüftes Thema. Wer von sich aus auf Nebenkriterien hinweist, wird mit Sicherheit auf einen dankbaren Prüfer treffen.

Frage: Sie haben von **Nebenkriterien der Neurodermitis** gesprochen. Können Sie uns einige nennen? **?**

Antwort: In Kenntnis der Minimalformen und assoziierter Befunde der Neurodermitis kann die Diagnose auch in erkrankungsfreien Intervallen gestellt werden. Viele Patienten leiden nur unter trockener Kopfschuppung oder juckender trockener Haut. Andere haben ein chronisches Handekzem oder trockene juckende Füße im Winter (**„atopic winter feet“**). Häufig sieht man eine gedoppelte Lidfalte, die auch **Dennie-Morgan-Infraorbitalfalte** genannt wird. Ferner eine Ausdünnung der seitlichen Augenbrauen, das **Hertoghe-Zeichen.** Als **weißen Dermographismus** bezeichnet man das Blasswerden nach einem Hautstrich mit einem stumpfen Gegenstand. Das vasomotorische Nachröten bleibt aus. Diagnostisch wichtig ist auch, dass die Neurodermitis gehäuft mit der Ichthyosis vulgaris auftritt.

Frage: Können Sie uns in Grundzügen etwas zur **Therapie der Neurodermitis** sagen?

+ Auch **feuchte Umschläge** mit schwarzem Tee führen, 6- bis 8-mal täglich über 5 min angewendet, häufig zu einer deutlichen Verbesserung der Symptome bei einem Ekzemschub.

Antwort: Die Therapie besteht in einer **Linderung der Symptome** und in einer **Prävention neuer Schübe.** Wegen der Hautempfindlichkeit sollte eine konsequente tägliche Pflege vorgenommen werden. Prinzipiell sind **ölhaltige Bäder** bei Patienten mit Neurodermitis besser als die Dusche. Nach dem Bad sollte eine **Feuchtigkeitscreme** in die noch nicht ganz trockene Haut eingerieben werden. Dies ist übrigens auch in erscheinungsfreien Intervallen zur Rezidivprophylaxe indiziert.

Prüfer: Sehr schön beschreiben Sie einen wichtigen Grundpfeiler der Neurodermitistherapie: die Basispflege. Die Haut des Neurodermitikers ist auf Grund der verminderten Barrierefunktion „trocken". Durch intensive Pflege muss diese trockene Haut „weich wie ein Kinderpopo" gemacht werden. Dies erreicht man durch „Wasser-in-Öl-Emulsionen" oder die etwas fettreicheren „Öl-in-Wasser-Emulsionen". Je nach individueller Verträglichkeit werden den Salben Harnstoff oder Fettsäuren (Nachtkerzensamen- oder Borretschöl) zugesetzt. Diese Externa werden im schubfreien Intervall ein- bis zweimal täglich angewendet, ergänzt durch die von ihnen genannten Ölbäder. Ganz sicher ist, dass die auf diese Weise optimal gepflegte, „weiche" Haut seltener zu Ekzemschüben neigt.

Frage: Was machen Sie aber, wenn das Unvermeidliche passiert? Die Haut rötet sich, beginnt zu nässen und zu jucken. Ein Ekzemschub setzt ein.

+ Staphylokokken-wirksame Antibiotika: Flucloxacillin, Cephalosporine (1. Generation), Amoxicillin mit Clavulansäure

+ Als Alternative zur kortikoidkaltigen Creme stehen die modernen lokalen Immunsuppressiva zur Verfügung: Pimecrolimus (Elidel®), Tacrolimus (Protopic®).

Antwort: Bei leichten Ekzemschüben wird versucht, in einem frühen Stadium durch antientzündliche Externa die Entzündung zurückzudrängen. Zum Einsatz kommen **hydrophile Cremes (W/O-Emulsionen)** mit folgenden **Wirkstoffen:** Bufexamac, Tannin, Dexpanthenol, Lebertran, Zinkoxid, Leukichtol (Schieferöl). Bei stärkeren Entzündungen sollte eine zeitlich begrenzte **Lokalbehandlung mit glukokortikoidhaltigen Präparaten** durchgeführt werden. Systemische **Antihistaminika** können den Juckreiz mindern. Liegt eine Superinfektion des atopischen Ekzems vor, wird entweder **lokal antiseptisch** (Pyoktanin, Triclosan, Chlorhexidin, Fucidinsäure) oder systemisch mit einem staphylokokkenwirksamen **Antibiotikum** behandelt.

Frage: Sie haben uns die wichtigsten Erkennungsmerkmale einer Neurodermitis und dann auch die Therapie beschrieben. Ich möchte jetzt noch einmal kurz auf eine Hautkrankheit zu sprechen kommen, die gerade bei jungen Säuglingen von einem frühen Stadium der Neurodermitis nur schwer zu unterscheiden ist. Können Sie sich vorstellen, woran ich denke?

Antwort: Wahrscheinlich denken Sie an die **seborrhoische Dermatitis.**

Frage: Richtig. Versuchen Sie, die Symptome einer seborrhoischen Dermatitis beim Säugling von denen einer Neurodermitis abzugrenzen.

Antwort: Die seborrhoische Dermatitis, auch **Säuglingsgneis** genannt, beginnt meist in den ersten drei Lebensmonaten. Im Gegensatz zum Milchschorf der Neurodermitis liegt also die **Erstmanifestation früher** und zeigt eine **fettige, fest haftende Schuppung** der Kopfhaut. Beim Säuglingsgneis besteht normalerweise **kein Juckreiz.** Betroffen sind der behaarte Kopf und eventuell die Intertrigines oder der Windelbereich. In manchen Fällen kann eine kurze Behandlung mit Lokalkortikoiden indiziert sein und die üblicherweise eintretende Spontanheilung einleiten. Bei ausgeprägtem Gneis können zur Entschuppung auch salizylsäurehaltige Salben verwendet werden.

16.4 Bakteriell bedingte Hautkrankheiten

Frage: Eine häufige Hautkrankheit bei Kindern ist die Impetigo contagiosa. Was können Sie uns dazu sagen?

Antwort: Bei der **Impetigo contagiosa** unterscheidet man zwei unterschiedliche Krankheitsbilder: die kleinblasige und die großblasige Impetigo. Die **kleinblasige Impetigo** ist die häufigste Hautinfektion von Kindern und wird vorwiegend durch β-hämolysierende Streptokokken der Gruppe A verursacht. Aus einer rötlichen Papel entwickelt sich vorwiegend an Nase, Mund und Händen eine Plaque mit honiggelber Kruste. Um einen Einzelherd können Satellitenherde auftreten. Unbehandelt kann die Erkrankung lange Zeit bestehen. In einfachen Fällen genügt die Behandlung durch Abweichung der Krusten und Lokalbehandlung mit Desinfizientien. Bei stärkerer Ausbreitung oder langwierigem Verlauf ist eine systemische Therapie mit z.B. Amoxicillin oder Erythromycin indiziert.

Frage: Zweifelsohne ist die kleinblasige Form die häufigere Impetigo. Sagen Sie uns trotzdem noch etwas zur **großblasigen Form?**

Antwort: Die **großblasige Impetigo** wird ausschließlich durch Koagulase-positive Staphylokokken, d.h. vor allem Staphylococcus aureus, hervorgerufen. Diese Staphylokokken sondern ein epidermolytisches Toxin ab, sodass dünne, mit bernsteinfarbener oder eitriger Flüssigkeit gefüllte Blasen auftreten. Die Krankheit kann bei Kindern aller Altersgruppen auftreten. Häufig beginnt die Impetigo bei Neugeborenen nach Kontakt mit Keimträgern im Krankenhaus. Bei lokalisierten Formen sind keine wesentlichen Komplikationen zu erwarten. Bei der schwersten Komplikation, dem so genannten **SSS-Syndrom** (Staphylococcal scaled skin syndrome), sind besonders kleine Kinder vorwiegend durch den Wasser- und Elektrolytverlust gefährdet. Auch Temperaturregulationsstörungen sind von Bedeutung. Die Lokaltherapie ist wie bei der kleinblasigen Impetigo durchzuführen. Systemisch sind penicillinasefeste Penicilline, wie z.B. Flucloxacillin, indiziert.

16.5 Pilzbedingte Hautkrankheiten

Frage: Wie erkennt man eine **Windeldermatitis?**

Antwort: Die Windeldermatitis ist eine Sonderform des **toxischen Kontaktekzems,** das heißt die Folge einer direkten Hautschädigung durch Stuhl und Urin. Man beobachtet im Windelbereich eine stark **entzündliche,** eventuell nässende **Rötung** mit **Papeln** und **Pusteln,** die am Herdrand meist einzeln stehen, überwiegend aber großflächig konfluiert sind. Sie beginnt **bevorzugt** in den **Leistenbeugen** und **perianal** und geht mit **Juckreiz** oder **Schmerzen** einher. Ursache kann ein Pflegefehler mit zu seltenem Windelwechsel sein. Ferner können Faktoren wie Infekte, Antibiotikatherapie und Durchfälle die Entstehung einer Windeldermatitis begünstigen. Häufig kommt es zur Superinfektion mit Candida. Dann spricht man von einer Soordermatitis.

Frage: Wie therapieren Sie?

> ✚ Bei Reinfektionen durch Candida albicans im Stuhl ist eine Darmsanierung notwendig.
> **Haut:** Nystatin-Paste, Miconazol; **Darm:** Nystatin-, Miconazolsuspension.

Antwort: Bei der Behandlung ist es wichtig, die Windeln häufig zu wechseln und die Haut sorgfältig mit lauwarmen Wasser zu reinigen. Tagsüber sollte möglichst lange keine Windel angelegt werden, um die Haut trocken zu halten. Die Lokalbehandlung erfolgt durch Pinselung mit einer Farbstofflösung, z.B. Pyoktanin 0,2 %, oder einer schützenden Zinkpaste. Bei starker entzündlicher Komponente sind Externa mit Dexpanthenol, Lebertran in Kombination mit Zinkoxid hilfreich. Bei Superinfektion mit Candida sollte lokal antimykotisch mit Miconazol therapiert werden. Eine gleichzeitige perorale Darmsanierung ist nur sinnvoll, falls gleichzeitig eine orale Candidose besteht.

Frage: Sehr gut! Um bei den pilzbedingten Krankheiten zu bleiben: Welche Krankheit fällt Ihnen bei einer Infektionskrankheit des behaarten Kopfes ein, an der oft ganze Kinderkollektive erkranken?

Antwort: Die Tinea capitis.

✚ Die Tinea capitis hat sich nach einigen Jahren der Ruhe, in denen sie nur sporadisch beobachtet wurde, wieder zu einer häufigen Infektionskrankheit entwickelt. Sie wird durch Dermatophyten der Gattungen Trichophyton und Microsporum verursacht (daher Mikrosporie).

Frage: Ja, richtig. Wie sieht denn bei diesen Kindern die Kopfhaut aus?

Antwort: Die Tinea capitis weist klinisch eine **mehlstaubartige Schuppung** der Kopfhaut auf. Später sieht man haarlose schuppige Herde mit schwarzen Punkten, die abgebrochenen Haaren im Niveau der Haut entsprechen. Unbehandelt können dauerhafter Haarverlust und Vernarbungen der Kopfhaut resultieren.

Frage: Ergänzend möchte ich noch hinzufügen, das sich die Infektion auch auf anderen Körperpartien manifestieren kann. Ferner erfolgt eine Dermatophyteninfektion des Haares nicht immer mit klinischen Symptomen, so das auch symptomfreie Personen und Tiere als Überträger der Pilzinfektionen fungieren können. Wie behandeln Sie eine Mikrosporie?

Antwort: Die Therapie der Tinea capitis sollte immer systemisch erfolgen und stets in Kombination mit topischen Antimykotika. Bei Kindern sollten Antimykotika eingesetzt werden, bei denen Erfahrungen für diese Patientengruppe vorliegen. In Deutschland ist nur Griseofulvin für die Behandlung von Kindern ab zwei Jahren zugelassen.

Prüfer: Es sollte sofort mit der topischen Therapie begonnen werden, um die Ausbreitung der stark ansteckenden Erreger zu verhindern. Vor der Wahl des systemischen Antimykotikums ist das Ergebnis der Erregerspezifikation mittels Pilzkultur abzuwarten. Bei einem Befall mit Trichophytonarten ist Terbinafin Mittel der Wahl. Terbinafin ist in Österreich und der Schweiz für Kinder ab zwei Jahren zugelassen. Microsporum-Arten sind gegen sämtliche zur Verfügung stehenden systemischen Antimykotika empfindlich.

16.6 Parasitenbedingte Hautkrankheiten

? Frage: Kann ein Kind auch an Skabies erkranken?

Antwort: Ja, das ist grundsätzlich möglich. Man findet diese Erkrankung häufiger bei Kindern, die in schlechten sozialen Verhältnissen wohnen. Ist zum Beispiel die Mutter erkrankt, kann durch enge Mutter-Kind-Kontakte eine Infektion erfolgen. Auch die Übertragung von Kind zu Kind ist möglich.

? Frage: Wie diagnostizieren Sie eine Skabies?

Antwort: Die typische Skabiestrias mit **Milbengängen, Pyodermien** durch Kratzartefakte und **generalisiertem Ekzem** durch Sensibilisierung gegen Skabiesproteine ist nicht immer vollständig. Diagnostisch beweisend ist nur der mikroskopische Milbennachweis.

? Frage: Können Sie uns auch noch etwas zur Therapie sagen?

Antwort: Der Wirkstoff Permethrin gilt heute in der Skabiestherapie als Mittel der Wahl. Die Behandlung erfolgt einmalig für acht bis zwölf Stunden. Bei sehr ausgedehntem Befall empfiehlt sich eine Wiederholung nach einer Woche. Bei älteren Kindern wird nur vom Hals abwärts therapiert. Bei Säuglingen und Kleinkindern bis zu zwei Jahren wird der gesamte Körper einschließlich des Kopfes behandelt. Wichtig ist eine parallele Behandlung der Eltern und Geschwister. Da die Milben außerhalb der Haut nur kurze Zeit überleben, genügt das Waschen der Bettwäsche und Auslüften der Kleidung über drei bis vier Tage.

> ✚ Permethrin ist im Vergleich zur bisherigen Standardtherapie mit dem DDT-verwandten Lindan (Hexachlorcyclohexan, Jacutin®) wesentlich weniger neurotoxisch, kaum hautirritierend und besser wirksam (Heilungsrate 95–98 %). Nachbehandlung der ekzematösen juckenden Haut: mit milden topischen Glucocorticoiden (z. B. Hydrocortisoncreme 1 % zweimal täglich für eine Woche).

Frage: Wir wollen noch kurz über die Infektion mit Kopfläusen sprechen. Was fällt Ihnen dazu ein?

Antwort: Häufig werden Kindergarten- oder Schulkinder von den Kopfläusen, den Pediculi capitis, befallen. Die Diagnose wird nicht selten zufällig gestellt, da die betroffenen Kinder **meistens keine Beschwerden** haben. Läuse werden von Mensch zu Mensch übertragen. Besonders gefährdet sind Mädchen mit langen glatten Haaren.

✚ Abseits ihres menschlichen Wirtes sind Kopfläuse bereits nach 24 h bewegungsunfähig, nach längstens 55 h tot. Deshalb spielen Gegenstände (Kissen, Decken) bzw. Kleidungsstücke bei der Übertragung kaum eine Rolle.

Frage: Mitunter kann jedoch eine **sekundäre Impetiginisierung** mit Juckreiz und geschwollenen regionären Lymphknoten auftreten. Bei guter Beleuchtung sind die krabbelnden Läuse und die nicht abstreifbaren Nissen an den Haaren zu erkennen. Wie führen Sie die Kopflausbehandlung durch?

Antwort: Die Behandlung erfolgt durch **permethrinhaltige Haarspülungen** (Infectopedicul®). Dieses Mittel wirkt sowohl auf Läuse als auch deren Eier. Durch die Retardwirkung auf nachschlüpfende Larven muss in der Regel nur einmalig behandelt werden. Die Bettwäsche sollte einmalig gewaschen werden. Nicht waschbare Gegenstände wie z. B. Kuscheltiere werden durch mehrtägige Lagerung in Plastikbeuteln entwest.

Frage: Wie erkennen Sie denn **Flohstiche?**

Antwort: An der Stichstelle entsteht eine **Quaddel.** Drückt man mit einem Glasspatel darauf, so kann man zentral einen kleinen **hämorrhagischen Fleck** erkennen. Diese Stiche treten meistens **multipel** an von Kleidung **bedeckten Körperstellen** auf. Die Therapie besteht in einer Entwesung der Kleidung und einer symptomatischen Behandlung der juckenden Quaddeln mit Antihistaminika.

16.7 Molluscum contagiosum

Frage: Was können Sie uns zu der Hautkrankheit **Molluscum contagiosum** sagen?

+ Molluscum contagiosum heilt häufig spontan und folgenlos aus. Deshalb gibt es Ärzte, die jede Therapie ablehnen. Förderung der Spontanabheilung: durch regelmäßiges Eincremen der gesamten Haut (z.B. Physiogel Body Lotion®, Excipial Lipolotion®). Lokalbehandlung einzelner Dellwarzen: mit austrocknenden Zinkschüttelmixturen (z.B. Lotio alba aquosa).

Antwort: Die Krankheit wird durch ein **Virus** aus der **Pockengruppe** hervorgerufen und von Mensch zu Mensch übertragen. Die Inkubationszeit beträgt zwei bis sieben Wochen. Halbkugelig vorgewölbte, stecknadelkopf- bis linsengroße Papeln mit zentraler Delle stehen isoliert oder in Gruppen vorwiegend im Gesicht, am Hals, dem Stamm und an den Genitalien. Aus diesen Papeln lassen sich durch seitlichen Druck Molluscumkörperchen exprimieren. Die schwerste Komplikation ist das **Eczema molluscatum,** das ähnlich wie das Eczema herpeticatum vorwiegend bei immungeschwächten Personen und Neurodermitikern auftritt. Die Therapie besteht im Ausdrücken der Knötchen oder Abtragung mit dem scharfen Löffel und anschließender Desinfektion, z.B. mit Betaisodona-Lösung®. Alternativ kann auch die kryochirurgische Therapie durch Vereisung mit flüssigem Stickstoff erwogen werden. In seltenen Fällen und bei massivem behandlungsresistentem Befall kann es notwendig sein, die Dellwarzen in Kurznarkose abzutragen.

16.8 Papillomaviren

Frage: Was wissen Sie über **Papillomaviren?**

+ Condylomata acuminata sind im Kindesalter immer hochverdächtig auf einen Kindesmissbrauch!

Antwort: Die Gruppe der Papillomaviren besteht aus über 60 Typen. Die HPV (humane Papillomaviren) verursachen primär gutartige Tumoren der Haut und Schleimhäute. Je nach Typ sind sie verantwortlich für die Entstehung von beispielsweise planen **Warzen** Verrucae vulgaris, Verrucae plantares oder auch von Condylomata acuminata.

Frage: Sie erwähnten die so genannten **planen Warzen.** Versuchen Sie bitte, diese Hautveränderungen zu beschreiben!

Antwort: Plane Warzen sind flache **epidermale hautfarbene Papeln,** die einen Durchmesser von 1–5 mm aufweisen. Besonders bei Kindern und Jugendlichen entstehen sie mit meist plötzlichem Beginn und treten vorwiegend im **Gesicht,** an den **Händen** und den **Armen** auf. Der Verlauf erstreckt sich von einigen Wochen bis zu mehreren Jahren. Die Therapie besteht in der Regel in einer abwartenden Haltung, da häufig eine **Spontanheilung** eintritt. Alternativ können auch milde **keratolytische salicylsäure-** oder **harnstoffhaltige Externa** angewendet werden.

Frage: Das ist richtig. Sie haben auch von Verrucae vulgares gesprochen. Wie therapieren Sie solche Warzen?

Antwort: Auch die Verrucae vulgares und die Verrucae plantares unterliegen häufig der **Spontanremission.** Dies ist übrigens auch die Erklärung dafür, dass es so viele teilweise unverständliche und dennoch erfolgreiche Therapiekonzepte, wie z. B. das Besprechen der Warzen, gibt. Auch ohne diese Behandlungen wäre die Warze wahrscheinlich verschwunden. Da eine Spontanrückbildung unsicher ist und eine Ausbreitung zu infektiösen und bewegungseinschränkenden Warzenbeeten droht, sollte die Behandlung unverzüglich eingeleitet werden. Bewährte Verfahren sind **Keratolyse** mit salizylsäurehaltigem Pflaster (Guttaplast®) unter gleichzeitigem Schutz der Umgebung, Anwendung von Tinkturen aus Salicylsäure und Fluorouracil (Verrumal®), ferner die **Vereisung** mit flüssigem Stickstoff und die operative Behandlung.

16.9 Urticaria pigmentosa

Fallbeispiel: Zu Ihnen kommt eine Mutter mit einem acht Monate alten Säugling. Die Mutter berichtet über rezidivierende Diarrhöen und häufig scheinbar spontan auftretende Rötungen der Haut. Schon seit vier Monaten bestehen am Stamm vereinzelt linsen- bis münzgroße, flache und auch erhabene Plaques. Woran denken Sie?

Antwort: Differentialdiagnostisch scheint mir das Vorliegen einer **Urticaria pigmentosa** sehr wahrscheinlich. Bei dieser häufig mit Juckreiz einhergehenden Krankheit kann meistens ein urtikarieller Dermographismus ausgelöst werden. Auch subepidermale Blasenbildung nach physikalischer Stimulierung kommt vor.

+ Die Begriffe Urticaria pigmentosa und kutane Mastozytose werden weitgehend synonym verwendet.

Frage: Ganz richtig! Ist Ihnen auch die Pathogenese der Urticaria pigmentosa bekannt?

Antwort: Die Urticaria pigmentosa ist eine durch Mastzellen verursachte, zumeist im Säuglingsalter auftretende Krankheit, die durch **disseminierte pigmentierte Flecken** mit Tendenz zu **urtikarieller Anschwellung** nach physikalischer Irritation gekennzeichnet ist.

☐ ☐ ☐
☺ 😐 ☹

Frage: Ja, Sie meinen das Richtige. Die Mastozytosen beruhen auf einer umschriebenen Mastzellanhäufung der Haut. Mastzellen stammen aus dem Knochenmark und sind in der gesamten Epidermis verteilt. Da ihre Granula neben anderen Mediatoren auch Histamin und Serotonin enthalten, kommt es nach physikalischer Reizung dieser vermehrt vorhandenen Zellen zu allergischen und entzündlichen Prozessen. Können Sie sich bei der Urticaria pigmentosa auch eine Beteiligung innerer Organe vorstellen?

Antwort: Im von Ihnen beschriebenen Fallbeispiel wiesen Sie ja schon auf die Darmbeteilung mit **rezidivierenden Diarrhöen** hin. Die systemische Mastozytose ist selten. Eine Beteiligung des Gastrointestinaltrakts mit **Magengeschwüren** und Diarrhöen sowie des **Skelettsystems** ist möglich. Denkbar sind auch **Kreislaufstörungen** sowie **Hepatosplenomegalie.** Sehr selten ist eine diffuse Mastozytose mit großflächiger massiver Mastzellinfiltration des gesamten Koriums.

✚ Durch Mastzellinfiltration ist eine umschriebene Defektbildung oder auch eine großflächige Strukturveränderung der Knochen möglich.

☐ ☐ ☐
☺ 😐 ☹

Frage: Welche Therapie empfehlen Sie?

Antwort: Symptomarme Mastozytosen benötigen keine Therapie und heilen meistens spontan aus. Die Patienten sollten vor Histaminliberatoren wie Kodein, Morphin und Azetylsalizylsäure geschützt werden. Antihistaminika wie Loratadin (Lisino®) unterdrücken die Histamineffekte.

17 Impfungen

17.1 Impfkalender

Frage: Im Impfkalender werden die für das Kindesalter empfohlenen Schutzimpfungen zusammengefasst. Wer ist verantwortlich für die Herausgabe dieser Impfempfehlungen und welche wesentlichen Schutzimpfungen beinhaltet er? **?**

☐ ☐ ☐

☺ 😐 ☹

Antwort: Der Impfkalender gibt die Empfehlungen der **ständigen Impfkommission** (STIKO) an. Ab dem **3. Lebensmonat** sollte die Diphtherie-Pertussis-Tetanus-Hämophilus-Poliomyelitis-Hepatitis-B-Impfung (DPT-Hib-Polio-HepB) dreimal im Abstand von mindestens vier Wochen erfolgen. Um unnötige Einzelinjektionen zu vermeiden, wird ein Sechsfachimpfstoff angewendet. Ab dem **15. Lebensmonat** werden diese Impfungen wieder aufgefrischt.

✚ Die STIKO-Empfehlung (Januar 2006), Pertussis schon im Alter von 5–6 Jahren erneut zu impfen („boosten"), beruht auf der Beobachtung, dass, der Impfschutz eher nur 7–9 (oder 10) Jahre hält.

Weiterhin impft man im Alter von **9–12 Monaten** mit einem Kombinationsimpfstoff gegen Masern, Mumps und Röteln; man wiederholt diese Impfung nochmals bis zum 2. Geburtstag.

Im Alter von **5–6 Jahren** wird eine Auffrischimpfung gegen Tetanus-Diphtherie-Pertussis (TdaP) durchgeführt, diese wird nach 5–10 Jahren nochmals wiederholt. Eine Auffrischimpfung gegen Poliomyelitis wird 10 Jahre nach der Grundimpfung empfohlen.

In der praktischen Umsetzung erfolgt im Idealfall eine Vierfachkombinationsimpfung der genannten Komponenten im Alter von 10–17 Jahren. Danach soll routinemäßig alle 10 Jahre aufgefrischt werden.

Frage: Welche Mindestabstände sollten zwischen zwei Lebendimpfungen eingehalten werden? **?**

☐ ☐ ☐

☺ 😐 ☹

Antwort: Verschiedene Lebendimpfungen sind entweder **gleichzeitig** möglich oder sollten, wenn nicht gleichzeitig durchgeführt, im **Abstand von mindestens einem Monat** erfolgen.

Frage: Worauf sollten Sie noch bei Totimpfungen achten? Ist nach einer Lebendimpfung direkt eine Totimpfung möglich? **?**

☐ ☐ ☐

☺ 😐 ☹

Antwort: Nach Lebendimpfungen sind Tot-, Toxoid- und Konjugatimpfungen ohne Einhaltung eines Abstandes möglich. Allerdings ist nach

Infekten, z.B. einer Virusgrippe, eine zwei- bis vierwöchige Karenz bis zur nächsten Lebendimpfung einzuhalten. Ein kürzerer Abstand wäre in diesem Fall zwar meist ungefährlich, aber immunologisch sinnlos. Auch zwischen Tot- und Toxoidimpfungen dürfen die Intervalle nicht beliebig verkürzt werden. Hier ist die zweite Impfung erst nach vier Wochen möglich. Das Intervall sollte aus empirischen Gründen nicht

Impfung gegen	Alter in vollendeten Monaten						Alter in vollendeten Jahren			
	Geburt	2	3	4	11–14	15–23	5–6 siehe a)	9-17 siehe a)	ab 18	ab 60
Diptherie (siehe b)		1.	2.	3.	4.		A	A	A***	A***
Tetanus		1.	2.	3.	4.		A	A	A***	A***
Pertussis		1.	2.	3.	4.		A	A		
Haemophilus influenzae Typ b (Hib)*		1.	siehe c)	2.	3.					
Poliomyelitis*		1.	siehe c)	2.	3.			A		
Hepatitis B*	siehe d)	1.	siehe c)	2.	3.			G		
Masern, Mumps, Röteln**					1.	2.				
Varizellen					1.			G		
Influenza****										S

Um die Anzahl der Injektionen möglichst gering zu halten, sollten vorzugsweise Kombinationsimpfstoffe verwendet werden.

A Auffrischimpfung: Diese sollte möglichst erst fünf Jahre nach der letzten Impfung erfolgen.
G Grundimmunisierung aller bisher noch nicht geimpften Kinder oder Jugendlichen beziehungsweise Komplettierung eines unvollständigen Impfschutzes
S Standardimpfungen = Regelimpfungen
* Abstände zwischen den Impfungen mindestens vier Wochen; Abstand zwischen vorletzter und letzter Impfung mindestens sechs Monate
** Mindestabstand zwischen den Impfungen vier Wochen.
*** Wiederimpfung alle zehn Jahre
**** jährlich mit dem von der Weltgesundheitsorganisation (WHO) empfohlenen, aktuellen Impfstoff
a) Zu diesen Zeitpunkten soll der Impfstatus unbedingt überprüft und wenn nötig vervollständigt werden.
b) Ab einem Alter von fünf beziehungsweise sechs Jahren wird zur Auffrischung ein Impfstoff mit reduziertem Diphtherietoxoid-Gehalt verwendet.
c) Einzelimpfungen oder Kombinationsimpfstoffe, die einen Keuchhustenanteil enthalten, werden nach dem für Diphtherie und Tetanus angegebenen Schema benutzt.
d) Hat eine werdende Mutter Antikörper gegen Hepatitis B, oder ist dieses nicht bekannt, sollte das Neugeborene entsprechend der Mutterschaftsrichtlinien unmittelbar nach der Geburt gegen Hepatitis B geimpft werden.

Tab. 17.1: Impfkalender für Säuglinge, Kinder und Jugendliche
(nach den Empfehlungen der STIKO des Robert-Koch-Instituts, Stand April 2006)

kleiner sein, um einen AK-Anstieg zu induzieren. Eine Verlängerung der Intervalle ist weniger problematisch als eine wesentliche Verkürzung.

Prüfer: Richtig, daraus wird deutlich, dass Impfpläne immer nur Richtlinien angeben können, da Impftermine vor allem durch Infekte, aber auch durch Notfallimpfungen, wie z.B. bei einer Tetanusimpfung, verschoben werden müssen.

17.2 BCG-Impfung

Frage: Die BCG-Impfung wird nicht mehr durchgeführt. Warum hat die STIKO diese Impfempfehlung zurückgenommen? **?**

Antwort: Das wichtigste Argument **gegen** eine **BCG-Impfempfehlung** besteht in der Gefahr, ein Neugeborenes mit angeborenem **Immundefekt** zu impfen. Grundsätzlich sind natürlich auch HIV-positive Kinder in besonderer Weise gefährdet. Hier kann die BCG-Impfung zu einer letal verlaufenden generalisierten Tbc-Erkrankung führen. Ein weiterer Nachteil der BCG-Impfung besteht darin, dass der erreichte **Impfschutz max. 50–80 %** beträgt und nur eine begrenzte Zeit anhält. **Für** die **BCG-Impfung** sprach, dass immer das Ziel sein sollte, eine Erkrankung zu verhüten, anstatt sie zu behandeln. Außerdem ist zu bemerken, dass im Zusammenhang mit AIDS die Morbidität an Tuberkulose in den letzten Jahren wieder zugenommen hat. Durch die Impfung können wahrscheinlich die schweren Verlaufsformen wie Miliar-Tbc und Tbc-Meningitis verhindert werden.

Prüfer: Entscheidend für die Rücknahme der Empfehlung speziell einer Indikationsimpfung mit Tbc ist die Tatsache, dass die mittlerweile bessere Früherkennung und effektive tuberkulostatische Behandlung mindestens ebenso wirksam sein können wie die Resultate der BCG-Impfung.

17.3 Pertussisschutzimpfung

Frage: Was wissen Sie über die Geschichte der **Pertussisimpfung?** **?**

Antwort: Die Pertussisimpfung war Mitte der 70er-Jahre in den Verdacht gekommen, schwere neurologische Nebenwirkungen hervorzurufen. Dies führte 1975 zur Einschränkung der Impfempfehlung. Neuere Untersuchungen haben gezeigt, dass die aufgetretenen Hirnschädigungen angeboren waren und die Manifestation nur zeitlich mit der Pertussisimpfung zusammenfiel. Aus diesem Grund wird die

Impfung seit Juni 1991 von der STIKO (ständige Impfkommission) auch für das Säuglingsalter wieder empfohlen. Heutzutage findet ausschließlich der **azelluläre Impfstoff** Anwendung, der sich im Vergleich zum Ganzkeim-Impfstoff durch eine deutlich bessere Verträglichkeit auszeichnet.

17.4 Tetanusschutzimpfung

Fallbeispiel: Ein 16-jähriger Junge kommt zu Ihnen mit einer Schnittwunde am linken Daumen. Im Impfpass lesen Sie, dass eine vollständige Grundimmunisierung vorliegt und die letzte Auffrischimpfung im Alter von zehn Jahren durchgeführt wurde. Wie gehen Sie vor?

Antwort: Nach gründlicher Wundversorgung sollte eine **Auffrischimpfung,** in diesem Fall eine aktive Impfung mit 0,5 ml Tetanol, erfolgen. Da eine Grundimmunisierung vorliegt und die letzte Auffrischimpfung nicht länger als zehn Jahre zurückliegt, reicht im beschriebenen Fall eine aktive Impfung aus. Bei sehr schweren Verletzungen, z. B. Verbrennungen, kann eventuell bei länger als fünf Jahren zurückliegender Auffrischimpfung auch eine Simultanimpfung vorgenommen werden. Hierbei wird gleichzeitig, aber an kontralateralen Körperstellen, eine Injektion mit 250 IE Tetagam im Sinne einer passiven Impfung durchgeführt.

! **Merke:** Bei mehr als 10 Jahre zurückliegender Auffrischung oder unsicher geimpfter Person: Simultanimpfung. Wenn letzte Auffrischung weniger als 5 Jahre zurückliegt: Verzicht auf Impfung möglich.

Fallbeispiel: Bei einem am Vortag mit Tetanol geimpften Kind zeigt sich folgender Befund: An der Impfstelle bestehen eine deutliche Schwellung, Rötung, Überwärmung und Druckdolenz. Könnte es sich um einen Spritzenabszess handeln?

Antwort: Selbstverständlich ist das grundsätzlich denkbar, wenn auch die Zeit – es wurde am Vortag geimpft – ein wenig kurz ist. Wahrscheinlicher ist eine Lokalreaktion auf den Impfstoff. Bei zu oberflächlicher Injektion kann es zu einer örtlichen Gewebereaktion kommen, was weitgehend durch ausreichend tiefe i.m. Injektionen zu vermeiden ist. Allerdings kann die Lokalreaktion aber auch Ausdruck einer Hyperimmunisierung infolge einer Überimpfung sein, bei der es zu einer starken Ag-Ak-Reaktion kommt. Dies tritt besonders bei zu häufig durchgeführten aktiven Impfungen auf. Man findet dann überhöhte

Antikörpertiter im Blut. Therapeutisch sind ein abwartendes Verhalten, kühlende Umschläge und allenfalls Antipyretika indiziert. Eine antibiotische Behandlung sollte nicht durchgeführt werden.

17.5 Polioschutzimpfung

Frage: Die Schutzimpfung gegen Poliomyelitis wurde jahrelang in Deutschland als orale Lebendimpfung durchgeführt. Anfang 1998 hat die STIKO diese Impfempfehlung aufgehoben. Welche Polioimpfung wird aktuell empfohlen?

Antwort: An die Stelle der Schluckimpfung ist die **intramuskulär applizierbare Poliototimpfung nach Salk** getreten, welche einen trivalenten Impfstoff aus inaktivierten Polioviren enthält. Vorher wurde die orale Poliomyelitisschutzimpfung nach Sabin durchgeführt. Diese enthält einen trivalenten Impfstoff aus vermehrungsfähigen, attenuierten Viren aller drei vorkommenden Typen.

Frage: Als Ende der 50er- und Anfang der 60er-Jahre die Polio in Europa noch häufig auftrat, war die Schluckimpfung die ideale Strategie, diese Erkrankung einzudämmen. Heute spielt sie – abgesehen von einigen östlichen Ländern und eingeschleppten Fällen – kaum noch eine Rolle. Welches war das entscheidende Argument, die Polioimpfstrategie in Deutschland neu zu überdenken?

Antwort: Der gravierende Nachteil sind die so genannten „**Vakzine-assoziierten-paralytischen Poliomyelitiden**“ (VAPP) bei Geimpften und Kontaktpersonen nach oraler Lebendimpfung. Ethisch war diese schwere Komplikation nach dem Verschwinden der Wildvirusinfektion in Deutschland nicht mehr zu vertreten. Deshalb hat sich die STIKO entschlossen, nur noch die Totimpfung zu empfehlen, da hierdurch eine „Impfkinderlähmung“ sicher vermieden werden kann.

✚ Häufigkeit einer VAPP bei Geimpften: 1 : 4,5 Mio. Impfungen; bei Kontaktpersonen: 1 : 11,5 Mio. Impfungen

Erreger	Lebendimpfung	Totimpfung	Toxoidgabe
Viren	Gelbfieber, Masern, Mumps, Varizellen, Röteln, Pocken, Polio (Sabin)	Hepatitis A und B, Influenza, Polio (Salk), Tollwut	
Bakterien	BCG, Typhus	Cholera, Pertussis, Meningokokken, Pneumokokken	Diphtherie, Tetanus

Tab. 17.2: Impfformen und Erreger

17.6 Masernimpfung

☐ ☐ ☐
☺ 😐 ☹

Frage: Was wissen Sie über typische **Komplikationen** bei der **Masern-Schutzimpfung?**

✚ Betroffen sind ungefähr 5–15 % der geimpften Kinder.

Antwort: Die häufigsten Komplikationen sind die so genannten **Impfmasern,** die bei einigen wenigen der Impflinge auftreten. Es handelt sich dabei um einen abgeschwächten Masernverlauf. Ungefähr acht bis zwölf Tage nach der Impfung kann es zu Fieber bis 39 °C kommen. Das eventuell auftretende Exanthem ist meist gering ausgeprägt und stammbetont. Die Impfmasern sind nicht ansteckend.

☐ ☐ ☐
☺ 😐 ☹

Frage: Entschuldigen Sie, wenn ich Sie unterbreche. Würden Sie denn trotz des Enzephalitisrisikos gegen Masern impfen?

✚ Nach einer Masernschutzimpfung kann eine Tuberkulintestung einige Wochen lang falsch negativ ausfallen.

Antwort: Wenn man sich überlegt, dass von 1500 erkrankten Masernkindern etwa eines eine Enzephalitis mit zum Teil schweren Komplikationen bekommt, hingegen nur eins von 1,5 Millionen Impflingen, so gilt dies als wichtigstes Argument für die Impfung. Um noch einmal auf die Ausgangsfrage zurückzukommen: Die Masernimpfung steht auch unter Verdacht, die sehr seltene subakute sklerosierende Panenzephalitis zu verursachen (SSPE). Diese ist allerdings in jedem Fall häufiger nach einer Masernwildvirusinfektion.

17.7 Hämophilusimpfung

☐ ☐ ☐
☺ 😐 ☹

Frage: Können Sie mir erklären, warum die Hämophilusimpfung eingeführt wurde?

✚ Im Jahr 1990 wurden ca. 3000 invasive Hämophilusinfektionen pro Jahr registriert, 2000 waren es noch ca. 30!

Antwort: Die Schutzimpfung wurde 1991 eingeführt, weil der Erreger Haemophilus influenzae B vorwiegend im zweiten Lebensjahr schwere invasive Erkrankungen verursacht. Nach dem fünften Lebensjahr werden diese Erkrankungsfälle selten. Es kommt zur **Meningitis** mit der Gefahr bleibender neurologischer Schäden. Vor allem im Alter zwischen zwei bis drei Jahren zeigen sich **septische Krankheitsbilder** oder auch eine **akute Epiglottitis.** Außerdem treten **Pneumonien** auf. Aufgrund der relativ hohen Komplikationsrate bei Hämophilusinfektionen im Säuglings- und Kleinkindesalter ist eine Impfung gegen Haemophilus influenzae Typ B ab dem dritten Lebensmonat indiziert. Die Sicherheit des Impfschutzes wird mit mehr als 95 % angegeben.

Prüfer: Nach Einführung der HIB-Impfung ist die Anzahl der schweren systemischen HIB-Infektionen deutlich zurückgegangen.

17.8 Diphtherieimpfung

Frage: Welche Dosierungen muss man bei der aktiven Immunisierung gegen Diphtherie beachten? ?

☐ ☐ ☐
☺ 😐 ☹

Antwort: Eine Grundimmunisierung wird durch zwei Injektionen in mindestens monatlichen Abständen und eine dritte Impfung nach mindestens sechs Monaten erreicht. Wird mit einer Pertussiskomponente (DtaP) kombiniert, sind initial drei Impfungen notwendig. Man impft jeweils 50 IE Diphtherietoxoid. Zur Auffrischimpfung ab dem sechsten Lebensjahr werden nur noch 5 IE Toxoid empfohlen (d- oder Td-Impfung). Diese geringere Dosis wird auch bei jeder weiteren Auffrischimpfung sowie bei Erstimpfungen im Erwachsenenalter verwendet. Die Diphtheriekomponente bei der Td-Impfung reicht für eine ausreichende Auffrischung der Diphtherieimmunität nach Grundimmunisierung.

17.9 Hepatitis-B-Impfung

Frage: 1995 wurde die Hepatitis B in den allgemeinen Impfkalender aufgenommen. Welche Überlegungen haben die STIKO veranlasst, diese Entscheidung zu treffen? ?

☐ ☐ ☐
☺ 😐 ☹

Antwort: Hepatitis B ist eine der weltweit häufigsten Infektionskrankheiten. Die Zahl der chronischen Hepatitisträger wird weltweit auf ca. 300 Millionen geschätzt. In Deutschland stecken sich pro Jahr schätzungsweise 50 000 Menschen mit einer Hepatitis an. Bei 10 % der Erwachsenen geht die akute Infektion in ein chronisches Stadium über. Im Kindesalter liegt diese Rate wesentlich höher. So gehen im **Vorschulalter 20–40 %,** im **Kleinkindesalter** vermutlich **40–60 %** und im **Neugeborenenalter 70–90 %** in ein **chronisches Stadium** über. Die Hepatitis-B-Schutzimpfung soll diese Komplikationen von vornherein unterbinden.

Frage: Wie wird diese Impfung durchgeführt? ?

☐ ☐ ☐
☺ 😐 ☹

Antwort: Geimpft wird als **intramuskuläre Injektion** ab dem dritten Lebensmonat zweimal mit einem Mindestabstand von vier Wochen. Eine dritte Impfung erfolgt frühestens nach sechs Monaten.

☐ ☐ ☐
☺ 😐 ☹

Frage: Wie Sie bereits richtig erwähnt haben, ist die akute Infektion des Neugeborenen durch die infizierte Mutter ein besonderes Problem. Die Rate der vertikalen Transmission – also der Mutter-Kind-Übertragung – hängt von verschiedenen Faktoren ab. Potentiell infektiös sind alle HBsAG-positiven Schwangeren. Was müssen Sie als Pädiater unmittelbar veranlassen, wenn Sie bei einem Neugeborenen mit Hilfe des Mutterpasses feststellen, dass die Mutter HBsAg-positiv ist?

✚ Bei positivem Hepatitis-Status der Mutter dürfen die Kinder nach aktiver und passiver Impfung gestillt werden.

Antwort: Neugeborene mit einem positiven Hepatitis-Status der Mutter müssen innerhalb der ersten zwölf Lebensstunden aktiv und passiv immunisiert werden. Damit kann in bis zu 95 % der Fälle eine chronische Hepatitis verhindert werden.

Prüfer: Bei Neugeborenen von Müttern, deren HbsAg-Status nicht bekannt ist und bei denen unmittelbar postpartal eine serologische Kontrolle nicht möglich ist, wird ebenfalls gleich nach der Geburt eine Grundimmunisierung mit HB-Impfstoff begonnen. Bei nachträglicher Feststellung einer HBsAg-Positivität der Mutter kann innerhalb von sieben Tagen eine passive Immunisierung nachgeholt werden.

17.10 Pneumokokken-Impfung

☐ ☐ ☐
☺ 😐 ☹

Frage: Gegen Pneumokokken gibt es seit Jahren einen Impfstoff, der ab dem dritten Lebensjahr einen zuverlässigen Schutz bietet. Er ist im Wesentlichen bestimmten Risikopatienten vorbehalten, so z.B. Patienten mit Sichelzellanämie, Splenektomie oder Immundefekt. Jetzt gibt es einen neuen Pneumokokkenimpfstoff. Was wissen Sie darüber?

✚ Geimpft wird in Analogie zum Sechsfach-Kombinationsimpfstoff insgesamt viermal (dreimal im Abstand von 4–6 Wochen, ein weiteres Mal 6 Monate nach der 3. Impfung, sog. DPT-Schema).

Antwort: Es gibt erstmals einen Konjugat-Impfstoff, der in der Lage ist, schon im Säuglingsalter ein immunologisches Gedächtnis zu erzeugen. Die STIKO hat daher empfohlen, gefährdete Säuglinge ab dem dritten Lebensmonat zu immunisieren, um eine invasive Pneumokokkeninfektion (Meningitis, Sepsis, Pneumonie) zu verhindern. Kinder in den ersten beiden Lebensjahren haben ein besonders hohes Risiko, zu erkranken und Defektzustände (z.B. Hörstörungen nach Pneumokokkenmeningitis) zurückzubehalten. Indikationen zur Pneumokokken-Impfung in den ersten beiden Lebensjahren sind u.a. Frühgeburtlichkeit, Vitium cordis, chronische pulmonologische oder neurologische Grunderkrankungen sowie Gedeihstörungen.

17.11 Varizellenimpfung

Frage: Im Juni 2004 hat die STIKO eine generelle Varizellen-Impfempfehlung für alle Säuglinge zwischen dem 11. bis 13. Lebensmonat ausgesprochen. Was waren die Gründe?

Antwort: Begründet wurde dieser Schritt mit der hohen Morbidität dieser Windpockenerkrankung, den zu erwartenden Varizellenkomplikationen und den hohen ökonomischen Belastungen, die diese Erkrankung hervorruft.

✚ Seit Oktober 2005 übernehmen die Krankenkassen die Varizellenimpfung für alle Altersgruppen.

Frage: Aber sind Windpocken nicht eine harmlose Kinderkrankheit, die wir alle durchgemacht und auch unbeschadet überstanden haben?

Antwort: In den meisten Fällen mag das zutreffen, abgesehen von den Kindern, die per se einen schweren Verlauf durchmachen, d.h. Hunderte von Effloreszensen u.a. im Mund und Genitalbereich aufweisen und von hohem Fieber und quälendem Juckreiz mit Schlafstörungen geplagt werden. Insgesamt erkranken in Deutschland pro Jahr nahezu 750 000 Kinder. Darunter gibt es auch eine gewisse Anzahl von Kindern mit Komplikationen: Superinfektionen, Zerebellitis, Enzephalitis, Osteomyelitis, thrombovaskuläre Komplikationen und auch immer wieder Todesfälle.

✚ Die Mortalität war in den USA im Jahre 1995 eines der Hauptargumente zur Einführung der Impfung. Von anfänglich 100 Todesfällen pro Jahr (1990–94) ist die Anzahl auf 40 im Jahr 2000 und 26 im Jahr 2001 zurückgegangen.

Prüfer: In Deutschland spielen insbesondere die volkswirtschaftlichen Vorteile einer generellen Impfempfehlung eine Rolle. Die Ersparnis durch den Wegfall der Krankschreibung der Eltern und der Varizellenbehandlungskosten erbringen Einsparungen von ca. 10–12 Mio. Euro pro Jahr.

18 Notfälle im Kindesalter

18.1 Ertrinkungsunfälle

☐ ☐ ☐
☺ 😐 ☹

? **Frage:** Ertrinkungsunfälle gehören zu den besonders tragischen Unfällen in der Kinderheilkunde. In den Sommermonaten kommt es zu den typischen Badeunfällen, in den Wintermonaten sind es die eingebrochenen Eisdecken, die solche Unfälle hervorrufen können. Welche **therapeutischen Maßnahmen** ergreifen Sie **am Unfallort?**

tipp Bei einem Ertrunkenen keine Zeit mit dem Versuch vergeuden, Wasser aus den Lungen zu entfernen!

Antwort: Nach dem **Freimachen der Atemwege** sollte – sofern keine Spontanatmung einsetzt – sofort mit der kardiopulmonalen Reanimation begonnen werden. Dazu gehört die Mund-zu-Mund- bzw. (je nach Alter des Kindes) die Mund-zu-Mund-/Nase-**Beatmung** oder, noch besser, die Maskenbeatmung mit einem Ambubeutel und zusätzlicher Sauerstoffinsufflation. Sind darunter keine normokarden Herzaktionen feststellbar, setzt die **Herzmassage durch Thoraxkompressionen** ein. Gleichzeitig erfolgt die **Intubation** und **Beatmung** mit 100 % Sauerstoff. Durch eine **Magensonde** sollte die verschluckte Flüssigkeit abgesaugt werden, um eine sekundäre Aspiration zu vermeiden. Die Reanimationsmaßnahmen werden bis zum Eintreffen in der Klinik fortgesetzt, da die Prognose auf Grund der meistens gleichzeitig bestehenden Hypothermie zunächst nicht abschätzbar ist.

Altersgruppe	Beatmung	Herzdruckmassage		
	Frequenz	Technik	Frequenz	Kompressionstiefe
Säuglinge	20–30/min	Thorax umfassen, 2 Finger	100–140/min	2–3 cm
Kleinkinder	20–25/min	Handballen	80–100/min	3–4 cm
Schulkinder	15–20/min	1 o. 2 Hände	80–100/min	4–5 cm

Tab. 18.1: Richtlinien für Beatmung und externe Herzmassage

Frage: Sehr schön, dass Sie das Absaugen des Magens erwähnen. Der Ertrinkende reagiert auf das Untertauchen mit einer akuten Apnoe und auf das Eindringen des Wassers in Larynx und Pharynx mit einem Laryngospasmus. In dieser Phase werden beträchtliche Mengen Wasser geschluckt, aber nicht aspiriert! Erst bei Bewusstlosigkeit, wenn sich der Laryngospasmus löst, gelingt passiv Wasser in Trachea und Lunge. Bei der Reanimation besteht zusätzlich die Gefahr, Wassermengen aus dem Magen zu aspirieren, deshalb ist das Absaugen wichtig. Welche pathophysiologischen Vorgänge spielen sich beim Ertrinkungsunfall in Süßwasser ab?

Antwort: Es kommt zu einer raschen Resorption des Wassers aus den Alveolen in das Blut. Von klinischer Bedeutung sind daher eine Hypervolämie und durch die Reduktion des kolloidosmotischen Druckes ein drohendes Lungenödem. Ein Auswaschen von Surfactant führt zu Atelektasen mit den entsprechenden Problemen bei der Beatmung. Außerdem treten Elektrolytverschiebungen, Hyperkaliämien und Hämolysen auf.

Frage: Was passiert demgegenüber pathophysiologisch in Salzwasser?

Antwort: Durch das hypertone Salzwasser kommt es zur Diffusion aus den Kapillaren in die Alveolen. Außerdem schädigt das Salzwasser die Alveolarmembran, sodass eiweißreiche Flüssigkeit austritt. Beide Mechanismen führen zum Lungenödem und einer möglichen Hypovolämie. Auch hier kann eine Inaktivierung von Surfactant zur Atelektasenbildung führen.

+ Hypothermie steigert die Überlebenschancen beim Ertrinkungsunfall. In warmem Wasser ist bis zu 10 min, in kaltem bis zu 40 min ein Überleben ohne zerebrale Schäden möglich.

Prüfer: Wie Sie erkennen, führen letztlich die beiden unterschiedlichen Pathomechanismen klinisch zu den gleichen Folgen. Durch Atelektasenbildung und Lungenödem entstehen intrapulmonale Shunts, d.h. venöses Blut gelangt nichtarterialisiert in den Körperkreislauf, und das führt somit zu massiven Problemen bei der Beatmung. In extremen Fällen kann das Shuntvolumen 70 % des Herzminutenvolumens ausmachen.

18.2 Vergiftungen

Frage: Die Häufigkeit akuter Vergiftungen hat in den letzten zehn Jahren sprunghaft zugenommen. In welchem Kindesalter sind Vergiftungen am häufigsten, und um welche toxischen Produkte handelt es sich meist?

Antwort: Die weitaus meisten Ingestionen ereignen sich im **zweiten bis fünften Lebensjahr.** Besonders prädestiniert sind Kinder im so genannten Krabbelalter, bei denen im Rahmen der **oralen Phase** viele erreichbare Dinge in den Mund gesteckt werden. Häufige toxische Substanzen, die Kinder im Haushalt aufnehmen, sind Lösungs- und Reinigungsmittel, Petroleumderivate, Säuren und Laugen, Medikamente sowie Nikotin aus Zigaretten.

Frage: Sie nannten in der Tat einige der häufigsten Vergiftungen. Aus eigener Erfahrung kann ich sagen, dass die meisten von besorgten Eltern vermuteten Vergiftungen gar nicht „stattgefunden" haben, oder die Menge des aufgenommenen Giftstoffes vernachlässigbar gering ist. Diese persönliche Erfahrung sollte Sie jedoch nicht zu einem leichtfertigen Handeln verleiten. Wie gehen Sie vor, wenn Eltern Sie in Ihrem Nachtdienst wegen einer vermuteten Vergiftung Ihres Kindes anrufen?

Antwort: Ich frage die Eltern nach **Alter und Gewicht** des Kindes sowie nach **Zeitpunkt, Menge** und **Art** des aufgenommenen Giftes. Anschließend lasse ich mir die eingetretenen Symptome schildern. Werden anamnestisch schon erste **Krankheitszeichen** genannt, die auf Vergiftungserscheinungen schließen lassen, würde ich einen **notarztbegleitenden Transport veranlassen.** Die Eltern sollten aufgefordert werden, die Reste des Giftes (Verpackungen usw.) mit ins Krankenhaus zu bringen. Bei Unklarheiten über Inhaltsstoffe und deren Wirkung kann telefonisch Auskunft bei der nächstgelegenen Giftzentrale eingeholt werden.

18.3 Zigaretteningestion

Fallbeispiel: Sie haben bei der Nennung der häufigsten Vergiftungen im Kindesalter auch die Zigaretteningestion genannt. Nehmen wir beispielhaft an, zu Ihnen kommt eine Mutter mit ihrem einjährigen Kind, das durch Blässe und verstärkte Schweißsekretion auffällt. Die Mutter berichtet, das Kind habe eine ihrer Zigaretten gegessen. Welche weiteren Symptome erwarten Sie?

✚ Bei abgebrannten Zigarettenkippen ist die relative Nikotinkonzentration höher als in ungerauchten Zigaretten.

Antwort: Eine Zigarette enthält 15–25 mg Nikotin. Diese Menge genügt, um bei einem Kleinkind eine schwere Vergiftung hervorzurufen. Neben den von Ihnen genannten Symptomen wie **Blässe** und **Kaltschweißigkeit** können **Hypersalivation, Übelkeit** mit **Erbrechen, Durchfall** und ein **Tremor** dominieren. Schwere Vergiftungen zeichnen sich hingegen durch **Krämpfe** und **Herzrhythmusstörungen** sowie **Kollapsneigung** und **zentrale Atemlähmung** aus.

Frage: Sie haben das breite symptomatische Spektrum richtig beschrieben. An eine Zigaretteningestion sollte daher grundsätzlich immer gedacht werden. Wie gehen Sie vor, falls begründeter Verdacht für eine Zigaretteningestion besteht?

☐ ☺ ☐ 😐 ☐ ☹

Antwort: Ab einer Ingestion von einem Drittel einer Zigarette oder einer Zigarettenkippe sollte neben der symptomatischen Therapie immer die primäre Entleerung des Magen-Darm-Traktes erwogen werden (☞ Abschn. 18.4), anschließend wird Kohle verabreicht.

18.4 Induziertes Erbrechen / Magenspülung

Frage: Welche Möglichkeiten kennen Sie, oral aufgenommenes Gift aus dem Körper zu eliminieren?

☐ ☺ ☐ 😐 ☐ ☹

Antwort: Eine Möglichkeit der Giftelimination aus dem Magen ist die Induktion von Erbrechen. Dies geschieht zum Beispiel bei bewusstseinsklaren Kindern durch die Gabe von **Ipecacuanha-Sirup.** Je nach Alter und Gewicht werden 10–30 ml verabreicht. Anschließend wird den Kindern Tee oder Saft zu trinken gegeben. Nach dem Erbrechen, das in der Regel innerhalb von 10–15 min einsetzt, erfolgt die orale Anwendung von **Glaubersalz** und **Aktivkohle.** Glaubersalz leitet eine beschleunigte Magen-Darm-Passage ein, während Aktivkohle giftige Inhaltsstoffe absorbiert, die dadurch einer Resorption nicht mehr zugänglich sind.

✚ Apomorphin i.m. ist schneller wirksam als Ipepacuanha-Sirup. Der Nachteil besteht jedoch in einer ZNS-, Atem- und Kreislaufdepression. Es wird im Kindesalter nicht eingesetzt.

Frage: Eine Magenentleerung ist in der Regel nur sinnvoll, wenn die Ingestion nicht länger als 60–90 min zurückliegt. Andernfalls müssen schon die besondere Gefährlichkeit der Substanz oder eine dadurch induzierte verlangsamte Magenentleerung diese Maßnahme rechtfertigen. In den letzten Jahren hat sich zunehmend die Erkenntnis durchgesetzt, dass bei einer frühzeitigen und ausreichenden Kohlegabe eine Magenentleerung nicht erforderlich ist, sodass sie dementsprechend nun auch sehr viel seltener vorgenommen wird. Die von Ihnen aber völlig richtig beschriebene Induktion von Erbrechen kann nicht in allen Fällen eingesetzt werden. Kennen Sie Kontraindikationen dieser Methode?

☐ ☺ ☐ 😐 ☐ ☹

Antwort: Bei fortgeschrittenen Vergiftungsstadien erfolgt die **Magenentleerung unter Intubation,** da **bei nicht bewusstseinsklaren oder geschwächten Kindern** die Gefahr der Aspiration von Mageninhaltsstoffen zu groß ist. Eine Intubation erfolgt somit zur Pneumonieprophylaxe. In solchen Fällen erfolgt die Magenspülung mit physiologischer Kochsalzlösung. Eine Flüssigkeitsbilanzierung dient der

✚ Nach Ingestion von Detergentien wie z.B. Spülmitteln verringern Entschäumer wie SAB simplex® die Aspirationsgefahr. Paraffin subliquidum ist bei Vergiftungen mit Kohlenwasserstoffen wie z.B. Petroleum indiziert.

Vermeidung einer Hyperhydratation. Weitere Kontraindikationen für die Auslösung des Erbrechens sind die Ingestion von Säuren und Laugen, Schaumbildnern wie z.B. Waschmitteln und organischen Lösungsmitteln. Bei diesen Stoffen sollte wegen der Gefahr der Verletzung bzw. Verätzung der Speiseröhre eine erneute Passage unbedingt vermieden werden.

18.5 Verätzungen

Frage: Pro Jahr müssen in Deutschland ca. 1500 Ingestionsfälle mit ätzenden Substanzen vorwiegend bei Kleinkindern behandelt werden. Stark alkalische Mittel wie Rohr-, Abfluss- und Geschirrspülautomatenreiniger bewirken v.a. tiefe Kolliquationsnekrosen im Rachenraum und Ösophagus, während saure Substanzen wie Entkalker oder Klarspüler eher zu oberflächlichen Koagulationsnekrosen, besonders an der Magenwand, führen. Was raten Sie einer Mutter als primäre Maßnahme nach einem Unfall mit ätzenden Substanzen?

Antwort: Wie bereits erwähnt, sollte auf keinen Fall ein Erbrechen induziert werden, um die ätzende Substanz nicht erneut die Speiseröhre passieren zu lassen. Ein betroffenes Kind sollte **große Mengen Wasser, Saft** oder **Milch** trinken, um schnellstmöglich eine Verdünnung zu erreichen. Eine Vorstellung in einer Kinderklinik ist unumgänglich.

Frage: Wie ist die Vorgehensweise dort?

Antwort: Nach einer eingehenden Untersuchung mit genauer Inspektion der Mundhöhle sollte in jedem Fall einer Laugen-/Säurenverätzung eine **Ösophagoskopie** durchgeführt werden, um das Ausmaß der Schädigung genau zu eruieren. Findet sich tatsächlich eine Verätzung, so werden in der Regel eine **systemische Kortikoidtherapie, Analgesie, Nahrungskarenz** und eine **parenterale Ernährung** eingeleitet.

18.6 Rauchvergiftung

Frage: Bitte nennen Sie die **Symptome** einer **Kohlenmonoxidvergiftung!**

Antwort: Die Kohlenmonoxidvergiftung wird am häufigsten durch Rauch, seltener durch Auspuffgase hervorgerufen. Das Kohlenmonoxid verdrängt auf Grund seiner größeren Affinität zum Hämoglobin den Sauerstoff aus dessen Bindungen. Ab einem HbCO von 10–30 % kommt es zu **Kopfschmerzen, Schwindel, Schlafstörungen, Dyspnoe** und **Bewusstseinsstörungen.** Ab einem HbCO-Anteil von 30 % tritt auch die typische **hellrote Verfärbung der Gesichtshaut** ein, die häufig mit **Koordinations- und Atemstörungen** einhergeht. Sind mehr als 50 % des Hämoglobins an Kohlenmonoxid gebunden, können **Bewusstlosigkeit, Krämpfe** sowie **Apnoe** mit **Herzversagen** auftreten.

Frage: Sie haben die Sauerstoffverarmung durch Bildung von Carboxihämoglobin nach Inhalation von Kohlenmonoxid richtig beschrieben. Kohlenmonoxid bindet Hämoglobin etwa 250-mal fester als Sauerstoff. Der Vergiftungsgrad ist tatsächlich abhängig von der Kohlenmonoxidkonzentration, jedoch ebenso von der **Einwirkzeit,** was in ihrer Darstellung nicht ganz deutlich wurde. Wichtig ist, dass ein HbCO-Anteil ab 10 % bedeutsam wird. Die Behandlung richtet sich jedoch in erster Linie nach der Klinik. Auch prozentual geringere Kohlenmonoxidvergiftungen können eine Vergiftungssymptomatik hervorrufen. Welche Maßnahmen sollten denn bei einem Kind mit Kohlenmonoxidvergiftung getroffen werden?

?

☐ ☐ ☐
☺ 😐 ☹

Antwort: Parallel zur Bestimmung der Kohlenmonoxidkonzentration durch eine **Blutgasanalyse** sollte einem beeinträchtigten nichtkomatösen Patienten **100 % Sauerstoff** per Maske vorgelegt werden, und zwar so lange, bis die Symptome verschwinden. Regelmäßige **Kortikoidinhalationen** unterstützen diese Maßnahme in Form einer Prophylaxe und Therapie entzündlicher Vorgänge, die ein Lungenödem verursachen könnten. Komatöse Patienten müssen intubiert und ebenfalls mit 100 % Sauerstoff beatmet werden.

+ Bei sehr hohen HbCO-Werten besteht Indikation zur hyperbaren Sauerstofftherapie in einer Überdruckkammer.

Prüfer: Lassen Sie mich zur Verdeutlichung noch von dem fünfjährigen Jungen berichten, der von seinem Vater nach einem Wohnungsbrand in die Kinderklinik gebracht wird. Obwohl der Junge seit mehr als einer halben Stunde normale Luft atmet, besteht eine ausgeprägte Tachypnoe mit einer Atemfrequenz von ca. 50/min und Husten. Die Anamnese, Klinik und Rußpartikel am Naseneingang geben erste Hinweise auf eine Kohlenmonoxidvergiftung. Eine sofort eingeleitete Blutgasanalyse ergibt eine HbCO-Konzentration von 17,5 %. Es wird eine Maske mit 100 % Sauerstoff vorgelegt. Ferner werden in regelmäßigen Abständen Hübe eines kortikoidhaltiges Dosieraerosols verabreicht. Eine Kontrollblutgasanalyse bestätigt das Absinken des HbCO-Gehaltes auf einen Wert von 4 % nach ca. 60 min. Der Junge wird am Folgetag beschwerdefrei aus der Klinik entlassen.

18.7 Verbrennungen

? **Frage:** Bitte beschreiben Sie die **Verbrennungsgrade** und ihre **klinischen Merkmale.**

✚ Aufgrund einer Schädigung neuraler Strukturen sind dritt- und viertgradige Verbrennungen schmerzfrei.

Antwort: Verbrennungen werden in vier Stadien eingeteilt. Eine Verbrennung **ersten Grades** ist auf die Epidermis beschränkt und zeichnet sich durch ein Erythem aus. Beim **zweiten Grad** kommt es zur subepidermalen Blasenbildung. Die beiden ersten Grade heilen spontan und narbenfrei ab. Bei einer Verbrennung **dritten Grades** kommt es zur Zerstörung von Epidermis und Korium sowie gegebenenfalls zur Zerstörung tieferer Hautschichten wie Muskulatur, Faszie oder Fettgewebe. Eine Verbrennung **vierten Grades** wird als Verkohlung bezeichnet. Die Stadien drei und vier heilen erst nach Abstoßung von Nekrosen über eine Ulkusbildung ab, es kommt zu Vernarbungen.

? **Frage:** Wie berechnen Sie das **Ausmaß der Verbrennung** bei Kindern?

Antwort: Als orientierende Größe gilt, dass die Handfläche des Kindes mit Fingern ca. 1 % der Körperoberfläche ausmacht. Außerdem kann man die modifizierte Neunerregel nach Wallace anwenden.

? **Frage:** Welche Therapiemaßnahmen leiten Sie bei Verbrennungen ein?

Antwort: Grundsätzlich sollten **erstgradige Verbrennungen** sollten unter fließendem kalten Wasser oder feuchten Umschlägen für mindestens 10 min gekühlt werden. Unter glukokortikoidhaltigen Emulsionen oder zum Beispiel Zinkoxid-Talkum-Puder wird die Spontanheilung abgewartet. Bei **zweitgradigen Verbrennungen** werden die Blasen steril geöffnet und sterile Wundverbände oder Gazegitter mit antibiotischem Zusatz angelegt. **Dritt- und viertgradige Verbrennungen** werden zunächst ebenso behandelt, häufig aber sind im weiteren Verlauf Hauttransplantationen zur Deckung der Defekte notwendig. Bei Verbrennungen sollte immer der **Tetanusschutz** überprüft werden!

? **Frage:** Richtig. Beim Kühlen der Wundflächen muss jedoch bedacht werden, dass eine Hypothermie des kindlichen Kreislaufs vermieden wird. Wann sollte zur Therapie von Verbrennungen bei Kindern eine stationäre Aufnahme erfolgen?

Antwort: Eine Einlieferung in die Klinik zur stationären Aufnahme ist ab Verbrennungen zweiten Grades an Gesicht, Händen und Füßen oder der Genito-Anal-Region notwendig. Ferner sind Kinder mit Verbrennungen ab zweiten Grades von mehr als 5 % der Körperoberfläche stationär zu behandeln. Neben der Lokaltherapie stehen dabei eine ausreichende Volumenzufuhr und Analgosedierung im Vordergrund.

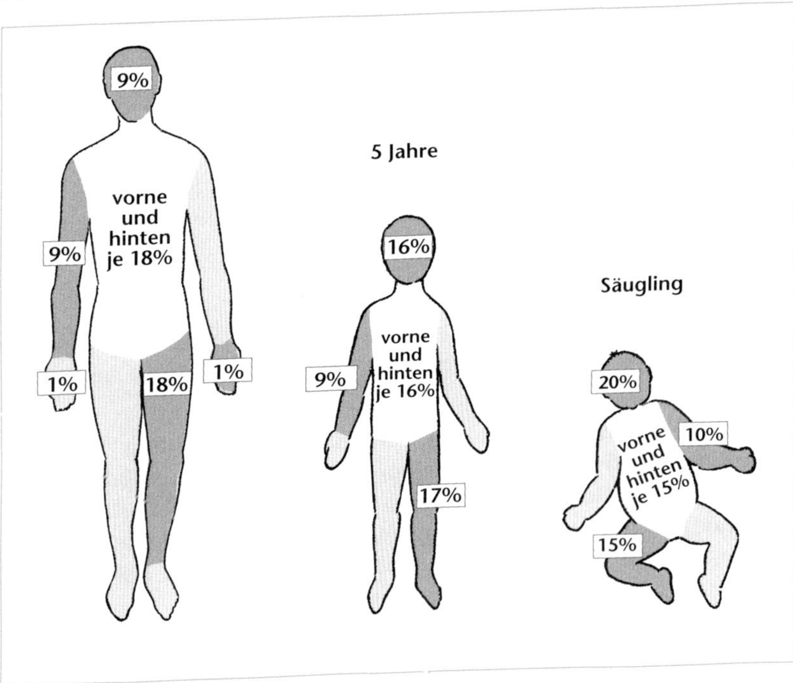

Abb. 18.1: Modifizierte Neunerregel nach Wallace im Kindesalter

19 Plötzlicher Kindstod

☐ ☐ ☐
☺ 😐 ☹

? Frage: Welche ist die häufigste Todesursache im Säuglingsalter?

✚ Seit Mitte der 80er-Jahre werden jährlich ungefähr 1000 SIDS-Fälle registriert.

Antwort: Allgemein ist die Säuglingssterblichkeit in den westlichen Industrienationen relativ niedrig. Die mit Abstand häufigste Todesursache (50 %) im ersten Lebensjahr nach der Neonatalperiode ist der **plötzliche Kindstod** (**s**udden **i**nfant **d**eath **s**yndrome, SIDS). Insgesamt sind 2–4‰ der Lebendgeborenen mit einer leichten Knabenwendigkeit betroffen.

☐ ☐ ☐
☺ 😐 ☹

? Frage: Der plötzliche Kindstod ist ein seit alttestamentlichen Zeiten bekanntes Phänomen. Wie würden Sie dieses Syndrom definieren?

✚ Statistisch gesehen versterben die Säuglinge am häufigsten im 2.–4. Lebensmonat in den Wintermonaten, meistens während der frühen Morgenstunden, unerwartet im Schlaf.

Antwort: SIDS ist gekennzeichnet durch einen „**plötzlichen**“ und „**unerwarteten**“ **Tod** eines Kindes zumeist **im ersten Lebensjahr,** wobei weder die Vorgeschichte noch eine postmortale Untersuchung eine begründete Todesursache erkennen lassen. Im Neugeborenenalter (jünger als 2 Wochen) und nach Vollendung des ersten Lebensjahres wird ein SIDS extrem selten beobachtet.

☐ ☐ ☐
☺ 😐 ☹

? Frage: Trotz umfangreicher Untersuchungen ist die Pathogenese dieser furchtbaren Todesursache bislang völlig unklar, und alle Erklärungsansätze sind rein hypothetisch. Internationale Studien haben eine Reihe von Risikofaktoren ermittelt, die statistisch mit einem erhöhten SIDS-Risiko einhergehen und deshalb in der Prävention beachtet werden müssen. Welche **Risikofaktoren** kennen Sie?

Antwort: Als eindeutige Risikofaktoren gelten das **Schlafen in Bauchlage, Frühgeburtlichkeit, pränatale Dystrophie, Rauchen in der Gravidität** und ein **frühzeitiger Muttermilchentzug.** Insbesondere die Propagierung der Rücken- und Seitenlage als Schlafposition hat in allen Ländern zu einem deutlichen Rückgang der SIDS-Inzidenz geführt. Eine weitere Risikogruppe sind Geschwister von SIDS-Fällen sowie SIDS-Zwillinge.

Fallbeispiel: In Ihre Notfallambulanz wird ein vier Monate alter Säugling gebracht, der von den Eltern im Bett liegend mit einer deutlichen Gesichtszyanose und kurzzeitig auch ohne Eigenatmung gefunden wurde. Nach Hochnehmen des Kindes und Stimulation habe er wieder angefangen zu atmen und zu schreien. Seitdem verhält er sich völlig unauffällig. Wie bewerten Sie dieses Ereignis? Wie gehen Sie vor?

Antwort: Hierbei handelt es sich ein so genanntes „**ALTE-Ereignis**" (apparent life threatening event) oder auch „Beinahe-SIDS". Man stellt sich vor, dass diese Kinder ein lebensbedrohliches Ereignis durchgemacht haben, das ohne Intervention von außen möglicherweise in einen plötzlichen Kindstod übergegangen wäre. Der Säugling muss eingehend internistisch und neurologisch untersucht und unter strenger Monitorüberwachung stationär aufgenommen werden.

Frage: Kinder mit einem ALTE haben ebenfalls ein erhöhtes Risiko, später an einem SIDS zu versterben. Im Rahmen der von Ihnen veranlassten stationären Aufnahme sollte eine umfangreiche Diagnostik eingeleitet werden, die alle möglichen Ursachen einer Gefährdung des Kindes durch bislang unerkannte Erkrankungen ausschließt. Welche Untersuchungen würden Sie veranlassen?

Antwort: Im Grunde genommen werden alle Organsysteme sowohl klinisch, laborchemisch als auch apparativ soweit wie möglich untersucht: **Zentralnerven-** (neurologische Untersuchung, Schädelsonographie, EEG), **Herzkreislaufsystem** (Blutdruck, EKG, Echokardiographie, Röntgenthorax, 24-h-Oxymetrie, Polysomnographie) und **Verdauungstrakt** (Abdomensonographie, pH-Metrie). Besondere Bedeutung haben Stoffwechseluntersuchungen, die im Wesentlichen durch spezielle Blut- und Urinanalysen durchgeführt werden, um einen möglichen Stoffwechseldefekt zu erkennen.

✚ Mögliche Stoffwechseluntersuchungen: Blutzuckerprofil, Lactat-, Ammoniak-, Carnitin-, Schilddrüsenwertbestimmung; Untersuchung der Aminosäuren im Serum (Aminoazidopathien), der organischen Säuren im Urin (Organoazidurien), Nachweis eines Biotinidasemangels, MCAD-Analyse

Frage: Das haben Sie sehr schön zusammengefasst. Letztlich ist in jeder Kinderklinik das Routineprogramm etwas anders aufgebaut. Was würden Sie diesen Eltern bei unauffälliger Diagnostik empfehlen?

Antwort: SIDS-Geschwisterkinder, ehemalige extreme Frühgeborene und Kinder nach einem ALTE sollten im gesamten ersten Lebensjahr durch einen kombinierten Puls- und Atemmonitor häuslich überwacht werden. Die Eltern müssen mit den Reanimationsmaßnahmen vertraut sein.

Index

A

B

C

D

H

I

R

S

T

U